普通高等教育"十一五"国家级规划教材

软件工程与开发技术

(第二版)

江开耀　主　编

李建成　张晓滨　副主编

董占奇　等　参　编

西安电子科技大学出版社

内 容 简 介

本书从软件工程方法、软件工程过程层面对现代软件工程学进行了较为系统和全面的介绍。

全书共分为四篇，23 章。第一篇介绍了传统的软件工程知识，包括软件工程的由来与发展、与软件工程学科相关的基础知识以及传统的结构化软件工程方法，具体内容有基于结构化方法的可行性分析、需求分析、设计与编码和软件测试知识等。第二篇以 RUP 为蓝本，介绍了现代面向对象的软件工程方法，重点就业务模型、用例模型、对象模型、包模型、动态模型、构件模型、部署模型的建模方法进行了详细讲述，最后介绍了面向对象测试的概念。第三篇就项目估算、项目策划、品质管理、配置管理、风险管理等项目经理必备的项目管理知识作了较全面的介绍。现代软件工程十分重视不断提升个人与组织的工程过程能力，因此，第四篇用较大篇幅论述了软件能力成熟度模型、个人软件过程 PSP 和小组软件过程 TSP 的相关内容。

本书适合作为计算机相关专业本科教学中软件工程课程的教科书，也可作为软件从业人员的参考书。

★本书配有电子教案，需要者可与出版社联系，免费提供。

图书在版编目 (CIP) 数据

软件工程与开发技术 / 江开耀主编. —2 版. —西安：西安电子科技大学出版社，2009.2(2020.1 重印)
普通高等教育"十一五"国家级规划教材

ISBN 978-7-5606-2158-6

Ⅰ. 软… Ⅱ. 江… Ⅲ. 软件工程—高等学校—教材 Ⅳ. TP311.5

中国版本图书馆 CIP 数据核字(2008)第 187122 号

策　　划　马晓娟
责任编辑　马晓娟
出版发行　西安电子科技大学出版社(西安市太白南路 2 号)
电　　话　(029)88242885　88201467　　邮　　编　710071
网　　址　www.xduph.com　　　　　　电子邮箱　xdupfxb001@163.com
经　　销　新华书店
印刷单位　西安日报社印务中心
版　　次　2009 年 2 月第 2 版　　2020 年 1 月第 9 次印刷
开　　本　787 毫米×1092 毫米　1/16　印　张　24.5
字　　数　578 千字
印　　数　30 001～30 500 册
定　　价　54.00 元

ISBN 978-7-5606-2158-6/TP

XDUP 2450002-9

如有印装问题可调换

前　言

经过 40 余年的发展，软件工程学已经取得了长足的进步。对软件工程过程、软件开发技术和软件工程工具的研究与改进正引导着我们逐渐克服软件危机的影响，从传统的手工业生产模式向大工业化的软件生产模式转化。由传统的软件工程到计算机辅助软件工程、从结构化技术到面向对象技术、从只注重产品到同时关注产品与过程，软件工程学本身也在实践中不断发展并走向成熟，已经成为计算机科学技术的一个重要分支学科。

近年来，在传统软件工程的基础上，新的软件工程方法、新的软件体系架构不断出现，软件工程过程模型不断趋于成熟，计算机辅助软件工程技术突飞猛进，使得软件工程效率和软件工程质量都有了质的飞跃。

但我们也客观地认识到，即使是在信息技术得到了飞速发展的今天，软件危机的阴影依然未能完全消除；进一步提升软件研发的工程化程度，从根本上提升软件工程的效率可控、质量可控程度的任务仍然有待完成；学习并掌握现代软件工程理论，理解并学习使用计算机辅助软件工程方法与工具也仍然是计算机应用相关专业学生的重要任务之一。

本书注重从实用角度介绍软件工程的基础知识和实用的软件工程技术方法，希望能够使本书的读者对现代软件工程有一个较为全面的理解，并对实际的软件工程活动有所帮助。全书共四篇，23 章，对软件工程进行了较全面的介绍。

第一、二篇主要介绍了软件工程基础知识与软件工程方法，主要内容包括软件工程的基本概念、结构化的软件工程方法和面向对象的软件工程方法。

第三篇综合介绍了软件工程项目管理方法，主要内容包括工程估算、软件度量、风险防范、软件质量保证和软件配置管理方面的知识。

第四篇就 PSP、TSP 和 CMM 过程模型进行了介绍，比较全面地从个人、小组、团队三个层面论述了软件工程过程能力的提升与改进途径。

本书可以作为高等院校计算机科学与技术专业和相关专业本、专科软件工程课程的教材。建议授课基本学时为 50～60 课时。对于非计算机科学专业的本科生，第四篇内容可以不讲。本书亦可以作为软件工程师和软件相关行业从业人员的参考书。

本书由西安工程大学、西安理工大学等单位的几位同志通力合作完成。西安工程大学江开耀教授担任本书主编并统编全书，主要负责编写了第 1、2、6 章；李建成副教授担任副主编，与陈建斌副教授合作编写了第二篇的第 7～13 章；张晓滨副教授担任副主编，编写了第三篇中的第 18～20 章；江山博士编写了第四篇的第 21～23 章；西安理工大学李晔老师编写了第一篇的第 3～5 章；南阳理工学院董占奇老师编写了第 14 章；陕西广电网络西安分公司江彤工程师编写了第三篇中的第 15～17 章。

在本书写作过程中，得到了西安电子科技大学出版社马晓娟老师的多方指导和大力协助，提出了许多很好的改进建议，在此一并致谢。

编　者

2008.10

第 一 版 前 言

随着微电子技术的飞速发展，硬件设备的功能急剧提升、价格大幅度下降。据统计，硬件系统的性能价格比平均每十年提高两个数量级，质量也在稳步提高。在计算机应用领域的不断拓展和深入的过程中，对软件产品的数量、种类、功能、性能的需求也在不断攀升。但是，由于软件生产过程和软件产品固有的不可视特征以及缺乏工程化的软件生产模式，导致了软件系统的开发成本逐年上升、产品质量难以控制、成品软件不便于维护、生产率远远跟不上实际需求等。这样，软件的生产与维护就成为了限制计算机应用系统继续快速发展的关键因素。西方计算机科学家把在软件开发和维护过程中遇到的一系列严重问题统称为"软件危机"，并从 20 世纪 60 年代末开始认真研究解决软件危机的方法，从而逐步形成了一门新兴的学科——计算机软件工程学。

经过 40 年的发展，软件工程学已经取得了长足的进步。对软件工程过程、软件开发技术和软件工程工具的研究与改进正引导着我们逐渐克服软件危机的影响，从传统的手工业生产模式向大工业化的软件生产模式转化。由传统的软件工程到计算机辅助软件工程，从结构化技术到面向对象技术，从只注重产品到同时关注过程与产品，软件工程学本身也在实践中不断发展并走向成熟，已经成为计算机科学技术的一个重要分支学科。

本书注重从实用角度介绍软件工程的基础知识和实用的软件工程技术方法，希望能够使读者对现代软件工程有一个较为全面的初步理解，并对实际的软件工程活动有所帮助。全书共三部分，17 章。第一部分介绍软件工程基础知识与传统的软件工程方法，主要内容是软件工程的基本概念和基于结构化方法的软件工程技术，包括结构化的分析、设计、编码与测试等；第二部分讲述了面向对象技术的基本概念和面向对象的分析、设计和实现技术；第三部分综合介绍了软件工程项目管理方法，主要内容包括工程估算、软件度量、风险防范、软件质量保证和软件配置管理等方面的知识。

本书由西安工程科技学院、延安大学、西安理工大学、宝鸡文理学院相关同志通力合作完成，并由西安交通大学陆丽娜教授主审。西安工程科技学院江开耀教授担任本书主编，负责编写了第 1～3 章和第 13 章，并负责统稿；延安大学张俊兰教授担任副主编，编写了第 8～11 章；西安理工大学李晔老师编写了第 4～6 章；宝鸡文理学院吴莉霞老师编写了第 7 章；西安工程科技学院王继川副教授编写了第 12 章、马柯副教授编写了第 14 章、陈建斌老师编写了第 15 章、江山老师编写了第 16、17 章。另外，西安理工大学李长河教授参加了编写大纲的讨论，提出了很好的建议。

在本书写作过程中，得到了西安电子科技大学出版社马晓娟老师的多方指导和大力协助，提出了许多很好的建议，在此一并致谢。

编 者

2003.4

目　录

第一篇　传统的软件工程

第二篇 面向对象的软件工程

第三篇 软件工程项目管理

第四篇 软件工程过程模型

第 一 篇

传统的软件工程

任何一个实际的计算机应用系统都由硬件和软件两大部分组成。随着微电子技术的飞速发展，硬件设备的功能急剧提升、价格大幅度下降、生产能力有了很大的发展。据统计，硬件系统的性能价格比平均每十年提高两个数量级，质量也在稳步提高。在计算机应用领域的不断拓展和深入的过程中，对软件产品的数量、种类、功能、性能的需求也在不断攀升。但是，由于软件生产的人工成本居高不下，导致了软件系统的开发成本逐年上升、人工产品的质量难以控制、成品软件不便于维护、生产率也远远跟不上实际需求。这样，软件的生产与维护就成为了限制计算机应用系统继续快速发展的关键因素。西方计算机科学家把在软件开发和维护过程中遇到的一系列严重问题统称为"软件危机"，并从 20 世纪 60 年代末开始认真研究解决软件危机的方法，从而逐步形成了一门新兴的学科——计算机软件工程学。

第 1 章　软件工程引论

1.1　软件产品的概念与特征

1.1.1　软件产品的概念与分类

就本质而言，软件就是一个信息转换器，它的功能不外乎是产生、管理、获取、修改、显示或转换信息。它担任着双重角色，首先，它是一种产品，表达了由计算机硬件体现的计算潜能；其次，它又是开发和运行产品的载体，是计算机控制(操作系统)、信息通信(网络)的基础，也是创建和控制其他软件(软件工具和开发环境)的基础。

对于软件的一种公认的解释是：软件是计算机系统中与硬件相互依存的另一部分，它是包括程序、数据及其相关文档的完整集合。其中，程序是为实现设计的功能和性能要求而编写的指令序列；数据是使指令能够正常操纵信息的数据结构；文档是与程序开发、维护和使用有关的图文资料。

根据用途划分，软件可以大致划分为如下类别：

(1) 系统软件：就一般情况来说，系统软件是为其他软件服务的软件。系统软件与计算机硬件交互频繁，处理大量的确定或不确定的复杂数据，往往需要具有多用户支持、资源精细调度、并发操作管理、多种外部设备接口支持等项功能。

(2) 实时软件：管理、分析、控制现实世界中所发生的事件的软件称为实时软件。它一般有数据采集、数据分析、输出控制等三方面的功能。实时软件需要保持一个现实任务可以接受的响应时间，即必须保证能够在严格限定的时间范围内对输入做出响应。

(3) 商业管理软件：商业信息处理是最大的软件应用领域，包括常规的数据处理软件和一些交互式的计算处理(如 POS 软件)软件。它的基本功能是将已有的数据重新构造，变换成一种可以辅助商业操作和管理决策的形式。在这个过程中，几乎都要涉及到对于大型数据库的访问。各类管理信息系统(MIS)、企业资源计划(ERP)、客户关系管理(CRM)等都是典型的商业管理软件。

(4) 工程与科学计算软件：此类软件的特征是要实现特定的"数值分析"算法。例如离散傅立叶变换、有限元分析、演化计算等。CAD/CAM 软件一般也可以归属到这一类型中来。

(5) 嵌入式软件：驻留在专用智能产品的内存中，用于控制这些产品进行正常工作，完成很有限、很专业的功能的软件。例如各类智能检测仪表、数码相机、移动电话、微波炉等智能产品都必须在嵌入式软件的支持下才能正常工作。

(6) 人工智能软件：利用非数值算法去解决复杂问题的软件。各类专家系统、模式识别软件、人工神经网络软件都属于人工智能软件。

(7) 个人计算机软件：文字处理系统、电子表格、游戏娱乐软件等。

此外，还可以根据软件的规模(代码行及开发工作量，如表 1.1 所示)、软件的工作方式、使用频度、失效后造成的影响等对软件产品进行分类。

表 1.1　根据规模进行软件分类

软件规模类别	参加人员数	开发期限	产品规模(源代码行数)
微型	1	1～4 周	0.5 k
小型	1	1～6 月	1～2 k
中型	2～5	1～2 年	5～50 k
大型	5～20	2～3 年	50～100 k
甚大型	100～1000	4～5 年	1 M
极大型	2000～5000	5～10 年	1～10 M

1.1.2　软件产品的特征

在制造硬件时，人的创造性的劳动过程(分析、设计、建造、测试)能够完全转换为物理的形式，但软件是逻辑的而不是物理的产品，因此软件具有和硬件完全不同的特征：

(1) 软件是一种逻辑实体，具有抽象性。我们可以把软件保存在媒体介质上，但却无法直接看到软件的形态，因而必须通过运行、观察、分析、思考、判断才能够了解软件的功能、性能及其他特性。换句话说，软件产品具有明显的非可视特征。

(2) 软件的生产与硬件不同。软件是由开发或工程化而形成的，不是由传统意义上的制造过程生产的。虽然软件开发和硬件制造之间有一些相似之处，可是两者在本质上是不同的。这两者都能够通过良好的设计获得高质量的产品，但即使有了良好的设计和优秀的样品，硬件在批量制造过程中仍然可能引入质量问题，而这种情况对于软件而言几乎不存在。软件在开发完毕，形成为产品之后，其批量制造过程只是简单的拷贝/复制；软件的开发和硬件的制造都依赖于人，但参与者和他们完成的工作之间的关系不同；两者的终极目的都是建造产品，但方法不同；软件的成本集中在开发过程上，而硬件生产的成本更多地表现在原材料消耗上。因此，软件项目开发过程不能完全像硬件制造过程那样来管理。

(3) 软件产品不会"磨损"。和硬件产品类似，软件产品也会出现故障，所不同的是，硬件产品的故障多来自外在条件导致的"磨损"或"老化"，而软件产品如果发生故障，无一例外的是在设计开发过程中留有隐患。因此，硬件的故障可以通过简单的更换部件解决，而软件的故障必须通过全面的软件维护活动才有望克服。同时，不完善的维护活动又可能在软件中注入新的故障，导致软件质量的"退化"。也就是说，软件故障的修复要比硬件故障的修复复杂得多。因此，衡量软件产品质量的一个重要指标就是它的"可维护性"。图 1.1 是软、硬件产品的失效率曲线。

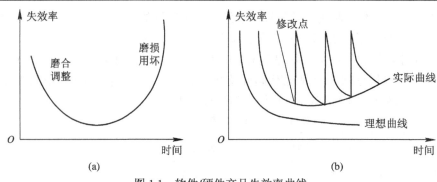

图 1.1　软件/硬件产品失效率曲线

(a) 硬件产品失效率曲线；(b) 软件产品失效率曲线

1.1.3　软件发展的阶段划分

自从 20 世纪 40 年代第一台计算机问世以来，就有了"程序"的概念，可以认为它是软件的前身。经过了几十年的发展，人们对软件有了更为深刻的认识，在这几十年中，软件开发经历了三个发展阶段：20 世纪 50～60 年代属于程序设计阶段；20 世纪 60～70 年代为程序系统阶段；20 世纪 70 年代之后进入软件工程阶段。各阶段的特点与区别见表 1.2。

表 1.2　计算机软件发展的三个阶段及其特点

特点 指标 ＼ 阶段	程序设计	程序系统	软件工程
软件所指	程序	程序及说明书	程序、文档、数据
主要程序设计语言	汇编及机器语言	高级语言	软件语言*
软件工作范围	程序编写	设计和测试	整个软件生命周期
需求者	程序设计者本人	少数用户	市场用户
开发软件的组织	个人	开发小组	开发小组及大、中型开发机构
软件规模	小型	中、小型	大、中、小型
决定质量的因素	个人技术	小组技术水平	技术与管理水平
开发技术和手段	子程序、程序库	结构化程序设计	数据库、开发工具、集成开发环境、工程化开发方法、标准和规范、网络及分布式开发、面向对象技术、计算机辅助软件工程
维护责任者	程序设计者	开发小组	专职维护人员
硬件的特征	高价、存储量小、可靠性差	降价，速度、容量和可靠性明显提高	向超高速、大容量、网络化、微型化方向发展
软件的特征	完全不受重视	软件的技术发展不能满足需求，出现了软件危机	开发技术有进步，但仍未完全摆脱软件危机

*注：软件语言包括需求定义语言、软件功能语言、软件设计语言、程序设计语言等。

1.2　软件危机

1.2.1　软件危机及其表现

现代计算机应用系统中，软件的地位日益重要和突出。如何满足日益增长的软件需求，如何维护应用中的大量已有软件，已经成为了计算机应用系统进一步发展的瓶颈。1968 年，北大西洋公约组织的计算机科学家们在联邦德国召开的国际会议上讨论了软件危机问题，同时也在这个会议上提出了"软件工程"这个名词，导致了一门新的工程学科的正式诞生。

简单地说，所谓软件危机，就是指在软件开发和软件维护过程中所存在的一系列严重问题。具体地说，软件危机具有如下一些表现：

(1) 软件开发没有真正的计划性，对软件开发进度和软件开发成本的估计常常很不准确，计划的制定带有很大的盲目因素，因此工期超出、成本失控的现象经常困扰着软件开发者。

(2) 对于软件需求信息的获取常常不充分，软件产品往往不能真正地满足用户的实际需求。

(3) 缺乏良好的软件质量评测手段，从而导致软件产品的质量常常得不到保证。

(4) 对于软件的可理解性、可维护性认识不够；软件的可复用性、可维护性不如人意。有些软件因为过于"个性化"，甚至是难以理解的，更谈不上进行维护。缺乏可复用性引起的大量重复性劳动极大地降低了软件的开发效率。

(5) 软件开发过程没有实现"规范化"，缺乏必要的文档资料或者文档资料不合格、不准确，难以进行专业维护。

(6) 软件开发的人力成本持续上升，如美国在 1995 年的软件开发成本已经占到了计算机系统成本的 90%(如图 1.2 所示)。

(7) 缺乏自动化的软件开发技术，软件开发的生产率依然低下，远远满足不了急剧增长的软件需求(如图 1.3 所示)。

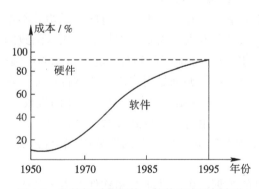

图 1.2　计算机系统硬件、软件成本比例变化

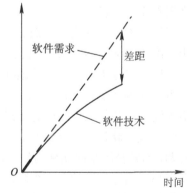

图 1.3　软件技术的发展落后于需求

软件危机曾经是历史上的阴影，目前软件工程界也仍然在一定程度上受到它的影响。软件工程概念的提出，正是为了克服软件危机的。自 1968 年以来，随着软件工程学的不断发展，软件危机得到了一定程度的遏制，但还远远没有被彻底解决。《The Standish Group. Chaos. 1995.》一文报告了 20 世纪 90 年代中期美国商用软件产业的情况：1995 年美国公司取消了 810 亿美元的软件项目；在所考察的软件项目中，在完成前就取消了其中的 31%；53% 的软件项目进度拖延，通常拖延的时间超过预定工期 50% 以上；只有 9% 的大型软件项目能够及时交付且费用不超支(对中型和小型软件项目来说这一数据为 16%)。

从上面的统计数据不难看出，在软件开发过程中，危机的影响依然存在。再回顾一下世纪之交时，为防治软件"千年虫"问题所投入的巨大人力与物力，也反映了软件维护工作的艰巨与困难。

1.2.2　产生软件危机的原因

软件危机的存在是不争的事实。产生软件危机的原因可以归纳为主、客观两个方面。

从客观上来看，软件不同于硬件，它的生产过程和产品都具有明显的"不可视"特征，这就导致在完成编码并且上机运行之前，对于软件开发过程的进展情况较难衡量，软件产品的质量也较难进行先期评价，因此，对于开发软件的过程进行管理和控制比较困难。在软件工程的早期，制定详细的开发计划并且进行全程跟踪调控，对于所有的阶段产品和阶段工作进展进行技术审查和管理复审，可望在一定程度上克服"开发过程不可视"造成的消极影响。

此外，软件运行过程中如果发现了错误，那么必然是遇到了在开发时期(分析、设计、编码过程)引入的、在检测过程中没有能够检查出来的故障。对于此类故障的维护，通常意味着要修改早期的分析结果、设计结果并调整编码。由于软件产品的不可视特征，维护过程不像硬件产品维护时只要简单地更换损坏部件那样容易，这在客观上造成了软件难以维护的结果。利用足够的文档资料使不可视的产品可视化，有助于提升软件产品的可理解性和可维护性。

从主观上分析，导致软件危机发生的另一大原因，可以归于在计算机系统发展的早期，软件开发的"个体化"特点，主要表现为忽视软件需求分析的重要性、忽视软件的可理解性、文档不完备、轻视软件的可维护性、过分强调编码技巧等方面。

只有软件的用户才真正了解他们自己的需求。而且应当承认，用户一开始并不见得能够清晰、准确、无二意地表达自己的需求。软件开发人员需要做大量的、深入细致的调研工作，引导用户逐步准确、具体地描述软件的需求，才能够得到对问题、目标的正确认识，从而获得解决问题的恰当出发点，有望开发出真正能够满足用户需求的软件产品。在对用户的需求没有清楚的认识时就仓促进行程序编写，最终必然会导致开发工作的失败。

一般来说，软件产品从策划、定义、开发、使用与维护直到最后废弃，要经过一个漫长的时期，通常把这个时期称为软件的"生命周期"。可以将生命周期分作"软件定义"、"软件开发"和"运行与维护"三个阶段。

在软件定义阶段中，主要进行软件项目的策划、可行性研究和软件的需求分析工作，通过和用户多次交流，在所要开发的软件必须"作什么"方面和用户达成一致(当然在开发过程中也允许在严格的控制下进行需求变更)。

　　软件被定义之后，进入开发阶段，主要对软件的体系架构、数据结构和主要算法进行设计和编码实现。对于编码结果，还要按照规范进行测试后，才能最终交付使用。如前所述，在开发阶段也可能对于此前不够准确的软件定义结果进行调整。统计数据表明，在典型的软件工程过程中，编码工作量大约只占软件开发全部工作量的 15%～20%。

　　软件的运行与维护阶段在软件生命周期中占据的比例最大。在软件运行过程中，分析和设计阶段的一些遗留缺陷可能会逐步暴露；运行环境的演变也会对运行中的软件提出变更要求；用户新需求的提出则常常要求扩充现有软件的功能或者改进其性能，所有这些要求与问题都必须通过"软件维护"工作去解决。在维护过程中，必须注意保持所有软件工作产品之间的一致性。针对不同的需求，维护工作一般可以分为纠错性维护、适应性维护、扩充性维护和预防性维护等不同类型。

　　作为软件，应当有一个完整的配置。Boehm(美国著名的软件工程专家，加州州立大学教授)指出，"软件是程序以及开发、使用、维护程序所需的所有文档"。所以，软件产品除包括程序之外，应当包括完整、准确、翔实的文档资料。主要的文档应当包括"需求规格说明书"、"体系结构设计说明书"、"详细设计说明书"、"安装手册"、"操作手册"、"系统管理员手册"等。缺乏必要的配置文档，将严重影响软件的可理解性，从而给软件的维护造成严重障碍。

　　做好包括项目策划、可行性研究、需求分析三项内容的软件定义工作，是提高软件质量、降低软件成本、保证开发进度的关键环节。

　　值得注意的严重问题是，在软件开发的不同阶段进行修改所付出的代价是极其不同的。在早期引入变动，涉及的面比较小，因而代价也比较低；在开发的中期，因为许多配置项(被标识的工作产品)已经完成，所以引入一个变动，就要对它所涉及的所有已经完成的配置项进行变更，不仅工作量大，而且逻辑上也更复杂，因此付出的代价剧增；如果在软件"已经完成"时再引入变更，更是要付出高得多的代价。根据美国一些软件公司的统计资料，软件开发后期引入一个变动比在早期引入相同变动所需付出的代价高 2～3 个数量级。 图1.4 定性地描绘了在不同时期引入一个变动需要付出的代价的变动趋势。图 1.5 是美国贝尔实验室统计得出的定量结果。

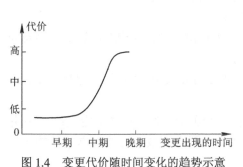

图 1.4　变更代价随时间变化的趋势示意

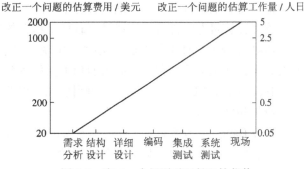

图 1.5　改正一个问题需要付出的代价

1.2.3　解决软件危机的途径

　　可以借鉴其他工程领域的成功经验，基于软件危机产生的主、客观原因，从软件工程技术和软件工程管理两方面来采取措施，防范软件危机的发生。

软件开发不是某种个体劳动的神秘技巧，而应当是一种组织良好、管理严密，分析、设计、编码、测试、品保等各类人员协同配合、共同完成的工程项目。在软件开发过程中，必须充分吸收和借鉴人类长期以来从事各种工程项目所积累的行之有效的原理、概念、技术和方法，特别要注意吸收几十年来在计算机硬件研究和开发中积累的经验、教训。

从管理层面上考虑，应当注意推广和使用在实践中总结出来的开发软件的成功的技术和方法，并且探索更好的、更有效的技术和方法，注意积累软件开发过程中的经验数据财富，逐步消除在计算机系统早期发展阶段形成的一些错误概念和做法。建立适合于本组织的软件工程规范；制定软件开发中各个工作环节的流程文件、工作指南和阶段工作产品模板；实施针对软件开发全过程的计划跟踪和品质管理活动；为每一项工程开发活动建立配置管理库；实施严格的产品基线管理并建立组织的软件过程数据库和软件财富库；为各类员工及时提供必要的培训等等都是加强软件开发活动管理工作的有效手段。

从技术角度考虑，应当开发和使用更好的软件开发工具，提高软件开发效率和开发工作过程的规范化程度。在计算机软件开发的各个阶段，都有大量的繁琐重复的工作要做，在适当的软件工具的辅助下，开发人员可以把这类工作做的既快又好。目前广为使用的统一建模语言(UML)、各种配置管理工具、缺陷管理工具和自动测试工具都在软件工程活动中发挥了很好的作用。计算机辅助软件工程(CASE)更是目前备受重视的一个旨在实现软件开发自动化的新的领域。

1.3 软件工程的产生及其发展

1968 年，北大西洋公约组织的计算机科学家们在原联邦德国召开的国际会议上，针对软件危机的严峻形势，提出了把在其他工程领域中行之有效的一些工程学知识运用到软件开发过程中来，从管理和技术两个方面研究如何更好地开发和维护计算机软件的设想。这也就是软件工程的基本思路。在这次会议上首次提出并使用了"软件工程"这一术语。

简单地说，软件工程是指导软件开发和维护的工程学科。它的核心思想是采用工程的概念、原理、技术和方法来开发和维护软件，把经过实践考验而证明是正确的管理方法和当前能够得到的最好的技术方法结合起来，从而大大提高软件开发的成功率和生产率。

许多计算机专家都曾经描述过"软件工程"的定义。

Boehm 曾为软件工程下过定义："运用现代科学技术知识来设计并构造计算机程序及为开发、运行和维护这些程序所必需的相关文件资料"。

1983 年，IEEE(电气和电子工程师协会)给出的软件工程定义为："软件工程是开发、运行、维护和修复软件的系统方法"。

Fritz Bauer(美国著名的软件工程专家)则给出了另一个关于软件工程学的定义："建立并使用完善的工程化原则，以较经济的手段获得能在实际机器上有效运行的可靠软件的一系列方法"。

后来又有一些从事软件工程方法学研究的人陆续提出了许多更为完善的软件工程的定义，但主要思想都是强调软件开发过程中需要应用工程化原则的重要性。

IEEE 给出了关于软件工程的一个更加综合的定义：

(1) 将系统化的、规范的、可度量的方法应用于软件的开发、运行和维护过程。即将工程化方法应用于软件开发与维护过程中。

(2) 对上述方法的研究。

就内容来看，软件工程应当包括三个要素：方法、工具和过程。

软件工程方法为软件开发提供了"如何做某项工作"的技术指南。它包括了多方面的内容。例如项目策划和估算方法、软件需求分析方法、体系结构的设计方法、详细设计方法、软件测试方法等等。使得整个开发过程的每一种阶段任务都能够"有章可循"。

软件工程工具为软件工程方法提供了自动的或半自动的软件支撑环境。目前这样的工具已经有许多种，而且已经有人把诸多软件工程工具集成起来，使得一种工具产生的信息可以为其他工具所使用，形成了一种称之为计算机辅助软件工程(CASE)的软件开发支撑环境。CASE 把各种软件工具、开发机器和一个存放开发过程信息的工程数据库组合起来，形成了一个完整的软件工程环境。

软件工程中的"过程"是将软件工程的方法和工具综合起来以达到合理、及时地进行计算机软件开发的目标。可以将软件工程过程理解为软件工程的工艺路线。过程定义了各种方法使用的顺序、各阶段要求交付的文档资料、为保证质量和控制软件变更所需的管理环节和在软件开发各个阶段完成的里程碑。

针对软件工程的基本要件，有许多计算机科学家进行了诠释，先后提出了 100 多条有关软件工程的相关原则。著名软件工程专家 B.W.Boehm 集众家所长，并总结了 TRW 公司多年开发软件的经验，在 1983 年提出了软件工程的七项基本原则，作为保证软件产品质量和开发效率的最小集合。具体包括：

(1) 用分阶段的生命周期计划严格管理软件工程过程。

(2) 坚持在软件工程过程中进行阶段评审。

(3) 实行严格的产品控制。

(4) 采用现代的开发技术进行软件的设计与开发。

(5) 工作结果应当是能够清楚地审查的。

(6) 开发小组的人员应该"少而精"。

(7) 承认不断改进软件工程实践的必要性。

这七条原则是互相独立的、缺一不可的最小集合，同时又是相当完备的。可以证明，其他已经提出的 100 多条软件工程原理都可以由这七条原则的任意组合蕴含或派生。从首次提出"软件工程"的概念开始，迄今已经经过了 40 年，在此期间，计算机硬件、软件技术领域都有了长足的发展，各种新产品、新技术、新方法、新工具不断问世。伴随着计算机科学与技术的进步，软件工程作为一门新兴学科也同样有了很大的发展。从传统的软件工程到面向对象的软件工程，从一般的软件工程到净室软件工程，从软件工程到软件再工程，从人工软件工程到计算机辅助软件工程，整个软件工程学正在日趋走向成熟，并在计算机应用领域中发挥着越来越大的作用。

1.4　软件工程的技术基础

软件工程是一种层次化的技术，如图 1.6 所示。

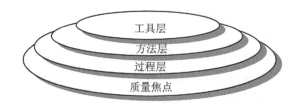

图 1.6　软件工程过程层次图

正如其他工程方法一样，软件工程必须以有组织的软件质量保证为基础。因此说，对质量的关注构成了软件工程的根基。

软件工程过程是将技术层(包括工程技术与管理技术)结合在一起的凝聚力，过程层是软件工程的基层。软件工程过程定义了一组关键过程域(KPAs)，这对于软件工程技术的有效应用是必需的。这些关键过程区域是对软件工程项目进行管理与控制的基础，并且确定了上、下各区域之间的关系。其中，对于技术方法的采用、阶段产品的产生、工程里程碑的建立、质量监控与保证、变更控制等方面都进行了规定。

除各个开发组织可以定义自己的软件工程过程之外，目前流行比较广泛的软件工程过程包括有 RUP 过程、极限(XP)过程、敏捷软件过程(Agile S.P)等等。

软件工程方法涵盖了需求分析、设计、编程、测试、维护等各个环节，它给出了完成这些任务在技术上应当"如何做"的方法。它依赖于一组基本原则，这些原则控制了每一个技术区域，涉及到建模活动和其他描述技术。

工具层对过程和方法提供支持，使得工程活动、管理活动得以自动、半自动的进行。例如，目前广为使用的数据库建模工具 Erwin、面向对象的建模工具 Rationnal Rose、配置管理工具等等。如果把一系列的工具集成起来使用，使得一个工具产生的信息可以被另一个工具使用时，就形成了一个支持软件开发的系统。这种集成了软件、硬件和一个软件工程数据库的软件工程环境，称为计算机辅助软件工程(CASE)。

1.5　软件工程过程的概念

软件工程过程是用以开发或维护软件及其相关产品的一系列活动，包括软件工程活动和软件管理活动。这些活动的执行可以是有序的、循环的、重复的、嵌套的，也可以是由条件引发的。

一个软件开发组织可以定义自己的软件工程过程；针对不同的软件产品，同一个软件开发组织也可以使用多个不同的软件工程过程。

一个软件开发组织遵循其软件过程所得到的实际结果称之为该过程的"过程性能"；一个特定软件过程被明确和有效地定义、管理、测量和控制的程度称为此过程的成熟度；软件开发组织通过执行其软件过程能够实现预期结果的程度称之为该组织的"软件过程能力"。

在美国 SEI (软件工程研究所，设在美国卡耐基—梅农大学，是致力于软件过程改进的权威机构)提出的"能力成熟度模型" CMM(Capability Maturity Module)中，设定了 52 个目标，18 个关键活动域和 316 个关键活动，能够用来评价软件开发组织的过程能力。

软件工程过程是过去十几年中人们关注的焦点。软件工程和软件工程过程之间是强相关的。软件工程过程通常包括四种基本的过程活动：

(1) 软件规格说明：规定软件的功能、性能及其运行限制。

(2) 软件开发：产生满足规格说明的软件，包括设计与编码等工作。

(3) 软件确认：确认软件能够满足客户提出的要求，对应于软件测试。

(4) 软件演进：为满足客户的变更要求，软件必须在使用的过程中演进，以求尽量延长软件的生命周期。

在一个良好的软件过程中，还应当包括一些"保护性"的活动，包括软件项目的跟踪监控、正式的技术审核、软件配置管理活动、软件质量保证活动、文档的准备和产生、软件测试、风险管理等等。这些保护性活动贯穿于整个工程过程之中。

在具体的工程过程中，可以根据实际需要，采用不同的过程模型来实现上述的基本活动和保护活动。事实上，软件工程过程是一个软件开发组织针对某一类软件产品为自己规定的工作步骤，它应当是科学的、合理的，否则必将影响到软件产品的质量。一个良好的软件工程过程应当具备如下特点：

(1) 易理解性。

(2) 可见性：每个过程活动都以得到明确的结果而告终，保证过程的进展对外可见。

(3) 可支持性 ：容易得到 CASE 工具的支持。

(4) 可接受性：比较容易被软件工程师接受和使用。

(5) 可靠性：不会出现过程错误，或者出现的过程错误能够在产品出错之前被发现。

(6) 健壮性：不受意外发生问题的干扰。

(7) 可维护性：过程可以根据开发组织的需求的改变而改进。

(8) 高效率：从给出软件规格说明起，就能够较快地完成开发而交付使用。

一个软件过程可以表示成如图 1.7 所示的形式。其中，公共过程框架是通过定义若干适合于所有软件项目的框架活动而建立的；若干任务集合中，每一个集合都由软件工程工作任务、软件项目里程碑、软件工作产品和交付物以及质量保证点组成；保护性活动独立于任何一个框架，贯穿于整个过程。

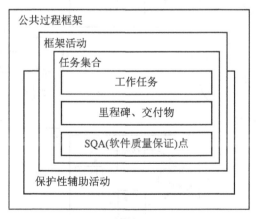

图 1.7　软件工程过程

1.6　几种软件过程模型

在一个具体的实际工程活动中，软件工程师必须设计、提炼出一个工程开发策略，用以覆盖软件过程中的基本活动，确定所涉及的过程、方法、工具。这种策略常被称为"软件工程过程模型"。这一模型的选择应当是根据组织定义的标准软件过程，参考具体工程项目的特点和资源状况进行裁剪来进行的。

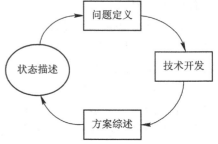

从宏观上来看，所有的软件开发过程都可以看成是一个循环解决问题的过程。其中包括四个截然不同的阶段：状态描述、问题定义、技术开发和方案综述，如图 1.8 所示。状态描述表示了事物的当前状态；问题定义标识了要解决的特定问题；技术开发通过应用某些技术来解决问题；方案综述提交解决结果(如文档、程序、数据、新的商业功能、新产品)给那些从一开始就需要方案的人。前面定义的软件工程的一般阶段和步骤很容易映射到这些阶段上。

图 1.8　问题循环解决的各个阶段

上述的问题循环解决过程可以应用于软件工程的多个不同开发级别(阶段)上，包括考虑整个系统开发的宏观阶段，开发程序构件的中间阶段，甚至是代码编制阶段，因此可以采用分级集合表示。可以定义一个模式，然后在连续的、更小的规模上递归地应用它，这样来提供一个关于过程的理想化的视图。问题循环解决过程的每一个阶段又包含一个相同的问题循环解决过程，如图 1.9 所示。可以认为，软件开发是从用户到开发者再到技术的一个连续的过程。随着向一个完整系统的逐步进展，上述的阶段递归地应用于用户的需求和开发者的软件技术说明中。

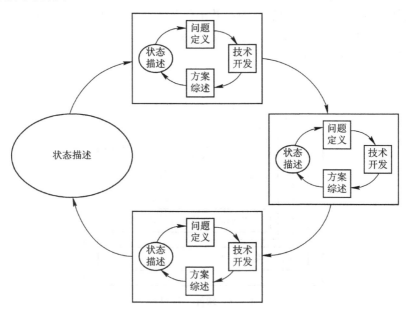

图 1.9　问题循环解决阶段中的阶段

要想像图 1.9 那样清楚地划分阶段活动是很困难的，因为阶段内部和阶段之间的活动往往是交叉的。但是对于任何一个软件项目而言，不管选择了什么样的具体的软件工程过程模型，所有四个活动阶段在某个细节的级别上都是同时存在的。图 1.9 描述了实际过程的递归性质。在后面的讨论中，我们将会看到，每一种具体的软件工程过程模型实际上都代表了一种将本质上无序的活动有序化的企图。每一种模型都具有能够帮助实际软件项目的控制及协调的特征，但在它们的核心中，这些模型又表现了无序模型的特点。

在软件工程实践中，有许多专家治力于过程模型的研究，像瀑布模型、原型模型、快速应用开发模型、增量模型、螺旋模型、形式化方法模型、**RUP** 模型、敏捷过程模型、构件组装模型、并发开发模型等等都先后得到了有效的应用。下面就几种常见模型作一介绍。

1.6.1　线性顺序模型

图 1.10 表示了软件工程的线性顺序模型，有时也称为"瀑布模型"。它表示了软件开发系统的、顺序的方法。虽然瀑布模型支持带反馈的循环，但大多数使用者均把它视为是严格线性的。从系统级开始，随后是分析、设计、编码、测试和维护。

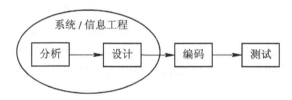

图 1.10　线性顺序模型

线性顺序模型是最早，也曾经是应用最广泛的软件工程过程模型，但是这种模型不适应需求经常发生变更的环境。实际的项目很少能够严格地按照该模型给出的顺序进行。需求的变更、设计的变更、编码的变更几乎是不可避免的。虽然线性顺序模型能够允许迭代，但却是间接的迭代。在项目的开发过程中，变更可能会引起混乱。所以，有人形象地把采用线性模型进行商业软件工程称之为"在沙滩上盖楼房"。考虑到用户对于需求的理解有一个渐进渐深的过程，一开始用户往往难以明确地提出所有的需求，这样，线性顺序模型的第一步输入就得不到满足。同时，线性顺序模型也经常不能接受项目开始阶段自然存在的不确定性。在采用线性顺序模型的时候，用户只有到项目的开发晚期才能够得到程序的可运行版本。大的错误如果到这时才被发现，那么造成的后果往往是灾难性的。同时，因为线性顺序模型每一步的工作都必须以前一阶段的输出为输入，这种特征会导致工作中发生"阻塞"状态。某些项目组成员不得不等待组内其他成员先完成前驱任务才可能展开自己的工作。有时这种等待时间可能会超过实际花在工作上的时间。这种阻塞状态在线性顺序过程的开始和结束时经常会发生。

虽然存在着上述的种种问题，但是线性顺序模型仍然有其值得肯定之处。它提供了一个模板，使得分析、设计、编码、测试与维护工作可以在该模板的指导下有序地展开，避免了软件开发、维护过程中的随意状态。采用这种模型，曾经成功地进行过许多大型软件工程的开发。直至目前，对于需求确定、变更相对较少的项目，线性顺序模型仍然是一种可以考虑采取的过程模型。但在"用户驱动"的商业软件开发中，采用线性顺序模型并不是一个好的选择。

1.6.2　原型模型

大型建筑在施工之前，常常按照图纸制造一个缩小的模型来验证工程完成后可能的效果；新的工业设计在充分证明其正确性之前，也往往利用在缩小规模的前提下制造少量成品进行检验的方法来验证设计正确与否。同样地，如果在开发一项软件工程的时候，用户不能准确、全面地描述其需求，或者开发者还不能确定所选用算法的有效性或人机交互界面的形式时，同样也可以建立一个简化了的样品程序并使之运行，引导用户通过对样品运行情况的观察，进一步明确需求或验证算法的正确性。这种开发模式就称之为"原型模型"，如图 1.11 所示。

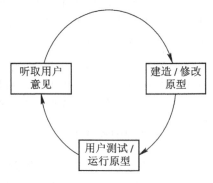

图 1.11　原型模型

原型模型从需求收集开始，开发者和用户在一起定义软件的总体目标，标识出已知的需求，并规划出进一步定义的区域。然后进行快速设计并进行编码实现，进行原型的建造。这种快速设计和建造通常集中在那些对用户可见的部分(如输入方式、输出界面)。原型建造好之后，运行原型程序，由用户和开发者进行评估、验证。接着进一步精化待开发软件的需求，逐步调整原型以使其逐渐满足用户的真正需求，同时也使开发者对将要完成的开发任务有更深入的理解。这一过程是多次迭代进行的。

使用原型模型必须有两个前提。其一是用户必须积极参与原型的建造，同时开发者和用户必须有共识：建造原型仅仅是为了定义需求，之后就必须被全部抛弃(至少是部分抛弃)，实际的软件必须在充分考虑到软件质量和可维护性之后才被开发。从这个意义上说，原型模型又往往被称为"抛弃原型模型"。其二是必须有快速开发工具可供使用。

1.6.3　快速应用开发模型

快速应用开发(RAD)模型是线性顺序模型的一个"高速"变种，强调极端的开发周期。RAD 模型通过使用基于构件的建造方法达到快速开发的效果。在需求得到很好理解、项目的范围约束明晰的前提下(通常不容易保证这样的条件)，采用 RAD 过程能够使项目组在很短的时间内(如60～90天)创建出功能完善的系统。RAD过程主要用于信息应用软件的开发，如图 1.12 所示，它包含如下几个开发阶段：

(1) 业务建模：业务活动中的信息流被模型化。此阶段说明什么信息驱动业务流程、生成什么信息、谁负责生成该信息、该信息流向何处、谁处理它等。

(2) 数据建模：业务建模阶段定义的一部分信息流被精化，形成一组支持该业务所需的数据对象。此阶段标识出每个数据对象的特征属性，定义这些对象之间的关系。

(3) 处理建模：数据建模阶段定义的数据对象变换成为要完成一项业务功能所需的信息流。此阶段创建处理描述以便增加、修改、删除或获取某个数据对象。

(4) 应用生成：RAD 过程不是采用传统的第三代程序设计语言来创建软件，而主要是复用已有的程序构件或是创建可复用的构件。在所有情况下，均使用自动化工具辅助软件建造。

(5) 测试及反复：RAD 过程强调复用，许多构件是已经测试过的，减少了测试工作量。但是所有的新创建构件、所有的接口都必须测试。

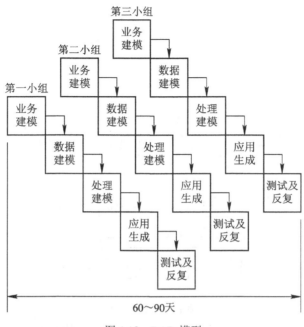

图 1.12 RAD 模型

采用 RAD 模型时，系统的每一个主要功能部件可以由一个单独的 RAD 工作组完成，最后再将所有的部件集成起来形成完整的软件。

RAD 模型强调可复用程序构件的开发，支持多小组并行工作以缩短整体工期。但是如果一个系统难以被适当地模块化，构件的复用和建造就会出现问题。作为线性顺序模型的一个变种，它具有线性顺序模型所具有的种种特性。同时，RAD 模型依赖于构件复用，它不适用于技术风险很高的、要采用很多新技术的项目。对于具有高性能需求的软件，如果这种高性能必须通过对接口的反复调整才能实现，那么采用 RAD 模型也就有可能失败。

1.6.4 演化软件过程模型

软件就像其他复杂系统一样，需要经过一段时间的演化改进，才能够最终满足用户需求。业务和产品需求随着开发的进展常常发生变更，因而难以一步到位地完成最终的软件产品，但是，紧迫的市场期限又不允许软件工程师过多地延长开发周期。为了应对市场竞争或商业目标的压力，构造了"演化软件模型"。它的基本思想是"分期完成、分步提交"。可以先提交一个有限功能的版本，再逐步地使其完善。

演化模型的主要特点是利用"迭代"方法，使工程师们渐进地开发，生产出逐步完善的软件版本。在商业软件开发实践中，演化模型日益得到广泛的应用。

用户的支持、理解和全程参与是成功采用演化模型的重要前提。演化模型兼有线性顺序模型和原型模型的一些特点。但线性顺序模型本质上是假设当线性开发序列完成之后就能够交付一个完整的系统；原型模型的目的是引导用户明确需求、帮助工程师验证算法，总体上讲它并不交付一个最终的产品系统。它们都没有考虑到软件的"演化"过程。

根据开发策略的不同，演化模型又可以细分为"增量"模型和"螺旋"模型两种。

1. 增量模型

增量模型融合了线性顺序模型的基本成分(重复的应用这些成分)和原型模型的迭代特征，如图 1.13 所示。增量模型实际上是一个随着日程/时间的进展而交错的线性序列集合。每一个线性序列产生一个软件的可发布的"增量"，所有的增量都能够结合到原型模型中去。

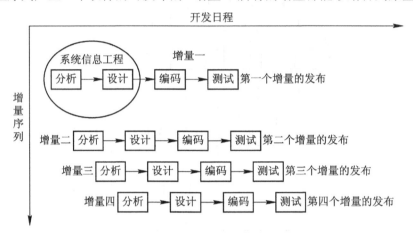

图 1.13　增量模型

当使用增量模型时，第一个增量模型往往是核心部分的产品，它实现了软件的基本需求，但很多已经明晰或者尚不明晰的补充特性还没有发布。核心产品交由用户使用或进行详细复审。使用或复审评估的结果是制定下一个增量开发计划。该计划包括对核心产品的修改及增加一些新的功能与特性。这个过程在每一个增量发布后迭代地进行，直到产生最终的完善产品。和原型模型不一样的是，增量模型虽然也具有"迭代"特征，但是每一个增量都发布一个可操作的产品，不妨称之为"产品扩充迭代"。它的早期产品是最终产品的可拆卸版本，每一个版本都能够提供给用户实际使用。

在实际开发过程中，增量模型是十分有用的一种模型。对于防范技术风险、缩短产品提交时间都能够起到良好的作用。应当再次强调的是，用户在开发软件的过程中，往往有"一步到位"的思想，因而增量式的工程开发必须取得用户的全面理解与支持，否则是难以成功的。

2. 螺旋模型

螺旋模型也属于演化软件过程模型。它将原型的迭代特征与线性顺序模型中控制的和系统化的方面结合起来，使得能够快速开发软件的增量版本。在螺旋模型中，软件开发是一系列的增量发布。和增量模型不同，它并不要求每一个增量都是可以运行的程序。在早期的迭代中，发布的增量可以是一个纸上的模型或原型；在以后的迭代中产生更加完善的版本。螺旋模型被划分为若干个框架活动，如图 1.14 所示。活动也称为任务区域，一般包括：

(1) 用户通信：建立开发者和用户之间有效通信所需要的任务。
(2) 计划：定义资源、进度和其他项目相关信息所需要的任务。
(3) 风险分析：评估技术的及管理的风险所需要的任务。

(4) 工程：建立应用的一个或多个表示所需要的任务。

(5) 建造及发布：建造、测试、安装和提供用户支持所需要的任务。

(6) 用户评估：基于在工程阶段产生的或在安装阶段实现的软件表示的评估，是获得用户反馈所必需的任务。

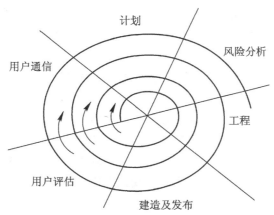

图 1.14　一个典型的螺旋模型

每一个框架活动(任务区域)均含有一系列的适应待开发项目特点的工作任务(活动)。在所有的情况下，都需要应用诸如软件配置管理、软件品质保证等保护性活动。随着演化过程的开始，软件工程项目组按照顺时针方向沿螺旋移动。从核心开始，第一圈可能产生软件规格说明书，第二圈可能开发出一个原型，随后可能是软件更完善的版本。经过计划区域的每一圈都会对计划进行调整，基于从用户处得到的反馈，调整进度和费用以及版本的内容。项目管理者可以根据项目的具体情况调整所需要的迭代次数。

和传统的过程模型不同，螺旋模型能够适应于计算机软件产品的整个生命周期，而不是当软件交付后就结束过程。对于大型系统及软件的开发工作来说，螺旋模型是一种很好的模型方法。采用这种模型，随着过程的发展演化，开发者和用户能够更好地理解和对待每一个演化级别上的风险。它使开发者在产品演化的任何阶段上都能够使用原型方法，保持了传统生命周期模型中的阶段化的工作方式，但同时又引入了迭代的框架，更加真实地反映了现实世界。同时也有利于防范技术风险。

螺旋模型的应用同样有赖于用户的充分理解和积极参与。同时，它需要使用专门的风险评估技术以便识别风险、防范风险。

1.7 过 程 技 术

前面讨论的过程模型必须适合于软件项目组的使用。为满足这一要求，先后开发出了许多过程管理工具以帮助软件组织分析他们当前的过程，协调组织工作任务，控制和监管进度以及管理技术质量。例如，利用配置管理工具来进行配置管理和缺陷管理；利用自动测试工具进行测试；利用统一建模语言 UML 来进行对象建模、分析与设计；利用 Project 制订和监测项目计划及其进展；利用第四代技术，通过开发者在较高的层次上说明软件的某些特征，之后工具就能够自动地根据说明生成源代码等。

　　采用合适的过程技术工具，使得软件开发组织能够建造一个自动模型，该模型包括通用的过程框架、任务集合及保护性活动。该模型一般表示成一个网络，对其加以分析，就能够确定典型的工作流程，考察可能导致降低开发时间和成本的可供选择的过程结构。一旦创建了一个可接受的过程，就可以使用其他过程工具来分配、监管，甚至控制过程模型中所定义的所有软件工程任务。软件项目组的每一个成员均能够使用这些工具产生一个清单，包括要完成的任务、要开发的工作产品以及要实现的质量控制活动等等。

1.8　软件重用技术

　　"重用"是提升软件财富价值的有效途径。一般来说，这里所指的重用可以包括知识重用、方法重用、软件成分重用三个层次。例如，软件工程知识的重用使我们能够高效率地开发、维护一个又一个的软件项目；行之有效的软件工程方法的重用帮助我们有章可循地解决各类工程问题；软件成分的重用则使我们在需求分析、系统设计和编码实现的过程中能够事半功倍。

　　对于软件工程师来说，软件成分的重用是我们最为关注的问题。介绍 RAD 模型时，我们已经了解了构件重用的重要作用。没有构件重用，RAD 模型就只能是纸上谈兵。再具体一点地说，软件成分重用又可以分为分析结果重用、设计结果重用和代码重用三个层次。

　　需求分析在软件工程中的地位举足轻重。一个完善的需求分析将指导我们走上成功之路，反之，错误的分析必将导致项目的彻底失败。在大部或局部雷同的项目中重复地使用已经被前驱项目证明是正确的部分分析结果，是提高分析工作效率、保证分析成功的一种有效方法。

　　设计重用在开发类同项目的软件，尤其是在软件移植过程中能够极大地减少工作量，提高工作效率。设计结果重用包括体系结构设计重用和详细设计重用两重内涵。

　　代码重用是最直接的重用。包括基于"宏"的重用、基于函数库的重用和基于继承的重用三种不同的方法。目前，基于函数库的重用(例如 C 语言)和基于继承(VB、JAVA 等)的重用代表着代码重用的主流。尤其是基于继承的代码重用，随着面向对象方法的成熟，越来越受到重视。

　　基于软件重用思想的框架(Framework)开发模式近年来备受关注。业界认为，软件构件化是 21 世纪软件工业发展的大趋势。工业化的软件复用已经从通用类库进化到了面向领域的应用框架。框架的重用已成为软件生产中最有效的重用方式之一。

　　框架是整个或部分系统的可重用设计，表现为一组抽象构件及构件实例间交互的方法。另一种定义认为，框架是可被应用开发者定制的应用骨架。前者是从应用方面而后者是从目的方面给出的定义。

　　可以说，一个框架是一个可复用的设计构件，它规定了应用的体系结构，阐明了整个设计、协作构件之间的依赖关系、责任分配和控制流程，表现为一组抽象类以及其实例之间协作的方法，它为构件复用提供了上下文(Context)关系。因此，构件库的大规模重用也需要框架。

　　框架的最大好处就是重用。面向对象系统获得的最大的复用方式就是框架，一个大的应用系统往往可能由多层互相协作的框架组成。

由于框架能重用代码，因此从一已有构件库中建立应用变得非常容易，因为构件都采用框架统一定义的接口，所以使构件间的通信趋于简单。

框架能够重用设计。它提供可重用的抽象算法及高层设计，并能将大系统分解成更小的构件，而且能描述构件间的内部接口。这些标准接口使在已有的构件基础上通过组装建立各种各样的系统成为可能。只要符合接口定义，新的构件就能插入框架中，构件设计者就能重用构件的设计。

框架还能重用分析。所有的人员若都按照框架的思想来分析事务，那么就能将它划分为同样的构件。采用相似的解决方法，从而使采用同一框架的分析人员之间能进行沟通。

采用框架技术进行软件开发的主要特点包括：

(1) 领域内的软件结构一致性好。

(2) 建立了更加开放的系统。

(3) 重用代码大大增加，软件生产效率和质量也得到了提高。

(4) 软件设计人员要专注于对领域的了解，使需求分析更充分。

(5) 存储了经验，可以让那些经验丰富的人员去设计框架和领域构件，而不必限于低层编程。

(6) 允许采用快速原型技术。

(7) 有利于在一个项目内多人协同工作。

(8) 大粒度的重用使得平均开发费用降低，开发速度加快，开发人员减少，维护费用降低，而参数化框架使得适应性、灵活性增强。

在现代软件工程领域中，"重用"软件成分的价值越来越为人们所认知。而为了重用财富，必须持续不断地积累财富。在工程实践中建立软件开发组织的财富数据库已经成为这些组织的共识。SEI(软件工程研究所)已经将建立与使用软件财富库作为提高开发组织软件过程成熟度的一个目标，有关这方面的具体内容可参见有关 CMM3 级的相关资料。

1.9　计算机辅助软件工程工具

计算机辅助软件工程(CASE)工具是伴随着计算机辅助软件工程的发展而产生和发展的。CASE 工具可以是一个单一工具，支持某一特定的软件工程活动；也可以是一个完整的集成环境，包含工具、数据库、人员、硬件、网络、操作系统、标准以及其他部件。

CASE 工具主要依据使用该 CASE 工具的软件工程开发阶段和主要功能来分类。

1. 按使用功能的 CASE 工具分类

(1) 信息工程工具。这类 CASE 工具不是关注于特定应用的需求，而是对业务信息在公司内各个组织实体间的流动进行建模，其主要目标是表示业务数据对象、它们的关系以及这些数据对象如何在公司内部的不同业务区域间流动。通过对某一组织的战略性信息需求的建模，信息工程工具提供了一个可从中导出特定信息系统的"元模型"。

(2) 项目计划/管理工具。主要包括：

项目计划工具：这类工具主要关注软件项目工作量、项目工期、成本估算和项目进度安排，使得项目管理者能够定义所有项目任务，创建任务网以表示任务间的依赖性和可能的并行度。

项目度量工具：这类工具通过捕获项目特定的度量(如每人月的 LOC、每个功能点的缺陷数等)，改善项目管理者控制和协调软件过程的能力，从而提高软件开发的质量。

风险分析工具：这类工具通过提供对风险标识和分析的详细指南，使得项目管理者能够建立风险表，并制定一个计划减轻、监控和管理风险。

质量保证工具：这类工具可审计源代码以确定语言标准的符合度。

(3) 数据库管理工具。这类 CASE 工具主要用于建立 CASE 数据库或项目数据库。

(4) 绘图与文档工具。这类 CASE 工具用于文档的生成和绘制图表。

(5) 软件配置管理工具。软件配置管理(SCM)位于每个 CASE 环境的核心，SCM 的五个主要的任务——标识、版本控制、变化控制、审计和状况说明与报告都可以使用这类 CASE 工具来辅助完成。

(6) 分析和设计工具。这类 CASE 工具用于创建系统模型。系统的模型一般包含数据、功能和行为，以及数据的、体系结构的、过程的和界面的设计特征。

(7) 界面设计和开发工具。这类 CASE 工具能够帮助用户在屏幕上快速地创建遵从当前软件采用的界面标准的用户界面。

(8) 集成和测试工具。主要包括：

数据获取工具：这类工具用于获取在测试中将被使用到的数据。

静态分析工具：这类工具用于辅助导出测试用例。其中基于代码的测试工具接收源代码作为输入，完成一系列的分析，导出生成的测试用例。基于需求的测试工具孤立特定用户的需求，产生针对需求的测试用例或测试类。

动态分析工具：这类工具能与执行中的程序进行交互，检查路径覆盖率，测试特定变量的值和程序的执行流。

测试管理工具：这类工具用于控制和协调软件测试的每个主要测试步骤，管理测试计划、测试用例、测试报告和缺陷跟踪等。

客户/服务器性能测试工具：这类工具用于测试客户/服务器环境下图形用户界面和服务器间的网络通信能力。

(9) 再工程工具。主要包括：

逆向工程工具：这类工具以源代码为输入，生成图形化的分析和设计模型，以及其他的设计信息。

代码重构和分析工具：这类工具分析程序语法，生成控制流图，自动生成程序代码。

联机系统再工程工具：这类工具用于修改联机的数据库系统。

2. 按软件开发阶段的 CASE 工具分类

(1) 软件需求分析阶段的需求分析工具，如 BPwin、PowerDesigner、Rose 等。

(2) 软件设计阶段的软件设计工具，如 PowerDesigner、Rose 等；数据库设计工具，如 Erwin、ERStudio、PowerDesigner 等。

(3) 软件编码测试阶段的软件测试工具，如 QTP、LoadRunner、Purify 等。

(4) 整个软件开发阶段的项目管理工具，如 Microsoft Project 等；开发文档编写工具，如 Microsoft Office 等；绘图工具，如 Microsoft Visio 等。

3. 集成化 CASE 环境

集成化 CASE 环境组合一系列不同的工具和不同的信息，使得在工具间、人员间能跨越软件过程实现通信。工具的集成使得软件工程信息对每个需要它的工具都是可用的；使用方法的集成使得所有工具都提供相同的操作界面；开发方法的集成使得开发采用标准的软件工程方法。

大多数集成 CASE 环境的体系结构组织成层次结构：

(1) 用户界面层：包括标准的界面工具箱和公共的表示协议。界面工具箱包含人机界面管理软件和显示对象库，提供了一致的界面和单个 CASE 工具间的通信机制；公共的表示协议定义了所有 CASE 工具应具有相同的屏幕布局、菜单名组织方式、图标、对象名和一致的键盘、鼠标使用方法。

(2) 工具层：包括 CASE 工具和一组工具管理服务。

(3) 对象管理层：提供了工具集成的机制，将每个 CASE 工具集成到对象管理层中，同时完成配置管理功能。

(4) 共享中心库层：使得对象管理层能够与 CASE 数据库交互并完成对 CASE 数据库的访问控制。

1.10　小　　结

本章简要介绍了计算机软件工程学的由来与发展过程；解释了"软件产品"的概念及其特点；重点对由于计算机软件开发过程、计算机软件产品所固有的特性和在计算机技术发展早期的一些错误认识所导致的"软件危机"的具体表现、解决途径等问题进行了阐述，介绍了"软件工程"的内涵；明确提出了软件工程的基本思想是遵循七项基本原则，系统地、有条不紊地从抽象的逻辑概念逐步发展到具体的物理实现。读者应当通过对软件工程七条原则的深入理解，作到对软件工程的原理和方法有一个概括的、本质的认识，理解软件工程的三要素——方法、工具、过程的具体含义。

本章还讲述了软件过程的基本概念和常用软件过程的构造与特点。我们已经知道，软件工程在计算机软件的开发中集成了过程、方法和工具。工程过程是用以开发或维护软件及其相关产品的一系列活动，包括软件工程活动和软件管理活动。从最传统的线性顺序过程开始，本章对原型模型、演化模型、RAD 模型的结构和特点作了具体的介绍。通过对本章的学习，应当了解到如何根据具体项目的特点和开发环境，选择正确的过程模型，达到最佳的开发效果。

习　题

1. 结合自己的理解，简述软件危机的产生原因和具体表现。

2. 软件产品和一般的产品有哪些主要区别？这些区别对软件产品的维护产生了什么影响？

3. 根据你的理解，简要说明软件生产过程的主要特点。

4. 软件工程的主要原则包括哪些方面？它的基本要素有哪几项？

5. 阅读软件工程领域中的一部重要作品"人月神话"，并撰写一篇简要的读书笔记。

6. 在软件工程过程模型的基本框架中，"保护过程"贯穿始终，根据你的理解简要说明都有哪些活动可以归为"保护过程"。

7. 在具体的软件工程中，是否存在有软件工程过程的某一阶段不适用的可能？如果有，请举例说明。

8. 根据你的理解，分析原型模型和螺旋模型的主要异同点。

9. 你认为线性顺序模型在目前还有没有存在的价值？它的主要弱势表现在哪一方面？

10. 增量模型和螺旋模型同属于演化式软件模型，在实用过程中，它们都会不断地发布增量版本。是否可以考虑将这两种过程模型合并为同一个？为什么？

11. 举出一个可以采用增量模型的特定的软件项目。

12. 给出 5 个可以采用原型方法的软件开发项目的实例，再举出 2 个或 3 个难以使用原型方法的应用。

13. 你认为本章介绍的哪一个软件工程过程模型最有效？为什么？

14. 根据你的经验，在一般的管理信息系统中，哪些部分可以考虑形成可复用的构件？

15. 登录软件工程专家网站(http://www.51cmm.com)查阅关于 XP 过程、RUP 过程和软件工程标准文档方面的相关资料。

第 2 章　系统工程基础与软件可行性研究

软件工程是基于计算机的系统工程的重要组成部分。系统工程关注于一系列的元素，关注于如何按一个系统分析、设计和组织这些元素。该系统可以是针对信息变换或控制的产品、服务或者技术。当工程工作的前后环境着重于商业或企业时，系统工程过程被称为是信息工程；当一个产品被建造时，该过程称之为产品工程。

计算机软件工程、计算机硬件工程是"计算机系统工程"内的活动(元素)，这些活动的目的都是要按照一定的次序开发基于计算机的系统。在基于计算机的系统中，软件工程较之比较成熟的硬件工程，仍然没有摆脱软件危机的困境。软件已经成为计算机系统中最困难、最不易成功、管理最具风险的系统元素。但是随着计算机系统在数量上、应用范围上、复杂程度上的不断增长和扩大，对软件的需求与日俱增。采用先进的工程方法，开发出高品质的软件产品，已经成为基于计算机的系统进一步发展的关键。

2.1　基于计算机的系统

基于计算机的系统也被定义为一些元素的集合。基于计算机的系统可以是一个单独的系统。但是在更多的情况下，计算机系统往往是一个更大的系统中的一个元素(称为"宏"元素)。也就是说，系统具有"多层嵌套定义"的形态特征。

2.1.1　基于计算机的系统概述

基于计算机的系统将一组元素组织起来，以实现某种方法、过程或利用处理信息进行控制。图 2.1 给出了计算机系统的基本结构。其中，软件是指计算机程序、数据结构和用来描述所需的逻辑方法、过程或控制的文档；硬件是指计算机系统中提供计算能力的物理电子设备；人指硬件和软件的操作员和用户；数据库是一个大型的、信息的有组织的集合，它通过软件进行数据加工与存取，是系统功能的一个主要部分；文档是指手册、表格和其他用以描述系统使用和操作的描述性信息；过程定义每种元素特定的使用步骤或系统的主流过程性环境。

这些元素能够以各种方式组合起来进行信息的转换，产生必要的控制信号，将一种数据转换为另一种数据，并控制特定的硬件设备。

"系统"是元素的集合。同时，系统的概念又是一个递归的概念。一个系统可能包含有大量的元素，而自身又充当其他的、更大的系统的元素，如图 2.2 所示。

图 2.1　计算机系统及其元素

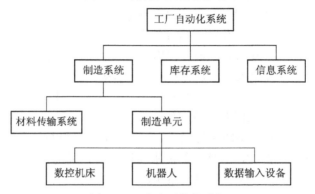

图 2.2　元素为系统的系统

系统工程师(系统分析员)的职责就是分析客观需求,设计、选择适当的元素并定义其间的关系和设计、建造特定的系统。作为计算机系统分析员,关心的是基于分析设计、基于计算机的系统。当计算机软件的需求确定之后,大系统的软件系统分析员就应当按照分配给软件的系统需求(必须由软件完成的需求)设计、建立计算机软件系统。

以稍微形式化的方法来表示,在系统工程中,**整体视图(WV)**包含若干个领域(D_i),它们本身可以是一个系统或者是系统的系统:

$$WV=\{D_1，D_2，D_3，\cdots，D_n\}$$

每个领域由若干个特定的元素(E_j)构成,每个元素代表了完成领域的实体和目标:

$$D_i = \{E_1，E_2，E_3，\cdots，E_m\}$$

最后,刻划每个元素,组成元素的是实现(完成)元素功能的技术构件(C):

$$E_i = \{C_1，C_2，C_3，\cdots，C_k\}$$

在软件范畴内,构件应当是计算机程序、类或对象、可复用构件、模块等。甚至可以是程序设计语言语句。系统分析员自顶向下的展开工作时,关注的内容越来越具体,然而,整体视图在适当的层次上清楚地描述了整个功能的定义,从而使工程师能够理解整个领域并最终理解系统或产品。因此在系统建模阶段,整体视图有其特殊的意义。

2.1.2　计算机系统工程

计算机系统工程是一个问题求解活动,通过和用户的协商揭示并分析客观的功能需求,把整体需求化整为零,分配给计算机系统中的各个元素去完成。系统分析员从界定目标与约束条件开始,导出针对本系统的功能、性能、接口、环境、数据结构的表示,并据此选择必要的元素，进行功能分配和设计元素间的关联关系，也就是针对用户的需求进行基于计算机的系统设计。设计可能会得到若干种能够满足用户系统需要的候选方案。对于这些方案，应当从多方面进行权衡比较，找出在技术、经济、成本、可操作性方面均具有较好指标的方案作为推荐的系统结构方案。这样，就能够从用户的需求出发，运用系统工程的观点与方法，选择一个基于计算机的、系统的、特定的系统配置，把功能与性能规格分配给硬件、软件、人、数据库、文档与过程去完成。具体的硬件工程、软件工程、人机工程和数据库工程的作用就是细化功能和性能的范围，产生一个能够和其他元素适当集成的可操作的系统元素。

1. 硬件和硬件工程

计算机系统工程师选择某种硬件元素的组合构成基于计算机系统的硬件元素。在选择硬件元素时，应当考虑以下特性：

(1) 从集成化的角度考虑，对各种元件打包形成单独的构件块。

(2) 各个元件/构件块之间尽量采用标准接口。

(3) 性能、成本、有效性相对地比较容易确定。

(4) 尽量提供多种可供权衡选择的硬件方案。

计算机硬件工程是在几十年以来电子设计和电子工程的基础上发展起来的。硬件工程的过程可以划分为计划与定义，设计和样机实现，生产、销售和售后服务三个阶段。

2. 软件和软件工程

在系统工程中，一般把部分功能和性能要求分配给软件来实现。在一些情况下，可以把功能看作是一个顺序的数据处理过程，对性能不作显式定义。在另一些情况下，可以把功能看作是对内部各个系统元素的协调和对其他并发程序的控制，而性能则显式定义为响应和等待时间。

为了实现分配给软件的功能和性能，软件工程师必须获取或者开发一系列的软件部件。与硬件不同的是，软件部件很难标准化。在许多情况下，为了满足系统分配给软件的需求，软件工程师还必须开发一些专用部件。但无论如何，尽量采用可复用构件是选择软件部件的第一原则。

在基于计算机的系统中，软件元素一般由程序、数据和文档组成，包括系统软件和应用软件两类。前者完成使应用软件能与其他系统元素(例如硬件元素)交互的控制作用；后者用来实现信息处理功能所要求的过程。

抽象地看，基于计算机的系统可以用 IPO (输入—处理—输出)模型来表示。软件可以用来从外部实体或系统内的其他元素接收输入信息；在需要人机交互的时候完成 I/O 转换，并引导操作者进行一系列的交互操作；当软件从一个设备得到数据时，就以"驱动器"的形式来调整相应硬件特征；软件还能够用于建立数据库接口，使程序能够存取预先存储的数据；软件针对接收到的源数据实现完成系统需求所必需的处理算法，形成输出到其他系统元素、宏元素或外部对象的数据或控制信息。

软件工程是一门有关开发高质量软件的、基于计算机系统的软件学科。软件工程也有三个阶段，即定义、开发、检验交付与维护阶段，分别如图 2.3、2.4 和图 2.5 所示。

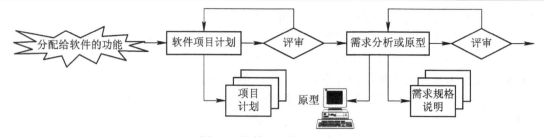

图 2.3　软件工程的定义阶段

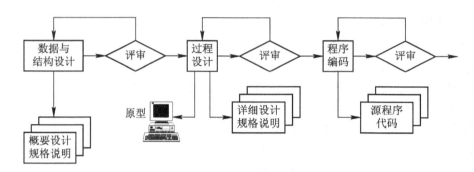

图 2.4　软件工程的开发阶段

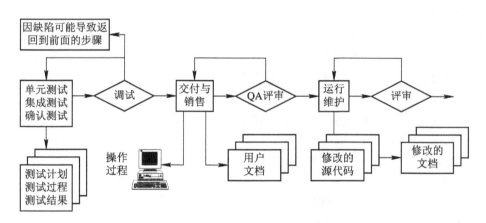

图 2.5　软件工程的校验交付与维护阶段

3. 人与人机工程(人机交互工程)

基于计算机的系统一般离不开人的因素。人机交互的便捷与否，系统是否具有明显的"用户友好性"，是评价计算机系统质量优劣的指标之一。

在计算机系统中，"人"是重要的元素。系统工程师在把功能分配给人之前，必须规定完成功能所必须进行的交互，因此必须了解人元素具有的具体"元件"。具体来说，组成人元素的元件包括：人的记忆和知识表示、思维和推理、直观感觉、人的对话构造等等。人类工程学是应用心理学和方法论导出的知识来确定和设计高质量人机对话界面(HCI，Human Conversation Interface)的多学科活动。人机工程过程包括：

(1) 活动分析：对分配给人的每一项活动，在与其他系统生成元素进行交互的环境中进行评价。活动还要划分成任务，并在以后对它们进一步分析。

(2) 语义分析和设计：对用户要求的每一个动作和机器产生的每一个动作的精确含义进行定义，并进行能够传递正确语义的对话设计。

(3) 语法和词法设计：标识与描述各个动作和命令的特定形式，然后设计每一动作或命令的硬件与软件实现。

(4) 用户环境设计：将硬件、软件和其他系统生成元素组合起来形成用户环境。环境包括物理设备以及人机对话界面。

(5) 原型：利用原型能够形式化地定义 HCI，能够使用户积极地参与而不是被动地评价 HCI。应当重复地使用原型化方法运行和评价所有的人机工程。

4. 数据库与数据库工程

数据库工程是一门技术学科，它的应用是在数据库的信息域定义完成之后。对于使用数据库的系统来说(例如几乎所有的商业软件)，数据库往往作为信息仓库成为所有功能的核心。系统工程师的任务在于要定义数据库中包含的信息，处理将要进行的查询的类型、数据存取的方式和数据库的容量等等。即使在不使用数据库的系统中，也要进行数据分析和数据设计。数据库工程的目标可以简要地归纳为"明确加工对象和输出结果的数据结构特征"。

2.2　系统需求识别

2.2.1　系统分析的目标

系统需求分析是一组称为计算机系统工程的活动，它着眼于所有的系统生成元素，由硬件、软件、数据库方面的工程师共同参加。系统分析的目标包括：

(1) 识别出用户的需求。

(2) 评价系统的可行性。

(3) 进行经济分析和技术分析。

(4) 在明晰总体需求的前提下，将要实现的功能分配给硬件、软件、人、数据库和其他的系统元素。

(5) 预测成本、进行进度设计。

(6) 生成系统规格说明，用作所有后继工程的基础。

2.2.2　系统分析过程

识别用户的真正需求是系统分析的第一步。分析人员应当注意弄清楚下列问题：

(1) 用户所期望的功能和性能。

(2) 对于可靠性和质量提出的问题有哪些。

(3) 总的系统目标是什么。

(4) 成本、资源和进度有哪些限制和约束。

(5) 可能会有哪些扩充需求。

(6) 有哪些有效的技术可供使用。

(7) 制造的需求是什么及市场竞争情况如何。

最初，系统分析员应当协助用户整理他们的需求，提出总的目标。即要针对什么对象，进行什么处理，输出成为什么形式。识别了总目标之后，再对一些辅助需求信息进行进一步评估。如工期限制、资源、技术储备等等。通过系统分析，对于系统的总体功能和分配给软件的需求都有了尽量准确的理解。这种对系统需求的理解和相关技术路线的分析将写入"项目概念文档"中(前期调研报告)，并通过和用户的反复交流，对文档进行滚动修改。

2.3　可行性研究与分析

就商业软件来说，只要不限定资源与时间，总是可行的。但这里要考虑的是："在指定的目标和满足质量、时间、成本约束条件前提下，问题有没有可行解"。暂时不必考虑"如何解"的问题。主要从四个方面考虑可行性：

(1) 经济可行性：进行投入/产出分析，确定系统有无经济价值。

(2) 技术可行性：在预定的时间与成本限制下，对待开发系统进行功能、性能和限制条件的分析，确定在当前已经拥有的资源环境中，存在有多大的技术风险。

(3) 法律可行性：确认待开发系统是否存在有涉及侵权、妨碍和责任问题。

(4) 对不同的方案进行评估抉择。

在这样的过程中，由于当前对需求的理解还是粗线条的，因此要进行经济、技术可行性分析是有难度的。尤其是对于技术可行性的研究，必须十分注意。在进行技术风险分析时，需要考虑：

(1) 开发风险：在预定的限制范围约束下，能否设计出系统并实现其功能与性能。

(2) 评价资源的有效性：人力、可复用构件、软/硬件环境三个层次的资源是否具备。

(3) 相关的技术发展能否支持这一系统。

对于工程的技术可行性评价，必须非常重视，一旦估价错误，将产生灾难性的后果。此外，对于法律可行性进行评价时，涉及的面也比较广，它包括合同、责任、侵权以及其他一些技术人员常常不了解的险境。必要时可以请法律顾问来参与评价。

在选择各个候选方案时，还常常受到成本和时间的限制。

可行性研究的结果是形成一个单独的"可行性报告"，其中最主要的内容是：

(1) 项目的背景：问题描述、实现环境和限制条件等。

(2) 管理概要与建议：重要的研究结果(结论)、说明、劝告和影响等。

(3) 推荐的方案(不止一个)：候选系统的配置与选择最终方案的原则。

(4) 简略的系统范围描述：分配元素的可行性。

(5) 经济可行性分析结果：经费概算和预期的经济效益等。

(6) 技术可行性(技术风险评价)：技术实力分析、已有的工作及技术基础和设备条件等等。

(7) 法律可行性分析结果描述。

(8) 可用性评价：汇报用户的工作制度和人员的素质，确定人机交互功能界面需求。

(9) 其他项目相关的问题：如可能会发生的变更等等。

可行性研究报告由系统分析员撰写，交由项目负责人审查，再上报给上级主管审阅。在可行性研究报告中，应当明确项目"可行还是不可行"，如果认为可行，还要明确地推荐方案。

2.3.1　效益度量方法

经济可行性的结论通过投入/产出分析得出。首先要估算项目的开发成本投入，然后与可能取得的效益比较和权衡。在计算成本/效益时，应当重视"货币时间效果"影响，并应适当考虑无形效益。

整个系统的经济效益解释为：采用新系统后增加的收入再加上使用新系统后节约的运行费用。无形的效益包括用户满意度、更高的质量等等，很难直接度量。但是在一定的条件下，无形的效益也可能转化成有形的效益。

成本估算的初衷，是要对项目投资，估算投资所需的额度。投资在前，收益在后，进行投入/产出分析时，将来的收益和现在已经耗费的成本不能直接进行比较，必须考虑到货币的时间效益后，才能够准确进行投入/产出分析。

度量经济效益时，一般从投入/产出比、成本回收时间和纯收入三个角度来考虑。在计算过程中，必须充分考虑到货币的时间价值问题。

(1) 货币的时间价值：由于利率的存在，货币的时间价值是能够准确估算的。假设年利率为 i，现在投入 P 元，则 n 年后能够得到：

$$F = P(1+i)^n$$

这就是 P 元钱在 n 年后的价值。反之，假设 n 年后能收入 F 元，则其当前价值是：

$$P = \frac{F}{(1+i)^n}$$

例：假设购置一套应用软件投资 20 万元，预计可使用 5 年，每年直接经济效益 9.6 万元，年利率为 5%，试计算投入/产出比。

解：考虑到货币的时间价值，5 年的总体收入应当逐年按照上式计算，并非为恒定的 9.6 万元。1～5 年中，每年的收入折算到当前的数据如表 2.1 所示。

表 2.1　货币的时间价值

年份	将来收益/万元	$(1+i)^n$	当前收益	累计的当前收益
1	9.6	1.05	9.1429	9.1429
2	9.6	1.1025	8.7075	17.8513
3	9.6	1.1576	8.2928	26.1432
4	9.6	1.2155	7.8979	34.0411
5	9.6	1.2763	7.5219	41.5630

根据上表所列数据，本软件投入/产出比为

$$\frac{41.5630}{20} = 2.0785$$

(2) 投资回收期：根据上例，两年后收入 17.8513 万元，尚欠 2.15 万元没有收回成本，在第三年还需要：2.15/26.1432 = 0.259(年)，故投资回收期为 2.259 年。

(3) 纯收入：根据上面的计算结果，5 年纯收入为

$$41.5630-20 = 21.5630 \text{ 万元}$$

这相当于比较一个待投入的软件项目可能获取的利润和将 20 万元存入银行所取得的效益。只有当纯收入大于 0 时，开发软件才有真正的效益。

2.3.2　成本 — 效益分析

有了正确的效益度量方法，就能够进行成本 — 效益分析。除经济效益之外，非经济效益也应当适当考虑。下面以一个管理信息系统软件为例，分析其可能的成本—效益。信息管理系统可能的效益表如表 2.2 所示。

表 2.2　信息管理系统可能的效益表

改进计算与打印工作得到的效益	降低每单元计算和打印成本(CR)
	提高计算任务的精确度(ER)
	有能力快速改变计算程序中的变量与值(IF)
	大大提高计算与打印速度(IS)
改进记录保存工作得到的效益	自动为记录收集和存储数据(CR、IS、ER)
	更完全、系统地保存记录(CR、ER)
	根据空间与成本，增加记录保存的容量(CR)
	进行标准化的记录保存(CR、IS)
	增加单记录数据容量(CR)
	改进存储记录的安全性(ER、CR、MC)
	改进记录的可移植性(IF、CR、IS)
改进记录查找工作带来的效益	快速检索记录(IS)
	改进从大型数据库中存取记录的能力(IF、CR)
	改进变更数据库内容的能力(IF、CR)
	通过远程通信、链接要求查找的地点的能力(IF、IS)
	改进登记记录能力，保存操作种类及操作人信息(ER、MC)
	审计和分析记录查找活动的能力(MC、ER)
改进系统重构能力带来的效益	同时变更整个记录类的能力(IS、IF、CR)
	传输大型数据文件的能力(IS、IF)
	归并其他文件生成新文件的能力(IS、IF)
改进分析和模拟能力所得到的效益	快速执行复杂并发计算的能力(IS、IF、ER)
	模拟复杂现象，进行条件分析的能力(MC、IF)
	为辅助决策收集大量数据的能力(MC、IF)
改进过程和资源管理得到的效益	减少在过程和资源管理方面所需的工作量(CR)
	改进"精细调校"方面的能力(CR、MC、IS、ER)
	改进保持对可用资源进行不间断监控的能力(MC、ER、IF)

上表中，CR = 降低成本；ER = 减少错误；IF = 增加灵活性；IS=增加活动速度；MC = 改进管理计划和控制。

新系统的效益和系统的工作过程有关。如果以一个 CAD 系统为例，想要进行经济可行性分析判定，分析员就要对现行的人工设计系统和待开发的 CAD 系统定义可度量的特性。例如，选择产生最终详细图纸的时间 t-draw 作为一个可度量量，而且经分析得知，CAD 系统产生的时间缩减比为 1/4。为进一步对效益进行量化，确定下面的数据：

t-draw：平均绘图时间= 4 小时

c:　　　每个绘图小时的成本=20 元

n:　　　每年绘图总数量=8000

p:　　　CAD 系统中已完成绘图的百分比=60%

根据上述设定数据，计算每年节省费用的估算值，即所得到的因节省了绘图时间而得的效益为

$$节约的绘图费用 = 缩减比 × t-draw × n × c × p = 96\,000\ 元/年$$

其他因采用此 CAD 系统的有形效益可以用类似的方法计算。

系统分析员对每一项的成本进行估算，然后用开发费用和运行费用来确定投资的偿还、损益的平衡点和投资回收期。对所有的部分都进行了成本—效益分析之后，就可以判断本系统在经济上是否可行，形成分析报告。

2.3.3　技术分析

技术分析的目的是提交系统的技术可行性评估，说明为完成系统功能、达到系统性能指标要采取什么样的技术、存在哪些技术风险并判定这些技术问题对于成本有什么影响。在对待开发系统进行技术可行性分析时，模型化方法(包括数学模型和物理模型)是一种有效的方法。

图 2.6 表现了进行技术分析建模时的信息流程。分析员根据对实际领域的观察(如当前系统的业务流程和数据流)或对目标系统的逼近而建立模型。系统分析人员评价模型的特性，将它与实际的或期望的系统特性作比较，进而深入地分析建立系统的技术可行性。

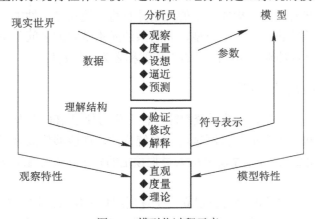

图 2.6　模型化过程示意

为了对系统进行技术分析而使用模型时，应当注意遵循下面的准则：

(1) 模型应当表现出待评估系统构成的动态特性，其操作尽量接近真实的结果。

(2) 模型应当包括系统中所有的元素并保证其可靠性。

(3) 模型中要突出表现与现实问题最相关的因素，在初期对次要问题要谨慎地回避。以便简化模型。

(4) 模型力求简单。对过于复杂的模型可以分解为一组相对简单的模型，其中一个模型的输出可以是另一个的输入。对一个特定系统元素的评估应当独立于其他元素。

(5) 对模型要进行一系列的试验，使其尽可能地不断接近系统的目标。

通过技术分析，可以判定技术风险的严重程度。并据此作出技术可行或不可行的判定。

2.3.4　方案制定与评估

如果对待建系统分析的结果为可行的话，就要设计和选择可行的基本方案。这时，应当在满足功能、性能、环境、可扩充性需求的前提下，将各个系统功能与其必要的一些性能和接口特性一起，分配给一个或多个系统元素。不同的分配方式也就对应着系统的不同的实现方案。可以按照成本、进度等约束条件，在若干可能的方案中择优推荐。

以一个绘图系统为例，它的主要功能是进行三维转换。在对候选方案进行初步设计之后，发现基于不同的分配方案，可能的系统实现方案有如下几种：

(1) 完全由软件实现三维转换。

(2) 简单转换(平移、比例变换等)利用具有图形转换功能的硬件(如特殊的图形卡)实现；复杂转换(投影、透视、消隐等)由软件包实现。

(3) 采用图形工作站，全部三维转换功能均由硬件完成。

如果成本限制较严格，对于性能指标要求不高，变换速度允许有一定延迟，可以推荐使用第一方案；在成本不受约束，性能指标比较苛刻的情况下，方案三比较合适。进行方案评估时要考虑的因素很多。一般在满足功能、性能指标的前提下，常常首先根据经济因素进行选择。

2.4　系统体系结构建模

方案确定就意味着界定了构成系统的元素并且将系统功能、性能、接口需求分配给了各个元素。这时就能够建立起一个模型，表达系统元素及它们之间的关系，并为以后的需求分析和设计工作奠定基础。这一阶段的工作就称之为系统建模。

2.4.1　建立系统结构流程图

考虑到任何一个基于计算机的系统都能够模型化为使用 IPO 结构的信息变换系统，再加上用户界面处理和系统维护与自测试两个系统特性，就能够构成基于上述五个范畴域的系统结构模板，如图 2.7 所示。系统分析人员把预定的各个元素分配到模板内的五个处理区域，就形成了方案。

抽象的结构模板能够帮助分析员建立一个逐层细化的层次结构，而结构环境图(ACD，Architecture Context Diagram)位于层次结构的顶层。ACD 本身还定义了一些外部实体，包括系统输入信息的产生者、系统输出信息的使用者以及通过接口进行通信或实施维护与自测试的所有实体。

图 2.7　抽象的系统结构模板

作为例子，我们考虑一个物品传输系统(CLSS)(参见本书 17.1 节)，它的 ACD 如图 2.8 所示。

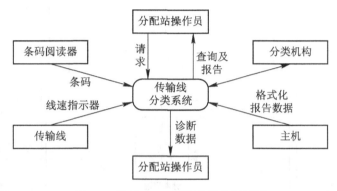

图 2.8　关于 CLSS 系统的结构环境图

CLSS 在分配站处使用 PC 机，PC 机执行所有的 CLSS 软件；与条码阅读器交互，读入传送带上每个盒子的零件编号；与传送带监控器交互以获取传送带的速度；存储所有的分类零件编号；与分配站操作员进行人机交互以生成各种报告、进行诊断；发送控制信号给分路器硬件，对盒子进行分类存放；与工厂自动控制主机通信等等。

图 2.8 中每一个方框都代表一个外部实体，即系统信息的产生者(如条码阅读器)或使用者(如分类机构)。整个 CLSS 系统用圆角矩形表示。CLSS 系统作为一个宏元素在 ACD 的"处理与控制"区域内表示。在 ACD 中，用附加名字的箭头表示外部实体与 CLSS 系统之间传送的数据或控制信息。外部实体条码阅读器产生条码输入信息。

对图 2.8 中的五个矩形区域部分进行详细分析，细化这个结构环境图，能够完成传输线分类系统规定的功能的各个专门子系统，并在 ACD 定义的环境中加以标识，如图 2.9 所示。专门子系统定义在从 ACD 导出的结构流程图(AFD，Architecture Flow Diagram)中。信息流穿越 ACD 的各个区域，可用于引导系统工程师开发 AFD。AFD 给出了各个专门子系统和重要的数据与控制信息流，把每一个子系统划分成为了结构模板中定义的五个区域。在这一步，每个子系统可以包含一个或多个系统元素。

第一步得到的 AFD 是 AFD 层次结构的顶层模板，其中的每一个圆角矩形表示的元素都可以分解、扩充成为另一个更加详细的结构模板。每一个系统的 AFD 都可以用作后继工程子系统的开始点。

如上所述，从基本的功能性能需求出发，构筑顶层的结构环境模型，再按照结构模板将高层 ACD 逐级分解形成 AFD，如此自顶向下逐层细化，将逐步构建起应用系统的明细层次模型，如图 2.10 所示。

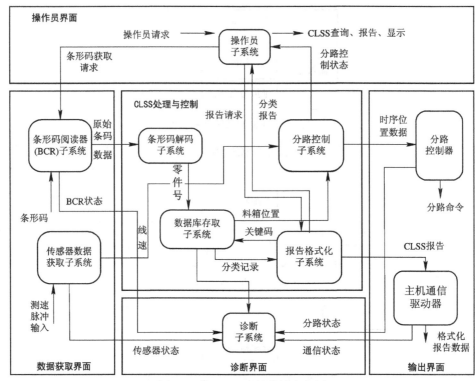

图 2.9   关于 CLSS 的结构流程图

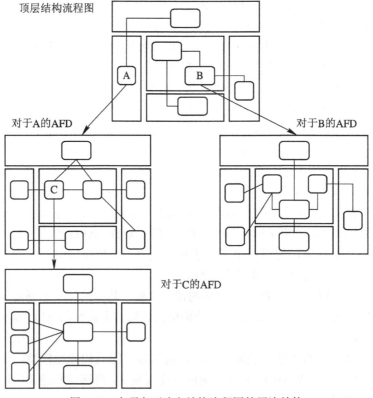

图 2.10   自顶向下建立结构流程图的层次结构

2.4.2　系统结构的规格说明定义

利用逐步细化的结构流程图，能够分层次地利用结构模板描述各个子系统的结构与信息流动情况。但是，还需要进一步地为各个子系统及它们之间的信息加以定义。AFD 的规格说明(ADS)给出了有关每个子系统的信息和各个子系统之间的信息流；对每个子系统进行"系统模块描述"，详细说明每一个子系统的功能、处理对象与方法、与其他子系统如何接口。同时，还包括了一个"结构字典"，对于子系统中的每一个信息项的类型、组成、来源、去处和传输方式进行了说明。这样，详细的文字描述结合明晰的结构字典，将各个子系统的功能、数据、接口情况表述的十分清楚，形成了对系统的初步认识。表 2.3 是规格说明中对"零件号"数据项进行详细描述的一个例子。

表 2.3　结构字典条模样例

信息项名称	零　件　号
信息项说明	产品类型前缀＋数字标识＋成本类型
类型(数据或控制)	数据
来源	条码解码子系统
去处	数据库存取子系统
通信路径	内部软件接口

结构互连图(AID，Architecture Interconnect Diagram)是结构图规格说明中的最后一部分。AFD 中的箭头指明了数据流与控制流，但是没有描述这个信息流是如何起作用的。AID 描述了信息的传输模式(如光传输、机械传输、电信号传输等)和它所产生的作用。

2.5　系统定义与评审

系统定义是对待开发的系统的一个全面、真实、简略的定义性说明文档。它是硬件工程、软件工程、数据库工程和人机工程的基础。它描述了基于计算机的系统的功能和性能以及将制约其开发的约束条件。文档限制了每个分配的系统元素，并指明了在系统结构流程图中描述的不同子系统。同时也描述了系统的输入和输出信息(数据信息和控制信息)。

2.5.1　系统定义文档模板

下面是一个推荐用来描述、定义系统的文档大纲。可以供我们在作系统定义时参考使用。

1 引言
　1.1 文档的范围和目的
　1.2 概述
　　1.2.1 目标
　　1.2.2 约束条件
2 功能和数据描述
　2.1 系统体系结构(结构环境图 ACD)

2.2 ACD 描述说明

3 子系统描述

3.1 子系统 N 的体系结构图定义

3.1.1 体系结构流程图 AFD

3.1.2 系统模块描述

3.1.3 性能问题描述

3.1.4 设计约束

3.1.5 系统构件分配

3.2 体系结构字典

3.3 结构互连图及其描述

⋮

4 系统模型化和模拟结果

4.1 用于模拟的系统模型

4.2 模拟结果

4.3 特殊的性能问题讨论

5 项目问题

5.1 项目开发成本

5.2 项目进度安排

6 附录

上述文档模板只是许多可以用来定义系统的描述文档中的一种方案,使用时可以根据实际需求进行变更与调整。

2.5.2 系统定义的评审

从经济与技术方面认定系统可行之后,就应给出系统的规格定义。但是这种定义必须经过评审,以便评价分析的合理性与定义的正确性。评审由开发人员和用户代表合作进行,目的是要保证:

(1) 正确地定义项目的范围。

(2) 适当地定义功能、性能和接口。

(3) 通过可行性分析证明系统是可行的。

(4) 开发方和用户方对系统的目标达成共识。

系统定义的评审必须十分慎重,应当从管理的角度和技术的角度分别进行。管理方面考虑的关键问题应当包括:

(1) 商业需求是否已经确定,系统可行性分析的结论是否合理。

(2) 市场(用户)是否真的需要所描述的系统。

(3) 是否考虑过一组候选方案并进行了择优。

(4) 每一系统元素的开发风险有哪些。

(5) 是否具备开发系统的有效资源。

(6) 成本与进度的期望值是否合理。

技术评审方面应当重点评审的问题是:

(1) 系统的功能复杂性是否与开发风险、成本、进度的评估相一致。

(2) 功能分配定义是否足够准确。

(3) 系统元素之间的接口、系统元素和环境的接口定义是否清晰。

(4) 在规格定义中是否考虑了性能、可靠性和可维护性问题。

(5) 系统规格说明是否足以支持后继的硬件、软件工程步骤。

关于评审的模式、参与人员、评审会议的组织等方面，可参考本书第 15 章的相关内容。

2.6　小　　结

本章介绍了系统工程基础知识，重点是如何针对基于计算机的系统进行系统分解、元素描述、可行性研究和建立模型。通过对于本章的学习，应当重点了解系统、系统元素、系统的分解等基础知识；学习通过对现实需求的分析与挖掘，提炼出应当由计算机系统来完成的功能、希望达到的性能、必须施加的约束等具体内容，界定待开发系统的范围和目标。

在识别系统需求的时候，应当由粗到细的进行分析，界定究竟要针对什么对象、进行什么处理、达到什么程度、输出成为什么形式，并将了解到的内容形成文档。

目标清晰之后，这一阶段要解决的问题是"在预定的资源范围之内，该问题有没有可行解"。也就是进行可行性分析，包括从经济可行性和技术可行性两个方面进行深入研究。在这个过程中，应当进行成本—效益估算，并应当从投入产出比、成本回收期、预期的纯收入三个方面对经济可行性进行细致估算。货币的时间效应不容忽视。技术可行性主要从技术风险和可用资源方面考虑。可行性分析报告是这一阶段的重要阶段产品。

确定可行的任务应当根据基本要求建立系统模型并进行评审，用作后继工作的基础。在建模过程中，结构模板、结构流程图、结构层次图都是良好的建模工具。自顶向下逐步求精的模式，有助于我们逐层细化地描述未来的系统结构。作为系统建模工作的最终产品，应当参考规范，形成系统规格说明文档，供下一步需求分析和设计阶段使用。

习　题

1. 计算机系统工程的实质是什么？说明基于计算机的系统的基本组成。

2. 系统分析员的主要职责是什么？为什么说必须和用户合作才能够顺利的完成系统分析工作？

3. 可行性研究主要关注哪些方面？如何在分析过程中进行投入/产出分析？

4. 试述自顶向下建立基于计算机的系统的系统模型的过程。

5. 软件工程活动可以大略划分为哪几个阶段？请简单介绍各个阶段的主要任务。

6. 评审活动对系统建模有什么作用？应当从哪几个角度进行需求评审？

7. "可行性研究活动是一次简化的分析与设计过程"，这种提法是否正确？请简述理由。

第 3 章　结构化需求分析与建模

在通过可行性分析确认了开发项目的可行性之后,接下来的工作是对待开发系统进行详细的需求分析并为系统建立完整、准确的逻辑模型。虽然在可行性分析中已经粗略地了解了用户的需求,甚至提出了一些可行的初步方案,但要真正实现系统的开发,这些信息是远远不够的。需求分析就是要在可行性研究阶段成果的基础上,进一步将用户的需求具体化,全面地理解和恰当地表达需求。由于需求分析阶段确定的逻辑模型是以后设计和实现目标系统的基础,因此为待开发系统建立的逻辑模型必须是清晰的、一致的、精确的且无二义性的,并要完整地反映出现实系统的本质和实际。在需求分析中需要建立的主要模型包括数据模型、功能模型和行为(动态)模型等,这些模型可以完整、准确、一致地描述系统的信息、功能和行为,并成为软件设计的基础。

3.1　需 求 分 析

3.1.1　需求分析的任务

需求分析的主要任务是通过软件开发人员与用户的交流和讨论,准确地获取用户对系统的具体要求。需求分析中任何的含混不清或微小的遗漏都可能会造成系统开发中的重大问题甚至导致失败。在正确理解用户需求的前提下,软件开发人员还需要将这些需求准确地以文档的形式表达出来,作为设计阶段的依据。需求分析阶段结束时需要提交的主要文档是软件规格说明书。

由于需求分析研究的对象是用户对开发项目的要求,因此在实现这一阶段任务时必须要注意两个问题。问题之一在于:一个项目的参与者既包括软件设计开发人员,又包括用户,他们之间交流的难题会给软件的开发留下隐患。用户往往在软件交付使用时,才会发现系统存在的一系列问题,这就要求双方必须在需求分析过程中加强沟通和协调。一方面,软件设计与分析人员应尽量使用通俗的语言与用户进行交流;另一方面,用户应积极主动地配合软件设计与分析人员的工作。问题之二在于:为了保证需求阶段能够提出完整、准确的系统逻辑模型,开发人员必须花费足够的时间,全面了解用户的需要,绝不能在需求模糊的情况下仓促进行软件的设计和编程。根据国外的统计资料表明,在典型环境下开发软件,需求分析阶段的工作量大约要占到整个系统开发工作量的 20%左右。

用户对系统的需求通常可分为如下两类:

(1) 功能性需求:主要说明了待开发系统在功能上实际应做到什么,是用户最主要的需求。通常包括系统的输入、系统能完成的功能、系统的输出及其他反应。

(2) 非功能性需求:从各个角度对所考虑的可能的解决方案的约束和限制。主要包括:过程需求(如交付需求、实现方法需求等)、产品需求(如可靠性需求、可移植性需求、安全保密性需求等)和外部需求(如法规需求、费用需求等)等。

在软件需求分析过程中,以上两类需求对系统开发的成败起着同样重要的决定作用。软件开发人员决不能只重视系统的功能性需求,而忽视对系统非功能需求的获取。

3.1.2　需求分析的步骤

需求分析阶段的工作大致可分为如下几个步骤:

(1) 通过调查研究,获取用户的需求。软件开发人员只有通过认真细致的调查研究,才能获得进行系统分析的原始资料。需求信息的获取可来源于阅读描述系统需求的用户文档;对相关软件、技术的市场调查;对管理部门、用户的访问咨询;对工作现场的实际考察等。

(2) 去除非本质因素,确定系统的真正需求。对于获取的原始需求,软件开发人员需要根据掌握的专业知识,运用抽象的逻辑思维,找出需求间的内在联系和矛盾,去除需求中不合理和非本质的部分,确定软件系统的真正需求。

(3) 描述需求,建立系统的逻辑模型。对于确定的系统需求,软件开发人员要通过现有的需求分析方法及工具对其进行清晰、准确的描述,建立无二义性的、完整的系统逻辑模型。

(4) 书写需求说明书,进行需求复审。需求阶段应提交的主要文档包括需求规格说明书、初步的用户手册和修正后的开发计划。其中,需求规格说明书是对分析阶段主要成果的综合描述,是该阶段最重要的技术文档。为了保证软件开发的质量,对需求分析阶段的工作要按照严格的规范进行复审,从不同的技术角度对该阶段工作做出综合性的评价。复审既要有用户参加,也要有管理部门和软件开发人员参加。

3.1.3　需求分析的原则

目前存在着许多需求分析的方法,虽然各种方法都有其独特之处,但不论采用何种方法,需求分析都必须遵循以下基本原则:

(1) 能够表达和理解问题的数据域和功能域。所有软件开发的最终目的都是为了解决数据处理的问题,数据处理的本质就是将一种形式的数据转换成另一种形式的数据,即通过进行一系列加工将输入的原始数据转换为所需的结果数据。需求分析阶段必须明确系统中应具备的每一个加工、加工的处理对象和由加工所引起的数据形式的变化。

(2) 能够将复杂问题分解化简。为了便于问题的解决和实现,在需求分析过程中需要对于原本复杂的问题按照某种合适的方式进行分解(对功能域和数据域均可)。分解可以是同一层次上的横向分解,也可以是多层次上的纵向分解。每一步分解都是在原有基础上对系统的细化,使系统的理解和实现变得较为容易。

(3) 能够给出系统的逻辑表示和物理表示。系统需求的逻辑表示用于指明系统所要达到的功能要求和需要处理的数据，不涉及实现的细节。系统需求的物理表示用于指明处理功能和数据结构的实际表现形式，通常由系统中的设备决定。如处理数据的来源，某些软件可能由终端输入，另一些软件可能由特定设备提供。给出系统的逻辑表示和物理表示对满足系统处理需求所提出的逻辑限制条件和系统中其他成分提出的物理限制是必不可少的。

3.2　数　据　建　模

对于一个软件系统来说，所涉及的数据成千上万，如何对这些复杂数据及其间的关系进行分析并将它们以最优的方式组织起来，对软件开发的成败起着非常重要的作用。数据建模的主要任务就是确定系统中所需处理的数据对象的组成、属性、数据对象之间的关系以及数据对象与变换它们的处理之间的关系等。

3.2.1　实体—关系模型

1. 实体—关系模型的概念

E-R(Entity-Relation)方法即实体—关系方法，是目前最常用的数据建模方法，可以用于在需求分析阶段清晰地表达目标系统中数据的构成、数据之间的联系及其组织方式，建立系统的实体—关系模型(E-R 模型)。实体—关系模型是一种面向问题的概念数据模型，是按照用户的观点对系统的数据和信息进行建模的，因此它与软件系统中的实现方法，如数据结构、存取路径、存取效率等无关。实体—关系模型可以根据需要在软件实现时转换成各种不同数据库管理系统所支持的数据物理模型。实体—关系模型由实体、联系和属性三个基本成分组成。

(1) 实体：指客观世界存在的且可以相互区分的事物。实体可以是人，也可以是物，还可以是抽象概念。如职工、计算机、产品等都是实体。

(2) 属性：有时也称性质，是指实体某一方面的特征。一个实体通常由多个属性值组成。如学生实体具有学号、姓名、专业、年级等属性。

(3) 联系：指实体之间的相互关系。实体之间的联系可主要划分为三类：一对一(1:1)、一对多(1:n)和多对多(m:n)。联系也可以具有属性。为了便于实现，在进行数据库设计时通常将多对多的联系转换为一对多的联系，如图 3.1 所示。

2. 实体—关系模型中的基本符号

实体—关系模型中的基本符号如表 3.1 所示。

为了便于区分，在 E-R 模型中的实体、联系和属性都应在对应的框中写上各自的名字，但当某些联系命名困难时则可省略不写。例如，某单位工资计算系统的 E-R 模型如图 3.2 所示。

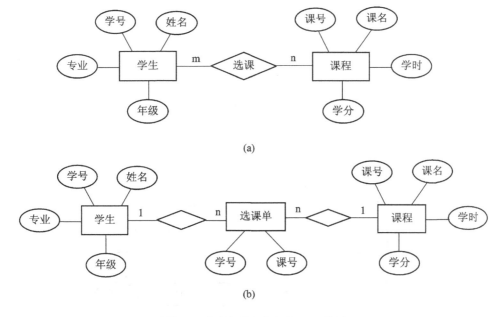

(a)

(b)

图 3.1　学生和课程之间的 E-R 模型

(a) 学生和课程之间的多对多联系 E-R 模型；(b) 将多对多联系转换为一对多联系 E-R 模型

表 3.1　E-R 模型中的基本符号

符　号	含　义
☐	表示实体
◇	表示实体间的联系，与实体间的连线上需用数字标明具体的对应关系
◯	表示与实体有关的属性
——	用于实体、属性及联系的连接

3. 实体—关系模型的建立

要建立系统的实体—关系模型，通常可按如下步骤进行：

(1) 对系统的数据域和功能域进行分析，确定系统中所涉及的实体。例如，在图 3.2 所示的工资计算系统中，单位对职工的工作情况进行考勤，根据出勤结果、奖金及扣款计算职工的实发工资。因此，工资计算系统中所涉及的实体就包括职工、出勤、奖金和扣款。

(2) 确定系统中各实体之间的联系。如工资计算系统中，一名职工一个月只有一条出勤记录，因此职工和出勤两个实体之间是一对一的联系；一名职工在一个月中对应着多项扣款，如水电费、缺勤扣款、个人所得税等，因此职工和扣款之间是一对多的联系；同理，一名职工在一个月中可以获得多项奖励，因此职工和奖金之间也是一对多的联系。

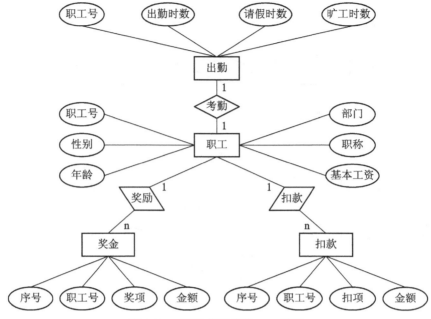

图 3.2　工资计算系统的 E-R 模型

(3) 确定各实体及联系的属性。例如，工资计算系统的职工实体具有职工号、性别、职称、年龄、部门、基本工资等属性。

实体—关系模型在数据库设计中被广泛使用，目前最常用的关系数据库模型即可从实体—关系模型方便地导出其概要设计。关系数据库模型是通过一组二维表来表示和处理实体集合和属性关系的数据库系统方法。在关系数据库中，为了避免出现数据冗余、二义性的问题，方便数据库的各种操作，二维表必须满足以下的规范化约束条件：

(1) 表格中的每个信息项必须是一个不可分割的数据项。

(2) 表格每一列中所有信息项必须是同类型的数据，各列在表中的次序任意，每列对应一个唯一的名字。

(3) 表格中每一行的数据各不相同，各行在表中的次序任意。

3.2.2　数据建模的其他工具

1. 层次方框图

层次方框图通过树型结构的一系列多层次的矩形框描述复杂数据的层次结构。树型结构顶端的矩形框只有一个，用于代表完整的数据结构。下面各层的矩形框是对完整数据结构的逐步分解和细化得到的数据子集；底层的矩形框代表组成该数据结构的基本元素，是数据的最小单位，不可再分割。层次方框图非常适合描述自顶向下的需求分析方法中数据的层次关系。系统分析员可以从对顶层信息的分类开始，沿着层次图中的每条路径逐步细化，直到确定了数据结构的全部细节为止。例如，某单位职工的实发工资由应发工资和扣款两部分组成，每部分又可进一步细分。如应发工资又可分为基本工资和奖金；基本工资又可分为国家工资、津贴、补贴；奖金也可分为出勤奖和业绩奖；津贴和补贴还可以再进一步地细分。实发工资的层次方框图如图 3.3 所示。

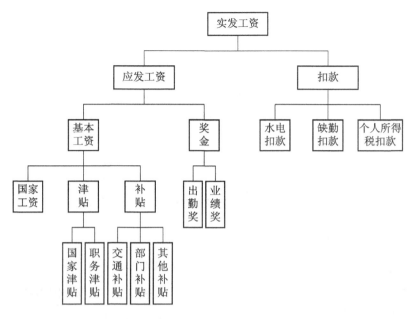

图 3.3　某单位职工实发工资的层次方框图

2. Warnier 图

Warnier 图是法国科学家 Warnier 提出的另一种描述数据层次结构的图形工具。与层次方框图类似，Warnier 图也采用了树型结构表示数据，但与层次方框图相比，Warnier 图对数据的描绘手段更加丰富。利用 Warnier 图可以清楚地表明数据的逻辑结构中某类信息的重复出现及某些特定信息出现的条件约束，因此，Warnier 图可以较为容易地转变成软件设计的工具。

在 Warnier 图中，使用大括号来区分数据结构的层次。一个大括号内的所有名字都属于同一类信息；异或符号"⊕"用于表明一类信息或一个数据元素在一定条件下出现，而且在这个符号上、下方的两个名字所代表的数据只能出现一个。在一个名字下面或右边的圆括号中出现的数字指明了这个名字所代表的信息类或数据元素在该数据结构中重复出现的次数。例如，某计算机公司的一种软件产品要么是系统软件，要么是应用软件；系统软件中有 k1 种操作系统、k2 种编译程序，此外还有工具软件；工具软件进一步又可划分为编辑程序、测试工具和辅助设计工具，它们各自的数量分别为 j1、j2 和 j3。描绘这种软件产品的 Warnier 图如图 3.4 所示。

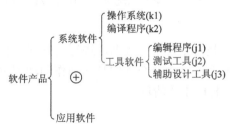

图 3.4　描绘一种软件产品的 Warnier 图

3.3　功　能　建　模

在需求分析阶段，数据流(也称信息流)是系统分析的基础。所谓数据流，形象地说就是系统中"流动的数据结构"。数据流图(DFD，Data Flow Diagram)是描述软件系统中数据处理过程的一种有力的图形工具。数据流图从数据传递和加工的角度出发，刻画数据流从输入到输出的移动和变换过程。由于它能够清晰地反映系统必须完成的逻辑功能，所以它已经成为需求分析阶段中功能建模最常用的工具。数据流图与实体—关系模型的最大区别在于：实体—关系模型独立于变换数据的处理来研究"静止"的数据，而数据流图则研究的是随着数据处理的过程的进行而不断转移和变换的"流动"数据。

3.3.1　数据流图的基本符号

数据流图中的基本符号有四种，分别是：数据的源点或终点、数据流、数据存储和加工。在表 3.2 中列出了以上四种基本符号。

1. 数据的源点或终点

数据的源点或终点用于反映数据流图与外部实体之间的联系，表示图中的输入数据来自哪里或处理结果送向何处。如图 3.5 中的人事部门、后勤部门是工资系统中数据的源点，而职工和银行则是工资系统中数据的终点。

表 3.2　数据流图中的基本符号

符　号	含　义
□ 或 ⬛	数据的源点或终点
→	数据流
▭ 或 ▬	数据存储
⬭ 或 ◯	加工

2. 数据流

数据流是数据在系统中(包括数据处理之间、数据处理和数据存储之间以及数据处理和数据的源点或终点之间)的传送通道，数据流符号的箭头指明了数据的流动方向。如图 3.5 中的出勤表、业绩表、水电扣款表、工资条及工资存款清单等均为数据流。在数据流图中，除了连接加工和数据存储的数据流以外，其他的数据流在图中都对应一个唯一的名字。

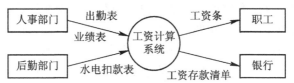

图 3.5　工资计算系统的顶层(0 层)数据流图

3. 加工

加工也称为数据处理，是对系统中的数据流进行的某些操作或变换。图中每个加工都要有对应的名称，最常见的名称是由一个表明具体动作的动词和一个表明处理对象的名词构成的，如计算应发工资、打印工资清单等。

4. 数据存储

在数据流图中用于保存数据的数据文件被称为数据存储，它可以是数据库文件或任何其他形式的数据组织。流向数据存储的数据流可理解为向文件写入数据或对文件进行查询，流出数据存储的数据流可理解为从文件中读取数据或得到查询结果。

3.3.2　数据流与加工之间的关系

在数据流图中，可以有两个以上的数据流进入同一个加工，也可以有两个以上的数据流从同一个加工中流出，这样的多个数据流之间往往存在一定的关系。为了表示这些数据流之间的关系，需要在数据流图中给这些数据流对应的加工加上一定的标记符号。在表 3.3 中列出了加工中常见的几种关系的表示方法，绘制数据流图时可根据实际需要选择是否使用这些附加符号。(表中以从加工流入或流出两个数据流为例。)

表 3.3　加工中常见关系的符号表示

符　号	含　义
A、B → *T → C	由数据A和B共同变换为数据C
A → T* → B、C	由数据A变换为数据B和数据C
A、B + T → C	由数据A或B，或者数据A和B共同变换为数据C
A → T+ → B、C	由数据A变换为数据B或C，或者同时变换为数据B和C
A、B ⊕ T → C	由数据A或B其中之一变换为数据C
A → T⊕ → B、C	由数据A变换为数据B或C其中之一

3.3.3　数据流模型的建立方法

对于一个复杂的系统来说，可能存在着几十个甚至成百上千个加工，若要在一个数据流图中清楚地描述出整个系统加工的过程是很困难的，而采用对数据流图进行分层的方法则可以很好地解决这个问题。按照结构化分析方法中"自顶向下，逐步分解"的思想，可以先将整个系统看作是一个加工，它的输入数据和输出数据表明了系统和外部环境的接口，从而首先画出系统的顶层数据流图。为了能够清楚地表明系统加工的详细过程，接着从顶层数据流图出发，逐层地对系统进行分解。每分解一次，系统中加工的数量就随之增加，每个加工的功能描述也越来越具体。重复这种分解，直至得到系统的底层数据流图。底层数据流图中的所有加工都应是不可再分解的、最简单的"原子加工"。通过分解过程中得到的这一组分层数据流图(由顶层、中间层和底层数据流图共同构成)就可以十分清晰地描述出整个系统所有加工的详细情况。下面以某单位工资管理系统为例，来介绍一下分层数据流模型的建立方法。

1. 建立顶层数据流图

任何系统的顶层(第 0 层)数据流图都只有一个，用于反映目标系统所要实现的功能及与外部环境的接口。顶层数据流图中只有一个代表整个系统的加工，数据的源点和终点对应着系统的外部实体，表明了系统输入数据的来源和输出数据的去向。工资管理系统的顶层数据流图如图 3.5 所示。

2. 数据流图的分层细化

首先按照系统的功能，对顶层数据流图进行分解，生成第一层数据流图。如例子中的工资计算系统可划分为计算工资、打印工资清单和工资转存三个加工。其中，计算工资完成单位职工工资计算、生成工资清单的功能；打印工资清单完成工资条的打印功能；工资转存完成生成职工工资存款清单并将其发送到银行的功能。对划分得到的加工应进行编号，如图 3.6 中工资计算的编号为 1，打印工资清单的编号为 2，工资转存的编号为 3。加工之间的数据流也应在数据流图中标明，如图 3.6 中计算工资将单位职工的实发工资表传送给工资转存。此外，在标出数据流和划分加工的同时，还要在图中画出涉及的数据存储。

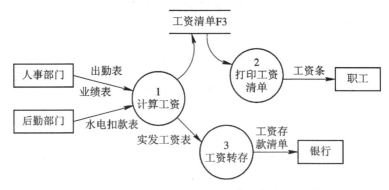

图 3.6　工资计算系统第一层数据流图

对第一层数据流图中的加工继续分解，则可得到第二层数据流图，如图 3.7 所示。

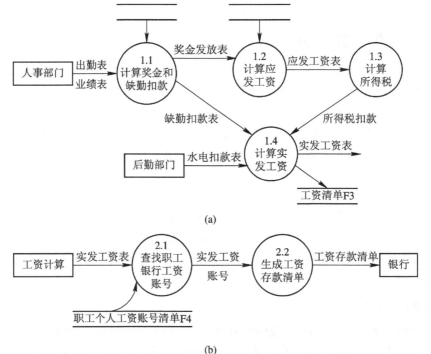

(a)

(b)

图 3.7　工资计算系统的第二层数据流图

(a)　"计算工资"子数据流图；(b)　"工资转存"子数据流图

对分解得到的加工进行编号，以反映出它与上层数据流图之间的关系，如对第一层数据流图中的计算工资分解得到的数据流图中的加工的编号分别为 1.1～1.4。若数据流图中的加工还可继续细化，则重复以上分解过程，直到获得系统的底层数据流图。工资计算系统的第三层数据流图如图 3.8 所示。

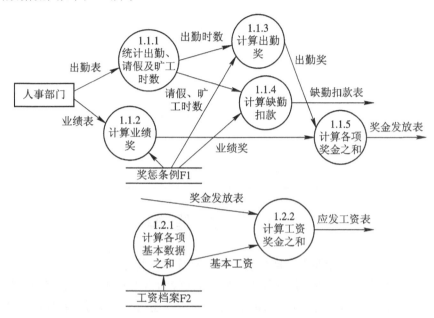

图 3.8　工资计算系统的第三层数据流图

3.3.4　建立数据流模型的原则

建立数据流模型要遵循以下的原则：

(1) 每个加工至少应有一个输入数据流(反映被处理数据的来源)和一个输出数据流(反映加工的结果)。

(2) 数据流图中各构成元素的名称必须具有明确的含义，且能够代表对应元素的内容或功能。

(3) 对数据流图中某个加工进行细化生成的下层数据流图，称为其上层图的子图。应保证分层数据流图中任意对应的父图和子图的输入/输出数据保持一致。

(4) 在数据流图中，应按照层次给每个加工编号，用于表明该加工所处的层次及上、下层的父图与子图的关系。编号的规则为：顶层加工不用编号；第二层加工的编号为 1，2，…，n；第三层加工的编号为 1.1，1.2，…，2.1，…，n.1，n.2，…等，依次类推。如编号 1.2 表明该加工处于第三层数据流图中，序号为 2，该图是对上层数据流图中编号为 1 的加工进行细化得到的子图。

(5) 在父图中不要出现子图中涉及的局部数据存储文件。通常除底层数据流图中需标明所有数据存储外，为了保持画面的整洁，各中间层数据流图只需显示处于加工之间的接口文件即可。

(6) 数据流图只能由四种基本符号组成，是实际业务流程的客观映象，用于说明系统应该"做什么"，而不需要指明系统"如何做"。

(7) 数据流图的分解速度应保持适中。通常一个加工每次可分解为 2～4 个子加工，最多不要超过七个，因为过快的分解会增加用户对系统模型理解的难度。

(8) 为了便于数据流图在计算机上的输入和输出，免去画斜线、弧线、圆等符号的麻烦，数据流图还有另一套表示符号，如表 3.4 所示。

表 3.4　数据流图的另一套表示符号

符　号	含　义
——→	数据流，只能为水平或垂直的带箭头直线
编号	加工
编号	数据存储
	数据的源点或终点

3.4　行　为　建　模

在需求分析中，为了能够直观地分析系统的动作，从特定的角度出发描述系统的行为，需要采用动态分析的方法为系统建立行为模型。目前较为常用的动态分析方法有状态迁移图、时序图和 Petri 网等。状态迁移图和 Petri 图都能通过描述状态以及导致系统改变状态的事件来描述系统的行为、建立系统行为模型，特别适合用来描述主要基于事件驱动的实时系统。

3.4.1　状态迁移图

状态迁移图是一种描述系统状态随外部信号或事件进行迁移的有效的图形手段。在状态迁移图中，用圆圈表示可得到的系统状态，在圆圈中需要标明状态的名字。此外，用带箭头的线表示从一种系统状态向另一种系统状态的迁移，在线上要写明导致状态迁移的信号或事件的名字。例如，在操作系统中，当存在多个申请占用 CPU 运行的进程(进程是分配 CPU 的最小处理单位)时，系统将按照某种调度策略为各个进程分配 CPU。此时，进程的状态可能有三种：

- 就绪：等待分配 CPU；
- 运行：占用 CPU 进行相应的处理；
- 挂起：放弃 CPU 的使用。

导致系统状态发生迁移的事件有四种：t1、t2、t3、t4，分述如下：

- t1：因 I/O 等事件的发生而要求中断；
- t2：中断事件已经处理完毕；
- t3：分配 CPU；
- t4：已用完分配的 CPU 时间。

在上面描述的情况下，有关 CPU 分配的进程的状态迁移图如图 3.9 所示。

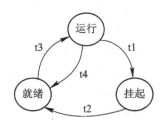

图 3.9　进程的状态迁移图

状态迁移图还可以表示为等价的表格形式，这样的表格称为状态迁移表。状态迁移表的列由所有的系统状态组成，行由引起状态迁移的所有信号或事件组成，表格中第 i 行第 j 列的元素是从状态 Sj 因发生事件 ti 而会迁移到的状态。与图 3.9 等价的状态迁移表如表 3.5 所示。在表中，S1 代表就绪状态；S2 代表运行状态；S3 代表挂起状态。

表 3.5   进程的状态迁移表

事件 ＼ 状态	S1	S2	S3
t1		S3	
t2			S1
t3	S2		
t4		S1	

如果状态迁移图所描述的系统比较复杂，则可以采用状态图的分层表示法。即先确定系统的大状态，画出相应的状态图，再对状态图中的大状态进一步进行细分，得到更为详细的系统下层状态迁移图。例如对图 3.10(a)所示的状态图中的大状态 S1 进行细化，就得到了图 3.10(b)所示的下层状态迁移图。此外，在状态迁移图，一个状态由于某个事件而导致的下一个状态可能会有多个，具体迁移的状态是由更详细的内部状态和更详细的事件信息所决定的。为了能够描述这种情况下系统状态的变换过程，可在状态迁移图中引入判断框和处理框，如图 3.10 (c)中所示的状态迁移图就是采用这种方法对图 3.10 (a)的变形。

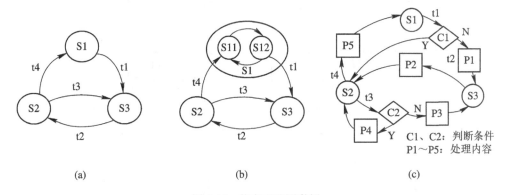

图 3.10   状态迁移图举例

(a) 状态迁移图；(b) 细化后的状态迁移图；(c) 状态迁移图的变形

3.4.2   Petri 网

Petri 网是德国人 C．A．Petri 于 1962 年提出的，它是一种使用图形方式对系统进行需求规格说明的技术，不仅能够描述同步模型，而且适用于描述相互独立、协同工作的处理系统，即并发系统。目前，Petri 网在硬件、软件等领域都得到了广泛的应用，已经大量地应用于各种系统的模型化。在形式上，Petri 网通常被描述为一张有向图。Petri 网的图简称为 PNG(Petri Net Graph)。在 PNG 中，组成的基本符号有三类，符号及其对应的含义如表 3.6 所示。

表 3.6　Petri 网中的基本符号及含义

符　号	含　义
◯	位置(place)，用于表示系统中的状态
——｜	变迁(transition)，用于表示系统中的事件
——▶｜	由状态指向事件的有向边，用于表示事件发生的前提，即事件的输入
｜——▶	由事件指向状态的有向边，用于表示事件导致的结果，即事件的输出

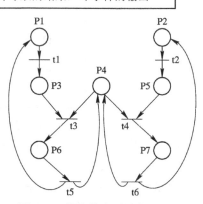

图 3.11 是描述一个处于静止状态的系统的 Petri 网，图中只给出了系统中各个状态通过变迁而表现出来的相互关系。为了采用 Petri 网描述系统的动态行为，需要在 Petri 网中引入令牌(token)的概念。若 Petri 网中某个状态拥有令牌(在图中，拥有令牌的状态对应的圆圈中间标记有实心黑点)，则表明该状态处理要求的到来。如果一个事件(变迁)发生的所有前提都满足，即作为输入的所有位置都拥有令牌，则称该事件是使能(enable)的，这时此事件就可以被激发(fire)。事件激发后，令牌将由事件的输入状态移至事件的输出状态。采用 Petri 网描述系统动态行为的状态变迁图如图 3.12 所示。

图 3.11　描述静态系统的 Petri 网

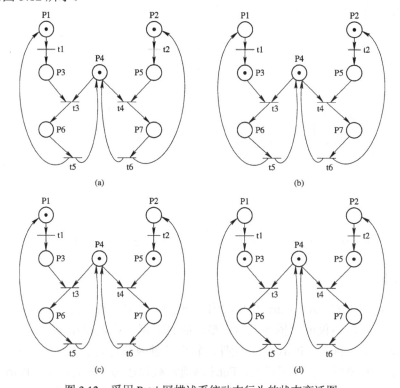

图 3.12　采用 Petri 网描述系统动态行为的状态变迁图

(a) 初始状态；(b) 激发 t1 之后；(c) 激发 t2 之后；(d) 同时激发 t1 和 t2 之后

将 Petri 网用于需求分析阶段的系统行为建模，可以使系统中时间之间的因果相关性及不相关性得到清楚的描述。虽然 Petri 网和状态迁移图同样都是通过一些定义好的状态来描述系统的行为，但 Petri 网更适用于并发系统的描述。

3.5　数据字典

虽然数据流图能够形象、清晰地描述数据在系统中流动、加工、存储的情况，但数据流图中的许多构成元素，如数据流、数据存储、加工，仅依靠名称并不能反映其本质含义，因此必须对这些构成元素进行严格的定义。作为对数据流图的补充，数据字典(DD，Data Dictionary)能够准确地定义数据流图中各组成成分的具体含义，从而使得系统模型的描述更加清晰准确，更加有利于用户和系统分析员的共同理解。

3.5.1　数据字典的基本符号

为了能够对数据流图中的各组成成分进行准确的定义，在数据字典中使用了多种具有特定含义的符号。数据字典中可以使用的基本符号及其含义如表 3.7 所示。

表 3.7　数据字典中的基本符号及其含义

符　号	含　义	说　　　明
=	表示定义为	用于对=左边的条目进行确切的定义
+	表示与关系	X=a+b 表示 X 由 a 和 b 共同构成
[...|...] [..., ...]	表示或关系	X=[a|b]与 X=[a,b]等价，表示 X 由 a 或 b 组成
(...)	表示可选项	X=(a)表示 a 可以在 X 中出现，也可以不出现
{...}	表示重复	大括号中的内容重复 0 到多次
m{...}n	表示规定次数的重复	重复的次数最少 m 次，最多 n 次
"..."	表示基本数据元素	" "中的内容是基本数据元素，不可再分
..	连接符	month=1..12 表示 month 可取 1～12 中的任意值
...	表示注释	两个星号之间的内容为注释信息

3.5.2　数据字典中的条目及说明格式

数据字典是关于数据流图中各种成分详细定义的信息集合，可将其按照说明对象的类型划分为四类条目，分别为数据流条目、数据项条目、数据文件条目和数据加工条目。为了便于软件开发人员方便地查找所需的条目，应按照一定的顺序对数据字典中的不同条目进行排列。下面分别对各类条目的内容及说明格式进行介绍。

1．数据流条目

数据流在数据流图中主要用于说明数据结构在系统中的作用和流动方向，因此数据流也被称作"流动的数据结构"。数据字典中数据流条目应包括数据流名称、数据流别名、说明、数据流来源、数据流流向、数据流组成和数据流量等主要内容。

例如：工资系统中的出勤表数据流在数据字典中的条目描述为

数据流名称：出勤表

数据流别名：无

说明：由人事部门每月月底上报的职工考勤统计数字

数据流来源：人事部门

数据流流向：加工 1.2(计算应发工资)

数据流组成：出勤表 = 年份+月份+职工号+出勤时数+病假时数+事假时数+旷工时数

数据流量：1 份/月

2. 数据项条目

数据流图中每个数据结构都是由若干个数据项构成的，数据项是加工中的最小单位，不可再分。数据字典的数据项条目中应包含的主要内容有数据项名称、数据项别名、说明、类型、长度、取值范围及含义等。

例如：出勤表中的职工号数据项在数据字典中的条目描述为

数据项名称：职工号

数据项别名：employee_no

说明：本单位职工的唯一标识

类型：字符串

长度：6

取值范围及含义：1～2 位(00××××..99××××)为部门编号；3～6 位(×××0001..××××9999)为人员编号

3. 数据文件条目

数据文件是数据流图中数据结构的载体。数据字典的数据文件条目中应包含的主要内容有：数据文件名称、说明、数据文件组成、组织方式、存取方式、存取频率等。

例如：工资系统中的职工工资档案文件在数据字典中的条目描述为

数据文件名称：工资档案

说明：单位职工的基本工资、各项津贴及补贴信息

数据文件组成：职工号+国家工资+国家津贴+职务津贴+职龄津贴+交通补贴+部门补贴+其他补贴

组织方式：按职工号从小到大排列

存取方式：顺序

存取频率：1 次/月

4. 数据加工条目

在数据流图中只简单给出了每个加工的名称，在数据字典中通过数据加工条目主要是要说明每个加工是用来"做什么"的。数据字典的数据文件条目中应包含的主要内容有数据加工名称、加工编号、说明、输入数据流、输出数据流加工逻辑等。

例如：工资系统中的计算应发工资这个加工在数据字典中的条目描述为

数据加工名称：计算应发工资

加工编号：1.2

说明：根据职工的工资档案及本月奖金发放表数据计算每个职工的应发工资

输入数据流：奖金发放表及工资档案

输出数据流：应发工资表

加工逻辑：DO　WHILE　工资档案文件指针未指向文件尾

从工资档案中取出当前职工工资的各项基本数据进行累加

在奖金发放表中按职工号查找到该职工的奖金数

对奖金数与工资基本数据的累加和进行求和得到该职工的应发工资数

ENDDO

3.5.3　加工逻辑的描述

为了能够直观、明确地表达加工逻辑，经常采用结构化语言、判定树及判定表等三种描述方法。

1. 结构化语言

结构化语言是一种介于自然语言和形式化语言之间的半形式化语言，例如，上面对计算应发工资条目中加工逻辑的描述就是采用的结构化语言。它是在自然语言的基础上加入了一定的限制，通过使用有限的词汇和有限的语句来较为严格地描述加工逻辑。描述时可以使用的词汇包括：数据字典中定义的名字、基本控制结构中的关键词、自然语言中具有明确意义的动词和少量的自定义词汇等。尽量不使用形容词或副词，可以使用一些简单的算术或逻辑运算符。结构化语言中的三种基本结构的描述方法如下：

(1) 顺序结构：由自然语言中的简单祈使语句序列构成。

(2) 选择结构：通常采用 IF-THEN-ELSE-ENDIF 和 CASE-OF-ENDCASE 结构。

(3) 循环结构：通常采用 DO WHILE-ENDDO 和 REPEAT-UNTIL 结构。

2. 判定表

当某一加工的实现需要同时依赖多个逻辑条件的取值时，对加工逻辑的描述就会变得较为复杂，很难采用结构化语言清楚地将其描述出来，而采用判定表则能够完整且清晰地表达复杂的条件组合与由此产生的动作之间的对应关系。判定表通常由用双线分隔开的四个部分构成：左上部用于列出所有相关的条件；左下部用于列出所有可能产生的动作；右上部用于列出所有可能的条件组合；右下部用于列出在各种组合条件下需要进行的动作。通常把表中任意一个条件组合的特定取值及其相应要执行的动作称为规则。判定表的一般格式如下所示。

条件列表	条件组合
动作列表	对应的动作

下面以描述某单位工资档案管理系统中"职务津贴计算"加工逻辑为例说明判定表的写法。由于篇幅限制，在下面的例子中假定职工的职称只分为助工、工程师和高工三种，对应的判定表见表 3.8。

表 3.8　"职务津贴计算"判定表

条件组合		1	2	3	4	5	6	7	8	9
条件	职务	助工	工程师	高工	助工	工程师	高工	助工	工程师	高工
	工龄	<10	<10	<10	10~20	10~20	10~20	>20	>20	>20
动作	奖金基数350	√			√			√		
	奖金基数400		√			√			√	
	奖金基数500			√			√			√
	上浮20%				√	√				
	上浮30%						√	√		
	上浮35%								√	
	上浮40%									√

要生成上面的判定表，具体的步骤如下：

(1) 确定规则的个数。例子中有两个条件，每个条件有三种取值，故规则个数为 3×3=9。

(2) 列出所有的条件和动作。

(3) 列出所有的条件组合。

(4) 填写每种条件组合下对应的动作。

(5) 若表中存在不同规则对应相同动作且其条件组合存在某种关系时，需要对表进行必要的化简。

由上面的例子可以看出，使用判定表可以清楚地描述选择结构中多种条件组合下应进行的各种动作，但判定表很难用于描述顺序或循环结构。在需要的时候，可以在判定表中加上适当的结构化语言对条件或动作进行更详细的说明。

3. 判定树

判定树是判定表的图形表示，它与判定表的作用大致相同，但比判定表更加直观，更易于理解和掌握。例如，图 3.13 是采用判定树对"基本奖金计算"加工逻辑的描述。

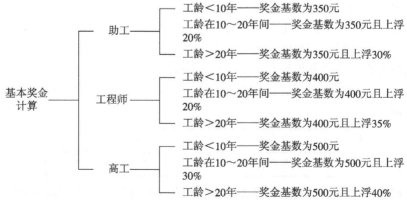

图 3.13　"基本奖金计算"判定树

判定树虽然形式上比判定表直观，但逻辑上没有判定表严格，用户在使用判定树时容易造成个别条件的遗漏。

由于三种描述方法具有的不同特点，因而在实际的软件开发工作中，结构化语言、判定表和判定树通常被混合使用。对于顺序结构和循环结构采用结构化语言进行描述；对于存在多个条件组合的复杂判定问题采用判定表或判定树进行描述。

3.5.4　数据字典的建立

1. 建立数据字典的方法

(1) 手工建立。分别将数据字典中每一个条目按照规定的格式写在卡片上，由专人负责管理和维护。为了便于查找，通常可将卡片分类，按条目的名称或编号进行排序。

(2) 自动建立。利用现有的数据字典建立程序，通过按照指定格式输入各类条目的内容，由计算机自动建立相应的数据字典。且通常这类工具软件还能够对建立好的数据字典进行完整性、一致性检查，以及进行日常的管理和维护工作。如由美国密执安大学开发的 PSL/PSA 系统就是这类软件的杰出代表。

2. 建立数据字典的原则

(1) 所有定义必须严密、精确，不能存在二义性。

(2) 书写格式应简洁且严格。

(3) 应可方便地实现对所需条目的按名查阅。

(4) 应便于修改和更新。

3.6　结构化需求分析的若干技术

传统软件工程中的需求分析方法主要包括原型化分析方法和结构化分析方法等。其中，结构化分析方法的出现最早，其应用也最为广泛，在设计阶段还能与结构化设计方法很好地衔接起来，构成结构化分析与设计方法，即 SADT 方法。本节将简要介绍采用结构化分析方法进行需求分析的技术。

结构化分析(Structure Analysis)方法，简称 SA 方法，是在 20 世纪 70 年代由美国 Yourdon E.等人提出的一种面向数据流进行需求分析的方法。这种方法简单实用，适合于加工类型软件系统的需求分析工作，尤其是信息管理类型的应用软件的开发。由于结构化分析方法中利用许多图形工具来表达系统的需求，使需求模型清晰、简洁、易读、易修改，因此在软件开发中得到了广泛的应用，相应的支持工具也较多。

在软件工程技术中，用于控制问题复杂性的基本手段是"分解"和"抽象"。所谓分解，是指对于一个复杂的问题，为了将其复杂性降低到人们可以掌握的程度，可以将问题划分为若干的小问题，然后分别加以解决。此外，在解决复杂问题时，还可以分层进行，即先暂时忽略细节，只考虑问题最本质的属性，然后再逐层细化，直至涉及到最详细的内容，这就是"抽象"。结构化分析方法的基本思想正是运用了"分解"和"抽象"这两个基本手段，采用"自顶向下，逐层分解"的分析思路，首先将整个系统抽象成一个加工，如图 3.14 中的系统加工 S。由于系统加工 S 很复杂，接着需要将其分解成若干个子加工；如果子加工仍然比较复杂，则需对子加工继续进行分解；重复这样的分解，直到每个子加工都足够简单，能够被清楚地理解和表达为止。结构化分析方法的"自顶向下，逐层分解"的过程如图 3.15 所示。

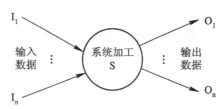

图 3.14　系统的顶层数据流图

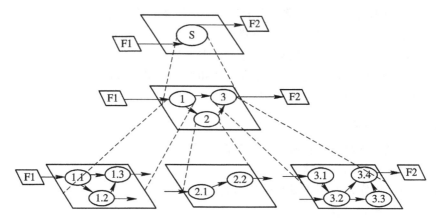

图 3.15　"自顶向下，逐步分解"过程示意图

"自顶向下，逐层分解"充分体现了分解和抽象结合的原则，使人们不至于过早地陷入细节，有助于有控制地逐步解决复杂的问题。顶层抽象地描述整个系统，底层具体描述系统中的每一个细节，而中间层则是从抽象向具体的逐步过渡。无论系统多么复杂，分析工作的难度都能得到有效的控制，使整个需求分析过程可以有条不紊地进行。

运用结构化分析方法进行需求分析过程中所涉及的主要任务及基本技术如下。

1．建立数据模型

实体—关系模型(E-R 模型)是目前最常用的数据建模技术，可以用于在需求分析阶段完整、清晰地刻画目标系统中数据对象的构成、属性及数据对象之间的关系。建立 E-R 模型时需注意以下几点：

(1) 调查需求时应要求用户列出业务流程中涉及的所有"事物"，包括系统中各种输入、输出的数据对象实体和外部实体。

(2) 对系统中的每个实体逐个进行研究，找出其与其他实体之间的对应关系。此项工作应迭代多次进行，直至找出并定义了系统中所有实体之间的关系。

(3) 在实体和其之间的联系确定后，再定义每个实体的属性。

(4) 最后应对建立的 E-R 模型进行形式化及评审，以保证此模型的正确性和完整性。

2．建立功能模型和数据字典

结构化分析方法主要使用数据流图和数据字典等工具描述系统的功能需求信息。其中，数据流图作为一种用于表达数据在系统中流动情况的图形工具，可以形象、直观地描述系统功能的分解过程；数据字典是对数据流图中数据的格式与内容进行定义的数据集合，此外在数据字典中还能够对数据流的加工进行直观、明确的描述，加工逻辑的表达可以采用结构化语言、判定表或判定树等形式。在获得系统数据流图并细化求精完成之后，就可以利用数据字典对数据流图中某些不够确切的组成成分进行严格准确的定义。

建立数据流图所应遵循的基本原则见 3.3.4 节中的介绍，建立数据字典的基本方法和原则见 3.5.4 节中的介绍。作为数据流图的必要和重要的补充，数据字典通过一种有组织的方式对所定义的每个信息项的特性进行了表示。对于大型的基于计算机的系统，数据字典的规模和复杂性会迅速增长，手工维护数据字典的工作变得非常困难，因此通常对于此类系统的数据字典维护工作都要通过 CASE 工具来实现。

3.7　验证软件需求

3.7.1　软件需求规格说明的主要内容

需求分析阶段的最后一步工作是将对系统分析的结果用标准化的文档，即软件需求规格说明书的形式清晰地描述出来，以此作为审查需求分析阶段工作完成情况的依据和设计阶段开展工作的基础。需求规格说明书是系统所有相关人员，包括用户和开发人员对软件系统共同理解和认识的表达形式，是需求分析阶段最重要的技术文档。

需求规格说明书中应包括如下主要内容：

(1) 引言：用于说明项目的开发背景、应用范围，定义所用到的术语和缩略语，以及列出文档中所引用的参考资料等。

(2) 项目概述：主要包括功能概述和约束条件。功能概述用于简要叙述系统预计实现的主要功能和各功能之间的相互关系；约束条件用于说明对系统设计产生影响的限制条件，如管理模式、用户特点、硬件限制及技术或工具的制约因素等。

(3) 具体需求：主要包括功能需求、接口定义、性能需求、软件属性及其他需求等。功能需求用于说明系统中每个功能的输入、处理、输出等信息，主要借助于数据流图和数据字典等工具进行表达；接口定义用于说明系统软/硬件接口、通信接口和用户接口的需求；性能需求用于说明系统对包括精度、响应时间、灵活性等方面的性能要求；软件属性用于说明软件对可使用性、安全性、可维护性及可移植性等方面的需求；其他需求主要指系统对数据库、操作及故障处理等方面的需求。

3.7.2　软件需求的验证

由于需求分析阶段取得的成果是软件设计和软件实现的重要基础，一旦前期的需求分析中出现了错误或遗漏，就会导致后期的开发工作停滞不前或人力、物力的巨大浪费，甚至造成软件开发工作失败的严重后果。大量统计数字表明，软件系统中有大约 15%的错误起源于错误的需求。为了提高软件质量，降低软件开发成本，确保软件开发的顺利进行，对获取的系统需求必须严格地进行验证，以保证这些需求的正确性。需求验证一般应从下述四个方面进行。

1. 验证需求的一致性

所谓一致性，是指目标系统中的所有需求应该是和谐统一的，任何一条需求不能和其他需求互相矛盾。当需求分析的结果是用非形式化的方法，如自然语言书写的时候，除了靠人工审查、验证软件需求规格说明书的正确性之外，目前还没有其他更好的方法。当目标系统规模庞大、规格说明书篇幅很长的时候，人工审查通常无法消除系统需求中存在的所有的冗余、遗漏和不一致。为了克服非形式化需求说明难以验证的困难，人们提出了描述软件需求的形式化方法。当软件需求规格说明书是用形式化的需求描述语言书写的时候，可以用软件工具来验证需求的一致性。

2. 验证需求的完整性

所谓完整性，是指目标系统的需求必须是全面的，需求规格说明书中应包括用户需求的每一个功能和性能。由于软件开发人员获得的需求信息主要来源于用户，而许多时候用户并不能清楚地认识到他们的需求，或不能有效地表达他们的需求，大多数用户只有在面对目标软件系统时，才能完整、确切地表述他们的需求，因此需求的完整性常常难以保证。要解决这个问题，需要开发人员与用户双方的充分配合和沟通，加强用户对需求的确认和评审，尽早发现需求中的遗漏。

3. 验证需求的有效性

所谓有效性，是指目标系统确实能够满足用户的实际需求，确实能够解决用户面对的问题。由于只有目标系统的用户才能真正知道软件需求规格说明书是否准确地描述了他们的需求，因此要证明需求的有效性，与证明需求的完整性相同，也只有在用户的密切配合下才能完成。

4. 验证需求的现实性

所谓现实性，是指确定的需求在现有硬件和软件技术水平上应该是能够实现的。为了验证需求的现实性，软件开发人员应该参照以往开发类似系统的经验，分析采用现有的软、硬件技术实现目标系统的可能性，必要的时候可以通过仿真或性能模拟技术来辅助分析需求的现实性。

3.8 小 结

需求分析是软件生存周期中的一个重要阶段，它的根本任务是确定用户对系统的需求，即明确系统究竟要"做什么"。由于需求分析的结果是软件设计和软件实现的基础，因此为待开发系统建立的需求模型必须是清晰的、一致的、精确的且无二义性的，并要完整地反映出现实系统的本质和实际。为了全面反映出系统各方面的需求，在需求分析阶段应在与用户充分沟通和调查研究的基础上，运用各种需求分析的工具和技术，为系统建立准确的数据模型、功能模型、行为模型以及数据字典。

结构化分析方法是传统软件工程中公认的技术成熟和使用广泛的需求分析方法。它主要借助于分层数据流图和数据字典等图形及半形式化的工具表达系统的需求。数据流图能够直观、清晰地描述系统中数据流的流动和处理情况，反映出系统所需要实现的各个逻辑功能；数据字典作为数据流图的必要补充，能够准确地定义数据流图中出现的基本元素，并能通过结构化语言、判定表及判定树等手段对数据流图中出现的加工进行详细的描述；实体—关系模型能够完整清晰地刻画目标系统的数据模型，描述系统中数据对象的构成、属性及数据对象之间的关系；对于实时系统，通常可采用状态迁移图来建立系统的行为模型，用于反映系统中的状态以及导致系统改变状态的事件。由于结构化分析方法中运用了分解和抽象的原则，采用了"自顶向下，逐步分解"的基本思想来对系统进行分析，有效地控制了问题的复杂性，保证了需求分析的顺利进行。

为了确保需求分析阶段工作的正确性，不至于给后面的开发工作留下隐患，在需求分析结束之前，必须对得到的软件需求进行验证。审查需求分析结果的主要依据是软件需求规格说明书，它是需求分析阶段中最重要的技术文档。

习　题

1. 需求分析阶段的主要任务是什么？怎么理解需求阶段的主要任务是确定系统"做什么"，而不是"怎么做"？

2. 数据流图的作用是什么？画数据流图时应注意哪些问题？

3. 数据字典的作用是什么？数据字典中可以包括哪些条目？

4. 描述加工可以采用哪些工具？它们的优缺点各是什么？

5. 实体—关系模型的作用是什么？怎样为一个实际的系统建立 E-R 模型？

6. 在以下系统中选择你感兴趣的一个，为其建立实体—关系模型。

① 网上购物系统　　② 企业库存管理系统　　③ 基于网络的选课系统

④ 小型业务的简单发货系统　　⑤ 基于 Web 的房屋租赁管理系统

7. 系统行为建模可以采用哪些工具？运用这些工具如何来描述系统的行为？

8. 软件需求规格说明书一般由哪几部分构成？各部分的作用分别是什么？

9. 软件需求的验证工作需要针对哪些方面进行？

10. 选择一个你较为熟悉的系统，如图书管理系统、商店售货系统或学生管理系统，运用结构化分析方法对其进行需求分析，并最终生成系统的软件需求规格说明书。

第 4 章　结构化软件设计

需求分析阶段结束后，软件开发者已经明确了系统的逻辑模型，即清楚了"系统需要做什么"。软件设计阶段的主要任务则是要实现系统逻辑模型向物理模型的转换，即要解决"系统如何实现"的问题。为了实现这一阶段的任务，需要对系统的物理组成元素，包括程序、文件、数据库、人工过程及文档等进行划分，并对这些元素进行细化，确定相应的数据结构和算法流程，为编码阶段的工作做好准备。由于软件设计的工作较为复杂，因此该阶段通常又被划分为体系结构设计和详细设计两个阶段。设计阶段的主要成果以软件设计说明书的形式提交。

4.1　软件设计中的基本概念和原理

在讲述本章内容时会涉及到软件设计中的某些基本概念和基本原理，下面对这些基本概念和原理一一进行介绍。

1. 模块化

所谓模块，是指具有相对独立性的，由数据说明、执行语句等程序对象构成的集合。程序中的每个模块都需要单独命名，通过名字可实现对指定模块的访问。在高级语言中，模块具体表现为函数、子程序、过程等。一个模块具有输入/输出(接口)、功能、内部数据和程序代码四个特征。输入/输出用于实现模块与其他模块间的数据传送，即向模块传入所需的原始数据及从模块传出得到的结果数据。功能指模块所完成的工作。模块的输入/输出和功能构成了模块的外部特征。内部数据是指仅能在模块内部使用的局部量。程序代码用于描述实现模块功能的具体方法和步骤。模块的内部数据和程序代码反映的是模块的内部特征。

模块化是指将整个程序划分为若干个模块，每个模块用于实现一个特定的功能。划分模块对于解决大型复杂的问题是非常必要的，可以大大降低解决问题的难度。为了说明这一点，我们可对问题复杂性、开发工作量和模块数之间的关系进行以下推理。

首先，我们设 C(x) 为问题 x 所对应的复杂度函数，E(x) 为解决问题 x 所需要的工作量函数。对于两个问题 P1 和 P2，如果：

$$C(P1)>C(P2)$$

即问题 P1 的复杂度比 P2 高，则显然有：

$$E(P1)>E(P2)$$

即解决问题 P1 比解决问题 P2 所需的工作量大。

在人们解决问题的过程中，发现存在有另一个有趣的规律：

$$C(P1+P2)>C(P1)+C(P2)$$

即解决由多个问题复合而成的大问题的复杂度大于单独解决各个问题的复杂度之和。也就是说，对于一个复杂问题，将其分解成多个小问题分别解决比较容易。由此我们可以推出：

$$E(P1+P2)>E(P1)+E(P2)$$

即将复杂问题分解成若干个小问题，各个击破，所需要的工作量小于直接解决复杂问题所需的工作量。

    根据上面的推理，我们可以得到这样一个结论，模块化可以降低解决问题的复杂度，从而降低软件开发的工作量。但是不是模块划分得越多越好呢？虽然增加程序中的模块数可以降低开发每个模块的工作量，但同时却增加了设计模块接口的工作量。通过图 4.1 所示的模块数与软件开发成本的关系图可以看出，当划分的模块数处于最小成本区时，开发软件的总成本最低。虽然目前还不能得到模块数 M 的精确取值，但总成本曲线对我们进行模块划分具有重要的指导意义。

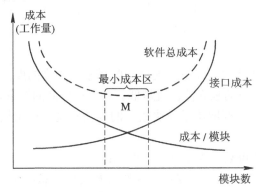

图 4.1   模块数与软件开发成本

    总之，模块化不但可以降低软件开发的难度，而且可以使程序结构清晰，增加易读性和易修改性。此外，模块化还有利于提高代码的可重用性及团队合作开发大型软件的可行性。

2. 抽象

    抽象是人类在解决复杂问题时经常采用的一种思维方式，它是指将现实世界中具有共性的一类事物的相似的、本质的方面集中概括起来，而暂时忽略它们之间的细节差异。在软件开发中运用抽象的概念，可以将复杂问题的求解过程分层，在不同的抽象层上实现难度的分解。在抽象级别较高的层次上，可以将琐碎的、细节的信息暂时隐藏起来，以利于解决系统中的全局性的问题。软件开发过程中从问题定义到最终的软件生成，每一阶段都是在前一阶段基础上对软件解法的抽象层上的一次求精和细化。

    结构化程序中自顶向下、逐步求精的模块划分思想正是人类思维中运用抽象方法解决复杂问题的体现。软件结构中顶层的模块抽象级别最高，控制并协调软件的主要功能且影响全局；软件结构中底层的模块抽象级别最低，具体实现数据的处理过程。采用自顶向下、由抽象到具体的思维方式，不但降低了软件开发中每个阶段的工作难度，简化了软件的设计和实现过程，而且还有助于提高软件的可读性、可测试性和可维护性。此外，在程序设计中运用抽象的方法还能够提高代码的可重用性。

3. 信息隐蔽

信息隐蔽是指一个模块将自身的内部信息向其他模块隐藏起来，以避免其他模块不恰当的访问和修改，只有对那些为了完成系统功能所必须的数据交换才被允许在模块间进行。信息隐蔽的目的主要是为了提高模块的独立性，减少将一个模块中的错误扩散到其他模块的机会。但是需要强调一点，信息隐蔽并不意味着某个模块中的内部信息对其他模块来说是完全不可见或不能使用的，而是说模块之间的信息传递只能通过合法的调用接口来实现。显然，信息隐蔽对提高软件的可读性和可维护性都是非常重要的。

4. 模块独立性

模块独立性是模块化、抽象和信息隐蔽概念的直接产物。模块独立性是通过开发具有单一功能的模块和避免模块间的密切交互而实现的。模块独立性使得系统易于划分且接口简单，从而使由各种修改所造成的副作用受到了限制、错误不易被扩散且软件复用成为可能。总之，独立模块更易于维护和测试，模块独立性是良好设计的关键。衡量模块独立性的定性指标主要有两个：耦合性和内聚性。

1) 耦合性

耦合性是对一个软件结构内部不同模块间联系紧密程度的度量指标。模块间的联系越紧密，耦合性就越高，模块的独立性也就越低。由于模块间的联系是通过模块接口实现的，因此，模块耦合性的高低主要取决于模块接口的复杂程度、调用模块的方式以及通过模块接口的数据。

模块间的耦合性主要可划分为如下几种类型：

(1) 数据耦合。若两个模块之间仅通过模块参数交换信息，且交换的信息全部为简单数据，则称这种耦合为数据耦合。数据耦合的耦合性最低，通常软件中都包含有数据耦合。数据耦合的例子如下所示：

```
sum(int a,int b)
{int c;
 c=a+b;
 return(c);
}
main()
{int x,y;
  ⋮
 printf("x+y= %d",sum(x,y));
}/*主函数与 sum 函数之间即为数据耦合关系*/
```

(2) 公共耦合。若两个或多个模块通过引用公共数据相互联系，则称这种耦合为公共耦合。例如，在程序中定义了全局变量，并在多个模块中对全局变量进行了引用，则引用全局变量的多个模块间就具有了公共耦合关系。FORTRAN 语言中使用的 common 语句也会在多个模块间建立公共耦合关系。公共耦合的复杂度随着耦合的模块个数的增加而显著增加。在程序设计中，若两个模块间需要交换的数据较多，仅通过参数传递难以实现时，可以考虑采用公共耦合完成，但一定要尽量降低公共耦合的程度。

(3) 控制耦合。若模块之间交换的信息中包含有控制信息(尽管有时控制信息是以数据的形式出现的)，则称这种耦合为控制耦合。控制耦合是中等程度的耦合，它会增加程序的复杂性。控制耦合的例子如下所示：

```
void output(flag)
{if (flag) printf("OK! ");
 else printf("NO! ");
}
main()
{ int flag;
 ⋮
output(flag);
  }/*主函数与 output 函数之间即为控制耦合关系*/
```

(4) 内容耦合。若一个模块对另一模块中的内容(包括数据和程序段)进行了直接的引用甚至修改，或通过非正常入口进入到另一模块内部，或一个模块具有多个入口，或两个模块共享一部分代码，则称模块间的这种耦合为内容耦合。内容耦合是所有耦合关系中程度最高的，会使因模块间的联系过于紧密而对后期的开发和维护工作带来很大的麻烦，因此，应坚决避免任何形式的内容耦合。实际上，许多高级程序设计语言在设计时就充分考虑到了内容耦合的危害，因而在规定语法时就已经杜绝了任何形式的内容耦合。

在以上所介绍的耦合中，数据耦合的程度最低，其次是公共耦合，再其次是控制耦合，程度最高的是内容耦合。耦合是影响软件复杂度的一个重要因素，设计过程中应力求降低程序的耦合性、提高模块的独立性。

2) 内聚性

内聚性是对一个模块内部各个组成元素之间相互结合的紧密程度的度量指标。模块中组成元素结合的越紧密，模块的内聚性就越高，模块的独立性也就越高。理想的内聚性要求模块的功能应明确、单一，即一个模块只做一件事情。模块的内聚性和耦合性是两个相互对立且又密切相关的概念。事实上，它们是同一事物的两个方面，模块的高内聚性往往就意味着模块间的低耦合性。因为程序中的各个部分必定是有联系的，若将其中密切相关的部分放在同一个模块中，模块间的联系就会降低；反之，若将密切相关的部分分散放在不同的模块之中，模块间的联系必然会加强。在进行模块化设计时，耦合性和内聚性都是必须考虑的重要指标。但经实践证明，保证模块的高内聚性比低耦合性更为重要，在软件设计时应将更多的注意力集中在提高模块的内聚性上。

模块的内聚性主要可划分为如下几种不同的类型。

(1) 偶然内聚。若一个模块由多个完成不同任务的语句段组成，各语句段之间的联系十分松散或根本没有任何联系，则称此模块的内聚为偶然内聚。例如，程序中多处出现一些无联系的语句段序列，为了节省内存空间将其组合成为一个模块，这个模块就属于偶然内聚。偶然内聚的模块由于组成部分之间没有实质的联系，因此难于理解和修改，会给软件开发带来很大的困扰。事实上，偶然内聚的模块出错的机率要比其他类型的模块大得多。偶然内聚是内聚程度最低的一种，在软件设计时应尽量避免。

(2) 逻辑内聚。若一个模块可实现多个逻辑上相同或相似的一类功能，则称该模块的内聚为逻辑内聚。例如，将程序中多种不同类型数据的输出放在同一个模块中实现，这个模块就属于逻辑聚合。逻辑内聚比偶然内聚的内聚程度高一些。虽然逻辑聚合模块的组成部分之间有一定的关系，但不同功能混在一起并公用模块中的部分代码，给修改带来了一定的麻烦。另外，为了在调用模块时能选择执行其中的某个功能，需要传递相应的控制参数，因而会造成模块间的控制耦合，降低模块的独立性。

(3) 时间内聚。若一个模块包含了需要在同一时间段中执行的多个任务，则称该模块的内聚为时间内聚。例如，将多个变量的初始化放在同一个模块中实现，或将需要同时使用的多个库文件的打开操作放在同一个模块中，都会产生时间内聚的模块。由于时间内聚模块中的各个部分在时间上的联系，其内聚程度比逻辑内聚高一些。但这样的模块往往会和其他相关模块有着紧密的联系，因而会造成耦合性的增加。

(4) 过程内聚。若一个模块中的各个部分相关，并且必须按特定的次序执行，则称该模块的内聚为过程内聚。在结构化程序中，通常采用程序流程图作为设计软件和确定模块划分的工具，因此，这样得到的模块往往具有过程内聚的特性。

(5) 通信内聚。若一个模块中的各个部分使用同一个输入数据或产生同一个输出数据，则称该模块的内聚为通信内聚。由于通信内聚模块中的各个部分都与某个共同的数据密切相关，因此内聚性高于前几种内聚。

(6) 顺序内聚。若一个模块中的各个部分都与同一个功能密切相关，并且必须按照先后顺序执行(通常前一个部分的输出数据就是后一个部分的输入数据)，则称该模块的内聚为顺序内聚。例如，在一个处理学生成绩的模块中，前一个部分根据成绩统计出及格的学生人数，后一个部分根据及格人数计算出学生的及格率。根据数据流图划分出的模块通常都是顺序内聚的模块。由于顺序内聚模块中的各个部分在功能和执行顺序上都密切相关，因此内聚程度很高且易于理解。

(7) 功能内聚。若一个模块中各个组成部分构成一个整体并共同完成一个单一的功能，则称该模块的内聚为功能内聚。由于功能内聚模块中的各个部分关系非常密切，构成一个不可分割的整体，因此功能内聚是所有内聚中内聚程度最高的一种。

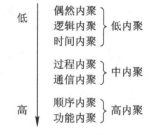

图 4.2　内聚性的排列

在以上所介绍的七种内聚中，按照内聚性从低到高进行排列的结果如图 4.2 所示。

4.2　体系结构设计概述

体系结构设计通常又被称为总体设计或概要设计，是软件设计中的第一个阶段。该阶段的根本目的是将需求分析阶段得到的软件需求规格说明书转换为具体计算机可以实现的目标系统。这一阶段中主要侧重于对系统宏观结构的设计，而对系统内部的实现细节，即模块的算法并不关心。

4.2.1　体系结构设计的任务

在体系结构设计过程中，首先要根据需求分析阶段产生的成果寻求实现目标系统的各种可能的方案，然后由系统分析员对所有可能的方案进行综合分析比较，从中选择出一个最佳方案向用户推荐。在与用户达成共识之后，系统分析员就可以着手对选择出的最佳方案进行体系结构的设计，并为软件确定数据结构及设计数据库。体系结构设计阶段结束时，系统分析员需要提交软件的体系结构说明书并参加该阶段的评审。体系结构设计的主要任务有如下四点。

1. 软件体系结构设计

设计软件的体系结构需要在对需求分析阶段生成的数据流图进一步分析和精化的基础上，首先将系统按照功能划分为模块，接着需要确定模块之间的调用关系及其接口，最后还应该对划分的结果进行优化和调整。良好的软件结构设计对详细设计及编码阶段的工作都是至关重要的。

2. 数据结构和数据库设计

体系结构设计中应对需求分析阶段所生成的数据字典加以细化，从计算机技术实现的角度出发，确定软件涉及的文件系统及各种数据的结构。主要包括确定输入、输出文件的数据结构及确定算法所需的逻辑数据结构等。在需求分析阶段仅为系统所需的数据库建立了概念数据模型(最常采用的是 E-R 模型)。体系结构设计阶段需要将原本独立于数据库实现的概念模型与具体的数据库管理系统的特征结合起来，建立数据库的逻辑结构，主要包括确定数据库的模式、子模式及对数据库进行规范和优化等。

3. 系统可靠性、安全性设计

可靠性设计也称为质量设计，目的是为了保证程序及其文档具有较高的正确性和容错性，并对可能出现的错误易于修改和维护。安全性设计的主要目的是为了增强系统的自我防护能力和运行的稳定性，防止系统遭受到有意或无意地入侵和破坏，保证系统在安全的环境下正常地工作。

4. 编写文档，参加复审

体系结构设计阶段应交付的文档通常包括：体系结构设计说明书、用户手册、数据库设计说明书及系统初步测试计划。

(1) 体系结构设计说明书：给出系统总体结构设计的结果，为系统的详细设计提供基础。

(2) 用户手册：根据体系结构设计成果，对需求分析阶段编写的用户手册进行补充和修改。

(3) 测试计划：明确测试中应采用的策略、方案、预期的测试结果及测试的进度安排。

(4) 数据库设计说明书：主要用于给出目标系统中数据库管理系统的选择及逻辑结构等的设计结果。

体系结构设计阶段复审的重点主要是系统的总体结构、模块划分和内/外接口等方面，复审的对象就是该阶段的设计文档。由于体系结构设计中的微小失误可能会导致软件开发中的重大问题，因此复审一定要按严格的步骤，通过正式会议的方式进行，争取尽可能地及早发现设计中的缺陷和错误。除软件开发人员以外，体系结构设计复审必须有用户参加，必要时还可以邀请相关领域的专家参加会议。

4.2.2　体系结构设计中可采用的工具

1. HIPO 图

HIPO(Hierarchy Plus Input/Processing/Output)图是 IBM 公司在 20 世纪 70 年代发展起来的用于描述软件结构的图形工具。它实质上是在描述软件总体模块结构的层次图(H 图)的基础上，加入了用于描述每个模块输入/输出数据和处理功能的 IPO 图，因此它的中文全名为层次图加输入/处理/输出图。

1) HIPO 图中的 H 图

H 图用于在体系结构设计过程中描绘软件的层次结构。在 H 图中，每一个矩形框代表一个模块，图中最顶层的矩形框表示系统中的主控模块，矩形框之间的连线用于表示模块之间的调用关系。为了使 H 图更具有可追踪性，可以为除顶层矩形框以外的其他矩形框加上能反映层次关系的编号。H 图比较适用于自顶向下进行分解的软件结构设计方法。工资计算系统的 H 图如图 4.3 所示。

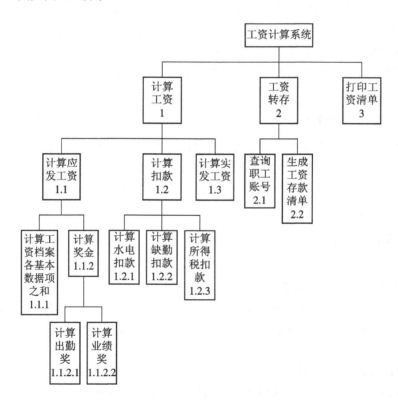

图 4.3　工资计算系统的 H 图

2) IPO 图

IPO 图能够方便、清晰地描绘出模块的输入数据、加工和输出数据之间的关系。与层次图中每个矩形框相对应，应该有一张 IPO 图描述该矩形框所代表的模块的具体处理过程，作为对层次图中内容的补充说明。IPO 图的基本形式为：在图中左边的框中列出模块涉及的所有输入数据，在中间的框中列出主要的加工，在右边的框中列出处理后产生的输出数据；图中的箭头用于指明输入数据、加工和输出结果之间的关系。工资计算系统中的计算工资模块的 IPO 图如图 4.4 所示。

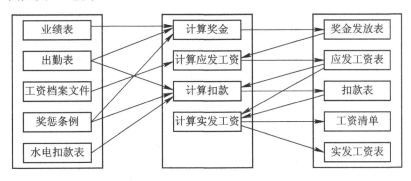

图 4.4   计算工资模块的 IPO 图

2. 结构图

在软件工程中，软件结构经常采用 20 世纪 70 年代中期由 Yourdon 等人提出的结构图 (SC，Structure Chart)这种图形工具来表示。结构图能够描述出软件系统的模块层次结构，清楚地反映出程序中各模块之间的调用关系和联系。结构图中的基本符号及其含义见表 4.1。

表 4.1   结构图中的基本符号

符号	含 义
☐	用于表示模块，方框中标明模块的名称
———	用于描述模块之间的调用关系
○⟶ ●⟶	用于表示模块调用过程中传递的信息，箭头上标明信息的名称；箭头尾部为空心圆表示传递的信息是数据，若为实心圆则表示传递的是控制信息
A B C	表示模块 A 选择调用模块 B 或模块 C
A B C	表示模块 A 循环调用模块 B 和模块 C

4.2.3   体系结构设计的原则

体系结构设计的原则有如下 6 点。

(1) 降低模块的耦合性，提高模块的内聚性。

为了提高软件中各个模块的独立性，提高程序的可读性、可测试性和可维护性，在软件体系结构设计时应尽可能采用内聚性高的模块，如最好实现功能内聚；尽量只使用数据耦合，限制公共耦合的使用，避免控制耦合的使用，杜绝内容耦合的出现。

(2) 保持适中的模块规模。

程序中模块的规模过大，会降低程序的可读性；而模块规模过小，势必会导致程序中的模块数目过多，增加接口的复杂性。对于模块的适当规模并没有严格的规定，但普遍的观点是模块中的语句数最好保持在 10～100 之间。为了使模块的规模适中，在保证模块独立性的前提下，可对程序中规模过小的模块进行合并或对规模过大的模块进行分解。

(3) 模块应具有高扇入和适当的扇出。

在模块调用中，某个模块的上级模块数被称为该模块的扇入(如图 4.5(a)所示，模块 M 的扇入数为 n)；而某个模块可以调用的下级模块数被称为该模块的扇出(如图 4.5(b)所示，模块 M 的扇出数为 k)。显然，一个模块的扇入表明了共有多少个模块需要调用该模块，而其扇出表明了该模块可以控制的下级模块的数目。

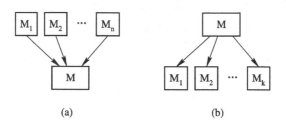

图 4.5　模块的扇入和扇出

(a) 扇入；(b) 扇出

模块的扇入越大，则说明共享该模块的上级模块数越多，或者说该模块在程序中的重用性越高，这正是程序设计所追求的目标之一。当多个模块具有一部分相同功能时，应将这部分相同的功能分离出来，编写成独立的模块供需要的模块调用。通过消除不同模块中的重复内容，提高代码的可重用性，可以减少程序的总代码量，便于程序的测试和维护。

模块的扇出若过大，如在一个模块中要调用八个下级模块，则会使该模块的调用控制过于复杂。这种现象发生的原因通常都是由于设计阶段，模块细化的过程中，分解速度过快造成的。最常见的解决办法是通过在此模块和下级模块间增加一个中间层来控制模块分解的速度。模块的扇出过小，如扇出为 1(下级模块层中只有一个模块)，在系统设计中通常是不可取的。常见的解决方法是考虑将其合并到上级模块中。但若合并会影响模块的独立性，则将其保留下来也未尝不可。根据实践经验，设计良好的典型系统中，模块的平均扇出通常为 3 或 4。

可以看出：在一个好的软件结构中，模块应具有较高的扇入和适当的扇出。但绝不能为了单纯追求高扇入或合适的扇出而破坏了模块的独立性。此外，经过对大量软件系统的研究后发现，在设计良好的软件结构中，通常顶层的扇出数较大，中间层的扇出数较小，底层的扇入数较大，如图 4.6 所示。

(4) 软件结构中的深度和宽度不宜过大。

图 4.6　软件结构图示例

所谓深度，是指软件体系结构中控制的层数，它能够粗略地反映出软件系统的规模和复杂程度；所谓宽度，是指软件体系结构内同一层次上模块个数的最大值，通常宽度越大的系统越复杂。如图 4.6 所示的软件结构图中，深度为 5，宽度为 8。深度在程序中表现为模块的嵌套调用，嵌套的层数越多，程序就越复杂，程序的可理解性也就随之下降。对宽度影响最大的因素是模块的扇出，即模块可以调用的下级模块数越多，软件结构的宽度就越大。深度过大可通过将结构中过于简单的模块分层与上一级模块合并来解决；而宽度过大则可通过增加中间层来解决。显然，软件结构中的深度和宽度是相互对立的两个方面，降低深度会引起宽度的增加，而降低宽度又会带来深度的增加。

(5) 模块的作用域应处于其控制域范围之内。

模块的作用域是指受该模块内一个判定条件影响的所有模块范围。模块的控制域是指该模块本身以及所有该模块的下属模块(包括该模块可以直接调用的下级模块和可以间接调用的更下层的模块)。例如，在图 4.7 中，模块 C 的控制域为模块 C、E 和 F；若在模块 C 中存在一个对模块 D、E 和 F 均有影响的判定条件，即模块 C 的作用域为模块 C、D、E 和 F(图中带阴影的模块)，则显然模块 C 的作用域超出了其控制域。由于模块 D 在模块 C 的作用域中，因此模块 C 对模块 D 的控制信息必然要通过上级模块 B 进行传递，这样不但会增加模块间的耦合性，而且会给模块的维护和修改带来麻烦(若要修改模块 C，可能会对不在它控制域中的模块 D 造成影响)。因此，软件

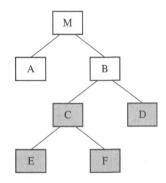

图 4.7　模块的作用域和控制域

设计时应使各个模块的作用域处于其控制域范围之内。若发现不符合此设计原则的模块，可通过下面的方法进行改进：

① 将判定位置上移。如将图 4.7 中的模块 C 中的判定条件上移到上级模块 B 中或将模块 C 整个合并到模块 B 中。

② 将超出作用域的模块下移。如将图 4.7 中的模块 D 移至模块 C 的下一层上，使模块 D 处于模块 C 的控制域中。

(6) 尽量降低模块的接口复杂度。

由于复杂的模块接口是导致软件出现错误的主要原因之一，因此在软件设计中应尽量使模块接口简单清晰，如减少接口传送的信息个数以及确保实参和形参的一致性和对应性等。降低模块的接口复杂度，可以提高软件的可读性，减少出现错误的可能性，并有利于软件的测试和维护。

4.2.4　体系结构设计说明书

体系结构设计说明书是体系结构设计阶段中最重要的技术文档，其主要内容应包括：

(1) 引言：用于说明编写本说明书的目的、背景，定义所用到的术语和缩略语，以及列出文档中所引用的参考资料等。

(2) 总体设计：用于说明软件的需求规定、运行环境要求、处理流程及软件体系结构等。

(3) 运行设计：用于说明软件的运行模块组合、运行控制方式及运行时间等。

(4) 模块设计：用于说明软件中各模块的功能、性能及接口等。

(5) 数据设计：用于说明软件系统所涉及的数据对象的逻辑数据结构的设计。

(6) 出错处理设计：用于说明软件系统可能出现的各种错误及可采取的处理措施。

4.3　面向数据流的体系结构设计方法

4.3.1　数据流图的类型

　　面向数据流的体系设计方法能够方便地将需求分析阶段生成的数据流图转换成设计阶段所需的软件结构。但对于不同类型的数据流图，转换得到的软件结构也不同，因此有必要首先研究一下数据流图的典型形式。根据数据流图的结构特点通常可将数据流图划分为如下两个基本类型。

1. 变换型数据流图

　　变换型数据流图呈现出的结构特点为：由(逻辑)输入、变换中心和(逻辑)输出三部分组成，如图 4.8 所示。该类型数据流图所描述的加工过程为：首先，外部数据沿逻辑输入路径进入系统，同时数据的形式由外部形式转化为内部形式；接着，数据被送往变换中心进行加工处理；最后，经过加工得到的结果数据的内部形式被转换为外部形式并沿逻辑输出路径离开系统。可以看出，变换型数据流图反映的是一个顺序结构的加工过程。

图 4.8　变换型数据流图的基本模型

2. 事务型数据流图

　　原则上，所有基本系统模型都属于变换型，但其中有一类具有特殊形态的数据流图又被单独划分为事务型。事务型数据流图呈现出的结构特点为：输入流在经过某个被称为"事务中心"的加工时被分离为多个发散的输出流，形成多个平行的加工处理路径，如图 4.9 所示。该类型数据流图所描述的加工过程为：外部数据沿输入通路进入系统后，被送往事务中心；事务中心接收输入数据并分析确定其类型；最后根据所确定的类型为数据选择其中的一条加工路径。

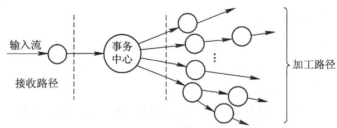

图 4.9　事务型数据流图的基本模型

4.3.2　面向数据流的体系结构设计过程

　　运用面向数据流的方法进行软件体系结构的设计时，应该首先对需求分析阶段得到的数据流图进行复查，必要时进行修改和精化；接着在仔细分析系统数据流图的基础上，确定数据流图的类型，并按照相应的设计步骤将数据流图转化为软件结构；最后还要根据体系结构设计的原则对得到的软件结构进行优化和改进。面向数据流的体系结构设计过程如图 4.10 所示。

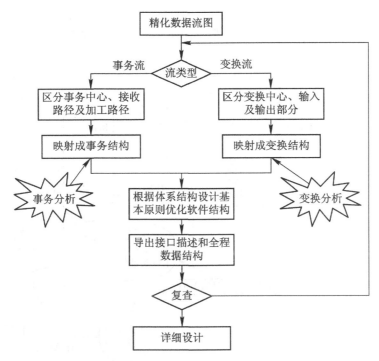

图 4.10　面向数据流的体系结构设计过程

一般来说，大多数系统的加工问题被表示为变换型，可采用变换分析设计方法建立系统的软件结构，但当数据流图具有明显的事务特点时，则应采用事务分析技术进行处理。变换分析设计方法与事务分析设计方法类似，都遵循图 4.10 所示的设计过程，主要差别仅在于由数据流图向软件结构的映射方法不同。对于一个复杂的系统，数据流图中可能既存在变换流又存在事务流，这时应当根据数据流图的主要处理功能，选择一个面向全局的、涉及整个软件系统的总体类型，映射得到系统的整体软件结构。此外，再对局部范围内的数据流图进行具体研究，确定它们各自的类型并分别处理，得到系统的局部软件结构。

1. 变换分析设计

对于变换型的数据流图，应按照变换分析设计的方法建立系统的结构图。下面以图 4.11 所示的工资计算系统数据流图为例来介绍变换分析建立软件结构的具体步骤。

(1) 划分边界，区分系统的输入、变换中心和输出部分。变换中心在图中往往是多股数据流汇集的地方，经验丰富的设计人员通常可根据其特征直接确定系统的变换中心。另外，下述方法可帮助设计人员确定系统的输入和输出：从数据流图的物理输入端出发，沿着数据流方向逐步向系统内部移动，直至遇到不能被看作是系统输入的数据流为止，则此数据流之前的部分即为系统的输入；同理，从数据流图的物理输出端出发，逆着数据流方向逐步向系统内部移动，直至遇到不能被看作是系统输出的数据流为止，则该数据流之后的部分即为系统的输出；夹在输入和输出之间的部分就是系统的变换中心。工资计算系统的数据流图的划分如图 4.11 所示。

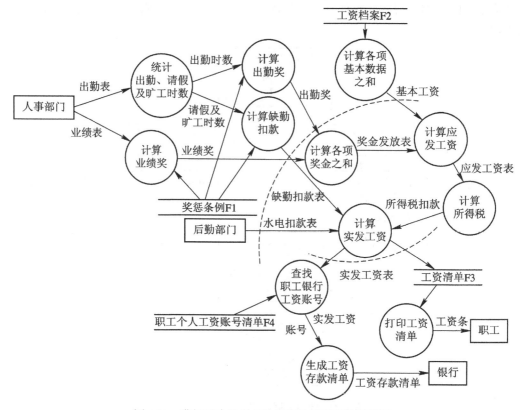

图 4.11   进行了边界划分的工资计算系统数据流图

(2) 完成第一级分解，设计系统的上层模块。这一步主要是确定软件结构的顶层和第一层。任何系统的顶层都只含一个用于控制的主模块。变换型数据流图对应的软件结构的第一层一般由输入、变换和输出三种模块组成。系统中的每个逻辑输入对应一个输入模块，完成为主模块提供数据的功能；每一个逻辑输出对应一个输出模块，完成为主模块输出数据的功能；变换中心对应一个变换模块，完成将系统的逻辑输入转换为逻辑输出的功能。工资计算系统的一级分解结果如图 4.12 所示。

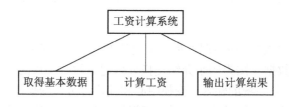

图 4.12   工资计算系统的一级分解

(3) 完成第二级分解，设计输入、变换中心和输出部分的中、下层模块。这一步主要是对上一步确定的软件结构进行逐层细化，为每一个输入、输出模块及变换模块设计下属模块。通常，一个输入模块应包括用于接收数据和转换数据(将接收的数据转换成下级模块所需的形式)的两个下属模块；一个输出模块应包括用于转换数据(将上级模块的处理结果转换成输出所需的形式)和传出数据的两个下属模块；变换模块的分解没有固定的方法，一般应根据变换中心的组成情况及模块分解的原则来确定下属模块。完成二级分解后，工资计算系统的软件结构如图 4.13 所示(图中省略了模块调用传递的信息)。

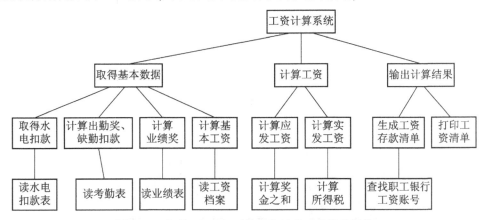

图 4.13 完成二级分解后的工资计算系统软件结构

2. 事务分析设计

事务分析设计方法也是从分析数据流图出发，通过自顶向下的逐步分解来建立系统软件结构。下面以图 4.14 所示的事务型数据流图为例，介绍事务分析设计方法生成软件结构的具体步骤。

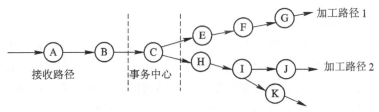

图 4.14 进行了边界划分的事务型数据流图

(1) 划分边界，明确数据流图中的接收路径、事务中心和加工路径。事务中心在数据流图中位于多条加工路径的起点，经过事务中心的数据流被分解为多个发散的数据流，根据这个特征很容易在图中找到系统的事务中心。向事务中心提供数据的路径是系统的接收路径，而从事务中心引出的所有路径都是系统的加工路径，如图 4.14 中对数据流图的划分。每条加工路径都具有自己的结构特征，可能为变换型，也可能为事务型。如图 4.14 中，路径 1 为变换型，路径 2 为事务型。

(2) 建立事务型结构的上层模块。事务型流图对应的软件结构的顶层只有一个由事务中心映射得到的总控模块；总控模块有两个下级模块，分别是由接收路径映射得到的接收模块和由全部加工路径映射得到的调度模块。接收模块负责接收系统处理所需的数据，调度模块负责控制下层的所有加工模块。两个模块共同构成了事务型软件结构的第一层。图 4.14 中，事务型数据流图映射得到的上层软件结构如图 4.15 所示。

图 4.15 事务型系统的上层软件结构

(3) 分解、细化接收路径和加工路径，得到事务型结构的下层模块。由于接收路径通常都具有变换型的特性，因此对事务型结构接收模块的分解方法与对变换型结构输入模块的分解方法相同。对加工路径的分解应按照每一条路径本身的结构特征，分别采用变换分析或事务分析方法进行分解。经过分解后得到的完整的事务型软件结构如图 4.16 所示。

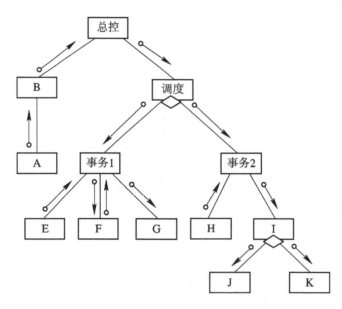

图 4.16　完整的事务型软件结构

3. 软件结构的改进和优化

为了使最终生成的软件系统具有良好的风格及较高的效率，应在软件的早期设计阶段尽量地对软件结构进行优化。因此在建立软件结构后，软件设计人员需要按照体系结构设计的基本原则对其进行必要的改进和调整。软件结构的优化应该力求在保证模块划分合理的前提下，减少模块的数量、提高模块的内聚性及降低模块的耦合性，设计出具有良好特性的软件结构。

4.4　详细设计概述

详细设计是软件设计中的第二个阶段，该阶段的主要目的是在体系结构设计的基础上，为软件中的每个模块确定相应的算法及内部数据结构，获得目标系统具体实现的精确描述，为编码工作做好准备。详细设计虽然并没有具体地进行程序的编写，但是却对软件实现的详细步骤进行了精确的描述，因此详细设计基本决定了最终的程序代码的质量。

4.4.1　详细设计的任务

详细设计的任务主要有如下五点：

(1) 确定每个模块的具体算法。根据体系结构设计所建立的系统软件结构，为划分的每个模块确定具体的算法，并选择某种表达工具将算法的详细处理过程描述出来。

(2) 确定每个模块的内部数据结构及数据库的物理结构。为系统中的所有模块确定并构造算法实现所需的内部数据结构；根据前一阶段确定的数据库的逻辑结构，对数据库的存储结构、存取方法等物理结构进行设计。

(3) 确定模块接口的具体细节。按照模块的功能要求，确定模块接口的详细信息，包括模块之间的接口信息、模块与系统外部的接口信息及用户界面等。

(4) 为每个模块设计一组测试用例。由于负责详细设计的软件人员对模块的实现细节十分清楚，因此由他们在完成详细设计后提出模块的测试要求是非常恰当和有效的。

(5) 编写文档，参加复审。详细设计阶段的成果主要以详细设计说明书的形式保留下来，在通过复审对其进行改进和完善后作为编码阶段进行程序设计的主要依据。

4.4.2　详细设计可采用的工具

1. 程序流程图

程序流程图是最早出现且使用较为广泛的算法表达工具之一，能够有效地描述问题求解过程中的程序逻辑结构。程序流程图中经常使用的基本符号如图 4.17 所示。

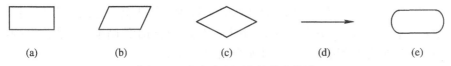

图 4.17　程序流程图中的基本符号

(a) 一般处理框；(b) 输入/输出框；(c) 判断框；(d) 流程线；(e) 起止框

程序流程图的主要优点在于对程序的控制流程描述直观、清晰，使用灵活，便于阅读和掌握，因此在 20 世纪 40 年代末到 70 年代初被普遍采用。但随着程序设计方法的发展，程序流程图的许多缺点逐渐暴露出来。这些缺点主要体现在以下方面：

(1) 程序流程图中可以随心所欲地使用流程线，容易造成程序控制结构的混乱，与结构化程序设计的思想相违背。

(2) 程序流程图难以描述逐步求精的过程，容易导致程序员过早考虑程序的控制流程，而忽略程序全局结构的设计。

(3) 程序流程图难以表示系统中的数据结构。

正是由于程序流程图存在的这些缺点，越来越多的软件设计人员放弃了对它的使用，而去选择其他一些更有利于结构化设计的表达工具，下面所介绍的 N-S 图和 PAD 图就是其中的两种图形工具。

2. N-S 图

N-S 图又称为盒图，它是为了保证结构化程序设计而由 Nassi 和 Shneiderman 共同提出的一种图形工具。在 N-S 图中，所有的程序结构均使用矩形框表示，它可以清晰地表达结构中的嵌套及模块的层次关系。N-S 图中，基本控制结构的表示符号如图 4.18 所示。由于 N-S 图中没有流程线，不可能随意转移控制，因而表达出的程序结构必然符合结构化程序设计的思想，有利于培养软件设计人员的良好设计风格。但当所描述的程序嵌套层次较多时，N-S 图的内层方框会越画越小，不仅影响可读性而且不易修改。

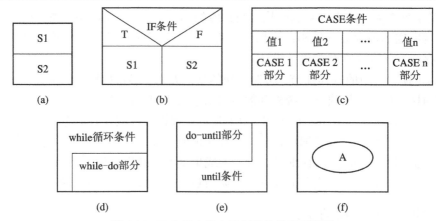

图 4.18　N-S 图中基本控制结构的表示符号

(a) 顺序结构；(b) 分支结构；(c) 多分支 CASE 结构；(d) while-do 结构；(e) do-until 结构；(f) 调用模块 A

3. PAD 图

PAD(Problem Analysis Diagram，问题分析图)是继程序流程图和 N-S 图后，由日立公司在 20 世纪 70 年代提出的又一种用于详细设计的图形表达工具。它只能用于结构化程序的描述。PAD 图采用了易于使用的树型结构图形符号，既利于清晰地表达程序结构，又利于修改。PAD 图中所经常使用的基本符号如图 4.19 所示。

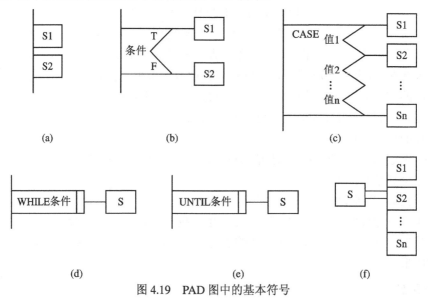

图 4.19　PAD 图中的基本符号

(a) 顺序结构；(b) 分支结构；(c) 多分支 CASE 结构；(d) 当型循环；(e)；直到型循环；(f) 对 s 的细化

PAD 图具有的主要优点如下：

(1) 使用 PAD 图描述的程序结构层次清晰，逻辑结构关系直观、易读、易记、易修改。

(2) PAD 图为多种常用高级语言提供了相应的图形符号，每种控制语句都与一个专门的图形符号相对应，易于 PAD 图向高级语言源程序转换。

(3) 支持自顶向下、逐步求精的设计过程。

(4) 既能够描述程序的逻辑结构，又能够描述系统中的数据结构。

　　下面仍以工资计算系统为例，分别采用上述三种图形工具描述计算应发工资模块的具体处理过程，如图 4.20 所示。

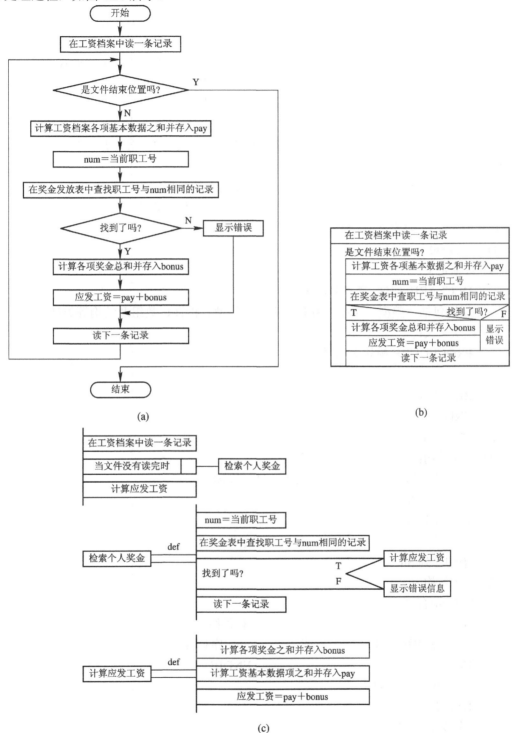

(a)

(b)

(c)

图 4.20 三种详细设计中使用的图形工具示例

(a) 工资计算模块的流程图；(b) 工资计算模块的 N-S 图；(c) 工资计算模块的 PAD 图

4. PDL 语言

PDL (Process Design Language)语言即过程设计语言,是一种用于描述程序算法和定义数据结构的伪代码。PDL 语言的构成与用于描述加工的结构化语言相似,是一种兼有自然语言和结构化程序设计语言语法的"混合型"语言。自然语言的采用使算法的描述灵活自由、清晰易懂,结构化程序设计语言的采用使控制结构的表达具有固定的形式且符合结构化设计的思想。PDL 语言与结构化语言的主要区别在于:由于 PDL 语言表达的算法是编码的直接依据,因此其语法结构更加严格并且处理过程描述更加具体详细。

PDL 语言的主要特点如下:

(1) 各种定义语句及控制结构的表达都具有严格的语法形式,使程序结构、数据说明等更加清晰。

(2) 提供了数据说明机制,可用于定义简单及复杂的数据结构。

(3) 提供了模块的定义和调用机制,方便了程序模块化的表达。

PDL 语言的主要定义语句及基本控制结构的表达如下所示。

1) 定义语句

(1) 数据定义:

    DECLARE 属性 变量名,…

    属性包括:整型、实型、双精度型、字符型、指针、数组及结构等类型。

(2) 模块定义:

    PROCEDURE 模块名(参数)

        ⋮

    RETURN

    END

2) 基本控制结构

(1) 顺序结构:

    顺序结构的语句序列采用自然语言进行描述。

    语句序列 S1

    语句序列 S2

        ⋮

    语句序列 Sn

(2) 选择结构:

① IF-ELSE 结构

    IF 条件   IF 条件

        语句序列 S1   或   语句序列 S

    ELSE   ENDIF

        语句序列 S2

    ENDIF

② 多分支 IF 结构

    IF 条件 1

　　　　　　　语句序列 S1
　　　　ELSEIF 条件 2
　　　　　　　语句序列 S2
　　　　　　　　⋮
　　　　ELSE
　　　　　　　语句序列 Sn
　　　　ENDIF
③ CASE 结构
　　　CASE　表达式　OF
　　　CASE　取值 1
　　　　　　语句序列 S1
　　　CASE 取值 2
　　　　　　语句序列 S2
　　　　　　　⋮
　　　ELSE　语句序列 Sn
　　　ENDCASE
(3)　循环结构：
① FOR 结构
　　　FOR 循环变量=初值　TO　终值
　　　　　循环体 S
　　　END FOR
② WHILE 结构
　　　WHILE　条件
　　　　　循环体 S
　　　ENDWHILE
③ UNTIL 结构
　　　REPEAT
　　　　　循环体 S
　　　UNTIL　条件
3)　输入/输出语句
① 输入语句：
　　　GET(输入变量表)
② 输出语句：
　　　PUT(输出变量表)
4)　模块调用语句
　　　CALL　模块名(参数)

4.4.3　详细设计的原则

　　为了能够使模块的逻辑描述清晰准确，在详细设计阶段应遵循下列原则：

　　(1) 将保证程序的清晰度放在首位。由于结构清晰的程序易于理解和修改，并且会大大减少错误发生的机率，因此除了对执行效率有严格要求的实时系统外，通常在详细设计过程中应优先考虑程序的清晰度，而将程序的效率放在第二位。

　　(2) 设计过程中应采用逐步细化的实现方法。从体系结构设计到详细设计，本身就是一个细化模块描述的过程，由粗到细、分步进行的细化有助于保证所生成程序的可靠性，因此在详细设计中特别适合采用逐步细化的方法。在对程序进行细化的过程中，还应同时对数据描述进行细化。

　　(3) 选择适当的表达工具。在模块算法确定之后，如何将其精确明了地表达出来，对详细设计的实现同样十分重要。上一节中介绍了几种较为常用的表达工具，这些工具各有特色。如图形工具便于设计人员与用户的交流，而 PDL 语言便于将详细设计的结果转换为源程序。设计人员应根据具体情况选择适当的表达工具。

4.4.4　详细设计说明书

　　详细设计说明书是详细设计阶段最重要的技术文档。与体系结构设计说明书相比，前者侧重于软件结构的规定，后者则侧重于对模块实现具体细节的描述。详细设计说明书可以看作是在体系结构设计说明书所确定的系统总体结构的基础上，对其中各个模块实现过程的进一步描述和细化。通常，详细设计说明书中应主要包括以下几方面的内容：

　　(1) 引言：用于说明编写本说明书的目的、背景，定义所用到的术语和缩略语，以及列出文档中所引用的参考资料等。

　　(2) 总体设计：用于给出软件系统的体系结构图。

　　(3) 模块描述：依次对各个模块进行详细的描述，主要包括模块的功能和性能，实现模块功能的算法，模块的输入及输出，模块接口的详细信息等。

4.5　面向数据流的详细设计方法

　　在 4.3 节中已经介绍了运用面向数据流的方法进行体系结构设计的相关知识，这一节将讨论运用这种方法如何来实现详细设计。面向数据流的详细设计方法，主要指结构化程序设计方法，最早是在 20 世纪 60 年代由 E.W.Dijkstra 提出的，主要目的是为了解决当时滥用GOTO 语句而带来的程序结构混乱的问题。这种方法的首要思想是，从改善每个模块的控制结构入手来提高程序的清晰度。由于这种方法可以大大提高程序的清晰度、易读性、可测试性和可维护性，因此受到了广泛的欢迎，成为了传统软件工程中进行详细设计的典型方法。

　　面向数据流的详细设计方法中所采用的关键技术主要包括以下两个方面：

　　(1) 设计过程中采用了自顶向下，逐步细分的方法。面向数据流的设计，无论是在进行体系结构设计或是进行详细设计时都采用了自顶向下、逐步细分的方法。在体系结构设计中，通过采用这种方法可以将需要处理的问题分解细化为一个由多个模块组成的层次结构的软件系统。在详细设计中，通过采用这种方法可以将系统中的每个模块逐步分解细化为一系列的具体处理步骤。自顶向下、逐步细分的方法符合人类思维的一般方式，可将一个原本复杂的大问题逐渐分解为若干个易于解决的、简单的问题，然后各个击破。由于这种方法在解决问题时有效地控制住了复杂度和难度，因此大大减少了设计过程中出现错误的可能，能够显著提高软件开发的可靠性及缩短软件开发的周期。

(2) 所有模块的实现都只采用单入口、单出口的三种基本控制结构。在面向数据流的详细设计中，为了保证程序结构的清晰度，通常限制只能采用三种基本控制结构来构造程序。这三种基本的控制结构分别为顺序结构、选择结构(IF-THEN-ELSE 型)和 DO-WHILE 循环结构。它们的共同特点是均只有一个入口和一个出口。这三种基本控制结构的流程图如图 4.21 所示。单入口、单出口控制结构的采用，使面向数据流的详细设计中的每个程序模块都能保持清晰的逻辑结构。在实际的软件开发工作中，为了方便使用或提高程序效率，有时在面向数据流的详细设计中还允许使用直到型循环结构(DO-UNTIL) 和多分支选择结构(DO-CASE)。这两种补充结构的流程图如图 4.22 所示。只允许使用三种基本控制结构的详细设计通常被称为经典的结构程序设计，而加入了两种补充结构的详细设计则被称为扩展的结构程序设计。面向数据流的详细设计中并非完全禁止 GOTO 语句的使用，例如限制在同一控制结构内部的 GOTO 语句并不会破坏程序的结构化特点。此外，当程序中需要立即从循环中转移出来时，在一些结构化语言中提供了相应的实现语句，如 C 语言中的 break 语句，这类语句实质上是局限的 GOTO 语句。允许使用这类语句的程序设计被称为修正的结构程序设计。

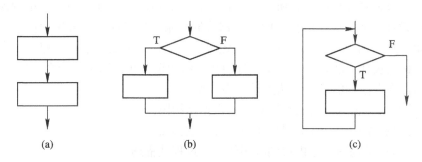

图 4.21　三种基本控制结构的流程图

(a) 顺序结构；(b) 选择结构；(c) DO-WHILE 循环结构

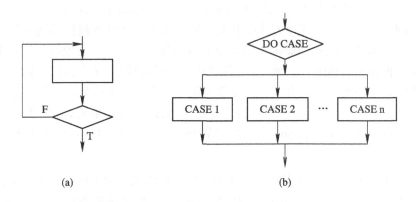

图 4.22　两种补充结构的流程图

(a) 直到型循环结构；(b) 多分支选择结构

综上所述，在面向数据流的详细设计方法中，自顶向下、逐步细分保证了程序的可靠性,而基本控制结构的使用则保证了程序的清晰易懂。采用这种详细设计方法的缺点是,程序结构的清晰往往要以存储容量的增加和运行效率的降低为代价,不过由于硬件技术的飞速发展,存储容量和运行时间已不再是软件开发人员需要首要考虑的问题了。

4.6 面向数据结构的设计方法

面向数据流的设计方法是以系统中的数据流作为设计的出发点,而面向数据结构的设计方法则是以系统中的数据结构作为设计的出发点。由于大多数目标软件都是为了解决信息处理问题,并且算法和数据结构是程序设计中两个不可分割的侧面,算法的结构往往在很大程度上依赖于它要处理的数据结构,因此可以根据软件所要处理的信息的数据结构来设计软件。例如,通常对重复出现的数据结构要采用循环结构来处理,对选择性的数据结构采用选择结构来处理,而对分层的数据结构往往要采用相对应的分层程序结构来处理。

面向数据结构的设计方法和面向数据流的设计方法虽然出发点不同,但同样都遵循结构程序设计和自顶向下、逐步细分的设计原则。面向数据流的设计分为体系结构设计和详细设计,体系结构设计的目标是导出系统的软件结构,详细设计完成模块具体实现过程的设计;而面向数据结构的设计方法并不明确地使用软件结构的概念,它的目标是得到系统的程序结构,最适合在详细设计阶段使用,只在少数情况下被独立地用于小规模加工系统开发的系统设计。通常可在进行了面向数据流的体系结构设计后,采用面向数据结构的设计方法确定软件结构中部分或全部模块的逻辑处理过程。正是由于以上原因,本书在介绍面向数据结构的设计方法时,并未将其分为体系结构设计和详细设计两个阶段。

通常面向数据结构的设计方法的设计步骤如下:

(1) 画出系统中输入、输出数据对应的数据结构图。

(2) 根据数据结构图,映射得到相应的程序结构图。

(3) 按照程序结构图,分析得到程序的详细过程性描述。

在面向数据结构的设计方法中,最典型的代表是 Jackson 方法和 Warnier 方法。由于这两种面向数据结构的设计方法有很多的类似之处,本节仅以 Jackson 方法为例,介绍从数据结构导出程序过程性描述的具体步骤。Jackson 方法是由英国的 M.A.Jackson 在 1975 年首先提出的,他同时还提出了与这种方法配套使用的、用于描述系统数据结构和程序结构的图形工具,被称为 Jackson 图。Jackson 方法从目标系统的输入、输出数据结构入手,导出程序框架结构,再补充其他细节,就可得到完整的程序结构图。这一方法对输入、输出数据结构明确的中、小型系统特别有效,如商业应用中的文件、表格处理。该方法也可与其他方法结合,用于模块的详细设计。下面首先介绍使用 Jackson 图描述数据结构和程序结构的具体方法,之后再介绍运用 Jackson 方法如何从 Jackson 图逐步得到对程序处理过程的描述。

1. Jackson 图

Jackson 图由方框、连线及有特殊含义的一些标记组成。由于尽管数据结构种类繁多,但其数据元素之间的联系只有顺序、选择和循环三种,因此逻辑数据结构的类型也只有这三种。此外,结构化的程序中也只含有这三种基本结构。因此,使用 Jackson 图无论表达数据结构或程序结构,都是由这三种基本结构组合而成的。这三种基本结构在 Jackson 图中的表示符号如图 4.23 所示。

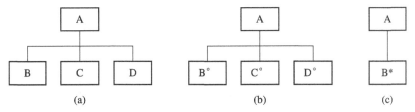

图 4.23　三种基本结构在 Jackson 图中的表示符号

(a) 顺序结构；(b) 选择结构；(c) 循环结构

在图 4.23 中，(a)图表示 A 由 B、C 和 D 三部分顺序组成；(b)图表示 A 根据分支条件由 B、C、D 三个部分中选择一个，注意 A、B 和 C 上均标有"°"标记，表示选择；(c)图表示 A 由 B 重复若干次组成，注意 B 上标有"*"标记，表示重复。由于 Jackson 图可直观、清晰地描述系统中的数据结构，因此与上一章所介绍的 Warnier 图(Warnier 图原来是 Warnier 方法中使用的专用表达工具)一样，已经成为了一种在需求分析和设计阶段均可采用的通用图形表达手段。

2. Jackson 方法

Jackson 方法是一种典型的面向数据结构的结构程序设计方法，其设计目标是从分析系统的数据结构出发，最后得出用 Jackson 伪代码表示的程序处理过程。为了便于理解，下面通过一个简单的例子来说明 Jackson 方法的具体设计步骤。假定某单位原来存在一个职工工资文件和一个职工档案文件，两个文件中的记录均按照职工编号升序排列且数目相等，现在要将这两个独立的文件合并为一个职工工资档案文件。采用 Jackson 方法设计，共分为如下四步进行：

(1) 分析问题，确定输入、输出数据的逻辑结构，并用 Jackson 图将其描述出来。如上面例子中的输入数据为职工档案文件和职工工资文件，输出数据为职工工资档案文件，用 Jackson 图表示的输入和输出数据结构如图 4.24 所示。

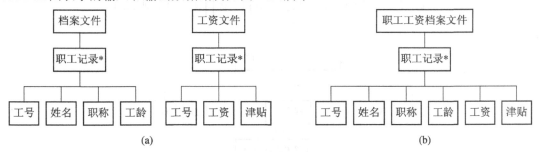

图 4.24　输入和输出数据结构

(a) 输入数据的数据结构；(b) 输出数据的数据结构

(2) 找出输入数据结构和输出数据结构中有对应关系的单元，并按下列规则导出描述程序结构的 Jackson 图。所谓对应单元，是指在程序中具有因果关系，可以同时处理的数据单元。若这些单元在结构图中重复出现，则它们在输入结构和输出结构中重复出现的次数都相同时才算作是对应单元。

● 为每对输入结构与输出结构中有对应关系的数据单元在程序结构图的相应层次画一个处理框。

● 为输入数据结构中剩余的每一个数据单元在程序结构图的相应层次画一个处理框。

● 为输出数据结构中剩余的每一个数据单元在程序结构图的相应层次画一个处理框。

由于例子中所处理问题的输入数据和输出数据结构在内容、数量和次序上都是相对应的，因此采用 Jackson 方法可以很容易地得到其程序结构，如图 4.25 所示。

(3) 列出完成结构图中各处理框功能的所有操作、分支及循环条件，并把它们放到程序结构图上的适当位置。在导出程序结构图的过程中，

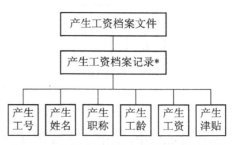

图 4.25　生成工资档案文件的程序结构图

当顺序结构中混杂有循环或选择结构时，应通过增加中间层次对其进行改进，保证结构的清晰性。例子中所涉及的基本操作和条件如下：A——打开输入文件；B——新建工资档案文件；C——读取输入文件中的一条记录；D——关闭文件；E——合并生成工资档案记录；F——将工资档案记录写入文件；G——终止；I(1)——输入文件未结束。

将这些操作及条件分配到程序结构图的适当位置之后，结果如图 4.26 (a)所示。可以看到，在图 4.26(a)中的产生工资档案文件顺序结构中，混有产生工资档案记录这个循环结构。为了防止混淆，应将其改进为图 4.26(b)所示的程序结构图。

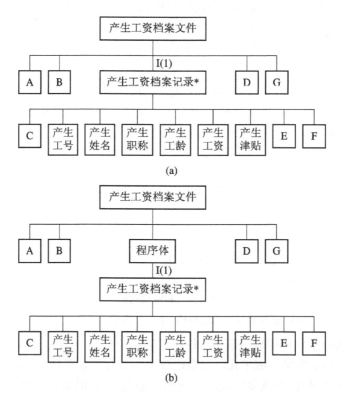

图 4.26　加入基本操作和条件后的程序结构图

(a) 改进前的程序结构图；(b) 改进后的程序结构图

(4) 用 Jackson 伪代码写出程序的处理过程。

Jackson 方法中使用的伪代码和 Jackson 图完全对应，以下是与图 4.23 所示的 Jackson 图中三种基本结构对应的伪代码表示。

- 顺序结构：其中，seq 和 end 是关键字。

```
A seq
    B
    C
    D
A end
```

- 选择结构：其中，select、or 和 end 是关键字；cond1、cond2 和 cond3 分别是执行 B、C 或 D 的条件。

```
A select cond1
    B
A or cond2
    C
A or cond3
    D
A end
```

- 循环结构：循环结构有 until 和 while 两种形式，其中，itel、until、while 和 end 是关键字；cond 是循环的条件。

```
A itel until(或 while)cond
        B
A end
```

图 4.26(b)所示的程序结构图对应的伪代码表示如下：

```
产生工资档案文件 seq
    打开两个输入文件
    新建工资档案文件
    程序体 itel while  输入文件未结束
        产生工资档案记录 seq
            从两个输入文件中各读取一条记录
            合并生成工资档案记录
            将生成的工资档案记录写入工资档案文件中
        产生工资档案记录 end
    程序体 end
    关闭所有文件
    终止
产生工资档案文件 end
```

从上面的例子中可以看出，对于一个输入、输出数据结构之间对应关系清晰的小规模数据处理问题来说，采用 Jackson 方法可以很方便地得到系统的处理过程描述。但当输入、输出数据出现错误或输入、输出数据间没有对应关系(称为结构冲突)时，上面所介绍的映射规则就无法处理了，此时需要利用 Jackson 方法中的补充技术进行处理。有关补充技术的内容可参阅 Jackson 本人的专著。

本节仅介绍了面向数据结构中的 Jackson 方法，另一种典型的 Warnier 方法和 Jackson 方法在设计思想上是类似的。它们之间的差别主要有三点：一是它们使用的图形工具不同，分别使用 Warnier 图和 Jackson 图；另一个差别是使用的伪代码不同；最主要的差别是在构造程序框架时，Warnier 方法仅考虑输入数据结构，而 Jackson 方法不仅考虑输入数据结构，而且还考虑输出数据结构。对 Warnier 方法感兴趣的读者可阅读 Warnier 本人的专著。

4.7　小　　结

软件设计是一个将软件需求转换为软件实现方案的过程，分为体系结构设计和详细设计两个阶段。体系结构设计阶段主要完成对系统宏观结构的设计，详细设计阶段则完成系统内部实现细节的确定。系统体系结构的设计应遵循相应的设计原则，特别是要保证模块的独立性。体系结构设计过程中通常采用结构图或 HIPO 图来描述软件的层次结构。详细设计的过程实质上是对体系结构设计成果的逐步细化，最终可得到对系统中各模块实现算法的具体描述。详细设计的成果可采用程序流程图、N-S 图、PAD 图或 PDL 语言等手段进行描述。

在面向数据流的体系设计方法中，将数据流图划分为变换型和事务型两种类型，对于不同类型的数据流图采用不同的映射方法获得系统的软件结构。在面向数据流的详细设计方法中，通过采用"自顶向下、逐步细分"的策略有效地控制了设计工作的难度，严格采用三种基本结构进行设计则保证了程序结构的清晰度。

在面向数据结构的设计方法中，能够根据系统中的数据结构导出目标系统的程序结构，最适合在详细设计阶段使用。本章仅以 Jackson 方法为例对面向数据结构的设计方法进行了简要的介绍，要使用该方法解决实际问题还需阅读相关的专著及进行必要的实践。

习　题

1. 简述软件体系结构设计中应遵循的基本原则及其意义。
2. 分别为每种不同类型的模块耦合及模块内聚举一个具体的例子。
3. 比较 SC 图和 HIPO 图的异同。
4. 简述体系结构设计阶段和详细设计阶段的主要任务。
5. 变换型数据流图和事务型数据流图各有什么特点？对这两种数据流图应分别采取什么样的方法和步骤导出对应的软件结构？
6. 某单位工资档案管理系统具有以下功能：
(1) 读入用户对系统功能的选择，并检查选择的有效性。
(2) 按照用户所输入的选项(1～4)，分别执行对应的功能。
(3) 选项 1 可根据用户指定的位置，完成职工工资信息的插入操作。
(4) 选项 2 可完成删除职工工资档案中指定职工号记录的操作。

(5) 选项 3 可完成查找职工工资档案中指定的职工号记录的操作。

(6) 选项 4 可完成按照部门统计职工工资总额的操作。

试用面向数据流的需求分析方法画出该系统的数据流图，并由此导出系统的软件结构图。

7. 比较本章所介绍的四种详细设计工具的优缺点，并分别采用这几种工具描述上一题中按职工号查询职工工资信息模块(选项 3)的处理过程。

8. 简述体系结构设计说明书及详细设计说明书的主要内容。

9. 试从指导原则、出发点、最终目标与适用范围等方面出发，比较面向数据流和面向数据结构两类设计方法有何异同。

10. 在完成第 3 章习题 10 要求的基础上，对你所选择的系统进行体系结构设计及详细设计。

第5章 软 件 编 码

软件开发的最终目的是生成符合用户需求的程序源代码，而设计阶段得到的仅仅是对用户需求的过程性描述。软件工程的下一个阶段，即编码(Coding)阶段的任务就是要将设计阶段得到的成果用计算机程序设计语言描述出来，得到可在计算机上执行的程序。相对于软件生命中的其他阶段，编码阶段的耗费较少，且实现的难度不大。由于编码完全是在设计基础上进行的，因此一个程序的优劣主要取决于软件设计的质量，但是编码过程中程序设计语言的选择、编码风格的把握和编程技巧的运用却直接影响着程序的可靠性、可读性、可测试性和可维护性。

5.1 程序设计语言

程序设计语言是软件开发人员在编码阶段所使用的基本工具，程序设计语言所具有的特性不可避免地会影响编程者处理问题的方式和方法。为了能够编写出高效率、高质量的程序，根据具体问题和实际情况选择合适的程序设计语言是编码阶段中一项非常重要的工作。

5.1.1 程序设计语言的分类

随着计算机技术的发展，目前已经出现了数百种程序设计语言，但被广泛应用的只有几十种。由于不同种类的语言适用于不同的问题域和系统环境，因此了解程序设计语言的分类可以帮助我们选择出合适的语言。通常可将程序设计语言分为面向机器语言和高级语言两大类。

1. 面向机器语言

面向机器语言包括机器语言(Machine Language)和汇编语言(Assemble Language)两种。机器语言是计算机系统可以直接识别的程序设计语言。机器语言程序中的每一条语句实际上就是一条二进制形式的指令代码，由操作码和操作数两部分组成。由于机器语言难以记忆和使用，通常不用机器语言编写程序。汇编语言是一种符号语言，它采用了一定的助记符来替代机器语言中的指令和数据。汇编语言程序必须通过汇编系统翻译成机器语言程序，才能在计算机上运行。汇编语言与计算机硬件密切相关，其指令系统因机器型号的不同而不同。由于汇编语言生产效率低且可维护性差，因此目前软件开发中很少使用汇编语言。

2. 高级语言

高级语言中的语句标识符与人类的自然语言(英文)较为接近，并且采用了人们十分熟悉的十进制数据表示形式，利于学习和掌握。高级语言的抽象级别较高，不依赖于实现它的计算机硬件，且编码效率较高，往往一条高级语言的语句对应着若干条机器语言或汇编语言的指令。高级语言程序需要经过编译或解释之后，才能生成可在计算机上执行的机器语言程序。

高级语言按其应用特点的不同，可分为通用语言和专用语言两大类。

1) 通用语言

通用语言是指可用于解决各类问题、可广泛应用于各个领域的程序设计语言。从较早出现的基础语言 Basic、FORTRAN 等，到后来出现的结构化语言 Pascal、C 等，再到现在被广泛使用的面向对象语言 Visual C、Java 等都属于通用语言的范畴。

2) 专用语言

专用语言是为了解决某类特殊领域的问题而专门设计的具有独特语法形式的程序设计语言。如专用于解决数组和向量计算问题的 APL 语言；专用于开发编译程序和操作系统程序的 BLISS 语言；专用于处理人工智能领域问题的 LISP 语言和 PROLOG 语言等。这些语言的共同特点是可高效地解决本领域的各种问题，但难以应用于其他领域。

5.1.2　程序设计语言的特性

由于程序设计语言是实现人机通信的基本工具，编程者只有通过程序才能指挥计算机按照要求完成特定的任务，因此，程序设计语言所具有的特性往往会不可避免地对编程者处理问题的思路、编写程序的方式和质量产生影响。总的来说，程序设计语言具有心理、工程和技术三大特性。

1. 心理特性

程序体现的是编程者解决问题的思路，不同的人有不同的解题思路，同一个人在不同心理状态下的解题思路往往也会有所不同。所谓程序设计语言的心理特性，就是指能够影响编程者心理的语言性能。这种影响主要表现在以下几个方面。

1) 歧义性

歧义性指程序设计语言中的某些语法形式使不同的人产生不同的理解。如 FORTRAN 语言中的表达式 x**y**z 有人理解为(x**y)**z，有人却理解为 x**(y**z)。当然，这只是由于某些人对语言中某些语法规则的不了解而导致的，对于语言编译系统来说只有确定的一种解释。

2) 简洁性

简洁性指编程者要使用该语言所必须记住的各种语法规则(包括语句格式、数据类型、运算符、函数定义形式等)的信息量。需记忆的信息量越大，简洁性越差，人们掌握起来也就越难。但若程序设计语言的语法成分太少，过于简洁，又会给阅读程序带来麻烦，不利于人的理解。因此对于一个好的程序设计语言来说，既要具有一定的简洁性，又要具有较高的可理解性。

3) 局部性和顺序性

局部性是指语言的联想性，即相关内容的相对集中性。在编程过程中，我们将实现某一功能的语句集中书写在一个模块中，由模块组装成完整的程序，并要求模块具有高内聚、低耦合的特点，其目的就是希望加强程序的局部性。顺序性指语言的线性特征。例如对于顺序结构的程序人们很容易理解，而如果程序中存在大量的分支结构和循环结构，人们理解起来就比较困难了。语言的局部性和顺序性是由人类习惯于用联想的方式及按逻辑上的线性序列记忆事物的特性所决定的，局部性和顺序性的加强可提高程序的可理解性。

2. 工程特性

语言是人们在软件工程活动中的编码阶段所使用的工具，因此有必要从软件工程的观点考虑为了满足软件开发项目的需要，程序设计语言所应具备的工程特性。语言的工程特性主要体现在以下几个方面。

1) 可移植性

可移植性反映了程序在不同机器环境下的通用性和适应性。不同机器环境包括不同的机型、不同的操作系统版本及不同的应用软件包。若一个程序可不加修改或稍加修改就可以应用于不同的机型、运行于高版本的操作系统或集成到不同的应用软件包中，则称这个程序具有较高的可移植性。

2) 语言编译器的实现效率

不同语言的编译器在将源程序代码翻译成目标代码的过程中，由于编译程序设计质量的不同导致生成的目标代码的大小和执行效率不尽相同。为了获得高效率的目标代码，选择语言时应充分考虑到语言编译器的实现效率。

3) 开发工具的支持

为了缩短编码阶段所花费的时间以及提高编码的质量，应选择具有良好开发工具支持的程序设计语言。这些开发工具主要包括：编译程序、链接程序、交互式调试器、交叉编译器、图形界面及菜单系统生成程序、宏处理程序等。

4) 可维护性

程序的维护是软件工程活动中的一项重要内容。为了提高程序的可维护性，即方便对源程序的修改，程序中采用的语言必须具有良好的可读性和易于使用的特点。

3. 技术特性

在确定了软件开发项目的需求后，根据项目的特性选择具有相应技术特性的程序设计语言对保证软件的质量具有非常重要的作用。不同的语言具有不同的技术特性，例如有的语言提供了丰富的数据类型或复杂的数据结构；有的语言具有很强的实时处理能力；有的语言可方便的实现大量数据的查询及增、删、改的功能。根据语言的技术特性为项目选择合适的程序设计语言，不但可以使编写的程序很好地满足项目的要求，而且对后期的测试和维护工作也是非常有益的。

5.1.3　程序设计语言的选择

要为待开发项目选择合适的程序设计语言，应充分考虑到项目的各种需求，结合各种语言的心理特性、工程特性、技术特性以及应用特点，尽量选取实现效率高且易于理解和维护的语言。由于程序设计语言的选择往往会受到各种实际因素的制约和限制，因此选择语言时不能只考虑理论上的标准，而是要同时兼顾理论标准和实用标准。下面分别简要地对选择语言的主要理论标准和实用标准进行介绍。

1. 理论标准

1）理想的模块化机制、易于阅读和使用的控制结构及数据结构

模块化、良好的控制结构和数据结构可以降低编码工作的难度，增强程序的可理解性，提高程序的可测试性和可维护性，从而减少软件生存周期中的总成本，并缩短软件开发所需的时间。

2）完善、独立的编译机制

完善的编译系统可尽可能多地发现程序中的错误，便于程序的调试和提高软件的可靠性，并且可以使生成的目标代码紧凑、高效；独立的编译机制便于程序的开发、调试和维护，可以降低软件开发和维护的成本。

2. 实用标准

1）系统用户的要求

由于用户是软件的使用者，因此软件开发者应充分考虑用户对开发工具的要求。特别是当用户要负责软件的维护工作时，用户理所应当地会要求采用他们熟悉的语言进行编程。

2）工程的规模

语言系统的选择与工程的规模有直接的关系。例如，Foxpro 与 Oracal 及 Sybase 都是数据库处理系统，但 Foxpro 仅适用于解决小型数据库问题，而 Oracal 和 Sybase 则可用于解决大型数据库问题。特别是在工程的规模非常庞大，并且现有的语言都不能完全适用时，为了提高开发的效率和质量，就可以考虑为这个工程设计一种专用的程序设计语言。

3）软件的运行环境

软件在提交给用户后，将在用户的机器上运行，在选择语言时应充分考虑到用户运行软件的环境对语言的约束。此外，运行目标系统的环境中可以提供的编译程序往往也限制了可以选用的语言的范围。

4）可以得到的软件开发工具

由于开发经费的制约，往往使开发人员无法任意选择、购买合适的正版开发系统软件。此外，若能选用具有支持该语言程序开发的软件工具的程序设计语言，则将有利于目标系统的实现和验证。

5）软件开发人员的知识

软件开发人员采用自己熟悉的语言进行开发，可以充分运用积累的经验使开发的目标程序具有更高的质量和运行效率，并可以大大缩短编码阶段的时间。为了能够根据具体问题选择更合适的语言，软件开发人员应拓宽自己的知识面，多掌握几种程序设计语言。

6）软件的可移植性要求

要使开发出的软件能适应于不同的软、硬件环境，应选择具有较好通用性的、标准化程度高的语言。

7）软件的应用领域

任何语言编译系统设计的出发点都有所不同，其对某一领域问题的处理能力也就存在较大差异，因此不存在真正适用于任何应用领域的语言，通用语言也不例外。如 FORTRAN 语言最适用于工程科学计算，COBOL 语言最适用于处理商业领域中的问题。所以，选择语

言时一定要充分考虑到软件的应用领域。

在实际选择语言时，往往任何一种语言都无法同时满足项目的所有需求和各种选择的标准，这时就需要编程者对各种需求和标准进行权衡，分清主次，在所有可用的语言中选取最适合的一种进行编程。

5.2 编码风格及软件效率

在选择了合适的程序设计语言和保证程序正确的前提下，根据详细设计结果编写程序时还应通过使用某些编程技巧，力求使程序具有良好的风格和较高的效率。

5.2.1 编码风格

编码风格是指在不影响程序正确性和效率的前提下，有效编排和合理组织程序的基本原则。一个具有良好编码风格的程序主要表现为可读性好、易测试、易维护。由于测试和维护阶段的费用在软件开发总成本中所占比例很大，因此编码风格的好坏直接影响着整个软件开发中成本耗费的多少。特别是在需要团队合作开发大型软件的时候，编码风格显得尤为重要。若团队中的成员不注重自己的编码风格，则会严重影响与其他成员的合作和沟通，最终将可能导致软件质量上出现问题。

为了编写出可读性好、易测试、易维护且可靠性高的程序，软件开发人员必须重视编码的风格。编码风格主要体现在以下几个方面。

1. 内部文档

所谓内部文档，是指程序中的说明性注释信息。在程序中加入注释信息的目的是为了提高程序的可读性，为程序的测试和维护带来方便。几乎所有的程序设计语言中都提供了专用于书写注释信息的注释语句。为了使程序易于阅读和修改，应在必要的地方加上相应的注释。在修改程序时，不要忘记对相应的注释也要进行修改。

程序中的注释一般可按其用途分为两类：序言性注释和描述性注释。

1) 序言性注释

序言性注释一般位于模块的首部，用于说明模块的相关信息。主要包括：对模块的功能、用途进行简要说明；对模块的界面进行描述，如调用语句的格式、各个参数的作用及需调用的下级模块的清单等；对模块的开发历史进行介绍，如模块编写者的资料、模块审核者的资料及建立、修改的时间等；对模块的输入数据或输出数据进行说明，如数据的格式、类型及含义等。

2) 描述性注释

描述性注释位于源程序模块内部，用于对某些难以理解的语句段的功能或某些重要的标识符的用途等进行说明。通过在程序中加入恰当的描述性注释可以大大提高程序的可读性和可理解性，对语句的注释应紧跟在被说明语句之后书写。需要注意的是，并不是对所有程序中的语句都要进行注释，太多不必要的注释反而会影响人们对程序的阅读。

2. 标识符的命名及说明

编写程序必然要使用标识符，特别是对于大型程序，使用的标识符可能成千上万。由于对程序中的标识符作用的正确理解是读懂程序的前提，因此若编程者随心所欲地进行标识符的命名和说明，可能就会给阅读程序带来麻烦。

1) 标识符的命名

为了在阅读程序时对标识符作用进行正确的理解，标识符的命名应注意以下几个问题：

(1) 选用具有实际含义的标识符，如用于存放年龄的变量名最好取 age，用于存放学生信息的数组名最好取 student。若标识符由多个单词构成，则每个单词的第一个字母最好采用大写或单词间用下划线分隔，以利于对标识符含义的理解。

(2) 为了便于程序的输入，标识符的名字不宜过长，通常不要超过八个字符。特别是对于那些对标识符长度有限制的语言编译系统来说，取过长的标识符名没有任何的意义。如在 FORTRAN 77 中，通常编译系统可以区分的标识符长度不超过六个字符。

(3) 为了便于区分，不同的标识符不要取过于相似的名字。如 student 和 students，很容易在使用或阅读时产生混淆。

2) 标识符的说明

由于程序中通常需要使用大量不同类型的标识符，为了使说明部分阅读起来更加清晰，在对其进行类型说明时应注意以下几点：

(1) 应按照某种顺序分别对各种类型的变量进行集中说明，如：先说明简单类型，再说明指针类型，再说明记录类型；对简单类型的变量进行说明时，可先说明整型，再说明实型，再说明字符型等等。

(2) 在使用一个说明语句对同一类型的多个变量进行说明时，应按照变量名中的字母顺序(a~z)对其进行排列。

3. 语句的构造及书写

语句是构成程序的基本单位，语句的构造方式和书写格式对程序的可读性具有非常重要的决定作用。

1) 语句构造

为了使程序中语句的功能更易于阅读和理解，构造语句时应该注意以下几个问题：

(1) 语句应简单直接，避免使用华而不实的程序设计技巧。如为了求出 x、y 两个数中的较大数，以下两个 C 语句均可实现：

方法一：　　max=(x+y+abs(x−y))/2;

方法二：　　max=(x>y)?x:y;

显然，方法二的可读性要比方法一好得多。

(2) 对复杂的表达式应加上必要的括号使表达更加清晰。如 C 语言中判断闰年的表达式若写为

$$(year \% 400 = = 0) || (year \% 4 = = 0 \&\& year \% 100 != 0)$$

则比不加括号时看起来清晰得多。

(3) 由于人的一般思维方式对逻辑非运算不太适应，因此在条件表达式中应尽量不使用否定的逻辑表示。如 Pascal 中的条件表达式 not((x>=5) and (x<=10))，若表示为(x<5) or (x>10)则更加直观和清晰。

(4) 为了不破坏结构化程序设计中结构的清晰性，在程序中应尽量不使用强制转移语句

GOTO。

(5) 为了便于程序的理解，不要书写太复杂的条件，嵌套的重数也不宜过多。

(6) 为了缩短程序的代码，在程序中应尽可能地使用编译系统提供的标准函数。对于程序中需要重复出现的代码段，应将其用独立模块(函数或过程)实现。

2) 书写格式

为了便于人们对程序(特别是大型程序)的阅读，清晰整齐的书写格式是必不可少的。以下列出了书写程序时需注意的几个主要问题。

(1) 虽然许多语言都允许在一行上书写多个语句，但为了程序看起来更加清楚，最好在一行上只书写一条语句。

(2) 在书写语句时，应通过采用递缩式格式使程序的层次更加清晰。

(3) 在模块之间通过加入空行进行分隔。

(4) 为了便于区分程序中的注释，最好在注释段的周围加上边框。

4. 输入/输出

由于输入和输出是用户与程序之间传递信息的渠道，因此输入、输出的方式往往是用户衡量程序好坏的重要指标。为了使程序的输入、输出能便于用户的使用，在编写程序时应对输入和输出的设计格外注意。

1) 输入

在运行程序时，原始数据的输入工作通常要由用户自己完成。为了使用户能方便地进行数据的输入，应注意以下几点：

(1) 输入方式应力求简单，尽量避免给用户带来不必要的麻烦。如：尽可能采用简单的输入格式、尽可能减少用户的输入量。当程序中对输入数据的格式需要有严格规定时，同一程序中的输入格式应尽可能保持一致。

(2) 交互式输入数据时应有必要的提示信息，提示信息可包括：输入请求、数据的格式及可选范围等。如："请输入待查职工的编号(5 位数字　00001～99999)"。

(3) 程序应对输入数据的合法性进行检查。若用户输入了非法的数据，则应向用户输出相应的提示信息，并允许用户重新输入正确的信息。例如，月份的正确值只能在 1～12 之间，若检测输入的月份超出了这个范围，就说明用户输入的数据非法，此时应输出出错提示并允许用户再次输入。

(4) 若用户输入某些数据后可能会产生严重后果，应给用户输出必要的提示并在必要的时候要求用户确认。如："清库会使库中原有数据全部丢失，真的需要清库吗？(Y/N)"

(5) 当需要输入一批数据时，不要以记数方式控制数据的输入个数，而应以特殊标记作为数据输入结束的标志。例如，要输入一个班学生的成绩，若要求用户输入学生的总数并通过总数来控制输入数据的个数，无疑就会增加用户的麻烦；而若以特殊标记来控制数据的录入，如当用户输入－1 时结束输入，对于用户而言就方便多了。

(6) 应根据系统的特点和用户的习惯设计出令用户满意的输入方式。

2) 输出

用户需要通过程序的输出来获取加工的结果。为了使用户能够清楚地看到需要的结果，设计数据输出方式时应注意以下几点：

(1) 输出数据的格式应清晰、美观。如对大量数据采用表格的形式输出，可以使用户一目了然。

(2) 输出数据时要加上必要的提示信息。例如，表格的输出一定要带有表头，用以说明表格中各项数据的含义。

5.2.2 软件效率

软件的"高效率"，即用尽可能短的时间及尽可能少的存储空间实现程序要求的所有功能，是程序设计追求的主要目标之一。一个程序效率的高低取决于多个方面，主要包括需求分析阶段模型的生成、设计阶段算法的选择和编码阶段语句的实现。正由于编码阶段在很大程度上影响着软件的效率，因此在进行编码时必须充分考虑程序生成后的效率。软件效率的高低是一个相对的概念，它与程序的简单性直接相关，不应因过分追求高效率而忽视了程序设计中的其他要求。一定要遵循"先使程序正确，再使程序有效率；先使程序清晰，再使程序有效率"的准则。软件效率的高低应以能满足用户的需要为主要依据。在满足以上原则的基础上，可依照下述方法来提高程序的效率。

1. 用于提高运行速度的指导原则

为了提高程序的运行速度，应尽量避免和简化复杂的运算，为此应遵循以下原则：

(1) 编写程序之前，先对需要使用的算术表达式和逻辑表达式进行化简。

(2) 尽可能多地采用执行时间短的算术运算。

(3) 尽量避免使用多维数组、指针和其他复杂的数据类型。

(4) 尽量采用整型算术表达式和布尔表达式。

(5) 尽可能减少循环体，特别是内循环中语句的个数。

(6) 尽量使同一表达式中的数据类型保持统一。需要特别强调的是，应尽量避免不同类型数据的比较运算，因为这样有可能导致程序运行出错。

(7) 应当对所有的输入和输出安排适当的缓冲区，以减少频繁通信所带来的额外开销。

2. 用于优化存储空间使用的指导原则

为了节约程序运行期间所占用的内存空间及提高数据存取的效率，应遵循以下原则：

(1) 对于变动频繁的数据最好采用动态存储。

(2) 可根据需要采用存储单元共享等节约空间的技术。

(3) 选用具有紧缩存储器特性的编译程序，在必要时甚至可采用汇编语言。

(4) 采用结构化程序设计，将程序划分为大小合适的模块。一个模块或若干个关系密切的模块的大小最好与操作系统页面的容量相匹配，以减少页面调度的次数，提高存储效率。

虽然在编码阶段通过遵循相应的规则可以在一定程度上提高软件的效率，但必须注意：提高软件效率的根本途径在于选择良好的设计方法、良好的数据结构和良好的算法，不能指望通过语句的改进来大幅度提高软件的效率。

5.3 程序复杂度的概念及度量方法

要正确评价软件质量的优劣，主要可以从程序复杂度、可读性和效率等几个方面进行衡量。在实际的软件开发过程中，人们发现程序复杂度不仅影响着软件可维护性、可测试性及可靠性等因素，还与软件中故障的数量、软件的开发成本及软件效率的高低密切相关，因此，定量地对程序的复杂度进行度量对提高软件的质量是非常重要和有益的。程序复杂度的度量方法研究属于"软件度量学"(Software Metrics)的范畴，目前已产生了一些成熟的定量度量方法，本节将向大家介绍其中几种较为实用的定量度量方法。

5.3.1　程序图

由于程序复杂度的主要研究对象是程序结构的清晰性和非结构化程度，因此许多程序复杂度的度量方法需要借助程序图(Program Graph)来完成。程序图实际上可以看作是一种简化了的程序流程图。在程序图中，由于我们关心的只是程序的流程，而不关心各个处理框的细节，因此原来程序流程图中的各个处理框(包括语句框、判断框、输入/输出框等)都被简化为结点，一般用圆圈表示，而原来程序流程图中的带有箭头的控制流变成了程序图中的有向边。从图论的观点看，程序图是一个可表示为 $G = <N，E>$ 的有向图。其中，N 表示程序图中的结点，而 E 表示程序图中的有向边。

结构化程序设计中的几种基本结构的程序图如图 5.1 所示。

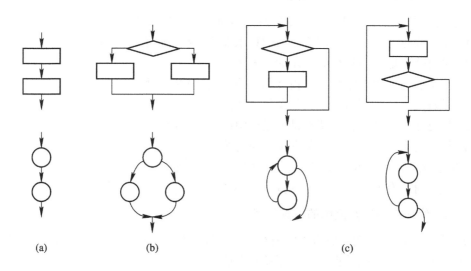

图 5.1　几种基本结构的程序图

(a) 顺序结构；(b) 分支结构；(c) 循环结构(当型和直到型)

可以看出，程序图仅仅用于描绘程序内部的控制流程，而完全不反映对数据的具体操作以及分支和循环结构中的判断条件。由于程序图舍弃了程序流程图中不需要的内容，从而使画面更加简洁，便于实现对程序复杂度的实际度量。程序图可以通过简化程序流程图得到，也可以由 PAD 图或其他详细设计表达工具变换获得。例如，对图 5.2(a)所示的程序流程图进行简化，可得到如图 5.2(b)所示的程序图。为了便于说明，程序图中各个结点中的标记和程序流程图中相应框的标记相同。在程序图中，开始点后面的那个结点称为入口点(如图 5.2(b)中的 a 结点)，结束点前的那个结点被称为出口点(如图 5.2(b)中的 h 结点)。结构化设计的程序通常只有一个入口点和一个出口点。

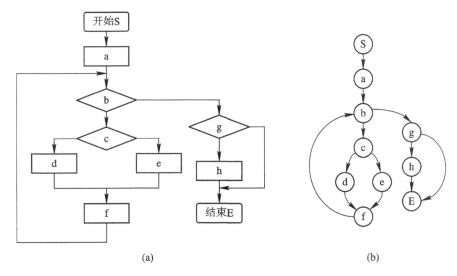

图 5.2 程序流程图及导出的程序图

(a) 程序流程图；(b) 程序图

5.3.2 程序复杂度的度量方法

目前存在多种度量程序复杂度的方法，它们在度量程序复杂度时依据的参数不尽相同。下面我们将分别介绍按照环形复杂度、文本复杂度和交点复杂度来计算程序复杂度的具体方法。

1. 环形复杂度的度量方法

环形复杂度的度量方法又称为 McCabe 方法。一个强连通的程序图中线性无关的有向环的个数就是该程序的环形复杂度。所谓强连通图，是指从图中任意一个结点出发都能到达图中其他结点的有向图。要度量某个程序的环形复杂度，首先需要导出该程序的程序图，然后通过分析程序图中线性无关的有向环的个数就可以得到此程序的环形复杂度。

在图论中，可通过如下公式来计算一个强连通的有向图中线性无关的有向环的个数：

$$V(G) = m - n + p \qquad ①$$

其中，$V(G)$ 表示有向图 G 中的线性无关的环数；m 表示有向图 G 中有向边(弧)的个数；n 表示有向图中的结点个数；p 表示有向图 G 中可分离出的独立连通区域数。

由于程序图通常都是连通的，因此，G 中的独立连通区域只有惟一的一个，因此 p 总是等于 1。m 和 n 的值从程序图中可以方便地得到。现在的关键问题是，程序图虽然是连通图，但却不是强连通图(图中靠近入口的结点可以到达下面的结点，而靠近出口的结点往往不能到达上面的结点)。为了使程序图能够满足图论中计算环形复杂度公式的要求，可以在程序图中增加一条从出口点到入口点的虚弧，此时，程序图就变成了一个强连通图。例如对图 5.2(b)所示的程序图添加虚弧后，就得到了如图 5.3 所示的强连通图。

现在用来源于图论中的公式①来计算图 5.3 所示的强连通程序图的环形复杂度，根据公式可得：

$$V(G) = 13 - 10 + 1 = 4$$

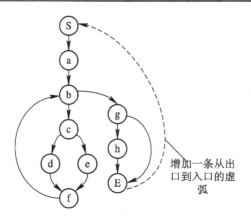

图 5.3　将图 5.2(b)中的程序图转变为强连通图

实质上，除了采用上面的公式①可以计算环形复杂度的值以外，还可以使用下面两个公式来计算程序图中的环形复杂度。

V(G)=强连通的程序图在平面上围成的区域数　　　　　　　　　②

V(G)=判定结点数 +1　　　　　　　　　　　　　　　　　③

结构化程序的程序图总是平面图，因此均可采用公式②来进行环形复杂度的计算。图5.3 中，程序图围成的区域有(b,c,d,f,b)，(c,d,f,e,c)，(g,h,E,g)和(S,a,b,g,E,S)，因此，根据公式②可得该程序图的环形复杂度为 4。

通过公式③可以看出，一个程序的环形复杂度取决于它的程序图中所包含的判定结点的个数。在图 5.3 中，判定结点分别为 b，c 和 g，每个判定结点都在程序图中产生一个环域，因此，程序中的分支或循环结构越多，嵌套层次数越多，程序的环形复杂度就越大。根据公式③可得图 5.3 的环形复杂度为 3 +1 = 4。

经过对大量程序的研究发现，程序的环形复杂度越高，程序的可理解性就越差，程序测试和维护的难度也就越大，并且，环形复杂度高的程序，往往就是最容易出问题的程序。实践证明，模块规模以 V(G)≤10 为宜，即尽量将程序的环形复杂度控制在 10 以下。

2. 文本复杂度的度量方法

文本复杂度的度量方法又称为 Halstead 方法。此方法可根据源程序中运算符(包括关键字)和操作数(包括常量和变量)的总数来度量程序复杂度，并可以预测程序的文本复杂度和程序中包含的错误个数。

对源程序文本复杂度进行度量的具体方法为：首先找出整个程序中运算符出现的总次数 N_1 及操作数出现的总次数 N_2，接着使用下面的公式即可计算出程序的文本复杂度 N：

$N = N_1 + N_2$

在详细设计结束后，可以知道程序中需使用的不同运算符的个数 n_1 和不同操作数的个数 n_2，此时可通过下面的公式预测程序的文本复杂度 H：

$H = n_1 \text{ lb } n_1 + n_2 \text{ lb } n_2$

此外，Halstead 方法还给出了预测程序中所包含的错误个数 E 的公式：

$E = N \text{ lb } (n_1 + n_2)/3000$

经实践证明，通过 Halstead 方法预测得到的程序文本复杂度 H 和实际程序的文本复杂度 N 十分接近，并且预测出的程序错误数与实际错误数的相对误差不超过 8%。

3. 交点复杂度的度量

该方法是根据程序图中的交叉点个数来度量程序的复杂度。如图 5.4 所示的程序图中，有两条转移线相交于一点，因此该程序的交点复杂度为 1。严格采用结构化设计方法设计的程序中通常不含有交叉点，即程序的交点复杂度常常为 0。而如果在程序中使用强制转移语句，就会增加程序的交点复杂度。为了减少程序的交点复杂度，保证程序的清晰度和易读性，在程序中应尽量避免或减少 GOTO 语句的使用。

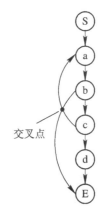

图 5.4　程序图中的交叉点

需要注意的是，为了能够通过程序图正确地度量出程序的交点复杂度，程序图中所有的转移线必须画在结点的同一侧。

5.4　小　结

编码阶段的主要任务是将详细设计确定的具体算法用程序设计语言描述出来，生成目标系统对应的源程序。这个阶段在整个软件开发过程中所占用的时间较短，且实现较为容易。虽然软件的质量主要取决于设计阶段的工作，但编码阶段对程序设计语言的选择和编码的风格，也对软件质量具有一定的影响，特别是直接影响着程序的可靠性、可读性、可测试性和可维护性。软件开发人员应根据开发项目的具体特点及语言自身的特性选择使用合适的程序设计语言进行编码，并在编码过程中注意保持良好的编码风格。在软件正确、清晰的前提下，开发人员可以采用一些有效的措施适当地提高软件的效率。对程序复杂度及其定量度量方法的研究，对帮助开发人员提高软件质量是非常有益的。

习　题

1. 程序设计语言具有哪几种特性？试对你所熟悉的几种程序设计语言的特性进行比较。

2. 如何根据实际问题选择出合适的程序设计语言？

3. 程序的编码风格体现在哪几个方面？为了使编码具有良好的风格，在书写程序时可采取哪些技巧？

4. 根据本章介绍的保证编码风格的基本准则对你从前编写的程序进行改进，并对改进前和改进后的程序的可读性、可维护性和可靠性等方面进行比较。

5. 如何判断软件效率的高低？要生成高效率的软件，应遵循的基本准则有哪些？

6. 什么是程序的复杂度？程序的复杂度应如何度量？

7. 从高级语言程序设计教材中选取两个中等规模的程序，画出它们的程序流程图和程序图，用不同的方法计算每个程序的环形复杂度。

第6章 软件测试技术

在开发软件的过程中，虽然人们采用了多种分析、设计和实现软件的方法以提高软件的质量，但面对复杂的实际问题，人的主观认识与客观现实之间往往有着一定的差距，并且在开发过程中，各类人员的通信并非完美无缺，各阶段的技术复审也不可能查出所有的设计错误，加上编码阶段还会引入新的错误，这就使得开发各阶段可能出现许多错误和缺陷。软件测试是一项重要的工作，测试的目的是在软件投入生产运行之前，尽可能多地发现软件中的错误，以便及时纠正，避免在软件运行时才暴露出错误而造成无法弥补的损失。软件测试是保证软件质量的重要环节之一。

统计表明，软件测试的工作量通常占软件开发总工作量的40%以上，开发费用的近1/2用在软件测试上，对于一些与人的生命安全相关的软件，如飞行控制、核反应堆监控软件等，其测试费用可能相当于软件工程其他步骤总成本的3～5倍。对于费用如此高的测试工作，我们应制定良好的计划，并进行彻底的测试。

6.1 软件测试基础

6.1.1 软件测试的概念、目的和原则

1. 软件测试的概念

软件测试是在软件投入运行前对软件需求分析、软件设计规格说明和软件编码进行查错和纠错(包括代码执行活动与人工活动)。查错的活动称测试，纠错的活动称调试。可以说，软件测试是为了发现错误而执行程序的过程。或者说，软件测试是根据软件开发各阶段的规格说明和程序的内部结构而精心设计一批测试用例(即输入数据及其预期的输出结果)，并利用这些测试用例去运行程序，以发现程序错误的过程。

2. 软件测试的目的

Glen Myers 在他的软件测试著作中就软件测试的目的提出下列观点：

(1) 测试是一个为了寻找错误而运行程序的过程。

(2) 一个好的测试用例是指很可能找到迄今为止尚未发现的错误的用例。

(3) 一个成功的测试是指揭示了迄今为止尚未发现的错误的测试。

正确认识测试的目的是十分重要的，只有这样，才能设计出最能暴露错误的测试方案。测试的目的应从用户角度出发，通过软件测试暴露软件中潜在的错误和缺陷，而不是从软

件开发者的角度出发，希望测试成为表明软件产品不存在错误，验证软件已正确实现用户要求的过程。否则，开发者测试时会选择不易测试出错误和缺陷的用例，这与上述测试目的相违背。

一个成功的测试是指揭示了迄今为止尚未发现的错误的测试。测试的目标是能够以耗费最少时间与最小工作量找出软件系统中潜在的各种错误与缺陷。另外，我们应该认识到：测试只能证明程序中错误的存在，但不能证明程序中没有错误。因为即使实施了最严格的测试，仍然可能还有尚未被发现的错误或缺陷存在于程序当中，因而测试不能证明程序没有错误，但能查出程序中的错误。

3. 软件测试的基本原则

人们为了提高测试的效率，在长期测试实验中积累了不少经验，下面列出了人们在实践中总结的主要基本原则：

(1) 尽早地并不断地进行软件测试。实际问题的复杂性、软件本身的复杂性与抽象性以及开发期间各层人员工作的配合关系等各种错综复杂的因素使得软件开发的各个阶段都可能存在错误及潜在的缺陷，所以，软件开发的各阶段都应当进行测试。错误发现得越早，后阶段耗费的人力、财力就越少，软件质量相对就高一些。

(2) 程序员或程序设计机构应避免测试自己设计的程序。测试是为了找错，而程序员大多对自己所编的程序存有偏见，总认为自己编的程序问题不大或无错误存在，因此很难查出错误。此外，设计机构在测试自己的程序时，由于开发周期和经费等问题的限制，要采用客观的态度是十分困难的。从工作效率来讲，最好由与原程序无关的程序员和程序设计机构进行测试。

(3) 测试用例中不仅要有输入数据，还要有与之对应的预期结果。测试前应当设定合理的测试用例。测试用例不仅要有输入数据，而且还要有与之对应的预期结果。如果在程序执行前无法确定预期的测试结果，由于人们的心理作用，可能把实际上是错误的结果当成是正确的。

(4) 测试用例的设计不仅要有合法的输入数据，还要有非法的输入数据。在设计测试用例时，不仅要有合法的输入测试用例，还要有非法的输入测试用例。在测试程序时，人们常忽视不合法的和预想不到的输入条件，倾向于考虑合法的和预期的输入条件。而在软件的实际使用过程中，由于各种因素的存在，用户可能会使用一些非法的输入，比如常会按错键或使用不合法的命令。对于一个功能较完善的软件来说，不仅当输入是合法的时候能正确运行，而且当有非法输入时，也应当能对非法的输入拒绝接受，同时给出对应的提示信息，使得软件便于使用。

(5) 对程序修改之后要进行回归测试。在修改程序的同时时常又会引进新的错误，因而在对程序修改完之后，还应用以前的测试用例进行回归测试，这有助于发现因修改程序而引进的新的错误。

(6) 程序中尚未发现的错误的数量通常与该程序中已发现的错误的数量成正比。经验表明：一段程序中若发现错误的数目越多，则此段程序中残存的错误数也较多。例如：在美国的 IBM/370 的一个操作系统中，47% 的错误(由用户发现的错误)仅与该系统的 4% 的程序模块有关。据此规律，在实际测验时，为了提高测试效率，要花较多的时间和代价来测试那些容易出错，即出错多的程序段，而不要以为找到了几个错误，就认为问题已解决，不再需要继续测试了。

(7) 妥善保留测试计划、全部测试用例、出错统计和最终分析报告，并把它们作为软件的组成部分之一，为维护提供方便。设计测试用例要耗费相当大的工作量，若测试完随意丢弃，以后一旦程序改错后需重新测试时，将重复设计测试用例，这会造成很大的浪费，因而妥善保留与测试有关的资料，能为后期的维护工作带来方便。

(8) 应当对每一个测试结果做全面检查。这条重要的原则时常被人们忽视。不仔细、全面地检查测试结果，就会使得有错误征兆的输出结果被漏掉。

(9) 严格执行测试计划，排除测试的随意性。要明确规定测试计划，不要随意解释。测试计划内容应包括：所测软件的功能、输入和输出、测试内容、各项测试的进度安排、资源要求、测试资料、测试工具、测试用例的选择、测试的控制方式和过程、系统组装方式、跟踪规程、调试规程、回归测试的规定以及评价标准等。

6.1.2　软件测试的过程

软件测试流程如图 6.1 所示。

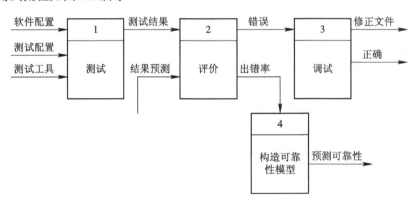

图 6.1　测试的过程

测试过程有三类输入，包括软件配置、测试配置和测试工具；测试过程的输出信息主要有修正软件的文件和预测可靠性或得出纠错后可交付使用的正确软件。测试过程是不断递归的过程，但测试过程也是相对有限的过程。

(1) 软件配置：指被测试软件的文件，如软件需求规格说明书、软件设计说明书和源程序清单等文档。

(2) 测试配置：指测试方案、测试计划、测试用例、测试驱动程序等文档。实际上，在整个软件工程过程中，测试配置只是软件配置的一个子集。

(3) 测试工具：是为了提高测试效率而设计的支持软件测试的软件。例如，测试数据自动生成程序、静态分析程序、动态分析程序、测试结果分析程序以及驱动测试的测试数据库等。

(4) 测试评价：由测试出的错误迹象，分析、找出错误的原因和位置，以便纠正和积累软件设计的经验。

(5) 纠错(调试)：是指找到出错的原因与位置并纠错，包括修正文件直到软件正确为止。

纠错过程是测试过程中最无法预料的部分。为了诊断和纠正一个错误，可能需要一小时、一天、甚至几个月的时间。正是因为纠错本身所具有的不确定性，常常难以准确地安排测试日程表。

(6) 可靠性模型：通过对测试出的软件出错率的分析，建立模型，得出可靠的数据，指导软件的设计与维护。

对测试结果进行收集和评价后，软件可靠性能够达到的质量指标也就清楚了。

若出现一些有规律的、严重的、要求修改设计的错误，软件的质量和可靠性值得怀疑，应作进一步测试。另外，若软件功能看来完成得很好且遇到错误也容易纠正，从而可以得到两种不同的结论：一种是软件质量和可靠性是可以接受的；另一种是所进行的测试尚不足以发现严重的错误。若没有发现任何错误，可能是由于测试配置不够周到，依然有潜在的错误存在。若将错误放过，在维护阶段被用户发现时再纠正的话，所需费用将可能是开发阶段的 40～60 倍。

6.1.3　软件测试的方法

软件测试的目的是以最少的测试用例集合测试出更多的程序中潜在错误。如何测试的彻底，怎样设计测试用例是测试的关键技术。依据测试过程是否需要实际运行待测试软件来分，软件测试技术分为静态分析技术与动态测试技术两种。

具体的测试方法有分析方法(包括静态分析法与白盒法)与非分析方法(称黑盒法)之分。有关白盒法与黑盒法的内容将在后两节中介绍，在此节中仅介绍静态分析技术与动态测试技术。

1. 静态分析技术

静态分析技术不执行被测试软件，可对需求分析说明书、软件设计说明书、源程序做结构检查、流图分析、符号执行等来找出软件错误。可以人工进行分析，也可以用测试工具静态分析程序来进行，被测试程序的正文作为输入，经静态分析程序分析得出分析结果。

(1) 结构检查是手工分析技术，由一组人员对程序设计、需求分析、编码测试工作进行评议，虚拟执行程序，并在评议中作错误检验。此方法能找出典型程序 30%～70% 有关逻辑设计与编码的错误。

(2) 流图分析是通过分析程序流程图的代码结构，来检查程序的语法错误信息、语句中标识符引用状况、子程序和函数调用状况及无法执行到的代码段。此方法便于分析编码实现与测试结果分析。

(3) 符号执行是一种符号化定义数据，并为程序每条路径给出符号表达式，对特定路径输入符号，经处理输出符号，从而判断程序行为是否错误，达到分析错误目的的方法。这种方法比数值计算复杂得多，易出错，又不适于非数值计算，故使用较少。

2. 动态测试技术

动态分析是执行被测程序，由执行结果分析程序可能出现的错误。可以人工设计程序测试用例，也可以由测试工具动态分析程序来做检查与分析。动态测试包括功能测试和结构测试。它把程序看做一个函数，输入的全体称为函数的定义域，输出的全体称为函数的值域，函数则描述了输入的定义域与输出值域的关系。这样动态测试的算法可归纳为

(1) 选取定义域中的有效值，或定义域外无效值。

(2) 对已选取值决定预期的结果。

(3) 用选取值执行程序。

(4) 观察程序行为，记录执行结果。

(5) 将(4)的结果与(2)的结果相比较，不吻合则程序有错。

动态测试既可以采用白盒法对模块进行逻辑结构的测试，又可以用黑盒法做功能结构的测试和接口的测试，二者都是以执行程序并分析执行结果来查错的。

6.2　白盒测试技术

6.2.1　白盒测试概念

如果已知产品的内部活动方式，就可以测试它的内部活动是否都符合设计要求。这种方法称白盒测试(White-box Testing)。

白盒测试又称为结构测试或逻辑驱动测试，此方法是将测试对象比作一个打开的盒子，它允许测试人员利用程序内部的逻辑结构和相关信息来设计或选择测试用例，对穿过软件的逻辑路径进行测试，可以在不同点检查程序的状态，以确定实际状态与预期状态是否一致。

软件人员使用白盒方法测试程序模块的检查点主要包括：对程序模块的所有独立的执行路径应至少测试一次；对所有的逻辑判定，取"真"与取"假"两种情况都能至少测试一次；在循环的边界和运行界限内执行循环体；测试内部数据结构的有效性等。

表面看来，白盒测试是可以进行完全的测试的，从理论上讲也应该如此。只要能确定测试模块的所有逻辑路径，并为每一条逻辑路径设计测试用例，并评价所得到的结果，就可得到 100% 正确的程序。但实际测试中，这种穷举法是无法实现的，因为即使是很小的程序，也可能会出现数目惊人的逻辑路径。如图 6.2 所示是一个小程序的流程图。

图中，一个圆圈代表一行源程序代码(或一个语句块)。其中有五条通路，左边曲线箭头表示执行次数不超过 20 次循环。这样的执行路径就有 5^{20} 个，近似为 10^{14} 个可能的路径。如果 1 ms 完成一个测试，由此测试程序需 3170 年。

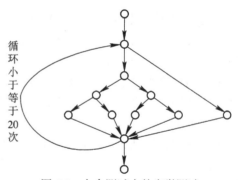

循环小于等于20次

图 6.2　白盒测试中的穷举测试

由此看出，即使精确地实现了白盒测试，也不能断言测试过的程序全正确，因为实行穷举测试，由于工作量过大，需用时间过长，实施起来是不现实的。这就是程序测试的经济学问题。既然在测试阶段穷举法测试是不可行的，那么为了节省时间和资源，提高测试效率，就必须精心设计测试用例。需从大量的可用测试用例中精选出少量的测试数据，使得采用这些测试数据能够达到最佳的测试效果，即能高效地、尽可能多地发现隐藏的错误。

6.2.2　白盒测试的用例设计

测试用例设计的基本目的是确定一组最有可能发现某个错误或某类错误的测试数据。无论是黑盒测试(下节内容介绍)，还是白盒测试都不可能进行穷举测试，所以测试用例的设计只能在周期和经费允许的条件下，使用最少数目的测试用例，发现最大数目可能的错误。

实际工作中，采用黑盒与白盒相结合的技术是较为合理的做法，可以选取并测试数量有限的重要逻辑路径，对一些重要数据结构的正确性进行完全的检查。这样不仅能证实软件接口的正确性，同时在某种程度上能保证软件内部工作也是正确的。

现在已经提出了许多测试用例的设计技术。下面对白盒测试的重要测试方法进行介绍。

逻辑覆盖是以程序内部逻辑为基础的测试技术，属白盒测试。这一测试考虑测试用例对程序内部逻辑覆盖的程度。当然，最彻底的覆盖是覆盖程序中的每一条路径，但是由于程序中可能会含有循环，路径的数目将极大，要执行每一条路径是不可能的，所以只希望覆盖的程度尽可能高些。目前常用的一些覆盖技术有以下八种。

1. 语句覆盖

语句覆盖的含义是选择足够多的测试用例，使得被测程序中的每条语句至少执行一次。图 6.3 是测试的一段程序的流程图对应的 C 源程序(用 C 语言书写)。

```
float   A, B, X;
        ⋮
        if(A>1&&B= =0)
        X=X/A;
        if(A= =2||X>1)
        X=X+1;
        ⋮
```

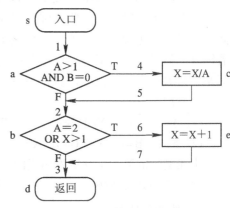

图 6.3　语句覆盖

为了使每条语句都执行一次，程序应该按 sacbed 路径执行，为实现此路径而选取下面的一组输入数据(实际上 X 可以是任意实数)：

$$A=2, \quad B=0, \quad X=2$$

通过上例可以看出，这组数据只测试了条件为真的情况，若实际输入的条件为假时有错误显然测试不出来。事实上，语句覆盖对程序的逻辑覆盖很少，语句覆盖只关心判定表达式的值，而没有分别测试判定表达式中每个条件取不同值的情况。在上例中，为了执行 sacbed 路径以测试每个语句，只需两个判定表达(A>1)AND(B=0)和(A=2)OR(X>1)都取真值，上例中测试数据足够满足要求。但是，若程序中第一个判断表达式中的逻辑运算符"AND"错写成"OR"，或把第二个判定表达式中的条件"X>1"误写成"X<1"，上组测试数据则不符要求，不能查出这些错误。与后面所介绍的其他覆盖相比，语句覆盖是最弱的逻辑覆盖准则。

2. 判定覆盖

判定覆盖就是设计若干个测试用例，运行所测程序，使得程序中每个判断的取真分支和取假分支至少经历一次。判定覆盖又称为分支覆盖。

例如对于图 6.3 来说，能够分别覆盖路径 sacbed 和 sabd 的一组测试数据，或者覆盖路径 sacbd 和 sabed 的两组测试数据均可满足判定覆盖标准。例如，以两组测试数据就可做到判定覆盖：

(1) A=4，B=0，X=1(覆盖 sacbd)；

(2) A=2，B=1，X=3(覆盖 sabed)。

判定覆盖的缺点仍然是覆盖的不全，只覆盖了路径的一半，如将 X>1 误写成 X<1，上组(1)数据仍覆盖 sacbd，可见判定覆盖仍然很弱，但比语句覆盖强。

3. 条件覆盖

条件覆盖就是设计若干个测试用例，运行所测程序，使得程序中每个判断的每个条件的可能取值至少执行一次。条件覆盖使得每个语句至少执行一次。

例如对于图 6.3 来说，共有两个判定表达式，每个表达式中有两个条件。为满足条件覆盖，在 a 点有以下几种情况出现：A>1，A≤1，B=0，B≠0；在 b 点有以下几种情况出现：A=2，A≠2，X>1，X≤1。因而，只需要使用下面两组测试数据就可达到上述覆盖标准。

(1) A=2，B=0，X=3(满足 A>1，B=0，A=2 和 X>1 的条件，执行路径 sacbed)；

(2) A=0，B=1，X=0(满足 A≤1，B≠0，A≠2 和 X≤1 的条件执行路径 sabd)。

条件覆盖一般比判定覆盖强，因为条件覆盖使判定表达式中每个条件都取到了两个不同的结果，判定覆盖却只关心整个判定表达式的值。上例两组测试数据也同时满足判定覆盖标准。但是，也可能有相反情况：虽然每个条件都取到了两个不同的结果，判定表达式却始终只取一个值。例如，若使用以下两组测试数据，则只满足条件覆盖标准并不满足判定覆盖标准。

(1) A=2，B=0，X=1(满足 A>1，B=0，A=2 和 X≤1 的条件，执行路径 sacbed)；

(2) A=1，B=1，X=2 (满足 A≤1，B≠0，A≠2 和 X>1 的条件，执行路径 sabed)。

上述例子的第二个判定表达式的值总为真，不满足判定覆盖的要求，为解决这一矛盾，需要对条件和分支兼顾。

4. 判定/条件覆盖

判定/条件覆盖就是设计足够的测试用例，使得判断中每个条件的所有可能取值至少执行一次，同时每个判断的所有可能判断结果至少执行一次。即要求各个判断的所有可能的条件取值组合至少执行一次。

对于图 6.3 的例子而言，下述两组测试数据满足判定/条件覆盖标准。

(1) A=2，B=0，X=4；

(2) A=1，B=1，X=1。

判定/条件覆盖也有缺陷。从表面来看，它测试了所有条件的取值。但实际并不是这样。因为一些条件往往掩盖了另一些条件。对于条件表达式(A>1)AND(B=0)来说，只要(A>1)的测试为真，才需测试(B=0)的值来确定此表达式的值，但是若(A>1)的测试值为假时，不需再测(B=0)的值就可确定此表达式的值为假，因而 B=0 没有被检查。同理，对于(A=2)OR(X>1)这个表达式来说，只要(A=2)测试结果为真，不必测试(X>1)的结果就可确定表达式的值为真。所以对于判定/条件覆盖来说，逻辑表达式中的错误不一定能够查得出来。

5. 条件组合覆盖

条件组合覆盖就是设计足够的测试用例，运行所测程序，使得每个判断的所有可能的条件取值组合至少执行一次。

对于图 6.3 的例子来说，共有以下八种可能的条件组合：

(1) A>1，B=0　　属第一个判断的取真分支；

(2) A>1，B≠0　　属第一个判断的取假分支；

(3) A≤1，B=0　　属第一个判断的取假分支；

(4) A≤1，B≠0　　属第一个判断的取假分支；

(5) A=2，X>1　　属第二个判断的取真分支；

(6) A=2，X≤1　　属第二个判断的取真分支；

(7) A≠2，X>1　　属第二个判断的取真分支；

(8) A≠2，X≤1　　属第二个判断的取假分支。

对于每个判断，要求所有可能的条件的取值组合都必须取到。在图 6.3 中，每个判断各有两个条件，所以各有四个条件取值的组合。下面的四组测试数据可以使上面列出的八种组合每种至少出现一次：

(1) A=2，B=0，X=4　（针对(1)，(5)两种组合，执行路径 sacbed）；

(2) A=2，B=1，X=1　（针对(2)，(6)两种组合，执行路径 sabed）；

(3) A=1，B=0，X=2　（针对(3)，(7)两种组合，执行路径 sabed）；

(4) A=1，B=1，X=1　（针对(4)，(8)两种组合，执行路径 sabd）。

必须明确：在此例中条件组合覆盖并未要求第一个判定的四个组合与第二个判定的四个组合再进行组合，要那样的话，就需 $4^2=16$ 个测试用例了。显然，满足条件组合覆盖标准的测试数据，也一定满足判定覆盖、条件覆盖和判定/条件覆盖标准。因此，条件组合覆盖是前述几种覆盖标准中最强的。但是，满足条件覆盖标准的测试数据并不一定能使程序中的每条路径都执行到，如上述四组测试数据都没有测试到路径 sacbd。

以上简单介绍了几种逻辑覆盖标准。下面从对程序路径的覆盖程度角度出发，再提出一些主要的逻辑覆盖标准。

6. 点覆盖

点覆盖是设计足够的测试数据，使程序执行时至少经过程序图中每个节点一次。图论中，点覆盖的概念定义如下：如果连通图 G 的子图 G″是连通的，且包含 G 的所有节点，则称 G″是 G 的点覆盖。在正常情况下，程序图是连通的有向图，图中每个节点相当于程序流程图中的一框(一个或多个语句)，所以点覆盖相当于语句覆盖。

7. 边覆盖

边覆盖是设计足够的测试数据，使得程序执行路径至少经过程序图中每一个边一次，相应的图论中的定义是：如果连通图 G 和子图 G″是连通的，而且 G″包含 G 的所有边，则称 G″是 G 的边覆盖。图 6.4 是由图 6.3 得出的程序图。

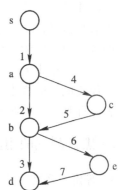

图 6.4　和图 6.3 对应的程序图

为了使程序执行路径经过程序图的边覆盖(1，2，3，4，5，6，7)，至少需要两组测试数据(分别执行路径 1—2—3 和 1—4—5—6—7，或分别执行路径 1—4—5—3 和 1—2—6—7)。

一般情况下，边覆盖和判定覆盖是一致的。例如，上述中满足判定覆盖标准的测试数据同时满足边覆盖的标准。

(1) A=4，B=0，X=1(执行路径 1—4—5—3，即覆盖 sacbd)；

(2) A=2，B=1，X=3(执行路径 1—2—6—7，即覆盖 sacbd)。

8. 路径覆盖

路径覆盖是选取足够多的测试数据，使程序的每条可能路径都至少执行一次(若程序图中存在环，则要求每个环至少经过一次)。

对于图 6.4 而言，共有四条可执行的路径：1—2—3；1—2—6—7；1—4—5—3 和 1—4—5—6—7。对应于这四条路径，下面四组测试数据可以满足路径覆盖标准：

(1) A=1，B=1，X=1(执行路径 1—2—3)；

(2) A=1，B=1，X=2(执行路径 1—2—6—7)；

(3) A=3，B=0，X=1(执行路径 1—4—5—3)；

(4) A=2，B=0，X=4(执行路径 1—4—5—6—7)。

路径覆盖相对来说是相当强的逻辑覆盖标准。测试数据暴露程序错误的能力比较强，有一定的代表性，它能够保证程序中每条可能的路径都至少执行一次。但是路径覆盖并没有检验表达式中条件的各种组合情况，而只考虑每个判定表达式的取值。若把路径覆盖和条件覆盖组合起来，可以设计出检错能力更强的测试数据。

6.3　黑盒测试技术

6.3.1　黑盒测试概念

黑盒测试方法是在已知产品应该具有的功能的情况下，通过测试来检验是否每个功能都能正常使用的测试方法。对于软件测试而言，黑盒测试法把程序看成一个黑盒子，完全不考虑程序的内部结构和处理过程。黑盒测试是在程序接口进行的测试，它只检查程序功能是否能按照规格说明书的规定正常使用，程序是否能适当地接收输入数据产生正确的输出信息，并且保持外部信息(如数据库或文件)的完整性。

黑盒测试又称功能测试。使用黑盒测试法，为了做到穷尽测试，至少必须对所有输入数据的各种可能值的排列组合都进行测试。与白盒法相似，由此得到的应测试的情况数往往大到实际上根本无法测试的程度，即黑盒测试使用所有有效和无效的输入数据来测试程序是不现实的，同样不能做到穷尽测试，只能选取少量最有代表性的输入数据作为测试用例代表进行测试，以期用较少的代价暴露出较多的程序错误。

6.3.2　黑盒测试的用例设计

1. 等价类及其划分

具有数据测试等效性的一组数据即称为一个等价类。

1) 划分等价类

等价类划分是黑盒法设计测试方案的一种典型的、实用的重要测试方法。等价类划分是根据数据测试的等效性原理来进行划分的。数据测试的等效性是指将分类的数据取其子集中一个数据做测试与子集中其他数据测试的效果是等效的，即子集中的一个数据能测出软件错误，那么子集中的其余数据也能测出错误；相反，子集中的一个数据测试不出程序错误，子集中的其余数据也测不出错误。

等价类划分是把程序的输入数据集合按输入条件划分为若干个等价类，每一个等价类相对于输入条件表示为一组有效或无效的输入，然后为每一等价类设计一个测试用例。如果某个等价类中的一个输入条件作为测试数据查出了错误，那么使用这一等价类中的其他输入条件，也会查出同样的错误；反之，若使用某个等价类中的一个输入条件作为数据进行测试没有查出错误，则使用这个等价类中的其他输入条件也同样查不出错误。简单地讲，有效等价类是指程序的合理输入数据，利用它可检验程序是否能实现预期的功能和性能。无效等价类是指其他不合理、无意义的数据，利用它可检查程序中功能和性能的实现是否不符合规格说明要求。在确定输入等价类时还需要分析输出数据的等价类，以便根据输出数据的等价类导出对应的输入等价类。等价类的划分在很大程度上是一个探索性的过程，主要依靠的是测试人员的经验，下面几点仅供参考。

(1) 如果某个输入条件规定了输入值的范围(其数值为 1～999)，则可划分为一个合理等价类(大于等于 1 而小于等于 999 的数)和两个不合理的等价类(小于 1 和大于 999 的数)。

(2) 如果某个输入条件规定了输入数据的个数(如每名学生一学期内只能选修 1～3 门课程)，则可划分为一个有效等价类(选修 1～3 门课程)和两个无效等价类(不选修和选修超过 3 门)。

(3) 如果某个输入条件规定了一组可能的值，而且程序可以对每个输入值分别进行处理(如出差时交通工具的类型必须是火车、汽车或轮船)，那么可以为每一组确定一个有效等价类(如火车、汽车和轮船三种)，同时对一组值确定一个无效等价类(如飞机)。

(4) 如果某个输入条件规定了必须成立的条件(比如标识符的第一个字符必须是字母)，则可划分为一个有效等价类(第一个字符是字母)和一个无效等价类(第一个字符不是字母)。

(5) 如果认为程序将按不同的方式来处理某个等价类中的各种测试用例，则应将这个等价类再分成几个更小的等价类。如上面第③点就将一个有效的等价类又分成火车、汽车和轮船三个等价类。

(6) 如果输入条件是一个布尔量，则可以确定一个有效等价类和一个无效等价类。

(7) 如果规定了输入数据为整数，则可以划分为正整数、零和负整数三个有效等价类为测试数据。

2) 确定测试用例

在划分了等价类之后，即可根据等价类来设计测试用例，其过程如下：

(1) 为每个等价类规定一个惟一的编号。

(2) 设计一个新的测试用例，使其尽可能多地覆盖未被覆盖的有效等价类，此项工作重复进行，直到所有的有效等价类都被覆盖为止。

(3) 设计一个新的测试用例，使其覆盖一个(而且仅仅一个)尚未被覆盖的无效等价类，此项工作重复进行，直到所有的无效等价类都被覆盖为止。

之所以要这样做，是因为某些程序中对某一输入错误的检查往往会屏蔽对其他输入错误的检查，因此，必须针对每一个无效等价类，分别设计测试用例。例如，某程序的功能说明规定：输入书的类型分别为精装本、平装本或线装本，书的数量为1～999册。若测试用例的输入数据类别为"活页"，且书目的数量为"0"，此情况覆盖了两个不合理的条件(类型和数量都是错误的)。当程序检查到书的类型错误时，就可能不再去检查数量是否也是错误的。

3) 用等价类划分法设计测试用例的案例

某 Pascal 语言将数字串转换为整数的函数说明如下：

```
Function    stroint (dstr: shorstr):integer;
    ⋮

type shorstr =array[1··] of char
```

其中，参数为 shorstr，被处理的数字串是右对齐的，也就是说，当数字串比六个字符短，则在它的左边补空格；如果数字串是负的，则负号和最高位数字紧相邻，负号在最高位数字左边一列。

由于 Pascal 编译程序有检测字符串超界的功能，因此数字串不等于六的数组可不设计测试用例，又由于 Pascal 编译能检测数组类型，因此也不需要为非字符数组类型做测试数据。

由于所用计算机字长 16 位，因此用二进制数表示的范围为–32 768～32 767。

依据输入/输出的有效与无效等价类划分如下。

有效输入的等价类有：

① 1～6 个数字组成的数字串(最高位数字不是零)；

② 最高位数字是零的数字串；

③ 最高位数字左邻是负号的数字串。

有效输出的等价类有：

① 在计算机能表示的最小负整数和零之间的负整数；

② 零；

③ 在零和计算机能表示的最大正整数之间的正整数。

无效输入的等价类有：

① 空字符串(全是空格)；

② 左部填充的字符，既不是零也不是空格；

③ 最高位数后面，由数字和空格混合组成；

④ 负号与取高位数之间的空格；

⑤ 最高位数字右面，由数字和其他字符混合组成。

无效输出的等价类有：

① 比计算机能表示的最小负数还小的负整数；

② 比计算机能表示的最大正整数还大的正整数。

依据上面划分出的等价类，可以设计下述测试方案(每个测试方案由三部分内容组成)：

(1) 输入是 1～6 个数字组成的数字串，输出是合法的正整数。例如：

输入：'1'　　　　　预期的输出：1

(2) 输入是最高位数字为零的数字串，输出是合法的正整数。例如：

输入：'000001' 预期的输出：1

(3) 输入是负号与最高位数字紧相邻的数字串，输出是合法的负整数。例如：

输入：'–00001' 预期的输出：–1

(4) 输入是计算机能表示的最小负整数与零之间的负整数，输出为合法的负整数。例如：

输入'–02768' 预期的输出：–2768

(5) 输入是零字符串，输出为零。例如：

输入：'000000' 预期的输出：0

(6) 输入是在零和计算机能表示的最大正整数之间的正整数，输出为合法的正整数。例如：

输入：'032754' 预期的输出：32754

(7) 输入为空字符串。例如：

输入：' ' 预期的输出："错误——无效输入"

(8) 输入的左部非零非空格。例如：

输入：'?????1' 预期的输出："错误——填充错"

(9) 输入的最高位数字右面由数字与空格混合。例如：

输入：'1 2'预期的输出："错误——无效输入"

(10) 输入的负号与最高位有空格。例如：

输入：'– 1 3' 预期的输出："错误——负号位错"

(11) 输入的最高位数字右面由数字与其他字符混合。例如：

输入：'1 2?x3' 预期的输出："错误——无效输入"

(12) 输入为比最小负整数小的负整数。例如：

输入：'–56889' 预期的输出："错误——无效输入"

(13) 输入为比最大正整数还大的正整数。例如：

输入：'133867' 预期的输出："错误——无效输入"

2. 边界值分析

1) 边界值分析

从长期的实践中得知，处理边界情况时，程序最容易发生错误。所以，在设计测试用例时，应该选择一些边界值，这就是边界值分析的测试技术。边界值分析也是一种黑盒测试方法，是对等价类划分方法的补充。

使用边界值分析方法设计测试用例时，首先要确定边界情况，这需要经验和创造性。通常，输入等价类和输出等价类的边界就是应该着重测试的程序边界情况。选取的测试数据应该刚好等于、刚好小于和刚好大于边界值，而不是先取每个等价类内的典型值或任意值作为测试数据。

例如，对于上述将数串转换为整数的例子来说，从边界值角度考虑应再补加下述测试方案。

(1) 使输出刚好等于最小的负整数。例如：

输入：'-32768' 预期的输出：-32768

(2) 使输出刚好等于最大的正整数。例如：

输入：'32767' 预期的输出：32767

(3) 使输出刚好小于最小的负整数。例如：

输入：'-32769' 预期的输出："错误——无效输入"

(4) 使输出刚好大于最大的正整数。例如：

输入：'32768' 预期的输出："错误——无效输入"

另外，依据边界值分析法的要求，应该分别使用长度为 0，1 和 6 的数字串作为测试数据。

通常，设计测试方案时总是把等价类划分和边界值分析两种技术联合起来使用，使得测试用例有所减少。

2) 确定测试用例

(1) 边界值分析不是从等价类中随便选一个数据作为代表，而是选一个或几个特定值，使这个等价类的每个边界都作为测试的目标。

(2) 边界值分析不仅要考虑输入条件，而且要考虑输出情况(即输出等价类)。

边界值分析法选择测试用例的原则如下：

● 如果某个输入条件规定了数据的大小，可以选择正好等于边界值的数据作为合理的测试用例，同时还要选择正好越过边界值的数据作为不合理的测试用例。例如，若输入值的范围是"-1.0～1.0"，则可选取"-1.0"，"1.0"，"-1.001"，"1.001"作为测试输入数据。

● 如果某个输入条件规定了数据的个数，则可分别设计边界值和超过边界值的测试用例。如某输入文件有 1～255 个记录，则可选择 0 个，1 个，255 个和 256 个记录作为测试的输入数据。

● 根据规格说明的每个输出条件，使用前面的原则(1)。例如，设计每月工资的折扣数程序，最低额为 0 元，最高额为 500 元，这时可选择 0 元、500 元、负值和大于 500 元的测试用例。

● 根据规格说明的每个输出条件，使用前面的原则(2)。例如，某一情报检索系统，根据某一输入的请求，要求显示几项最新报导，但不能多于 5 条，这时可选择使程序分别显示 0、1 和 5 项报导作为测试用例，另外还要设计使程序显示 6 项报导的错误测试用例。

● 如果程序的输入或输出是有序集合(如有序表、线性表)，则应把注意力放在集合内的第一个和最后一个元素上。

● 如果程序中使用了一个内部数据结构，则应当选择这个内部数据结构的边界上的值作为测试用例。例如，程序中定义了一个数组，其元素下标的上界和下界分别为 200 和 0，则应选择 0 与 200 作为测试用例。

● 分析规格说明，找出其他可能的边界条件。

3. 因果图法

因果图是设计测试用例的一种工具，它主要检查各种输入条件的组合。等价类划分、边界值分析的测试用例设计方法还不能考虑到组合输入条件可能引起软件错误，而因果图法则弥补了这个不足之处。

　　1) 设计测试用例

因果图的测试用例设计步骤如下：

(1) 分析规格说明中的输入作为因，输出作为果。

(2) 依据因果的处理语义画出因果图。

(3) 标出因果图的约束条件。

(4) 将因果图转换为因果图所对应的判定表。

(5) 根据判定表设计测试用例。

　　在因果图中出现的基本符号，如图 6.5 所示。其中，(a)图表示恒等：表示原因与结果之间是一对一的对应关系。若原因出现，则结果出现。若原因不出现，则结果也不出现。(b)图表示非：表示原因与结果之间的一种否定关系。若原因出现，则结果不出现。若原因不出现，则结果出现。(c)图表示或(∨)：表示若几个原因中有一个出现，则结果出现，只有当这几个原因都不出现时，结果才不出现。(d)图表示与(∧)：表示若几个原因都出现，结果才出现。若几个原因中有一个不出现，结果就不出现。(e)图表示异约束：表示 a，b 两个原因不会同时成立，两个中最多有一个可能成立。(f)图表示或约束：表示 a，b，c 三个原因中至少有一个必须成立。(g)图表示惟一约束：表示 a 和 b 原因当中必须有一个，且仅有一个成立。(h)图表示要求约束：表示当 a 出现时，b 必须也出现，不可能 a 出现，b 不出现。(i)图表示强制约束：它表示当 a 是 1 时，b 必须是 0，而当 a 为 0 时，b 的值不定。

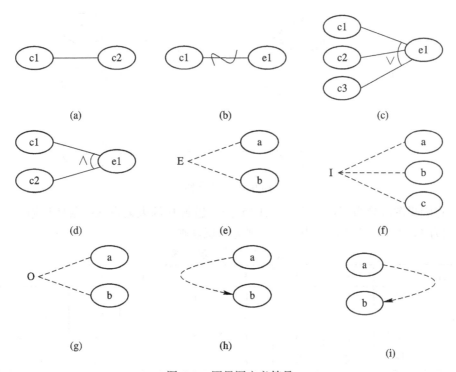

图 6.5　因果图定义符号

(a) 恒等；(b) 非；(c) 或；(d) 与；(e) 异约束；(f) 或约束；(g) 惟一约束；(h) 要求约束；(i) 强制约束

2) 利用因果图设计测试用例的实例

某规格说明："第一列字符必须是 A 或者 B，第二列字符必须是一个数字，第一、二两列都满足时修改文件，第一列不正确时给出信息 L，第二列不正确时给出信息 M。"

(1) 分析规格说明并编号。

因：第一列字符是 A①

　　第一列字符是 B②

约束 E　　　　　　只有一个为 1，不能同时为 1

　　第二列字符是数字③

果：一列正确 E

⑪ = ①∨②

修改文件 ㉑ = ⑪∧③ 即 (①∨②)∧③

给出 L 信息 ㉒ = $\overline{⑪}$ 即 $\overline{①∨②}$

给出 M 信息 ㉓ = $\overline{③}$

(2) 画出的因果图如图 6.6 所示。

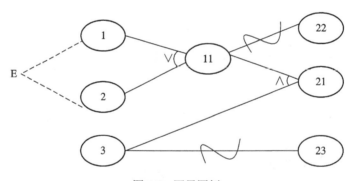

图 6.6　因果图例

(3) 将因果图转换为判定表(如表 6.1 所示)：遇到 E 约束记为 X；条件和输出结果编号成立时记为 1，否则记为 0；表中每一列视为测试规则。

表6.1　判　定　表

组合条件		1	2	3	4	5	6	7	8
条件原因	①	1	1	1	1	0	0	0	0
	②	1	1	0	0	1	1	0	0
	③	1	0	1	0	1	0	1	0
	⑪	X	X	1	1	1	1	0	0
动作结果	㉒	X	X	0	0	0	0	1	X
	㉑	X	X	1	0	1	0	0	0
	㉓	X	X	0	1	0	1	0	X

(4) 根据判定表的 3～8 列编写测试用例如下：

　　根据 3 列　输入：A3，A8　　输出：修改文件

　　根据 5 列　输入：B4，B5　　输出：修改文件

　　根据 4 列　输入：AM，A?　　给出信息 M

　　根据 6 列　输入：BB，BC　　给出信息 M

　　根据 7 列　输入：M1，X6　　给出信息 L

　　根据 8 列　输入：XY，MN　　给出信息 M 与 L

4. 错误推测法

测试工作是一项十分艰巨和复杂的工作，它具有创造性。通过对程序出错的共性分析，黑盒法中的等价类划分、边界值分析、因果图法已经可以达到用较少用例测试较多软件错误的目的。但是，各种程序由于其自身特点(如开发环境的不同及应用环境的不同等)，通常又有各自特定的容易出错的地方。例如，财务管理系统和工厂的机床控制系统由于其各自的开发工具、应用环境的不同，因而程序中容易出错的地方也不相同。在设计测试用例时，需考虑程序自身的特点，设计出相应的测试用例。当然，这主要依靠测试人员的经验和直觉。人们在长期的软件测试中积累了许多丰富的测试经验，已掌握了那些最容易测出软件错误的数据，用这样的数据，测试效率会更高。这种根据经验来设计程序测试用例的方法称错误推测法。常用的方法如下：

(1) 零作为测试数据往往容易使程序发生错误。

(2) 分析规格说明书中的漏洞，编写测试数据。

(3) 根据尚未发现的软件错误与已发现软件错误成正比的统计规律，进一步测试时重点测试已发现错误的程序段。

(4) 等价类划分与边界值分析容易忽略组合的测试数据，因而，可采用判定表或判定树列出测试数据。

(5) 与人工代码审查相结合，两个模块中共享的变量已被做修改的，可用来做测试用例。因为对一个模块测试出错，同样会引起另一模块的错误。

错误推测法无固定步骤，主要依据测试经验的不断积累。

6.4　软件测试计划和测试分析报告

软件测试是软件生命周期中一个非常重要的阶段，是保证程序质量的必不可少的操作步骤。为了提高软件的测试效率，必须使软件测试有计划的、有条不紊地进行，因而须编制相应的测试文档。测试文档主要由测试计划和测试分析报告组成。

根据 GB8567-88《计算机软件产品开发文件编制指南书》中的《测试计划》、《测试分析报告》以及 GB9386-88《计算机软件测试文件编制规范》，测试计划可细化为测试计划、测试设计说明、测试用例说明和测试规格说明。测试分析报告可细化为测试项传递报告、测试日志、测试事件报告和测试总结报告。

软件测试计划的内容如下：

1. 引言

1.1 编写目的

1.2 背景

1.3 定义

1.4 参考资料

2. 计划

2.1 软件说明

2.2 测试内容

2.3 测试1(标识符)

2.3.1 进度安排

2.3.2 条件

a. 设备

b. 软件

c. 人员

2.3.3 测试资料

a. 有关本项任务的文件

b. 被测试程序及其所在的媒体

c. 测试的输入和输出举例

d. 有关控制此项测试的方法、过程的图表

2.3.4 测试培训

2.4 测试2(标识符)

⋮

3. 测试设计说明

3.1 测试1(标识符)

3.1.1 控制

3.1.2 输入

3.1.3 输出

3.2 测试2(标识符)

⋮

4. 评价准则

4.1 范围

4.2 数据整理

4.3 尺寸

测试分析报告的内容如下：

1. 引言

1.1 编写目的

1.2 背景

1.3 定义

1.4 参考资料

2. 测试概要

3. 测试结果及发现

　3.1　测试 1(标识符)

　3.2　测试 2(标识符)

　　　⋮

4. 对软件功能的结论

　4.1　功能 1(标识符)

　　4.1.1　能力

　　4.1.2　限制

　4.2　功能 2(标识符)

　　　⋮

5. 分析摘要

　5.1　能力

　5.2　缺限和限制

　5.3　建议

　　　a. 各项修改可采用的修改方法程度

　　　b. 各项修改的紧迫程度

　　　c. 各项修改预定的工作量

　　　d. 各项修改的负责人

　5.4　评价

6. 测试资源消耗

6.5　软件测试策略

前面几节内容简述了设计测试方法的各种技术。实践表明，使用每种方法均可设计出一组有用的测试方案，但没有一种方法足以产生一组完善的测试方案。对每种方法而言，均有自身特长，因而用一种方法设计出的测试方案对某些类型的错误可能容易发现，但对另一些类型的错误不一定容易发现。所以，在实际工作中，总是把它们结合起来使用，形成综合的测试策略，以满足不同测试阶段和不同程序的需要。一般的做法是，用黑盒法设计基本的测试方案，再利用白盒法补充一些必要的测试方案。具体地说，可用以下策略结合各种方法：

(1) 在任何情况下都应该使用边界值分析的方法。

(2) 必要时用等价划分法补充测试方案。

(3) 必要时用错误推测法补充测试方案。

(4) 如果在程序的功能说明中含有输入条件的组合，最好在一开始就用因果图法，然后再按以上(1)、(2)、(3)步聚进行。

(5) 对照程序逻辑，检查已设计出的设计方案。可以根据对程序可靠性的要求采用不同的逻辑覆盖标准，如果现有测试方案的逻辑覆盖程度没达到要求的覆盖标准，则应再补充一些测试方案。

　　以上的综合策略在实际应用当中，相对来说较为有效，但它依然不能保证测试时发现一切程序错误，因为软件测试是一项十分艰巨复杂的工作。

　　软件测试过程必须分步骤进行，每个步骤在逻辑上是前一个步骤的继续。大型软件系统通常由若干个子系统组成，每个子系统又由许多模块组成。大型软件系统的测试步骤基本由以下四个步骤组成：单元测试、集成测试(组装测试)、确认测试和系统测试，如图 6.7 所示。

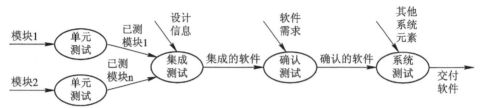

图 6.7　测试步骤

6.5.1　单元测试

　　单元测试的目的在于发现各模块内部可能存在的各种差错。单元测试又称模块测试、逻辑测试或结构测试。测试的方法一般采用白盒法，以路径覆盖为最佳准则，且系统内多个模块可以并行地进行测试。单元测试在编码中就进行了，其测试策略包括：单元测试设计测试用例要测试哪几方面的问题，针对这几方面问题各自测试什么内容，测试的具体步骤及实用测试策略。

1. 单元测试的内容

　　单元测试主要是对模块的五个基本特性进行评价。

1) 测试模块接口

　　在其他测试开始之前，首先要对通过模块接口的数据进行测试。若数据不能正确地输入和输出，则所有其他测试都是不切实际的。

　　Myers 提出了接口测试要点：

(1) 实际参数与形式参数的个数是否相等。

(2) 实际参数与形式参数的属性是否匹配。

(3) 实际参数与形式参数的单位是否匹配。

(4) 调用其他模块时所给实际参数的个数是否与被调模块的形参个数相等。

(5) 调用其他模块时所给实际参数的属性是否与被调模块的形参属性匹配。

(6) 调用其他模块时所给实际参数的单位是否与被调模块的形参单位匹配。

(7) 调用内部函数所用参数的个数、属性和次序是否正确。

(8) 是否存在与当前入口点无关的参数引用。

(9) 输入是否仅改变了形式参数。

(10) 全程变量在各模块中的定义是否一致。

(11) 常数是否当作变量传送。

　　若一个模块需要完成外部的输入或输出时，还应检查下述各点：

(1) 文件属性是否正确。

(2) OPEN/CLOSE 语句是否正确。

(3) 格式说明与 I/O 语句是否匹配。

(4) 缓冲器大小与记录长度是否匹配。

(5) 文件是否先打开后使用。

(6) 文件结束的条件是否处理过。

(7) I/O 的错误是否处理过。

(8) 输出信息中是否有正文的错误。

2) 测试局部数据结构

检查局部数据结构是为了保证临时存储在模块内的数据在程序执行过程中完整、正确。局部数据结构往往是错误的根源。应仔细设计测试用例，力求发现下面几类错误：

(1) 不正确或不一致的说明。

(2) 错误的初始化或错误的缺省值。

(3) 拼写错或截短的变量名。

(4) 不一致的数据类型。

(5) 上溢、下溢和地址错误。

除了局部数据结构外，如有可能，单元测试期间还应考虑全局数据(例如 FORTRAN 的公用区)对模块的影响。

3) 重要的执行路径

在模块中应对每一条独立的执行路径进行测试，单元测试的基本任务是保证模块中每条语句至少执行一次。此时，设计测试用例是为了发现因错误计算、不正确的比较和不适当的控制流造成的错误。此时，基本路径测试和循环测试是最常用、最有效的测试技术。计算中常见的错误如下：

(1) 算术运算优先次序不正确或理解错误。

(2) 运算方式不正确。

(3) 初始化不正确。

(4) 精度不够。

(5) 表达式的符号表示错误。

比较判断与控制流常常紧密相关，因而，测试用例还应致力于发现下列错误：

(1) 不同的数据类型比较。

(2) 逻辑运算不正确或优先次序错误。

(3) 因为精度误差造成本应相等的量不相等。

(4) 比较不正确，或变量不正确。

(5) 循环不终止或循环终止不正确。

(6) 当遇到分支循环时，出口错误。

(7) 错误地修改循环变量。

4) 错误处理

一个好的设计应能预见各种出错条件，并预设各种出错处理通路。出错处理通路同样需要认真测试，测试应着重检查下列问题：

(1) 错误描述难以理解。

(2) 错误提示与实际错误不相符。

(3) 在程序自定义的出错处理段运行之前，系统已介入。

(4) 对错误的处理不正确。

(5) 提供的错误信息不足，无法确定错误位置和查错。

5) 边界测试

边界测试是单元测试步骤中的最后一步，也是最重要的一项任务。众所周知，软件通常容易在边界上失效，因而，采用边界值分析技术，针对边界值及其左、右值设计测试用例，很有可能发现新的错误。

2. 单元测试步骤

单元测试的步骤如下：

(1) 按照图 6.8 配置测试环境，设计辅助测试模块。驱动模块相当于所测模块的主程序，主要用来接收测试数据，启动被测模块，打印测试结果。桩模块(也称存根模块)接收被测模块的调用和输出数据，是被测模块的调用模块。

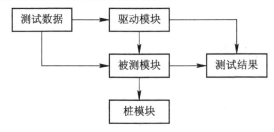

图 6.8   单元模块测试环境

(2) 编写测试数据。根据逻辑覆盖及上述关于单元测试要解决的测试问题的考虑原则，设计测试用例。

(3) 进行多个单元的并行测试。经过编译之后，先做静态代码复审，由人工测试模块中的错误，由程序设计者、程序编写者和程序测试者参与，由软件设计能力很强的高级程序员任组长，在研究软件设计文档基础上召开审查会，分析程序逻辑与错误清单，测试预演，人工测试，代码复审后再进入计算机代码执行活动的动态测试，最后做单元测试报告。

6.5.2   集成测试

集成测试也称组装测试，综合测试或联合测试。集成测试是按设计要求把通过单元测试的各个模块组装在一起之后进行测试，以便发现与接口有关的各种错误。在进行集成测试时，常需考虑的有关问题有：数据经过接口是否会丢失；一个模块对另一模块是否造成不应有的影响；几个子功能组合起来能否实现主功能；误差不断积累是否达到不可接受的程度；全局数据结构是否有问题。集成测试分为非渐增式测试和渐增式测试。

1. 非渐增式测试

非渐增式测试方法是先分别测试每个模块，再把所有模块按设计要求放在一起，组合成所要的程序再进行测试。

2. 渐增式测试

渐增式测试是把下一个要测试的模块同已经测试好的那些模块结合起来进行测试，测试完以后再把下下一个应该测试的模块结合进来测试，这种测试每次增加一个模块。这种方法实际上同时完成单元测试和集成测试。

当使用渐增方式把模块结合到软件系统中去时，有自顶向下和自底向上两种结合方法。

1) 自顶向下结合

自顶向下结合是一种递增的装配软件结构的方法。这种方法被日益广泛地采用，它需要连接程序，但不需要驱动程序。它是从主控制模块("主程序")开始，沿着软件的控制层次向下移动，从而逐渐把各个模块结合起来。把主控模块所属的那些模块都装配到结构中去时，有两种方法可供选择。

深度优先策略

参看图 6.9，深度优先策略先组装在软件结构的一条主控制通路上的所有模块。主控路径的选择决定于软件的应用特性。如，选取最左边的路径，先结合模块 M_1、M_2 和 M_5，接着是 M_8，如果 M_2 的某个功能需要，可结合 M_6，然后再构造中央和右侧的控制通路。

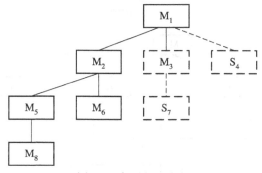

图 6.9　自顶向下结合

宽度优先策略

宽度优先策略是沿软件结构水平地移动，把处于同一个控制层次上的所有模块组装起来。对于图 6.9 来说，先结合模块 M_2、M_3 和 M_4(代替存根程序 S_4)，接着是 M_5、M_6 和 M_7(代替存根程序 S_7)这一层，如此继续进行下去，直到所有模块都被结合进来为止。

自顶向下综合测试可归纳为以下五个步骤：

(1) 用主控制模块做测试驱动程序，用连接程序代替所有直接附属于主控制模块的模块。

(2) 依据所选的集成策略(深度优先或宽度优先)，每次只用一个实际模块替换一个桩模块。

(3) 每集成一个模块立即测试一遍。

(4) 只有每组测试完成后，才用实际模块替换下一个桩模块。

(5) 为避免引入新错误，须不断进行回归测试(即全部或部分地重复已做过的测试)。

这一过程从第二步开始就不断进行，直到整个程序结构构造完毕。在图 6.9 中，实线表示已部分完成的结构，若采用深度优先策略，下一步就要用 M_7 来替代桩模块 S_7。S_7 本身可能又带桩模块，随后将被对应的实际模块一一替代。

自顶向下集成的优点在于能尽早地对程序的主要控制和决策机制进行检验，因而能较早发现错误。其缺点在于测试较高层模块时，低层处理采用桩模块替代，这并不能够反映实际情况，重要数据不能及时回送到上层模块，因而测试并不充分和完善。所以这种方法有它的局限性，若遇到此类问题，测试人员可选择以下几种方法解决之：

(1) 把某些测试推迟到用真实模块替代桩模块之后进行。这将使我们对一些特定的测试和特定模块的装配之间的对应关系失去某些控制，在确定错误原因时会比较困难。

(2) 开发能模拟真实模块的桩模块。此法无疑要大大增加开销。

(3) 从层次结构的底部向上装配软件。此种方法较切实可行，下面专门介绍。

2) 自底向上结合

自底向上测试是从软件结构最低层的模块开始组装和测试，当测试到较高层模块时，所需的下层模块均已具备，因而不再需要桩模块。

自底向上综合测试可归纳为以下四个步骤：

(1) 把低层模块组合成实现一个特定软件子功能的族，见图 6.10 中模块族 1、2、3。

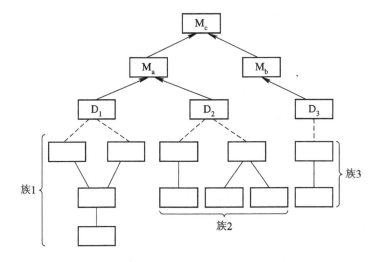

图 6.10　自底向上结合

(2) 为每个族设计一个驱动软件，作为测试的控制程序，以协调测试用例的输入和输出。图 6.10 中，虚线接的框 D_1、D_2、D_3 是各个族的驱动程序。

(3) 对模块族进行测试。

(4) 按结构向上次序，用实际模块替换驱动程序，将模块族结合起来组装成新的模块族，再进行测试，直至全部完成。例如，在图 6.10 中，族 1、族 2 上属于 M_a，因而去掉 D_1 和 D_2 将这两个族直接与 M_a 接口；同样族 3 与 M_b 接口前将 D_3 去掉；M_a 与 M_b 最后与 M_c 接口。

采用自底向上方法，越向上层分别测试，所需驱动程序越少。而且，若软件结构的最上两层用自顶向下结合的方法进行装配，则将大大减少驱动程序的数目，同时族的组装也会大大简化。

自顶向下方法不需驱动模块的设计，可在程序测试的早期实现并验证系统的主要功能，及早发现上层模块的接口错误。但自顶向下方法必须设计存根模块，使低层关键模块中错误发现较晚，并且不能在早期很快且充分地展开测试的人力。

自底向上方法与自顶向下方法相比较，它的优缺点与自顶向下方法恰恰相反。一般在实际应用中，采用两种方法相结合的混合法，即对软件结构的较上层使用自顶向下的结合方法，对下层使用自底向上的结合方法，以充分发挥两种方法的优点，尽量避免其缺点。

6.5.3 确认测试

确认测试又称有效性测试、合格测试或验收测试。模块组装后已成为完整的软件包，消除了接口的错误。确认测试主要由使用用户参加测试，检验软件规格说明的技术标准的符合程度，是保证软件质量的最后关键环节。

1. 确认测试标准

软件确认测试是通过一系列黑盒测试来证实软件功能与用户需求是否一致的。在测试计划中，规定了测试的种类和测试进度，测试过程定义了用于证实软件功能与需求一致的具体测试用例。测试计划和测试过程的设计都应考虑软件是否符合所有功能和性能的要求，文档资料是否正确完整以及人机界面和其他方面(如可移植性、兼容性、错误恢复能力和可维护性等)是否令用户满意。

确认测试有两种可能结果：一种是功能与性能和规格说明一致，用户可以接受；另一种是软件不满足需求，用户无法接受。若要在此时进行修改，工作量很大，因而必须与用户协商，寻找一个妥善解决问题的办法。

2. 配置复审

配置复审是确认测试的另一个重要环节。复审的目的在于保证程序和文档配置齐全、分类有序，两者要一致，并且包括软件维护所必须的细节。

3. α、β 测试

实际上，对于软件开发人员来说，不可能完全预见用户实际使用程序的情况。如，用户可能曲解指令，可能常使用一些奇怪的数据组合，也可能对设计者自认为明确的输出信息难以理解等等。因而，当开发者为用户建立起软件后，还要由用户进行一系列的验收测试，以确保用户的所有需求有效。验收测试既可以是非正式的测试，也可是有计划、有系统进行的测试。有时，验收测试从数周可达数月，不断暴露出错误，使得开发期延长。让每个用户都进行测试是不实际的。大多数软件产品的开发者使用一种称为 α 测试和 β 测试 (Alpha-testing and Befa-testing)的过程来发现只有用户才能发现的错误。

α 测试是由一个用户在开发环境下进行测试，也可以是开发机构内部的人员在模拟实际操作环境下进行的测试。α 测试的关键在于尽可能逼真地模拟实际运行环境和对用户软件产品的操作，并尽最大努力涵盖所有可能的用户操作方式。α 测试是在一个受控制环境下的测试。

β 测试是由软件的多个用户在一个或多个用户的实际使用环境下进行的测试。与 α 测试不同的是，开发者一般不在现场。因此，β 测试是软件不在开发者控制的环境下的"活的"应用。用户记录在 β 测试过程中遇到的所有问题，包括真实的以及主观认定的，定期向开发者报告。开发者在综合用户报告之后，必须做出相应的修改，然后才能将软件产品交付给全体用户使用。

6.5.4 系统测试

系统测试是将通过确认测试的软件，作为整个基于计算机系统的一个元素，与计算机硬件、外设、某些支持软件、数据和人员等其他系统元素结合在一起，在实际运行(使用)环境下，对计算机系统进行一系列的组装测试和确认测试。对这些测试的详细讨论已超过软件工程范围，这些测试也不可能仅由软件开发人员完成。在系统测试实施之前，软件工程师应完成以下工作：为测试软件系统的输入信息设计出错处理通路；设计测试用例，模拟错误数据和软件界面可能发生的错误，记录测试结果，为系统测试提供经验和帮助；参与系统测试的规划和设计，保证软件测试的合理性。

系统测试实质上是由一系列不同测试组成的，其主要目的是充分运行系统，验证系统各个部件是否都能正常工作并完成所分配的功能。以下，我们将讨论用于系统的几种软件系统测试类型。

1. 恢复测试

恢复测试主要检查系统的容错能力。当系统出错时，能否在指定的时间间隔内修正错误并重新启动系统。恢复测试首先要采用不同的方式强迫系统出现故障，然后验证系统是否能尽快恢复。如果恢复是自动的(由系统自身完成)，则重新初始化、检测点设置、数据恢复以及重新启动等都是对其正确性的评价。若恢复需人工干予，则需估算出修复的平均时间，确定其是否在可接受的限制范围以内。

2. 安全性测试

系统的安全性测试是要检验在系统中已存在的系统安全性措施、保密性措施是否发挥作用，有无漏洞。在安全性测试过程中，测试人员应扮演非法入侵者，采用各种办法试图突破防线。如：想方设法截取或破译口令；专门定做软件破坏系统的保护机制；故意导致系统失败，企图趁恢复之机非法进入；试图通过浏览非保密数据，推导所需信息等等。系统安全设计的准则是使非法入侵的代价超过被保护信息的价值。这样，非法入侵者就会无利可图。

3. 强度测试

强度测试是要检查在系统运行环境不正常到发生故障的时间内，系统可以运行到何种程度的测试。强度测试是在要求一个非正常数量、频率或容量资源方式下运行一个系统。如：当平均速度有一种或两种时，可以设计每秒产生十个中断的特殊测试；定量地增长数据输入率，检查输入子功能的反映能力；运行需要最大内存或其他资源的测试用例；运行可能导致虚拟操作系统崩溃或磁盘剧烈抖动的测试用例等。

4. 性能测试

性能测试就是测试软件在被组装进系统的环境下运行时的性能。性能测试应覆盖测试过程的每一步。即使在单元层，单个模块的性能也可以通过白盒测试来评价，而不是等到所有系统元素全组装以后，再确认系统的真正性能。性能测试有时是与强度测试联系在一起的，常常需要硬件和软件的测试设备。

6.6 小 结

测试是软件开发时期任务繁重的一个阶段，也是保证软件可靠性最主要的手段。软件测试是在软件投入运行前对软件需求分析、软件设计规格说明和软件编码进行查错和纠错。测试的目的是以最少的测试用例集合测试出更多的程序中潜在错误，而不是证明程序没有错误。如何测试彻底，怎样设计测试用例是测试的关键技术。依据测试过程是否需要实际运行待测试软件来分，分为静态分析技术与动态分析技术。

常用的测试方法有白盒测试和黑盒测试。其中，属于白盒测试的有逻辑覆盖法；属于黑盒测试的有等价类划分、边界值分析、因果图法和错误推测法等。这些技术各有优缺点，适用于不同的场合。通常情况下，我们综合使用这些技术。

测试文档主要有测试计划和测试分析报告。

测试的基本步骤分为单元测试、集成测试、确认测试和系统测试。

单元测试的目的在于测试各模块内部可能存在的各种差错。集成测试分为非渐增式测试和渐增式测试。渐增式测试又分为自顶向下结合与自底向上结合两种方法。在实际中，常采用这两种方法相结合的混合方法；软件结构较上层采用自顶向下结合方法，下层采用自底向上结合方法。确认测试主要由使用用户参加测试，检验软件规格说明技术标准的符合程度，是保证软件质量的最后关键环节。系统测试的目的是充分运行系统，验证系统各种部件是否都能正常工作并完成所分配的功能。

习 题

1. 简要解释下列名词：

　　(1) 软件测试　　　　　(2) 黑盒测试　　　　　(3) 白盒测试

　　(4) 单元测试　　　　　(5) 集成测试　　　　　(6) 确认测试

　　(7) 系统测试　　　　　(8) 自顶向下结合　　　(9) 自底向上结合

　　(10) 逻辑覆盖　　　　 (11) 语句覆盖　　　　 (12) 分支覆盖

　　(13) 条件覆盖　　　　 (14) 分支/条件覆盖　　 (15) 等价划分

　　(16) 边界值分析　　　 (17) 因果图法　　　　 (18) 错误推测法

2. 选择题。

(1) 软件测试是保证软件质量的主要手段之一，测试的费用已超过___A___的 30%以上，因此提高测试的有效性非常重要。"高产"的测试是指___B___。

　　A.① 软件开发费用　　　　　　② 软件维护费用

　　　　③ 软件开发和维护作用　　　④ 软件研制作用

　　B.① 用适量的测试用例，说明被测程序正确无误

　　　② 用适量的测试用例，说明被测试程序符合相应的要求

　　　③ 用适量的测试用例，发现被测程序尽可能多的错误

　　　④ 用适量的测试用例，纠正被测程序尽可能多的错误

(2) 集成测试也称为组装测试或联合测试, 它需要考虑的主要问题有: ＿＿＿＿＿ 。

① 模块接口数据　　　　　　　② 模块间的影响

③ 所使用的语言　　　　　　　④ 模块的结构化

⑤ 功能是否达到　　　　　　　⑥ 全局数据结构

⑦ 误差累积　　　　　　　　　⑧ 局部变量

(3) 请将下列有关软件测试的正确概念列举出来。

① 正确性测试　　　　　　　　② 可读性测试

③ 单元测试　　　　　　　　　④ 确认测试

⑤ 集成测试　　　　　　　　　⑥ 快速测试

(4) 在设计测试用例时, ＿＿A＿＿是用得最多的一种黑盒测试方法。在黑盒测试方法中, 等价类划分方法设计测试用例的步骤是: 根据输入条件把数目极多的数据划分成若干个有效等价类和若干个无效等价类; 设计一个测试用例, 使其覆盖＿＿B＿＿尚未被覆盖的有效等价类, 重复这一步, 直到所有的有效等价类均被覆盖; 设计一个测试用例, 使其覆盖＿＿C＿＿尚未被覆盖的无效等价类, 重复这一步, 直到所有的无效等价类均被覆盖。因果图方法是根据＿＿D＿＿之间的因果关系来设计测试用例的。在实际应用中, 在纠正了程序中的错误后, 还应选择部分或全部原先已测试过的测试用例, 对修改后的程序重新测试, 这种测试称为＿＿E＿＿。

A. ① 等价类划分　　② 边值分析　　③ 因果图　　④ 判定表

B、C. ① 一个　　　　② 七个左右　　③ 一半　　④ 尽可能少的

　　　　⑤ 尽可能多的　　⑥ 全部

D. ① 输入与输出　　② 设计与实现　　③ 条件与结果　　④ 主程序与子程序

E. ① 验收测试　　　② 强度测试　　③ 系统测试　　④ 回归测试

(5) 软件测试是保证软件可靠性的主要手段之一, 测试阶段的根本任务是＿＿A＿＿, 设计测试用例的基本目标是＿＿B＿＿。测试大型软件系统时通常由模块测试、集成测试、系统测试、＿＿C＿＿和并行运行等几个步骤所组成。系统测试通常采用黑盒法, 常用的黑盒测试法有边值分析, 等价类划分、错误推测和＿＿D＿＿。系统测试的工作应该由＿＿E＿＿来承担。

A. ① 证明经测试的程序是正确的　　　② 确认编码阶段的结束

　　③ 发现并改正软件中的错误　　　　④ 利用计算机调试程序和改进程序

B. ① 尽可能用测试用例覆盖可能的路径

　　② 选用少量的高效测试用例尽可能多地发现软件中的问题

　　③ 采用各种有效测试策略, 使所多的程序准确无误

　　④ 评估与选用不同测试方法, 尽可能地完成测试进度计划

C. ① 接口测试　　　② 组装测试　　③ 性能测试　　④ 验收测试

D. ① 路径覆盖　　　② 因果图　　　③ 判定树　　　④ PERT 图

E. ① 开发该系统的部门以外的人员　　② 该系统的系统分析员

　　③ 该系统的设计人员　　　　　　　④ 该系统的编程者

(6) 等价类划分是一种典型＿＿A＿＿方法, 也是一种非常实用的重要的测试方法。使用这一方法, 完全不考虑程序的＿＿B＿＿。用所有可能输入的数据来测试程序是不可能的, 只能从全部可供输入的数据中选择一个＿＿C＿＿进行测试。＿＿D＿＿是指某个输入域的子集合。

在该子集合中，各个输入数据对于揭露程序中的错误都是___E___。

A. ① 白盒测试方法　　　　　　　　② 黑盒测试方法

B. ① 内部结构　　② 外部环境　　③ 顺序　　　④ 流程

C～E. ① 全集　　　② 子集　　　③ 等效的　　④ 不同的

　　　　⑤ 等价类　　⑥ 典型集

(7) 在结构测试用例设计中，有语句覆盖、条件覆盖、判定覆盖(即分支覆盖)、路径覆盖等。其中，___A___是最强的覆盖准则。为了对如图 6.11 所示的程序段进行覆盖测试，必须适当地选取测试数据组。若 X，Y 是两个变量，可供选择的测试数据共有Ⅰ、Ⅱ、Ⅲ、Ⅳ四组(如表 6.2 中给出)，则实现判定覆盖至少应采用的测试数据组是___B___；实现条件覆盖至少应采用的测试数据组是___C___；实现路径覆盖至少应采用的测试数据是___D___或___E___。

A. ① 语句覆盖　　　② 条件覆盖　　　③ 判定覆盖　　　④ 路径覆盖

B～E. ① Ⅰ和Ⅱ组　　② Ⅱ　　　　③ Ⅲ和Ⅳ组　　④ Ⅰ和Ⅳ组

　　　⑤ Ⅰ、Ⅱ和Ⅲ　⑥ Ⅱ、Ⅲ和Ⅳ组　⑦ Ⅰ、Ⅲ和Ⅳ组　⑧ Ⅰ、Ⅱ和Ⅳ

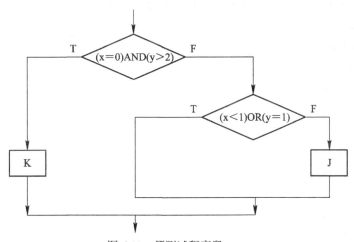

图 6.11　须测试程序段

表 6.2　可选择的测试数据

	x	y
测试数据组Ⅰ	0	3
测试数据组Ⅱ	1	2
测试数据组Ⅲ	−1	2
测试数据组Ⅳ	3	1

(8) 软件测试就是在软件投入运行前，对软件进行___A___；设计规格说明和编码的最终复审，是保证___B___的关键步骤。软件测试在软件生存期中横跨两个阶段：编码与___D___。___D___是软件生存期的另一个独立的阶段，即测试阶段。现在，软件开发机构将研制力量的___E___以上投入到软件测试之中的事例越来越多。软件测试的目的是___F___。

供选择的答案有：

A.　① 可行性研究　　② 需求分析　　③ 维护　　　　④ 开发

B.　① 灵活　　　　　② 软件工程　　③ 软件质量　　④ 软件测试

C、D.　① 综合测试　　② 单元测试

E.　① 10%　　　　　② 20%　　　　　③ 40%　　　　④ 80%

F.　① 发现错误　　　　　　　　　　② 发现没有错误

(9) 从技术上改进软件开发过程，提高软件产品的质量无非是两个方面：一方面是提高___A___，另一方面是改进___B___。在发现错误和排除错误方面更重要的，也是更困难的是___C___。由于软件测试技术并没有多少新的突破，人们只能加强阶段评审或是检查，作为辅助手段。这是由一个同行人员___D___小组开发的阶段产品的验证方法。

供选择的答案有：

A　① 测试效率　　② 开发速度　　③ 开发过程　　④ 维护过程

B　① 测试效率　　② 开发速度　　③ 开发过程　　④ 维护过程

C　① 排除错误　　② 发现错误

D　① 机器检查　　② 人工检查　　③ 集中测试　　④ 单元测试

3. 设计下列伪码程序的语句覆盖和路径覆盖测试用例：

```
START
1NPUT(A，B，C)
1F A>5
THEN　X=10
ELSN　X=1
NED　1F
1F B>10
THEN　Y=20
ELSE　Y=2
END　　1F
1F　C>15
THEN　Z=30
ELSE　Z=3
END　IF
PRINF(X，Y，Z)
　STOP
```

第 二 篇

面向对象的软件工程

　　面向对象技术是为了解决软件复杂性问题而引入的一种有效的程序设计和问题分析方法,是程序设计技术发展的必然产物。面向对象技术最早出现于 20 世纪 60 年代的 Simula 67 系统中,并且在 20 世纪 70 年代保罗阿托实验室开发的 Smalltalk 系统中发展成熟。1983 年又由贝尔实验室的 Bjarne Stroustrup 推出了 C++,借助于 C 语言的广大用户群更加普及了面向对象技术。

　　20 世纪末期,随着互联网技术的发展,分布式程序的开发需求越来越高。1990 年,新的面向网络的面向对象程序设计语言 Java 应运而生,它更加简单、高效,再加上开放式平台技术,使 Java 一跃成为目前最主要的面向对象程序设计语言。进入 21 世纪后,除了面向对象程序设计语言的发展之外,和面向对象程序设计相关的系统分析设计技术、建模技术、组件技术、框架技术等也在迅猛发展。

第7章　面向对象技术总论

7.1　概述——面向对象方法论

面向对象技术的内容包括面向对象系统分析技术、系统设计技术、程序设计技术、测试技术以及各种基于面向对象技术的体系结构、框架、组件、中间件等。

面向对象技术的基础是面向对象程序设计，后者是程序结构化发展的必然产物。众所周知，高级程序设计语言经历了非结构化、结构化、面向对象三个发展阶段，这三个阶段的进化都是针对程序的结构和系统分析方法而做出的。程序的结构是指程序代码之间的关系。每到一个新的阶段，程序的结构就更加完善、更加复杂，代码也更容易重用，抽象程度也更高。

软件系统分析方法研究将问题域(现实世界)向求解域(程序域)转换和映射的方法，其目的是把问题域(现实世界)中的概念或者处理过程转换或映射成程序的元素和算法。问题域(现实世界)相对来说是不变的或者变化较缓慢的，但系统分析方法却根据程序设计方法的不同而改变，因此系统分析方法依赖于程序设计技术，依赖于程序设计元素，参见图7.1。结构化分析方法和面向对象分析方法则又分别依赖于结构化程序设计语言和面向对象程序设计语言。

图 7.1　系统分析方法对程序设计技术的依赖性

图 7.1 中的文件夹形状和虚线符号分别表示 UML 中的建模元素包(Package)和依赖关系(Depedency)。包代表一个分组或者范畴。

非结构化分析方法就是要把问题域或现实世界中的概念和处理，如员工工资、计算工资等转换成变量定义和对变量进行处理的语句，其基本元素是变量和语句，即所谓的数据结构+算法。由于当时程序规模普遍比较小，运行和应用环境也比较单一，因此不太考虑程序结构或者软件结构问题。整体来说，非结构化技术是重视算法轻视结构的一种方法。

结构化技术的基本元素是定义良好的程序结构元素，如子程序(函数)结构和单入口/单出口的控制结构。前者是程序的静态结构，后者则是程序的动态结构。子程序结构构成了整个程序的静态结构，是动态控制结构的基础(严格地说，每个语句都可以看成是对函数的调用)。结构化分析方法就是要把问题域(现实世界)中的问题(概念、处理)转换成程序中的数据结构和子程序(函数)。在这类方法中，可以认为：程序=数据结构+函数结构+函数调用。

相应的数据流分析方法则将现实世界或者问题域中的业务处理转换为程序的函数结构，这个过程称为分析过程，将系统的结构变成更适合于程序域的形式，比如说具有重用、高效、稳定等特征的结构，则是设计过程。

到了面向对象技术阶段，程序的基本元素是数据结构和函数结构的统一体"类"。类是程序中的静态元素，而动态元素是对象和消息。面向对象方法认为：程序=类结构+对象+消息。面向对象分析的任务则是把现实世界中的概念或者处理都转换为程序域中的类和方法，将现实世界中的过程转换为对象之间的交互过程。面向对象设计使这种类和对象交互更加适合于计算机系统实现，更加合理和高效，更加容易重用。例如将员工、工资都转换成求解域中的类，计算某位员工工资的过程称为向该员工对象发消息。

如上所述，新一代的程序设计语言技术并不是简单地否定上一代语言，而是在上一代语言的基础上增加新的程序结构元素(函数、类)，从而实现更复杂的程序结构。这种新的程序元素更直观、更真实、更自然、更完整地抽象了现实世界中的数据和处理(或者事物与概念)，更好地抽象了程序中的变量和代码，也进一步增强了程序的易读性、安全性、稳定性和重用性，同时改变了系统的分析和设计方法。归根结底，程序设计语言的发展就是程序结构以及建立在其基础上的分析、设计方法的发展。

上面的例子表明，实现同样的功能可以采用不同的程序元素、程序结构或者程序设计技术。高级的程序设计方法更擅长解决复杂的问题，因为其程序元素和程序结构更为复杂。这实际上是自然界和社会系统的一个普遍规律，即内部结构决定外部功能。如果把系统解决的问题比做该系统实现的外部功能，而把实现这些功能的程序元素及其关系看做是内部结构，越复杂的内部结构就预示着系统的功能越复杂、越强大，比如说，人的大脑结构要比动物的大脑结构复杂得多，因此其功能也要强大得多。

面向对象的程序结构要比面向过程的程序结构更复杂，因此可以实现的功能也就更加强大。程序设计语言技术的发展历史充分证明了客观和主观系统进化中，功能和结构之间关系的一般规律。图 7.2 表现了系统外部功能和内部结构之间的关系，其内部结构也是分层次的，这也符合了人认识世界的一般规律：由外向内、由表及里。

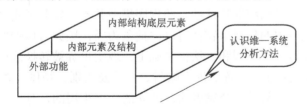

图 7.2　软件系统外部功能和内部结构之间的关系

上述认识维的一个具体的细化例子如图 7.3 所示。

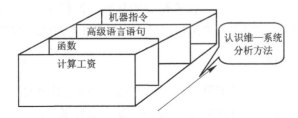

图 7.3　软件系统外部功能和内部结构关系的例子

7.2 面向对象技术的基本概念

7.2.1 类

对象是指现实世界或者概念世界中的任何事物，类是具有相同结构特征的对象的结构抽象。此结构特征包括对象的属性特征和操作接口特征。属性特征定义了所有对象都具有的的属性名称及类型；操作接口特征则定义了所有对象都具有的操作和方法。

面向对象程序语言中的类是一个代码的预定义模块或者程序结构元素，类似于函数、结构体或者记录类型定义，其中包含了相关的变量和函数定义。类中的变量称为属性或者成员变量；类中的函数称为成员函数(操作和方法)。操作和方法的区别在于：操作强调其操作接口，方法则强调实现方式和算法。可以把现实世界中的对象映射为程序语言中的类，有时候这种映射比较困难且不明显，则可在其间增加一个概念世界或者概念模型。这种映射的过程即为面向对象的系统分析，如图 7.4 所示。

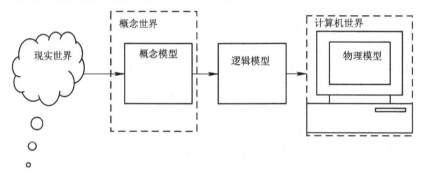

图 7.4　现实世界向计算机世界的转换

现实世界中的对象一定能够抽象成类，但程序语言中的类则不一定有现实世界原型。这种不对称性反映了信息系统的特殊性，即程序模型并不一定是现实世界的原始或者简单的等价。因为现实世界中的任何事物都可以被抽象为类，因此可以把面向对象看成是一种世界观和方法论，在这种世界观和方法论基础上，现实世界被转换成程序世界就显得比较自然。例如：企业中的员工、仓库、库存帐目、商品及类别、物体、力等。

在程序设计语言中，类是一个完整的、独立的、可重用的，具有低耦合、高内聚特性的程序模块。类相当于一种自定义数据类型，它类似于 C 语言中的结构体类型(C++本身就可以使用 strut 关键字来定义类)，不仅包含数据结构也包含操作结构。数据类型作为程序语言中进行变量内存分配、类型匹配、操作检查的基础，为程序的一致性和安全性提供了重要的保证。因此，类概念的引入从类型角度进一步提高了程序的安全性。

7.2.2 对象及对象实例

现实世界中的具体事物就是对象或者对象实例，类则是对象实例的结构抽象。

每个对象实例一般具有三方面的特性(亦称对象"三要素")：

(1) 确定的标识，能够被唯一地确认。

(2) 具有一定的属性，表示其性质或状态。

(3) 具有一定的行为能力或者操作能力，可给外界提供服务或者通过操作改变其状态。

对象标识也是对象属性之一，是一类特殊的属性，类似于实体关系模型中的主码。应当注意，对象标识和对象在程序中的标识是不一样的，前者是对象本身的固有属性，后者是在程序空间中给该对象起的名字，仅供程序中使用。现实世界中的任何事物都可以抽象成对象，例如具有具体物质形态的对象，如员工、计算机、汽车等；具有抽象物质形态的对象，如银行账户、力等。

面向对象本身就是一种世界观以及由此派生的方法论，是一种观察世界和认识世界的方式。在面向对象的世界观中，世界是由对象及其关系组成的，对象是由属性和行为组成的，对象之间具有各种各样的联系。类是对象结构的抽象，关系是对象之间联系的抽象。对象世界的发展变化过程就是对象之间的交互过程(面向过程也是一种世界观，认为世界是由过程组成的，每个过程都有自己的目标和处理的对象)。面向对象的世界观中的属性和操作刚好对应了程序世界中保存数据或者状态的变量和实现一定功能的函数。属性是事物的性质和状态描述；行为是对属性的操作，可以对外提供服务，属性则是行为的基础和操作的内容。

根据属性和行为的侧重点不同，对象又可以分成实体对象和过程对象，前者强调对象的状态描述，例如"学生"对象；后者强调对象的过程特性，例如"流程"对象。

现实世界中的事物都是有联系的，对象之间也有联系。例如对象间的组成关系：如汽车对象是由零件对象组成的；关联关系(信息联系)：如老板有员工的联系方式。对象之间有些联系是暂时的：如某人向你问了一下路(发送消息)，你向其提供了服务；有些联系则是永恒的、持久的：如父母、子女之间的关系；有些则是介于两者之间的：如配偶关系等。

从静态角度来看，对象实际上就是由类(包括数据结构和函数结构定义)模板派生的变量；从动态角度来看，对象之间的交互(包括自交互)完成或者实现了功能。在面向对象程序中，类是一种代码模板定义，它类似于函数结构和数据结构，必须要实例化才能使用。实例化就是使用类创建具体的对象变量(也叫对象实例)，由类产生对象变量相当于在工厂中使用模具生产产品。在程序中只有创建了具体的对象变量，系统才会给其分配内存，程序才能访问其属性和操作。由于对象变量占用的内存空间不固定，其内存分配方式多采用动态分配和回收机制。在面向对象程序设计语言中，除了对象变量本身，还有一种引用变量(reference variable)，其本质上是指针或者地址，可以指向对象变量，其类型必须是一致的。通过引用变量访问对象变量简化了对动态分配的对象内存空间的访问。如 Student 是 Java 语言中定义的类，语句 Student s = new Student();声明了一个引用变量 s，创建了一个对象变量 new Student()，并通过赋值语句将该对象变量所在的内存区域的首地址存放到 s 中，通过 s 可以对此内存区域进行操作。一般来说，引用变量和对象变量是在不同的内存空间中，前者存放在堆栈空间中，后者是放在堆空间中，这两种内存空间所允许的操作是有所不同的(如图 7.5 所示)。

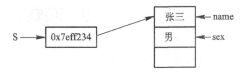

图 7.5　引用变量和对象变量之间的关系

7.2.3　消息机制

纯面向对象程序设计语言如 Java 中，所有的函数或者操作都依附于一个对象主体，这种依附于某个对象的函数叫做成员函数或者对象操作(方法)。在纯面向对象程序中，对任何一个函数的调用都是对某个对象的方法调用，同时会把该对象的信息(一般是内存地址)传递给被调用函数，这就是函数的实例化过程。

在面向对象程序中，调用一个对象的方法或者操作叫做向该对象发消息，调用者叫做消息发出者，被调用者叫做消息接受者。消息、事件和函数调用或者事件响应是相辅相成的。程序中，消息就是现实世界中的请求或者通知事件，这一般都是通过对系统执行一定的操作完成的。对该请求或者通知可以响应，也可以不响应，响应可以是同步的，也可以是异步的。

例如，客户如果想从 ATM 机中取钱，通常会按下取钱按键，这实际上就是向 ATM 机发送了取钱消息，也是向 ATM 机发送了取钱请求，ATM 机会显示一个取钱界面，让用户输入取款数额，这是通过 ATM 机的一个方法或者操作实现的。用户输入取款金额后按下确定键，相当于又向 ATM 机发送新的消息，导致 ATM 机的另一个方法的调用，通常在该方法中又会向其他对象发送消息，例如该客户的账户 Account 对象，通过调用该账户对象的 draw() 操作实现账户上资金的更新。用户通过和 ATM 机一系列的请求/响应的交互活动完成了执行系统的某个功能，如取钱。客户对象、ATM 对象、Account 对象之间的消息交互见图 7.6。

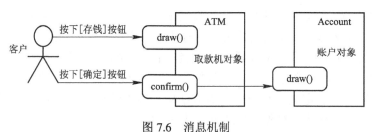

图 7.6　消息机制

在上例中，面向过程语言中的函数调用变成了面向对象语言中的发送消息及其响应。利用这种机制描述程序模型更加自然，和现实世界也更接近，因此有人将面向对象程序总结成：程序=对象+消息。但实际上对象+消息只是抽象了面向对象程序的动态结构，其基础是对象或者类结构。上述表述如果表示成：程序=类+消息，则更为确切，类表示程序的静态结构，消息对应于算法。

7.3　面向对象技术的基本特点

面向对象技术基于面向对象程序设计语言和方法，具有自身的一些本质特点，包括封装性、继承性、多态性、抽象性等。

7.3.1　封装性

程序的基本元素是变量定义以及对变量的处理。对于规模比较小的程序，每个变量的意义和访问都由程序员自己控制，但对于需要多人长时间开发的大规模程序，存在访问其他人定义的变量的情况，这时候变量的安全性则成为问题。程序中有很多错误都是由于错误地访问了不该访问的变量而引起的。面向过程程序设计语言中的函数结构中的局部变量在一定程度上解决了这个问题，但是全局数据结构或者变量中还是存在不安全的访问问题。面向对象程序将存储数据的变量和对数据(变量)的处理(方法)封装起来(私有化)，从程序外部不能直接访问数据，而必须通过对外公开的方法进行访问，这就避免了对正确数据的错误操作，如图 7.7 所示。

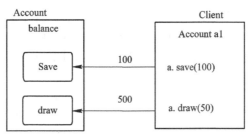

图 7.7　对象的封装性

将 Account 对象中表示余额的属性 balance(实型变量)隐藏起来，对外部程序不可见，外部程序只能通过公开的方法 save ( )或者 draw ( )来改变 balance 的值，这样就可以避免外部程序对其进行错误的操作。比如说：在程序中直接对 balance 变量做乘除法操作(例如实现存钱操作时将"+"敲成"*"号)，而编译程序是没有办法发现此错误的，因为对于实型变量来说，不能限制对其做乘除操作，从语法上来看这些都是合法的操作。对于账户余额来说，乘除法则是无意义的操作。因此可以通过隐藏数据，公开合法的操作接口来限定账户这种对象的内涵和外延，增加程序的安全性。

面向对象的封装性实现的是信息隐藏。仅将需要向外公开的方法和属性向外公开；所有不需要向外公开的方法和属性都被隐藏起来。正像电视机一样，内部电路元件对用户都隐藏起来，对外只公开用户可用的接口，如开关、音量调节、调台等。这种封装性通过定义合适的操作接口来进一步确定事物的本质特征。对于传统的面向过程的程序设计语言来说，表示银行存款和图形尺寸时都是使用实型变量，没有区别，但实际上对这两种量的操作是有区别的。很明显，银行存款只允许增加、减少或者查询；对尺寸来说却能按比例放大或者缩小，即执行乘除法。类似的还有数据结构中的例子，保存线性表、堆栈、队列元素的数据存储结构可以是一样的，但对其允许的操作是不一样的。封装性增强了程序中变量的安全性，同时也增强了程序中数据类型、数据结构和变量的语义内涵，提高了程序分析方法的直观性。

7.3.2　继承性

软件重用技术始终是软件开发技术研究中的一个重要课题，从程序行的简单复制到宏替换，从数据结构定义再到函数定义，从类的定义到类的继承，从构件到框架等，都是代码重用技术的体现。

继承机制是一种高级的代码重用技术，子类自动继承父类的所有代码并且可以进行任意的覆盖和扩充。如图 7.8 所示，子类研究生继承了父类学生中的属性和操作，又扩充了新的属性和操作。子类和父类保持一种动态关系：当父类代码改变的时候，子类继承的那部分代码会自动修改，即子类对父类的继承不是简单的复制，而是动态的链接，子类和父类始终保持一种联系，这是一种与生俱来的、静态的联系，一旦定义，则无法改变。

子类对父类的扩充包括对父类同名属性和方法的覆盖以及增加新的属性和方法。过多的继承层次会使程序结构变得异常复杂、难以理解并且难以维护。子类不仅仅继承了父类的代码，也继承了父类的类型，或者说和父类型是相容的。程序设计语言中的继承关系区别于生物界中的遗传关系，如父子关系，更像事物分类中的分类关系。父类往往是各子类的共性的抽象，是对所有子类对象的抽象。例如：汽车、自行车、三轮车的父类是车，车是一个抽象的概念，凡是具有轮子可以滚动行走的物体都可以称为车。又比如三角形、矩形、圆等具体图形的父类可以定义为图形类等。图 7.8 中，研究生属于学生中的一种，是特殊的学生，因此是从一般到特殊的分类关系。

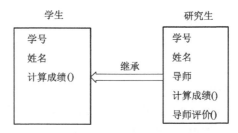

图 7.8　类的继承关系

根据子类能够继承一个还是多个父类，继承可以分为单继承或者多继承，常见的面向对象程序设计语言如 C++、Java、C#等，除 C++是多继承外，其余都是单继承语言。单继承程序语言中每个类只能有一个父类。单继承语言定义类时，如果没有指定其父类，则程序自动指定其父类为根类，这种语言也称为单根类语言，如 Java、C#、Delphi 等，否则就是多根类，比如 C++语言。单根类语言的语法简单，比较容易地解决了类型相容问题。

7.3.3　多态性

多态性(polymorphism)是指同一种事物可以有多种不同的形态或者含义，也可以认为是从不同的角度观察同一事物，可以得到不同的视图。在面向对象程序设计语言中，多态性有三种含义。

多态的第一种含义是方法的重载(Overload)，在同一个类中可以存在同名不同参数的操作，这些操作的具体实现是不同的，即同名方法在不同的参数情况下有不同的实现。这反映了客观世界中对事物操作的复杂性和联系性，如对银行来说，存钱是一种操作，但根据用户出示的是存折还是银行卡，其具体的实现有所不同。编译程序通过参数类型或者个数来确定具体调用哪个方法，因为这种多态性是在编译阶段完成的，所以可以称为静态的多态性或者编译期多态性。操作符重载也是基于这种多态性的。例如圆对象可以根据不同的初始条件进行构造，见下面代码。

```
class Circle{
    public Circle(double x,double y,double r){}      //已知圆心坐标和半径
    public Circle(Point center,double r){}           //已知圆心和半径
```

```
        public Circle(double x1,double y1,double x2,double y2,double x3,double y3){}
                                        //已知圆上三点坐标
        public Circle(Point p1,Point p2,Point p3)      //已知圆上三点
        public Circle(Point p1,Point p2,double r)      //已知圆上两点和半径
            :
    }
```

下面是引用上述定义创建圆对象的代码：

```
    Circle c1 = new Circle();                  //创建一个默认的圆对象
    Circle c2 = new Circle(new Point(2,2),5);  //创建已知圆心和半径的圆对象
    Circle c3 = new Cirlce(0,0,2,3,4,5);       //创建已知圆上三点坐标的圆
        :
```

上述代码中同名方法具有不同的参数，给出了在不同初始条件下构建圆对象的方法。

多态的第二种含义是子类对父类的方法进行覆盖(override)，程序会根据当前对象状态而自动调用父类或者子类对象的方法。这一点和下面讲的多态性的第三种含义本质上是相同的。这种多态性由于在运行期间才能确定，因此称为动态的多态性或者运行期多态性。

例如：Shape 是图形类，Circle 是其子类，父类和子类的方法 getArea()具有不同的实现。

```
    public class Shape{
        double getArea(){return 0.0;}
    }
    public class Circle extends Shape{
        double r;
        double getArea(){return Math.PI * r * r;}
    }
```

上面类的对象实例创建代码 Shape s = new Circle()将子类对象实例赋值给父类的引用变量(这一点正是类型的多态性，本节后面详细解释)，那么 s.getArea()方法将调用父类还是子类的方法呢？按照类型分析，s 是 Shape 类型，则 s.getArea()方法应该是 Shape 的方法，但是 s 实际上指向的是 Circle 对象，所以 s.getArea()方法应该是 Circle 的方法，但这是在运行期间才能确定的，因为 s 具体指向的对象只有在运行期才能确定。不同的语言在此处有不同的处理方法。在 C++中，上述代码调用的是 Shape 的 getArea()方法，但是如果在 Shape 的 getArea 方法定义前面加上 virtual 关键字，即：

```
    virtual public double getArea(){};
```

则同样的代码 s.getArea()调用的方法是子类 Circle 的方法。方法定义前面加上 virtual 的意思是指该方法的具体执行代码直到运行期才能确定。在 Java 中，对象的方法默认都是运行期确定的，因此 s.getArea()一定是调用 s 实际指向的对象的方法，即 Circle 对象的方法。如果要想调用父类的 area()方法，只需要让 s 指向父类对象即可：

```
    Shape s = new Shape();
```

这种运行期确定方法的执行代码正如运行期分配或者删除对象空间一样，是非常灵活高效的，所以 Java 取其作为语言的默认特性，这也是 Java 语言简洁高效且能迅速普及的原因之一。

上述两种多态性的含义也是多态性的传统含义。

多态的第三种含义是类型的多态或者类型造型(type cast)，前者是指一个对象可以看成是多种类型，后者是指子类对象可以造型成父类型，即将子类对象看成是父类类型，类似于类型强制，注意只是"看成"是父类类型，而不是真正的父类对象，子类对象永远不能变成父类对象，而只能扮演成父类对象，以通过程序语法的类型匹配检查，但其本质上还是子类对象。这在生活实际中也是经常遇到的，例如一个研究生去应聘，如果企业只招聘本科生的话，他也可以将自己看成是本科生而降级使用，但他自己本质上还是研究生。除了子类对象可以扮演(造型)成父类类型外，某个类的对象也可以造型成该类实现的接口类型。造型的方法就是将该类对象赋值给某种类型的引用变量，如：A obj = new B()，B 要么实现 A 接口，要么 B 是 A 的子类。定义引用变量并没有创建对象，相当于定义了一种类型约束。在面向对象语言中，这种造型称为向上造型(upcast)，它是安全的，因为子类型肯定满足父类型的要求，子类型要么等于父类型，要么大于父类型(扩充)。从类的现实世界语义来看，子类和父类的关系是 ISA(读作"是一个")关系，即子类对象首先是一个父类。图7.9 中的关系读作研究生是一个学生，这无疑是客观正确和可理解的。从哲学概念上来看，子类和父类正反映了特殊和一般、个性和共性的关系，一般性寓于特殊性之中，共性寓于个性之

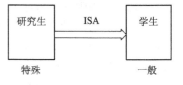

图 7.9　ISA 关系

中。这是面向对象技术中继承或者接口概念的本质，这也是只有具有继承或者实现接口关系的对象才能造型的原因。

数据类型在程序设计语言中的重要性毋庸置疑，它是内存分配、类型检查、操作检查的基础。程序语言中数据类型的多少是衡量该语言功能是否强大的依据之一，现在的程序语言都提供了大量标准数据类型以及自定义数据类型的机制。

在面向对象程序设计语言中，类可以看成是一种自定义类型。类型检查也是程序安全性检查机制之一，通过检查相关操作的类型匹配可以发现很多不兼容的错误。比如：赋值操作、各种运算操作，如果没有类型检查的话，将会出现很多程序员难以察觉的错误，这也是过去类型检查机制较弱的弱类型语言(如 C 语言)容易出错的原因。

面向对象机制中类的定义实际上增强了类型检查的安全性，一个类就相当于一种自定义的数据类型，不同类定义的变量是不允许相互赋值的，这虽然增强了程序的安全性，但却带来了另外一个问题，那就是代码效率很低，针对每一个事物都需要定义一个类，例如定义堆栈类就得针对不同的元素类型定义多个类，每个类只能接收一种类型元素。C++采用一种叫做模板(template)的机制来处理这个问题，而 Java 则采用多态性来解决这个问题。多态(polymorphism)的原意就是同一个事物可以具有多种状态，或者说同一个事物在不同的场合、从不同的角度可以看成是不同的东西，这是客观事物复杂性的程序表现。

7.3.4　抽象性

抽象是人类思维的本质特性之一。抽象性是对复杂事物本质和特性的提炼和概括的能力，可以说没有抽象就没有理论思维，就没有指导认识世界改造世界的一般性结论，也就没有系统分析和设计。

在程序中始终存在着抽象性，数据类型是数据结构和操作接口的抽象，常量是程序中

常数的抽象，变量是程序中变化的数据的抽象，函数是实现某个功能或者处理代码的抽象，类是多个实例对象结构(属性和操作接口)共性的抽象，抽象类或者接口又是多个类公共接口的抽象。

面向对象技术将抽象性引入到代码的实现中，可以实现很多更抽象、更一般、更统一的方法。比如说：Shape 是所有图形对象的父类，是抽象的，则方法 getArea(Shape s)可以返回任何图形的面积，totalArea(Shape[] s)则可以返回任意多个任意图形的面积和，draw(Shape[]s)则可以画出任意多个任意图形。注意：这些方法本身都具有抽象性、一般性的含义。当然，这些抽象的方法并没有真正去实现计算每个具体图形的面积或者画出具体的图形，而只是完成通用的操作，如对所有的图形进行求和或者画出所有的图形(两者都是对集合进行遍历)，而把具体的操作都交给具体的子类(如圆、矩形)来实现。在面向对象程序设计语言中，抽象类、接口或者模板类都很好地实现了抽象的功能。

由于程序中引入了抽象的操作，因此使得程序结构出现依赖倒置的现象。过去结构化分析方法得到的系统结构是自上而下、逐步求精，上层抽象的模块依赖于下层具体的模块，上层模块通过调用下层模块完成任务，或者说先有下层模块，才有上层模块。面向对象程序的继承结构中则是下层依赖于上层，因为上层是父类，下层是子类，先有上层再有下层，因此程序变得更抽象。程序结构依赖性对比如图 7.10 所示，左边部分的每个矩形框是函数，右边部分的每个矩形框是类。

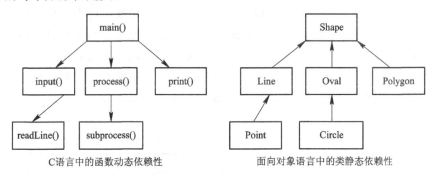

图 7.10　顶层模块和底层模块之间的依赖关系

其实这并不矛盾，结构化自顶向下的依赖性关系是代码或者控制的依赖性，是动态结构的依赖性，在面向对象中依然存在用一个方法调用另外几个方法来实现的情况。面向对象自下而上的依赖性是程序静态结构的依赖性。

正是由于这种静态结构自下而上的依赖性，才使得面向对象的程序结构更加抽象，更加稳定，也使得程序更容易维护。

7.4　面向对象分析方法

系统分析方法就是把现实世界或者问题域中的概念和过程转换成求解域或程序域中元素的方法。因此系统分析方法是和程序域元素密切相关的。结构化或者面向过程的分析方法是把现实世界或者问题域中的过程处理抽象成概念模型中的数据输入、数据处理和结果输出，然后将处理过程转换成程序结构中的函数。程序中的函数有些是直接来自于现实世界中的处理过程，如计算工资，但仅靠现实世界中的处理过程是不够的，在程序中还有很多处理过程是和计算机或者程序本身密切相关的，如输入数据的过程等。

面向对象的分析方法就是把现实世界或者问题域中的事物、概念、过程等抽象成概念模型中的对象或类，然后转换成程序语言中的对象或类。程序语言中的类概念本身也来自于现实世界中的对象，因此概念模型中的类和程序语言中的类是一致的。但是仅靠现实世界中的类是不够的，作为信息系统或者程序模型，本身也有自己独特的机制和规律，具有区别于现实世界或者问题域的特点，例如每个程序都具有一定的运行环境和操作界面等，这些因素也被抽象为系统中的类，视为系统类。现实世界中抽取的类一般称为业务类或者领域类，即在现实世界中存在有原型的类。业务类又可以分为分析类和设计类，前者是从现实世界中直接抽取的类，后者是对分析类的抽象、包装、组合、扩充和修饰，如设计模式中的一些父类、实用类等。

按照目前广泛流行的 MVC 模式，现实世界中的类相当于模型类(Model)，确定了现实世界事物本身的逻辑、联系和规律等，如学生、职工、工资、力等。其他的类，如表现类(View)，则是对模型数据的计算机表现，是人机接口界面类；控制类(Control)则控制系统的运行流程。

从系统的顶层结构到系统的微观结构中，MVC 结构都是存在的，例如：Struts 框架结构是系统的整体架构，是符合 MVC 模式的，而 Java 的图形界面 swing 组件类本身也是按照 MVC 模式设计的。MVC 模式实际上给出了构建信息系统的一种过程和方法：即从业务对象到系统对象，从业务模型到系统模型的演化过程。首先抽象现实世界中的相关对象，称为业务对象，在此基础上添加对其的表现类即视图类，系统流程(宏观)和业务流程(微观)的控制则转换成控制类。一般来说，业务类可以做到与实现环境或者实现语言无关，但界面类或者系统控制类则可能和实现环境及实现语言有关。从现实世界对象模型到系统对象模型的演化过程如图 7.11 所示，系统对象中最上层的是业务对象，第二层是控制对象，最底层是界面对象。

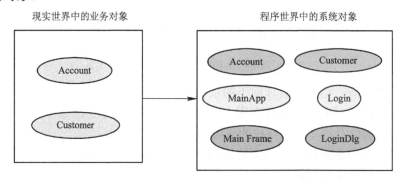

图 7.11 现实世界的对象模型向程序世界的对象模型转换举例一

有些系统模型的类会更多一些，另一个现实世界模型向程序世界模型转换的例子——超市购物向网上购物网站的转换，其中，业务模型包括产品(Product)、购物车(Cart)、订单(Order)和客户(User)四种；系统模型类包括产品(Product)、购物车(Cart)、订单(Order)、订单数据库(DB Order)和客户(User)五种。从业务世界模型向程序世界模型转换的示意图如图7.12 所示。

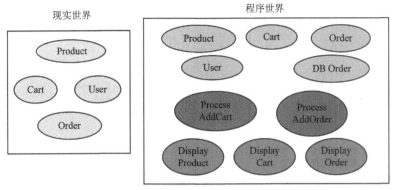

图 7.12　现实世界的对象模型向程序世界的对象模型转换举例二

7.5　面向对象技术与程序结构

7.5.1　概述

程序对外提供的功能是其外部特性，内部也有着自己独特的结构，即程序结构。程序中具有完整语义的最小语法单位是表达式，语句是程序执行的最小单位，语句的集合组成了程序。语句相当于原子，语句与语句之间的关系形成程序结构，如顺序、选择、循环。

数据结构、函数定义也是一种程序结构，称为程序模块，它由完成某个特定功能的多条语句组成。模块的类型包括数据模块、算法模块或者二者的综合。程序模块是作为一个整体存在的，可以独立地开发存储，具有独立性、安全性、语义性和重用性。其中数据模块类似于数据结构定义，比如 C 语言中的结构体；算法(程序)模块类似于函数。数据和算法(程序)的综合就是面向对象程序中的类。

在程序从非结构化到结构化再到面向对象的进化过程中，程序结构越来越复杂、越来越丰富、重用粒度越来越大、结构层次也越来越深，对外呈现的功能也越来越强大。其内部结构和外在表现之间的关系符合自然界和社会进化的一般规律，即内部结构越复杂，其对外呈现的功能也就越强大。但是，这种内部结构必须是建立在一种优化合理的基础上，而不是简单的堆积。目前的包—类—函数的层次结构就是一种公认的优化合理结构。

程序结构中包含静态的结构和动态的结构。静态的结构就是程序代码之间的关系，如类的继承、关联关系等，是代码定义阶段的关系；动态结构是函数的调用或者向对象发消息的过程，是代码执行时的关系。动态结构要以静态结构为基础。图 7.13 和图 7.14 分别表示了面向过程和面向对象程序之间的静态结构关系和动态结构关系，从图中可以看出，面向对象程序的结构要比面向过程程序的结构复杂得多。

软件工程的实践证明，程序的结构是通过不断的改进而得到优化的，不会一步到位。好的程序结构可以通过有经验的开发人员在设计阶段通过精心设计而得到，也可以通过对已有的结构中不太好的代码进行不断改进而得到。通过代码改进程序结构的方法也称为"重构"。由于重构是从质量欠佳的代码基础进行改进的，而不是一下拿出高质量的结构设计，因此这种方法更受初学者的欢迎，也越来越受到软件界的重视，目前几乎所有的主流开发环境都提供了对重构工具的支持。

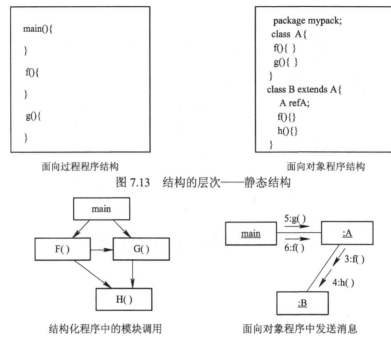

图 7.13　结构的层次——静态结构

图 7.14　程序执行的线索——动态结构

7.5.2　重构

重构(Refactor)是指在不改变代码的外在功能的前提下重新设计已有代码，以获取代码新的特性。这里新的特性主要就是由于结构的改进而带来的高效性、安全性、稳定性、可维护性和可扩充性等。根据上一小节中所描述的程序结构的改进过程可以看出，这种重构是完全可能的，也是很有必要的。根据外在功能和内部结构的关系来看，重构的目的主要在于改进程序结构。需要注意的是，重构不是整体重新建造(Reconstructor)，可能只是局部的修改(Refactor)，如把一些代码抽象成方法，以提高程序结构的粒度，增加重用度。甚至可能只是非常简单的重命名，以改善程序的可读性等。重构对于那些没有做充分的设计而直接编码的软件开发过程而言是非常有效的。

常见的重构方法有：提取方法(Extract Method)、引入父类(Introduce Super Class)或者接口(Interface)、属性和方法上移或者下移(Attribute or Method Move up or Move down)等。

重构所影响的程序范围可能很小或者很大，但是即使最小的变化也可能引入 bug。一处修改可能导致整个代码变化，所以重构后必须要测试所有可能受影响的地方，这样才能保证对外的功能不会改变。

重构的种类有很多，重构的工作量有时候也会很大，尤其是当现存代码比较多的时候。目前主流的开发环境如 Eclipse、Microsoft Visual Studio 2005 等，都提供自动进行重构的工具。当然，不同的语言和开发环境提供的重构工具种类会有所不同，下面列举了一些常见的重构方法：

(1) try/catch 重构：将普通代码块置于 try/catch 块中，将代码的正常执行过程和错误处理过程分离开来，可以增加代码的安全性和鲁棒性。

(2) 重命名(Rename)和移动(Move)：由于各种可能的原因，对现存代码中的包、类、接口、方法、属性或域变量、局部变量等进行重新命名，同时对所有相关的引用(reference)都作相应的修改。

该重构还包括移动类和包进行重构的方法。即将包或者类从现有的位置移到另外的包中，或把静态成员从一个类中移到另外的类中。这些重构方法都属于静态的结构重构，也可以在设计阶段针对模型进行。如果在设计阶段进行此类重构，则需要重新进行正向工程(Forward Engineering)，而且原来的代码会自动注释掉，需要重新编码。如果在代码环境中进行重构，则会自动实现重构之后的所有代码。

(3) 引入常量、变量和方法(Introduce Constant and Variable，Extract Method)：将程序中的常数定义成常量、表达式定义成变量、代码片断定义成方法都是代码结构的改进。也可以把局部变量转换成属性变量，即全局变量。

(4) 改变方法参数(Change Method Parameter)：方法的参数是方法签名的一部分，是方法调用中动态变化的地方。修改参数实际上就是修改方法签名。在提取方法重构中，可以将方法中表达式代码中的常数、变量或者表达式转换成方法参数，这样该方法就具有更一般的意义。

(5) 泛化类型(Generalize Type)：使用父类型代替子类型。这样的程序更具有一般性，更能适应变化。例如：定义一个集合类型变量，使用 ArrayList v= new ArrayList(); 重构成 List v = new ArrayList()，这样将来代码无论改成 List v = new LinkedList()还是 List v = new Vector()，其余代码都不受影响。

(6) 匿名类转换为内部类(Anonymous class to Inner Class)：匿名类转换成内部类，内部类转换成外部类，从而提高可重用性。

(7) 还原方法：是抽取方法(Extract Method)的逆过程。使用“方法调用”可以改善程序结构，但是这样势必要增加调用开销。若某些方法只有一个调用者，就可以把该方法的代码放入调用者，以减少调用开销，改进性能。

(8) 封装属性(Encapsulation attribute)：是旨在提高程序封装性的一种重构方法。将属性定义成私有的，并提供 set/get 方法访问。

(9) 属性、方法上移或下移(Attribute Move up)：将子类中的属性或者方法上移到父类中，该属性和方法可为所有子类共享；或者将父类中的属性和方法下移到子类中，这样该属性和方法只能为该子类独有。

(10) 提取父类或者接口(Extract Interface)：根据类中的公有方法，创建父类或者接口，并让该类继承所提取的父类，或者实现提取的接口。此类重构方法主要适用于当多个客户使用同一个接口的子集(不同的客户使用不同的接口，以保持安全性)，或两个类拥有公共父类或公共接口的时候(两个类都继承同一父类或实现同一接口)。

例如，下面代码中的 MyClass 对外提供了三个公共操作接口。

```
class MyClass{
    public void f1(){}
    public void f2(){}
    public void f3(){}
}
```

假设客户 A 只能访问 f1()方法，客户 B 只能访问 f2()方法，客户 C 只能访问 f3()方法，则应该设计成：MyClass 实现三个接口 InterfaceA、InterfaceB、InterfaceC：

```
class MyClass implements InterfaceA，InterfaceB，InterfaceC{
   public void f1(){}
   public void f2(){}
   public void f3(){}
}
interface Interface A {
   public void f1();
}
Interface Interface B {
   Public void f2();
}
   ⋮
```

在客户 A 的访问代码中，这样声明引用变量，可以保证客户 A 只能访问 f1()方法。

```
InterfaceA aobj = new My Class();
aobj.f1();
```

在客户 B 的访问代码中，这样声明引用变量，可以保证客户 B 只能访问 f2()方法。

```
InterfaceB bobj = new MyClass();
bobj.f2();
```

(11) 创建代理(Proxy)：创建多个方法的代理类。具体地说，这种重构要创建一个类(代理类)，该类引用被代理的类实例，提供选定的方法接口。通过调用被代理类的方法即可实现该方法。这种重构适合于将一个类的某些方法公开给某些客户，或者用以增加新的方法。创建代理可以实现多种设计模式，如包装(wrapper)、修饰(decorator)、适配器(adapter)等。

(12) 对象工厂方法(Object Factory Method)：这种重构将会自动定义创建对象实例的工厂方法。这种代码的优势是可以把创建对象实例的过程标准化、工业化，从而为对象容器和框架提供基础。例如，Spring 框架就可以根据在配置文件中定义的类自动实例化对象，支持实现在程序代码之外替换类的功能。

除了上述的重构方法外，诸如把顺序结构的代码修改成选择结构或者重复结构、将离散的数据结构转换为整体的集合变量等也属于代码重构的范畴。经过合理重构的代码结构会更加稳定，重用程度会更高，也更容易维护和改进。从开发者的角度来看，无经验的开发人员需要重构的次数明显要比有经验的开发人员多，所以掌握重构技术也是由初学者进化到专家的必由之路。

7.5.3　一个程序结构改进(重构)的例子

本节通过计算多个图形面积之和的例子来说明程序结构的改进过程和面向对象技术应用的关系，也具体地说明重构技术的应用方法。

问题：计算几种图形的面积之和。例如：圆、矩形、三角形等。

初始的程序代码如下：

```
double s1 = 50 * 50 * 3.1416;        //半径为 50 的圆
```

```
        double s2 = 20 * 30;              //长、宽为 20、30 的矩形
        double s3 = 0.5 * 10 * 20;        //底边为 10，高为 20 的三角形
        double sum = s1 + s2 + s3;        //求和
```

如果要把该段代码重用于其他计算面积之和的程序中，则几乎没有任何可重用的地方。

第一次改进，数据结构+控制结构：使用数组表示多个图形面积，然后利用循环计算其面积之和。

```
        double[] s = new double[3];
        s[0] = 50 * 50 * 3.1416;
        s[1] = 20 * 30;
        s[2] = 0.5 * 10 * 20;
        double sum = 0.0;
        for (int i=0;i<s.length;i++)
            sum += s[i];
```

在这次改进中，有些代码可以用于其他计算面积之和甚至更一般的程序中，如计算多个实数之和的程序中。但这种重用只是通过复制代码来实现的。

第二次改进：提取方法，引入变量、参数等。例如：计算圆面积、三角形面积、矩形面积，计算面积之和的方法等。根据简单的几何公式，对于计算圆、矩形、三角形面积及计算多个实数和的方法分别定义如下：

```
        double circleArea( double r)              // 计算半径为 r 的圆面积的方法
        double rectArea(double a, double b)       // 计算长、宽分别为 a、b 的矩形面积的方法
        double triangleArea(double s, double h)   // 计算底边为 s、高为 h 的三角形面积的方法
        double tota(Area(double s[])
```

如果给定参数的具体值，调用这些方法就可以计算出具体的圆、矩形、三角形的面积并求其面积和。例如：

```
        s[0] = circleArea(50);              // 计算半径是 50 的圆面积
        s[1] = triangleArea(10,5);          // 计算底是 10，高是 5 的三角形面积
        s[2] = rectAtrea(10,20);            // 计算宽是 10，高是 20 的矩形面积
        sum = totalArea(s);
```

现在程序中定义的方法可以用于计算多个圆、多个矩形、多个三角形的面积，以及任意多个面积的和。

试想一下，对于计算三角形面积，还可以已知三角形三边、两边夹角、三角形三个顶点等条件，这样就会增加如下方法：

```
        triangleArea(double s1, double s2, double s3)
        triangleArea(double s1, double s2 , double alfa);
        triangleArea(double x1,double y1, double x2,double y2, double x3,double y3)
            ⋮
```

对于其他图形也有类似情形，这样计算面积的方法数目也会很快地增长。为了更好地分类这种方法，现在可以引入类，以完成第三次改进，将计算三角形面积的三个方法封装在三角形类中，但此时方法是静态的，也就是说仅仅是命名空间的包装，此时并不包含数

据，如图形尺寸的封装。图形尺寸是通过三角形方法的参数传递进去的，此时的方法也可以看成是一些公共的实用方法。

```
class Triangle{
    public static area(double w, double h){
    }
    public static area(double s1, double s2, double s3){
    }
    ⋮
}
```

这次改进的结果和上次改进的结果没有本质上的改变，都是结构化的改进，也就是程序的结构是由方法的定义和调用组成的。

第四次改进：封装对象。

对于上面封装的三角形类来说，只包含一些实用方法，并没有共享三角形的数据。实际上作为一个三角形对象，其状态或者数据是唯一的，所有的方法只是返回其状态或者对外提供服务的。只有定义了数据及对该数据的操作的对象整体，才能更好地反映客观现实，如下面代码：

```
class Triangle{
    double width, height;
    public double area(){
    }
}
```

此时的类也可以看成是一种自定义数据类型，定义了一组数据及其操作。该类可以派生无数的对象实例，就像使用数据类型可以定义很多变量一样，可以用作定义变量或者分配空间的模板。

类的引入正像数据类型的引入，可以增强程序的安全性，只有同种类型的变量才可以在一起运算。以 totalArea(double s[])为例，该方法本意是计算多个图形面积和，但实际上只要传递进来的是实数，都可以计算，甚至负数。这是因为方法参数是实型，如果该参数定义为 totalArea(Triangle[] shapes)，则该方法只能接收 Triangle 类型的值，这样就避免了因为错传了其他类型或者其他意义的参数而产生错误。但是这样一来，针对每种图形类型都需要定义一个计算面积和的方法。这是由于类型个性化所带来的问题，增加了语法的严格性和程序安全性，但是降低了效率。可以通过定义每种具体图形类的父类来提取其共性，提高代码效率。

第五次改进：引入父类和继承机制。

```
public Triangle extends Shape{
    public double area(){return 0.0};
}
```

这样计算多个图形面积和的方法就可以定义成如下形式：

```
public double totalArea(Shape[] s){
    double sum = 0.0;
```

```
        for(int i=0;i<s.length;i++)
            sum += s[i].area();
    }
```

　　该方法的最大特点是可以接收 Shape 类型或者其子类的所有对象，包括：各种图形对象，该方法实现了计算任意多个任意图形面积和的功能，具有高度的重用性，而且保证了方法的安全性。即方法的参数只能接收图形对象，这要比最初方法的实型参数更安全、更有语义性。类似的结构还可以用于图形系统中的更新画布的算法(绘制任意多个任意图形)中。

　　第六次改进：将父类定义成抽象类或者接口。

```
    abstract class Shape {
        abstract double area();
    }
```

　　在第五次改进中引入的父类提高了类型的效率，但是也带来了一个问题，那就是父类的方法实现问题。父类 Shape 是一般的图形类，是一个抽象概念，其计算面积的方法肯定是不存在的或者没办法实现的，在上面代码中令其返回 0，实际上是假设或者权宜之计，因为在程序中实际上是没法调用该方法的，因此其实现方法也没有什么意义。因此将其定义成抽象类更合适，这样计算面积的方法就可以定义为抽象的，只给出接口而不给出实现。这时候父类就纯粹变成一种类型了，失去了对象的含义。这种方法可以防止误用父类，因为抽象类不可以创建实例；也可以统一子类接口，子类必须要实现父类的抽象操作，还可以延迟实现，即把操作的实现延迟到子类中去，从而建立更抽象、更通用的程序。

　　接口的含义和抽象类类似，其所有的操作都是抽象的。接口是用来抽象几乎没有相似性的对象的公共操作机制的。在上述例子中，抽象类是可以利用接口来代替的，表示了计算面积这样的操作接口。

```
    interface CanCalculateArea{
        public double area();
    }
```

　　改成接口实现后，可以计算面积的对象就不止上面的圆、矩形、三角形等图形，还可以包括长方体、圆柱、锥，甚至实物，如汽车、厂房、零件等。

　　上述程序的主要演化过程用图表示为如图 7.15 所示。

　　从图 7.15 中的进化过程可以看出，程序从简单的变量计算结构最终进化到具有继承关系的复杂类结构，程序功能也从只能计算确定的简单图形面积之和，进化到可以计算任意多个任意图形的面积之和。这实际上是一段抽象的程序代码，其模式可以应用于很多情况，例如绘制多个图形、通知所有视图对象、让多个对象都执行同名操作等。这段程序代码的功能就在于遍历对象集合，执行每个对象的同名操作，代码模板如下：

```
    for(Object o: objSet) o.operate ()
```

　　由于对象的继承性和多态性，集合中的对象可以是任意的，只要继承同一个父类即可。每种对象的同名操作 operate 的实现是不一样的。代码即体现了对不同对象操作的共性(如计算面积)，又通过子类和多态体现了每种对象的个性(每种图形的面积公式是不一样的)。这段代码简洁高效，即保证了安全性，又保证了可扩充性和可维护性，也代表了一种模式

(pattern)。从程序结构的角度来看，模式就代表了一种可以解决很多类似问题的抽象程序解决方案，这种抽象的解决方案往往给出的只是程序结构的设计方案，关于模式在 7.7 节中有较详细的说明。

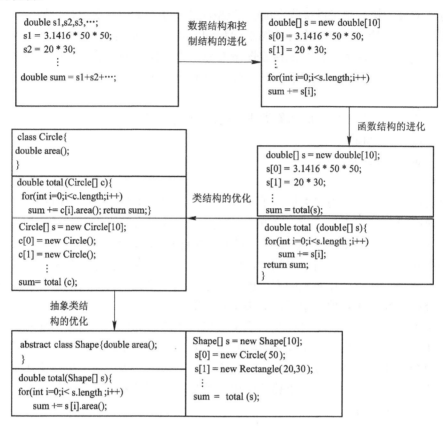

图 7.15   程序结构的演化过程

从上述例子可以看出，所谓重构，就是在不改变系统功能的前提下，利用面向对象的原理和方法对程序结构进行不断改进，从而提高程序的稳定性、适应性、重用性、可扩展性的过程。同时也说明了一个道理：越是抽象的概念，适应性就越强，但是也就越难以理解，所以说面向对象技术比面向过程技术更为抽象、更加难以掌握。

7.6   面向对象软件工程

7.6.1   传统的面向对象软件工程

传统的面向对象软件工程是将结构化的软件工程生命周期、管理方法和面向对象技术结合的一种软件工程方法。它将面向对象软件开发过程分成面向对象系统分析、面向对象系统设计、面向对象系统实现、面向对象系统测试等阶段，其核心技术是面向对象建模和面向对象程序设计。

在面向对象建模中一般要建立三种模型：对象模型、动态模型和功能模型。对象模型描述系统中的类及其关系，属于系统的静态结构；动态模型描述在系统功能的实现过程中系统对象之间的交互过程；功能模型类似于系统的高层数据流图，抽象了系统的主要功能。在传统的面向对象软件工程的分析和设计阶段，都需要建立这三种模型，只不过涉及的对象范围、抽象的层次、描述的粒度和细度等有所不同。

在系统分析期间比较关注现实世界的建模。此时，建立起来的对象模型是业务模型或称概念模型。它是对现实世界事物及其关系的直接反映，较少涉及系统实现方法和系统对象的描述(分析阶段涉及到的系统对象多是抽象的，如界面对象等)。在此阶段的对象一般称为业务对象或者分析对象。此时建立的动态模型也是针对在业务功能的实现过程中，业务对象之间交互过程的描述。功能模型则从系统外部或比较高的层次上去抽取系统的功能。

系统设计阶段则要考虑系统的实现方案，比如说确定系统运行模式、考虑系统软件分层架构等，要考虑系统的界面、控制等因素。分析阶段建立的各种模型作为设计阶段的输入，在设计阶段中对前期工作进行系统化的包装，使其更适合于信息系统中的实现。例如给业务对象包装上界面类，将其放在某个系统架构(如基于组件的架构)下进行物理设计等。即使是原来的概念对象模型(业务模型)，也需要进一步的综合、优化、分离、抽象(如使用分析模式和设计模式等)，以适合于系统的目标和信息系统的特点，满足系统的稳定性、维护性、重用性、移植性、分布性等要求。设计阶段的动态模型则是针对在系统功能执行过程中所有系统对象的交互过程进行建模。功能模型则应该进一步细化成整个系统的功能而不仅仅是业务功能。

可以这样说，分析的任务是将现实世界中或者问题域中的概念抽象出来，提出一种与实现环境无关的、抽象的解决方案；设计的任务则是根据信息系统的特点及实现环境进行更好的实现；面向对象实现阶段则将设计阶段的系统模型转换成面向对象程序代码。最后，面向对象测试将对系统的功能进行黑盒测试，对系统的结构进行白盒测试。

7.6.2　现代的面向对象软件工程

相对于传统的软件工程理论，现代软件工程具有如下主要特点。

1. 用灵活多变的"迭代"的生命周期模型代替一成不变的僵硬的瀑布模型

实践证明，对于某些需求确定的软件，传统的软件工程生命周期模型是非常有效的，通过对生命周期中的里程碑进行严格控制，能够控制软件的开发质量、进度和成本。但是对于某些软件，其需求情况比较复杂。有些在项目初期，需求还不十分明确，有些项目的需求变化比较大。对于这类项目，传统的生命周期模型显然不太适用。因为按照传统的瀑布模型，需求阶段必须要评审通过后，才能进入到下一个阶段。如果需求不能确定，则项目需求分析阶段需要的时间就无法确定，导致整个项目的进度和成本也就无法控制。

后来，人们又提出了各种软件开发的生命周期模型，如螺旋模型、增量模型等，它们本质上都属于迭代生命周期模型。著名的 RUP 模型是 Rational 公司在 UML 建模语言的基础上提出的一种统一软件开发过程模型，它将软件开发过程分成初始、细化、构造、移交等四个阶段。每个阶段都需要专门的里程碑式的评审，达到目标后才能进入下一个阶段。在每个阶段中，还可以进行多次迭代开发，将该阶段中的任务分解成多个迭代目标，每次迭代都有独立的目标，必须要经过评审通过才能进入下一次迭代，通过多次迭代最终达成本阶段的目标。这种迭代方法可以有效地降低项目风险，尤其是需求变化和采用新技术带来的风险。

2. 强调多视图多角度的系统建模

软件项目和软件产品由于其本身内在的复杂性，给开发和维护带来了很大的困难。人们为了降低和控制其复杂性，想出了各种各样的方法，其中建立模型的方法被广为使用。模型是问题域和求解域之间的一个纽带和桥梁，是对原始问题或者解决方案从不同角度、不同层次的抽象，它可以在不同的人员之间交流并取得共识。对于信息系统来说，不同的人员观察的角度和关心的问题是不一样的。例如：投资者关心的是系统的总体目标、与旧系统之间的关系以及系统最终带来的效益；用户关心的是最终功能和使用方法；开发人员关心的是开发技术和程序结构以及最终的维护；实施人员关心的是系统的最终程序文件及部署位置等等。现代软件工程中强调根据项目每个相关角色所关心的角度进行建模，以取得共识。不同角色观察到的结果虽然有所不同，但整体上应该是一致的。RUP 中提出的 4+1 视图较好地体现了软件的主要观察角度和模型，见图 7.16。

图 7.16　RUP 中的 4+1 模型

3. 强调软件体系结构设计

计算机硬件和网络的飞速发展，软件规模越来越大，出现了各种各样的分布式软件系统。对于大型的分布式软件来说，软件架构设计至关重要。就像建筑学上建造摩天大厦，首先建造框架，框架实际上决定了整个建筑的整体质量。软件体系结构就是指整个软件系统的各个有机组成部分(软件元素或者软件构件)及其之间的关系。这些部分可能位于不同的机器节点上，也可能是运行于一台机器上。软件体系结构的设计直接关系到系统的一些整体特性，如可分布性、可移植性、可维护性等。因此目前软件体系结构设计越来越受到软件开发者的重视。

4. 强调持续改进软件过程的必要性

软件产品是人类的思维产品，其开发过程存在着明显的多样性。个体作坊式软件开发过程强调开发者的技术水平，软件工程则强调用工程化的方法来管理开发软件。必须看到，软件过程不是一成不变的，每一种软件开发过程都有其局限性，需要不断的改进。根据不同的项目情况，要对软件过程进行灵活的裁剪和必要的个性化定制。即使对于同一种软件过程，也需要对其不断改进和提升，以取得更好的效果。

7.6.3　RUP 过程

1. 概述

RUP(Rational Unified Process)是 Rational 公司提出的一种软件工程化过程，提供了在开发组织中分派任务和责任的规范化方法。该过程的目标是在可预见的进度和预算前提下，确保开发出满足最终用户需求的高质量产品。在 RUP 中，开发队伍同客户、合伙人、产品小组及顾问公司共同协作，确保开发过程持续地更新和提高，以反映最新的经验和不断改进的实践经历。

RUP 着重于提高团队开发生产力。对于所有的关键开发活动，为每个团队成员提供指导开发的使用指南、模板工具等知识基础。通过对相同知识基础的理解，无论进行需求分析、设计、测试、项目管理或配置管理，均能确保全体成员共享相同的知识、过程和开发软件的视图。

模型是一种比使用纯文本描述语义更丰富的软件系统表达方法。RUP 的核心活动就是创建和维护模型。RUP 强调开发和维护多种模型，包括从不同人员角度观察到的系统模型，如用例模型、逻辑模型及描述系统结构的静态模型和描述系统对象交互的动态模型等。

RUP 是一种可配置的过程。没有一个开发过程能适合所有的软件开发。RUP 既适用于小的开发团队也适合大型开发机构，RUP 建立简洁和清晰的过程结构，为开发过程家族提供通用性，并且它可以变更以容纳不同的情况。它还包含了开发工具包，为配置适应特定组织机构的开发过程提供了支持。

2. RUP 的六个关键价值观

RUP 描述了如何为软件开发队伍提供经过商业化验证的软件开发方法。它们被称为最佳实践不仅仅因为可以精确地量化它们的价值，而且因为它们被许多成功的机构普遍运用。为使整个团队有效利用最佳实践，RUP 为每个团队成员提供了必要的准则模板和工具指南。这六个最佳实践或者关键价值观是：

(1) 迭代的生命周期。RUP 强调需要使用一种能够通过一系列不断细化、渐进的反复过程而生成有效解决方案的迭代方法。迭代方法通过可验证的方法来帮助开发者减少风险，不断地发布可执行版本使最终用户持续介入开发过程并及时反馈意见。因为每个迭代过程都以可执行版本告终，因而可以经常性地进行工程状态检查，帮助确保项目能按计划进行。迭代化方法同样使得需求、性能、进度上的变化更为容易。

(2) 需求管理。现代软件工程研究表明，绝大多数的大型软件项目的失败与需求管理和控制不善有关，因此，加强软件项目的需求管理是确保软件质量、进度和成本的必要条件之一。RUP 描述了如何提取、组织和文档化所需要的功能和约束；支持对可选方案和决策进行跟踪和文档化；使用"用例"和"场景"来捕获功能性需求，并确保由它们来驱动设计、实现和测试工作。

(3) 基于构件的体系结构。构件是实现清晰功能、定义良好的模块或者子系统。实践证明，符合标准的构件是最佳的软件重用单元。RUP 强调正式大规模开发之前首先要确立健壮的系统体系结构，支持基于构件的软件开发模式，描述了如何设计可理解的、可配置的、可重用的柔性结构。RUP 也提供了使用现有或者新的构件定义体系结构的系统化方法。

(4) 可视化软件建模。RUP 开发过程全面支持对软件进行可视化建模。可视化的模型允许隐藏实现细节并使用图形构件块来书写代码、直观地显示各元素之间的配合关系，从而帮助不同的人员进行沟通。RUP 强调保持设计和实现，构件模块和代码的一致性。工业级标准建模语言 UML 是成功可视化软件建模的基础，分析设计工具 Rose 可以有效地进行软件过程中各种模型的创建和维护。

(5) 验证软件质量。软件质量基于对软件的功能、性能和可靠性的不断测试。RUP 帮助计划、设计、实现、执行和评估测试类型。RUP 过程中所有的活动都内建质量评估措施和评估指标，所有人员使用客观的、一致的质量标准来评估软件质量，质量评估不再是事后或者凌乱的独立活动，而是和软件开发过程中各个活动密切相关的统一活动。

(6) 控制软件的变更。RUP 需要确定每个软件中的修改和变更都是可接受的并能被跟踪的。开发过程描述了如何控制和跟踪变更，以确保成功地进行迭代开发。RUP 中使用配制管理工具，如 Clear Case、测试管理工具 TestManager 等来为每个开发者建立安全的工作区，描述如何进行自动化集成管理，使团队开发如同单人工作。

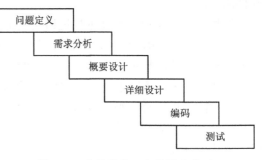

图 7.17　传统软件工程的瀑布模型

3. RUP 过程概览

区别于传统软件工程瀑布模型的一维结构(图 7.17)，RUP 是一个二维结构，如图 7.18 所示。RUP 的横轴是时间轴，包括了阶段集合，纵轴是活动轴，包括了软件开发过程的活动集合。

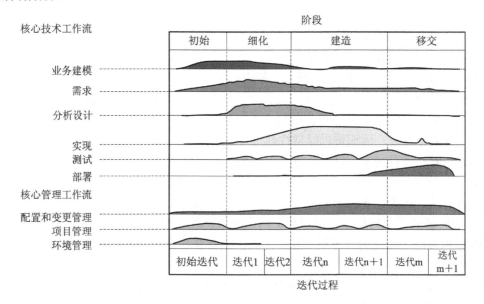

图 7.18　RUP 的过程模型——二维结构的迭代模型

在传统软件工程的瀑布模型中，生命周期模型和过程活动模型是一一对应的，即生命周期阶段决定了单一的过程活动及产品。RUP 的二维过程模型则给出了更多的过程信息。横轴代表生命周期坐标，纵轴表示过程活动集合，横轴和纵轴的交汇处决定了某个活动或产品的时间段和工作量。同瀑布模型类似的是，RUP 的生命周期模型中也有不同的阶段，也有里程碑，但这种阶段不是依据单一的过程活动来划分的，而是根据软件开发过程中对系统的认识和构建的成熟程度来划分的，分为初始阶段(Inception)、细化阶段(Elaboration)、建造阶段(Construction)、移交阶段(Transition)。每个阶段中都可能执行一组软件开发活动并产生相应的产品。每个阶段结束都需要满足一定的条件，经过评审才能进入下一个阶段，因此被认为是里程碑。它和瀑布模型不同的是，在每个阶段中又可以分为多个迭代周期。

纵坐标轴包含了过程的活动集合，其中包括六种核心技术工作流：业务建模、需求、分析设计、实现、测试、部署和三种核心管理工作流：配置和变更管理、项目管理、环境管理等。

RUP 过程模型相对于传统的软件工程过程模型更为全面、更为灵活，考虑到认识的渐进性和不断成熟性，降低了项目风险，而且可以根据项目的不同规模进行定制，是目前软件界比较认可的一种软件开发过程，也是开发大型项目首选的过程模型。

7.6.4 UML 简介

统一建模语言 UML 将是面向对象技术领域内占主导地位的标准建模语言。

UML 语言是符合国际标准的面向对象建模语言，用来对软件系统进行需求描述、软件构造、可视化建模和文档编制，具有直观性、严格性和标准性特征。它融合和统一了 Booch、OMT 和 OOSE 方法中的概念。在此之前，数十种面向对象的建模语言都是相互独立的，而 UML 则可以消除一些潜在的不必要的差异，以免混淆。

UML 使得 IT 专业人员能够进行计算机应用程序的建模和交流。UML 的主要创始人是 Jim Rumbaugh、Ivar Jacobson 和 Grady Booch，他们最初都有自己的建模方法(OMT、OOSE 和 Booch)，彼此之间存在着竞争。最终，他们联合起来创造了一种开放的标准。UML 成为"标准"建模语言的原因之一在于它与程序设计语言无关。UML 符号集只是一种语言而不是一种方法学。

UML 是一种定义良好、易于表达、功能强大且普遍适用的建模语言。它融入了软件工程领域的新思想、新方法和新技术。它的作用域不限于支持面向对象的分析与设计,还支持从需求分析开始的软件开发的全过程。通过使用标准的 UML 图，熟悉 UML 的开发人员就更加容易加入并理解项目，从而迅速地进入角色。最常用的 UML 图包括用例图、类图、序列图、状态图、活动图、组件图和部署图等。

作为一种建模语言,UML 的定义包括 UML 语义和 UML 表示法两个部分。

UML 语义描述基于 UML 的精确元模型定义。元模型为 UML 的所有元素在语法和语义上提供了简单、一致、通用的定义性说明，使开发者能在语义上取得一致，消除了因人而异的最佳表达方法所造成的影响。此外 UML 还支持对元模型的扩展定义。

UML 表示法是定义 UML 符号的表示法，为开发者或开发工具使用这些图形符号和文本语法进行系统建模提供了标准。这些图形符号和文字所表达的是应用级的模型，在语义上它是 UML 元模型的实例。

标准建模语言 UML 的重要内容可以由下列五类图形来定义：

(1) 用例图(Ilsecase diagram)。从用户角度描述系统功能，并指出各功能的参与者。

(2) 静态图(Static diagram)：包括类图、对象图和包图。其中类图描述系统中类的静态结构。不仅定义系统中的类，表示类之间的联系，如关联、依赖、聚合等，而且包括类的内部结构(类的属性和操作)。类图描述的是一种静态关系，在系统的整个生命周期内都是有效的。对象图是类图的实例，几乎使用与类图完全相同的标识。它们的不同点在于对象图显示类的多个对象实例，而不是抽象的类。一个对象图是类图的一个实例。由于对象存在生命周期，因此对象图只能在系统某一时间段内存在。包图用于描述系统的分层结构，由包或类组成，表现包与包之间的关系。

(3) 行为图(Behavior diagram)：包括状态图和活动图。描述系统的动态模型和组成对象间的交互关系。其中状态图描述类的对象所有可能的状态以及事件发生时状态的转移条件。状态图是对类图的补充。实际上并不需要为所有的类画状态图，仅应当为那些具有多个状态、其行为受外界环境的影响并且会发生改变的类画出状态图。活动图用来描述满足用例要求所要进行的活动以及活动间的约束关系，有利于识别并行活动。

(4) 交互图(Interactive diagram)：包括顺序图、协作图。它描述对象间的交互关系。其中顺序图显示对象之间的动态协作关系，强调对象之间消息发送的顺序，同时显示对象之间的交互信息。协作图(UML 2.0 中称为通信图)跟顺序图相似，显示对象间的动态协作关系。除显示信息交换外，协作图还显示对象以及它们之间的关系。如果强调时间和顺序，则使用顺序图；如果强调上下级关系，则选择协作图。

(5) 实现图(Implementation diagram)：包括构件图和配置图。其中构件图描述代码部件的物理结构及各部件之间的依赖关系。一个部件可能是一个资源代码部件、一个二进制部件或一个可执行部件。它包含逻辑类或实现类的有关信息。构件图有助于分析和理解构件之间的相互影响程度。配置图定义系统中软、硬件的物理体系结构。它可以显示实际的计算机和设备(用节点表示)以及它们之间的连接关系，也可显示连接的类型及部件之间的依赖性。在节点内部，放置可执行构件和对象以显示节点和可执行软件单元的对应关系。

从应用的角度看，当采用面向对象技术设计系统时，首先是描述需求；其次根据需求建立系统的静态模型，以构造系统的结构；第三步是描述系统的行为。在第一步与第二步中所建立的模型都是静态的，包括用例图、类图、包图、对象图、组件图和配置图等六个图形，是标准建模语言 UML 的静态建模机制。第三步中所建立的模型或者可以执行，或者表示执行时的时序状态或交互关系。它包括状态图、活动图、顺序图和协作图等四个图形，是标准建模语言 UML 的动态建模机制。因此，标准建模语言 UML 的主要内容也可以归纳为静态建模机制和动态建模机制两大类。

UML 中包含三种主要元素(element)：基本构造块(basic building block)、规则(rule)、公共机制(common mechanism)。其中基本构造块又包括事物(thing)、关系(relationship)、图(diagram)，如图 7.19 所示。

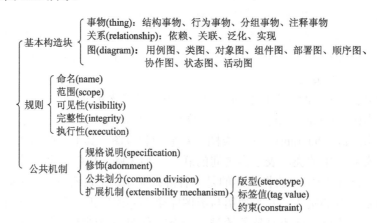

图 7.19　UML 的建模元素和机制

图 7.19 中，结构事物包括类、接口、协作、用例、主动类、构件、节点；行为事物包

括交互和状态机；分组事物即包。约束(constraint)是一个必须要满足的语义条件表达式。

7.7　设计模式(Design Pattern)与框架(Framework)

7.7.1　设计模式的基本概念

模式是对经常出现的某些问题的优秀解决方案模板。体系结构模式表达了软件系统的基础结构。提供了一组预定义的子系统，包括职责、规则和使用指南。体系结构模式解决的是子系统级(包)关系而非类一级的关系。

分析模式定义为一组代表业务建模中的公共构造的概念，可以应用于一个领域，也可以应用于多个领域。设计模式提供了设计软件子系统和组件或者其关系的模式，比体系结构模式要小，一般不依赖于程序设计语言。使用设计模式将能够形成一个具体的设计模型。设计模式可以应用于不同领域，因此与领域无关。实现模式是和程序语言有关的低级模式，描述了如何使用给定语言实现组件及其关系。

设计模式是在系统设计中为了获取更好的可重用性和可扩充性而被不断重复使用的设计方案。作为设计方案，设计模式具有一定的抽象性，因此适合于各种具体的场合，得到了广泛的使用。

面向对象技术的最关键改进在于对程序结构的改进，这种结构的改进带来了更复杂的程序结构，当然也带来了更好的可重用性、可扩充性和可维护性。用面向对象的术语来说，就是由更多的相关联的类来实现一个功能，或者说是由多个对象协作完成一个任务。如何去抽象出合适的类并设计这些类之间的关系是设计者要解决的关键问题。

设计系统结构的任务是为了使得系统结构更加稳定，更有利于维护和扩充。那么怎样的类及其关系才能达到这种效果呢？对于初学者来说，又如何去获得较好的结构设计呢？其中一种比较有效的方法就是学习前人的经验，学习专家在解决同类问题时所使用的行之有效的方法。而设计模式就是对前人或者专家在大型软件中所采用的优秀解决方案从程序结构上的概括和总结。因此，学习设计模式是一项十分重要的工作。

设计模式最早是由 Eric Gamma 等四个面向对象技术专家提出的，在对多个大型项目的解决方案进行了考察和总结后，他们总结出了 23 种重要的设计模式，载入《可复用面向对象软件的基础》一书中。该书一出版就受到了广泛的好评和重视，被软件界奉为设计经典而多次引用。这四个面向对象专家被软件界称为 GOF(Gang of Four)。

每种设计模式都是为了达到一个特殊的、具体的目的，而由一组相互紧密作用的类与对象协作而完成的。设计模式为我们提供了一般性问题解决方案的设计模板，使得前人成功的设计经验可以被重用。在所有的设计模式中，都有着共同的特点：基本上都引入了抽象性，如接口或者抽象类；都是通过多个对象协作完成该功能；都是某类问题的通用解决方案，而且此方案具有很强的稳定性、灵活性和可重用性，并因此具有非常好的可维护性和可扩充性。

设计模式使人们可以更加简单方便地复用成功的设计和体系结构。将已经过证实的技术表述成设计模式，也会使新系统的开发者更加容易理解其设计思路。

在 GOF 的书中，对每个模式都作了如下方面的描述。

(1) 模式名称(Pattern Name)：一个助记名，用一两个词来精确概括该模式的最主要特征。例如：Singleton、Observer、Decorator、Factory Method 等。命名一种新的模式增加了设计词汇。基于一个模式词汇表，可以在较高的抽象层次上进行设计和交流，也可以在编写文档时使用。

(2) 问题或目的(Intent)：描述了该种模式打算要解决的问题，也描述了应该在何时使用模式以及使用该模式的一些约束条件。如定义一个类，只能创建唯一的对象实例并提供全局访问点。

(3) 解决方案(Solution)：描述了设计内容，即为了解决该问题或者完成该任务，应该由哪些类完成，这些类各自的职责以及之间的相互关系和协作方式。模式都是抽象的、一般性的解决方案，就像一个模板，可应用于多种不同场合。所以解决方案并不描述一个特定而具体的设计或实现，而是提供设计问题的抽象描述和怎样用一个具有一般意义的元素组合(类或对象组合)来解决这类问题。因此设计模式的解决方案更多地提供设计思想和设计思路以及最关键的地方，对于此设计思想可能会有多种具体的实现方案。

(4) 效果(Consequence)：描述了应用某模式的效果以及使用该模式时应当注意权衡的问题。它对于评价设计方案、选择可用模式、理解其可能达到的效果，以及明晰采用该模式必须付出的代价都具有重要意义。软件效果大多关注对时间和空间的衡量，模式效果还包括它对系统的灵活性、扩充性或可移植性的贡献与影响。

7.7.2　设计模式举例——Abstract Factory(抽象工厂)模式

目的：
提供一个创建一系列相关或相互依赖对象的接口，而无需指定它们具体的类。

解决方案：
一般情况下，Concrete Factory(具体工厂类)的一个实例在运行时创建，该工厂创建某种具体的产品，如果要创建不同风格的产品，则需要使用不同的工厂。而抽象工厂模式(见图7.20)则将创建产品延迟到其子类中实现。

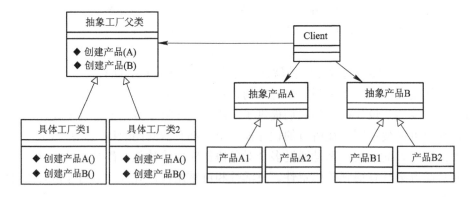

图 7.20　抽象工厂设计模式

应用环境和应用实例：

图形工具箱，如 awt、swing 等。图形界面组件是一组关系密切的对象，如标签、按钮、下拉列表、列表框等，在不同的操作系统下，这些对象都有不同风格的实现。如果要开发适合在各种操作系统下都能运行的图形界面应用程序，则应该使用抽象的图形界面组件，如 JFrame f = new JFrame()创建一个窗口对象，这样的好处是可以随时指定实现这些图形界面组件的一个工厂，以产生一种统一风格的图形界面组件，例如：motif，metal 等。与工厂方法的区别在于抽象工厂是有多个工厂，每个工厂创建一种风格的一族产品，而工厂方法则只创建一种产品的多个实现。

参与者：

抽象工厂(WidgetFactory)：定义创建抽象产品对象操作的接口。

具体工厂(MotifWidgetFactor，PMWidgetFactory)：实现创建具体产品对象的操作。

抽象产品(Window，ScrollBar)：声明一种类型产品的接口。

具体产品(MotifWindow，MotifScroolBar)：定义一个由对应的具体工厂创建的具体产品，实现抽象产品接口。

效果：

统一创建一族相似的对象，将实现和接口分离开，以延迟实现，这样用户的程序可以和具体的实现无关。

7.7.3　框架的基本概念

同设计模式只解决一个具体问题不一样，框架是整个或部分系统的可重用设计，表现为一组抽象构件及构件实例间的交互。另一种定义认为，框架是可被应用开发者定制的应用系统骨架。前者是从结构方面而后者是从应用方面给出的定义。可以这样说，设计模式解决的是一些抽象的设计问题，都是一些局部的、特定的问题，而框架则是对某个问题或应用的完整的抽象解决方案。这种抽象性在于可以根据具体情况进行定制，一个框架中往往会应用多种设计模式。与设计模式相似的地方在于，它们都是由一组类或者对象的协作而完成，只不过框架需要的类和对象更多一些，其相互协作和交互也更多一些。有时候可以认为框架是一种分析模式：一种对更具体问题的解决方案，正如业务用例比用例要复杂一样，分析模式往往比设计模式复杂。框架和类库也有一定的联系和区别，框架本身就是一组定义良好的类库，是一个或者一类系统满足某些特性的设计。PB 中的 PFC 是一个框架，因为其本身就是数据库应用系统的一般性的解决方案。VC 中的 MFC、J2SE 中的 JFC 则就是普通的类库，是开发所有系统的基础，更具有一般性和普遍适用性。

从构件的角度来看，框架也是一个可复用的设计构件，它规定了应用的体系结构，阐明了各个协作构件之间的依赖关系、责任分配和控制流程，表现为一组抽象类及其子类实例之间协作的方法，它为构件复用提供了上下文(Context)关系，相当于构件容器，因此构件库的大规模重用也需要框架。

框架不是包含构件应用程序的小片程序，而是实现了某应用领域通用完备功能(除去特殊应用的部分)的底层服务。使用框架的编程人员可以在一个通用功能已经实现的基础上开始具体的系统开发。框架提供了所有应用期望的默认行为的类集合。具体的应用是通过重写子类(该子类属于框架的默认行为)或组装对象来支持应用专用的行为。

框架强调的是软件的设计重用性和系统的可扩充性，以缩短大型应用软件系统的开发周期，提高开发质量。与传统的基于类库的面向对象重用技术比较，应用框架更注重于面向专业领域的软件重用。应用框架具有领域相关性，构件根据框架进行复合而生成可运行的系统。框架的粒度越大，其中包含的领域知识就越完整。

例如：struts 框架中，除了一组定义规范、职责明确的类库(ActionForm、Action、Tag)以外，还定义了这些构件的交互方式，解决了页面中的数据和 JavaBean 之间的对应和封装、统一的错误处理机制、统一的控制机制等。总之，统一地解决和实现了一般的 Web 系统中底层的、公用的、常见的一些功能，使得我们在编写 Web 程序时，不再需要针对这些基本功能重复地进行设计和编码，而且程序结构具有规范性和先进性，更利于重用和维护，也更利于国际化等。

EJB 框架则解决了大型企业系统中的一些一般性问题，例如持久性、并发性、事务性、安全性、分布性等。EJB 框架要比 Struts 框架复杂得多，其中涉及到的接口和类也要多一些。

框架中的代码多是抽象的代码，使用了多种设计模式，例如 MVC 模式、工厂方法等，具体执行的方法是用户定制类的方法，而不是系统类的方法。系统类作为一种规范和默认实现，如果用户没有定制该类，则会调用系统类的方法。

7.7.4　框架的应用

框架首先要解决的问题是重用问题，而且这种重用是基于业务或者系统功能的，是大粒度的。大量的系统存在着相似的操作，例如所有的信息系统都存在着安全管理问题，所有的企业系统都存在着报表问题，所有的分布式系统都存在着并发性问题。如果在框架中抽象地解决了这些基础问题，必定极大地提高系统开发的效率。另一方面，这些基础问题的解决方案都是非常专业的，类似于类库，可以供大量的应用进行复用。

框架要解决的另一个问题是技术整合的问题，例如在 J2EE 的框架中，有着各种各样的技术，不同的软件开发项目需要从 J2EE 中选择不同的技术，这就使得软件开发依赖于这些技术。技术自身的复杂性和技术的风险性将会直接对应用造成很大的影响，因此应该将应用自身的设计和具体的实现技术分离。这样，应用人员才能将精力放在应用自身的设计上，而将具体实现的技术细节交由底层框架去解决。

例如：Struts 框架中解决了系统体系结构设计问题，将界面、控制、业务分离开来，有效地解决了系统的扩充问题，充分复用了界面和应用、业务的交互代码。另外，在 Struts 中集成了 J2EE 的多种技术，例如 JSP/Servlet 技术、标签定制、JavaBean 技术、XML 技术等。将业务对象从系统实现细节中分离出来后，既可以用于纯粹的 Struts 框架中，也可以应用于 Hibernate 中，还可以应用于其他框架之中。

一般来说，以下情况适合于使用框架：

➢　系统的需求不确定、经常变化。

➢　系统需要不断的整合和改进

➢　需要不断尝试新的技术

框架一般处在低层应用平台(如 J2EE)和高层业务逻辑之间的中间层，可以贯穿整个系统，如 Struts 框架，也可以在系统中起某方面的作用，如 Spring 和 Hibernate 等，如图 7.21 所示。

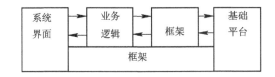

图 7.21　框架位于业务和基础平台之间

　　软件系统发展到今天已经非常复杂，涉及到的知识、内容、问题太多。在某些方面使用成熟的框架，相当于让专家帮我们完成一些基础工作，而我们只需要集中精力完成系统的业务逻辑设计。框架一般都是成熟、稳健的，其中使用到了大量的抽象设计技术，如各种设计模式，可以处理系统中很多关键的细节问题，如事务处理、安全性、工作流控制等问题。框架一般都经过很多人使用，所以结构很好，扩展性也很好，而且它是不断升级的，可以直接享受别人升级代码带来的好处。

7.7.5　框架开发与软件重用

　　框架的最大好处就是可重用。面向对象系统获得的最大的复用方式就是框架，一个大的应用系统往往可能由多层互相协作的框架组成。一个框架解决应用系统某一方面的问题，这就区别于设计模式只解决某个问题。例如：Spring 框架解决了应用系统的事务性、分布性问题，Hibernate 解决了对象的持久性问题，Struts 解决了页面和组件之间的数据映射关系以及控制流程关系等。框架实际上是一个粒度更大的组件。

　　由于框架能重用代码，因此从已有构件库中建立应用变得非常容易，因为构件都采用框架统一定义的接口，从而使构件间的通信简单化。

　　框架能重用设计。它提供可重用的抽象算法及高层设计，并能将大系统分解成更小的构件，而且能描述构件间的内部接口。这些标准接口使在已有的构件基础上通过组装建立各种各样的系统成为可能。只要符合接口定义，新的构件就能插入框架中，构件设计者就能重用构架的设计。

　　框架还能重用分析。所有的人员若按照框架的思想来分析事务，就能将它划分为同样的构件，采用相似的解决方法，从而使采用同一框架的分析人员之间能进行沟通。

　　采用框架技术进行软件开发的主要特点包括：

　　(1) 领域内的软件结构一致性好。

　　(2) 底层代码大多数已经实现，但也可以重新实现。

　　(3) 建立更加开放的系统。

　　(4) 重用代码大大增加，软件生产效率和质量也得到了提高。

　　(5) 软件设计人员要专注于对领域的了解，使需求分析更充分。

　　(6) 存储了经验，可以让那些经验丰富的人员去设计框架和领域构件，而不必限于低层编程。

　　(7) 允许采用快速原型技术。

　　(8) 有利于在一个项目内多人协同工作。

　　(9) 大粒度的重用使得平均开发费用降低，开发速度加快，开发人员减少，维护费用降低，而参数化框架使得适应性、灵活性增强。

7.7.6　框架的分类及开发原则

1. 白盒与黑盒框架

框架可分为白盒(White-Box)与黑盒(Black-Box)两种类型。

基于继承的框架被称为白盒框架。白盒框架的应用开发者通过复写父类的成员方法来开发系统。父类的很多内部代码对子类而言都是可见的，可以直接调用而不需要公共接口。子类的实现很大程度上依赖于父类的实现，这种依赖性限制了重用的灵活性和完全性。解决这种局限性的方法是继承抽象父类或者实现接口，因为抽象类或者接口基本上不提供具体的实现。

基于对象构件组装的框架就是黑盒框架。应用开发者通过整理、组装对象来获得系统的实现。用户只需了解构件的外部接口，无需了解内部的具体实现。另外，组装比继承更为灵活，它能动态的改变；而继承是在静态编译时实现的，在运行中是无法改变的。

在理想情况下，任何所需的功能都可通过组装已有的构件得到。但事实上可获得的构件往往远不能满足需求。有时通过继承获得新的构件比利用已有构件组装新构件更加容易。因此基于继承的白盒框架和基于组装的黑盒框架往往被同时应用于系统的开发中。不过白盒框架趋向于向黑盒框架发展，黑盒框架也是系统开发希望达到的理想目标。

2. "热点"、"食谱"以及"好莱坞原则"

成功的框架开发需要确定领域专用的"热点"(Hot spot)。应用开发者在框架的基础上进行开发，只须扩展框架的某些部分。"热点"就是在应用领域的一种扩展槽，开发者根据自己的需要填充这些扩展槽。"热点"使框架具有灵活性，在具体的实现中，扩展槽可以被看成是一些抽象类，开发者通过重写抽象方法获得具体实现。

"食谱"(Cookbook)就是描述如何使用框架方法的文档。在"食谱"中包含了许多"烹饪"方法，这些"烹饪"方法相当于一些具体的操作步骤，描述了为解决某一专门问题如何使用框架的详细方法。框架的内部设计和实现细节通常不出现在"食谱"中。

框架的一个重要特征就是用户定义的方法经常被框架自身调用，而不是从用户的应用代码中调用。这种机制常被称为"好莱坞原则"(Hollywood Principle)，那就是"别调用我们，我们会调用您"。

7.8　基于构件的软件体系结构(Com/DCom、Corba、Internet)

构件(Component)是符合某种规范的，在各种环境下能互操作的软件产品，是面向对象技术发展到工业化水平的标志。

软件体系结构设计相当于整个软件系统的框架设计。软件体系结构风格则描述了软件系统的整体组织结构与风格，相当于系统设计模式。例如：基于管道的软件体系结构风格、领域相关的软件体系结构风格等，它们为实现大规模软件复用提供了基础，尤其是后者给出了领域复用的重要设计模式。

基于构件的软件体系结构是在整个系统框架基础上，通过分析、设计、实现具有一定规范的各种构件，然后对其进行组装，从而形成最终系统。这种思路有点像大工业生产中，由零件组装出复杂的机械系统一样。基于构件的软件体系结构目前有很多种,例如:Internet、Corba、Com/DCom、EJB 等。

7.9　面向对象分析解决(描述)问题的模式

德国 19 世纪数学家康托儿(Cantor)说过:在数学的领域中,提出问题的艺术比解答问题的艺术更为重要。这里所谓的提出问题的艺术,是指使用本学科的术语表述问题的能力。

程序的本质在于使用计算机指令来表述和解决问题,程序分析艺术就是使用程序设计语言中的规范、术语和规则来表述实际问题(这就是分析问题的依据和哲学观点,问题分析方法取决于解决问题的基础设施。例如:数学问题使用数学术语,程序问题使用程序术语等)。

19 世纪著名数学家希尔伯特也说过:问题的正确提出相当于问题解决了一半。这里的问题的正确提出就是指使用正确的术语和规则来描述问题,例如使用变量来保存数据,使用表达式来计算等。对于复杂问题来说,其分析和解决过程则要复杂得多,需要把复杂问题分解为许多简单的问题,程序中相关的术语就是过程(子程序、函数、子例程等)。过程就是处理,按照此观点,任何问题都是由处理组成的,处理包含处理名和处理对象以及处理语义等。例如:工资计算包含输入工资、计算工资、输出工资三个处理,每个处理都有自己的处理语义(职责)、处理对象、输入、输出等。这也是结构化分析方法的基础,数据流图就是这种分析方法的可视化表示(视图)。任何方法都是有局限性的,面向过程方法也不例外,现实世界并不能简单地都看成是处理或过程,处理之间的关系也只是调用或者包含关系,处理和处理对象之间的关系独立性太差,不利于重用,处理的粒度也太小,不利于表示更复杂的问题。过程观点比较适合于描述现实世界中动态的过程,但不适合于描述现实系统中静态的、持久的关系,例如个体或者实体之间的关系。

面向过程的程序模式为

process(indata1,indata2,indata3):out1,out2,out3

该表达式的语义为:对输入数据 indata1、indata2、indata3 的处理,输出为 out1、out2、out3。

面向对象的分析方法也来自于程序设计语言的机制,例如对象和类以及继承等。面向对象方法论是以对象为中心的。面向对象的概念有两个作用:抽取系统的静态结构,使用对象及其操作描述来构建系统。前者就是系统的对象模型,后者则是系统的动态模型,包括对象交互、对象状态等,但这些描述不是完整的,例如对象约束等。对象交互可以使用 UML 中的顺序图或者交互图来描述,但是还不够完备,表达的语义也不够精确,没有办法直接转换成程序代码。使用对象交互描述语言则可以突破可视化模型的限制。

面向对象的分析过程就是使用对象及其交互过程来描述问题的过程。

面向对象的程序模式为

obj.operation(para1,para2,para3);

该表达式的语义为:执行对象的 operation 操作,其结果为影响 obj 或者其他相关对象的状态。该操作称为向 obj 发消息,其中的参数 para1、para2、para3 称为消息子,用于定制消息的内容。

利用上述模式来描述问题及其解决方案就是面向对象的分析过程。

　　面向对象分析问题的过程可以从已经实现的对象开始(自下而上)构造,也可以从已经提出但还没有实现的对象开始分析(自顶向下)构造,实际上可能会将二者结合起来。下面以一个静力学问题的分析过程来说明这种分析方法。

　　问题:以图7.22为例,AB是一个梁(Beam),其上受有各种载荷(Force),还受有相关约束(Constraint),试计算其最大变形(Reform)。

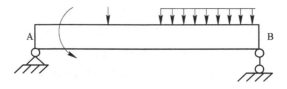

图 7.22　材料力学中的梁弯曲问题

　　这是一个力学问题,其描述符合力学学科的规范,如果使用面向对象的术语描述该问题,则如下:

```
Beam beamAB = new Beam(size)    //创建梁对象
//添加载荷
beamAB.add(new Force());
beamAB.add(new Force());
   ⋮
//添加约束
beamAB.addConstraint(new Constraint(0,RA));
beamAB.addConstraint(new Constraint(size,RB));
   ⋮
//计算最大变形及坐标
beamAB.getMaxReform();
beamAB.getMaxReformCoordinate();
```

　　上述描述说明了问题的构成,虽然没有给出实际问题的最终解决方案,但是已经指明了解决问题的方向,下一步就是要细化各个对象及其方法。这是一种典型的自顶向下的分析方法。

　　将过程描述语言PDL和对象交互语言(OIL)结合起来,可以描述更复杂的问题。以约瑟夫问题Joseph为例。

　　问题:顺序编号的m个人围成一圈,从第一个人开始报数,报到n的人出列,下一个人又从1开始报数,报到n的人出列……直到圈中只剩下一个人,问该人的编号是几?

　　分析:用面向对象的方法,抽象一个游戏类JosephGame,其操作有开始()、报数()、出列()等,属性有游戏人数、当前人、当前数,用一个数组表示所有参与游戏的人的序号。

　　按照游戏的过程去描述算法过程,或者说用算法模拟实际的游戏过程,游戏用自然语言描述就是如果游戏人数大于1,就报数,如果当前数等于N,就出列,这样用过程描述语言描述的开始方法的算法如下:

```
While (游戏人数>1) {
    If (当前数=N){
```

```
        出列();
    }
    报数();
}
```

按照面向对象设计的思想，对象的操作一般都会改变对象的状态。报数()和出列()方法都是改变当前状态的，每执行一次报数()方法，当前人和当前数都要改变，而每执行一次出列()方法，则当前游戏人数就会减少 1，同时也会改变当前数。

操作对属性的影响见表 7.1 所示。

表 7.1　对象操作对对象属性的影响

对象属性 对象操作	游戏人数	当前人	当前数
出列()	减 1	不变，但当出列的是最后一个人时，则变为起始的人	为 1
报数()	不影响	下一个人	下一个数

该表对实现报数()和出列()方法的意义至关重要，这就是面向对象的操作——属性分析方法。在此表的基础上报数()和出列()方法的实现就很简单了。

报数()算法描述为：当前数加 1；当前人位置加 1；如果当前人位置是最后一个人，则等于 0。

出列()算法描述为：当前数等于 1；从数组中删除当前人，游戏人数减 1；如果当前人是数组中最后一个人，则当前人位置等于 0；

如果要想算法更加清晰，也可以按照自顶向下的方法，把报数()方法分解成下一个人()方法和下一个数()方法，则表 7.1 会变得更直观和简单，读者可自行练习。

Joseph 问题是一个传统的数学问题，其面向过程的程序设计方法比较难以想到，其解决方案也比较难以理解，但从上述 Joseph 问题求解过程可以看出，采用面向对象的分析方法相当直观并容易理解，更重要的是这种解决方案可以有很强的可扩充性，例如可以改变游戏的人数、开始报数人的位置，改变报数的规律等等，但整个程序的结构是不用改变的，需要改变的只是具体方法的实现细节，这就是针对这类问题的比较好的解决方案。

7.10　小　　结

面向对象方法是一种由程序语言的发展和实际问题的需求而产生的一种新的方法。面向对象既是一种世界观，也是一种方法论。面向对象方法经过这些年来的发展，形成了很多理论研究和工业标准的成果，如面向对象软件工程、UML、设计模式、框架等，为开发复杂、安全的软件提供了坚实的基础。面向对象的分析方法也比较直观，更接近于问题域或现实世界，由此得到的解决方案也更加稳定和优化，具有很强的可扩充性和可重用性。

习 题

1. 软件过程和软件工程是一样的吗？面向对象软件工程和面向对象方法是一样的吗？各有什么区别？

2. 面向对象世界观的本质特点是什么？

3. 什么是面向对象分析？什么是面向对象设计？分析和设计有什么区别？

4. 面向对象解决问题的模式是什么？

5. 面向对象的现实世界模型和程序模型有什么区别？

6. 静态模型和动态模型有什么区别？

7. 针对下面的实际问题，建立对象模型：

(1) 书店。

(2) 网上商店。

(3) 俄罗斯方块。

(4) 八皇后问题。

8. 模式和框架的联系和区别是什么？试举出几种模式和框架的例子。

第8章 业 务 模 型

软件过程的最终目标在于开发出满足特定业务需求的软件产品。建立业务模型是明晰软件开发目标、了解现有系统工作过程的有效手段，也是对问题域的真实反映。构建业务模型是软件过程中首要的核心活动。

8.1 业务模型概述

业务模型是建立软件系统时所依据的现实世界或者问题域模型，是建立软件系统的基础。业务模型的正确性是保证最终的软件系统能够满足业务需求的前提条件。一般来说，业务模型是完全忠实于现实世界或者问题域的，是现实世界或者问题域中规律的真实体现和反映。系统模型和业务模型之间的关系是依赖关系，如图 8.1 所示。

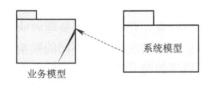

图 8.1 软件系统对业务模型的依赖性

业务模型和系统模型的区别在于业务模型一般与计算机系统或者实现环境无关，但与分析方法有关。分析方法则与计算机系统及实现方法有关，如数据流、实体关系、对象关系等，所以分析方法是业务模型和系统模型之间的桥梁。

在现代软件工程方法中，建立业务模型的工作显得越来越重要。在传统的软件工程方法中，是在需求分析阶段进行建立业务模型的活动。用来建立业务模型的主要工具是系统业务流程图、数据字典和 E-R 图。在现代的软件工程中，建立业务模型的工作被划分成一个独立的阶段任务。在 RUP 中，业务建模是核心工作流中的第一个工作流。使用 UML 进行业务建模时常用的工具是类图、活动图等工具，它们分别对应着传统软件工程中的 E-R 图和流程图。

根据问题种类的不同，业务模型的内容有所不同。对于某个组织的信息系统来说，其内容一般包括组织目标、组织结构、业务岗位、业务职责、业务用例、业务流程、业务对象等；对于科学问题，其业务模型则应该包含着工程问题的目标及结构等，如大型结构计算问题，其目标是求解大型结构的受力和变形，业务对象包含了钢梁、桁架、连接件等；对于游戏类问题，其业务模型一般为游戏背景、游戏角色人物和游戏情节等。

本章重点以组织信息系统为例，分别就建立业务模型的目的和内容、业务建模流程以及业务建模中使用到的元素进行说明，最后给出一个业务建模实例。

8.2　业务建模的目的及内容

8.2.1　业务建模的目的

建立组织信息系统业务模型的目的在于：

(1) 理解组织的目标，明晰目前存在的问题，标识出潜在的改进措施。

(2) 评估组织业务变化的可能性和这种变化的影响范围。

(3) 保证客户、用户、开发者和其他相关人员对组织有一致的理解。

(4) 导出支持目标组织的软件系统需求。

(5) 理解将要部署的软件系统怎样才能适合于组织的需求。

组织业务是否需要改变取决于成本、质量、组织预期的上市时间等因素。业务建模要确定组织当前存在的问题，标识需要改进的环节。一个健壮组织的特征就是要能够根据业务的改变而及时进行组织调整，即实现所谓的"业务驱动"。

组织目标是该组织要实现或者要达成的目标。组织结构是实现组织目标的物质基础，它包含部门、岗位设置、业务组成等等。只有静态的组织结构图尚不足以理解业务是如何工作的，还需要使用业务流程等动态视图，因此业务模型应该涵盖组织结构的静态视图和组织中业务流程的动态视图。

许多和项目相关的人，如投资者、开发者都需要理解业务。因为这些人有着不同的背景和兴趣，因此他们对业务的观察过程往往具有不同的视角，会得出不同的看法。在业务建模过程中，我们必须要使用通用的符号和简单易理解的方式进行业务建模，必须保证得出的业务模型能够支持不同的描述方式、能够适应不同的观察角度和不同的抽象级别。否则，业务模型的可理解性就会受到影响，而如果业务模型难以被人理解，则业务建模工作也就失去了意义。

8.2.2　业务建模的内容

在 RUP 的业务建模过程中，除了建立业务用例(business usecase)模型和业务分析(business analyse)模型之外，还需要建立：

(1) 业务愿景(business vision)：包含业务目标、范围、前景等。

(2) 业务体系结构(business architect)：包括组织结构和业务结构。

(3) 补充的业务规格说明(business specification)：主要的业务规格外的非关键的业务要求。

(4) 业务规则(business rule)：包含了业务进行的约束和条件。

(5) 业务词典(business dictionary)：包含了业务系统中的主要业务术语及解释。

8.3　业务建模流程和任务

在 RUP 中，业务建模的流程如图 8.2 所示。业务建模工作流中包括如下几类具体任务：

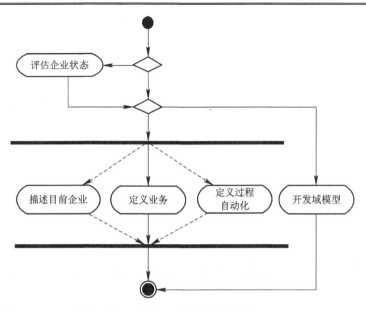

图 8.2　RUP 中业务建模流程

(1) 评估企业状态。该任务的目的是理解问题域，发现潜在的问题。即通过对当前业务过程、业务工具、业务技能、市场环境的分析，评估并描述组织的当前状态，描述为什么需要设计组织目标，标识出业务建模的参与者(Business Actor)，通过业务建模，达到选择更高效的业务途径的目标。

(2) 描述目前企业的业务状态、定义企业的业务体系结构，包括：

① 业务体系结构分析：理解影响业务的关键因素，包括业务体系结构、业务模式、关键机制。该任务只对业务重构有用。

② 业务操作分析设计：细化关键业务用例的业务操作，使用子系统动作和协作原理，将业务子系统之间的交互关系映射到业务设计模型的操作中实现。

③ 业务用例分析：对履行用例工作流所涉及的元素进行标识，包括业务系统、业务工人。使用业务分析用例将业务用例中的行为分配到这些元素上。要标识出业务系统和工人的职责、属性和关联关系、标识出业务实体和事件。

④ 捕获公共业务词汇：定义公共业务词汇，用于有关业务的描述，特别是业务用例的描述中。

⑤ 构造业务体系结构：提出至少一个解决方案(也可能只是概念性的)来满足关键体系结构的需求。

⑥ 定义业务系统环境：基于业务用例模型，创建一个系统图，用于表示业务系统和业务参与者之间的顶层协作。其中业务参与者应当包括业务系统外部的 I/O 业务实体。

(3) 对业务体系结构进行细化，建立域模型，为定义过程自动化准备，包括：

① 细化业务实体：保证业务实体能够提供所需求的功能、性能，标识出触发业务实体的所有业务事件，评估业务实体之间的关系。

② 细化业务用例：描述业务用例的工作流，保证业务用例足以支持业务策略，保证客户、用户、风险承担者都能理解业务用例的工作流。

③ 细化业务工人：描述业务工人的职责，标识业务工人的能力需求，保证业务工人可以履行职责。

④ 发现业务参与者和业务用例：定义出业务的边界，定义谁或者什么和业务交互，勾画业务流程，创建业务用例模型图，制定针对用例模型图的测量指标。

⑤ 标识业务目标：使用自下而上的方法，标识出业务目标；标识出为实现业务目标所必需的业务计划和管理活动；将业务翻译成业务策略；提供度量和改进业务活动的基础。在此项工作中，要保证长期战略目标和短期运作目标的一致性。

⑥ 维护业务规则：确定项目中要考虑满足的业务规则，给出业务规则的细节定义。

⑦ 标识业务用例优先级：定义一组系统关键场景和业务用例，并标识出其优先级。

⑧ 将业务用例模型结构化：抽取抽象的业务用例，发现抽象的业务参与者(Abstract Actor)。

8.4　业务建模中使用到的 UML 元素和版型

在采用 UML 进行业务建模时，经常要用到一些概念、元素和版型来提高建模效率，下面对此进行简要介绍与描述。

8.4.1　业务系统(Business System)

业务系统封装了一组角色和资源，定义了一组职责。通过这些职责，能够实现一个具体目标。在 RUP 和 UML 中，通过包的特殊版型<<Business System>>来表示，其图标如图 8.3 所示。(版型 Stereotype 是 UML 的一种分类扩充机制，可以给元素增加更多的信息。)

图 8.3　业务系统图标

8.4.2　业务目标(Business Goal)

业务目标是业务系统要完成或者达成的任务。在 RUP 和 UML 中，通过类的特殊版型<<Business Goal>>来表示业务目标。业务目标的图标如图 8.4 所示。

图 8.4　业务目标图标

业务目标可以被不断地细化成确定的、具体的、可执行、可操作的业务操作，业务目标的最高层就是企业的业务战略。业务目标细化的例子见图 8.5。

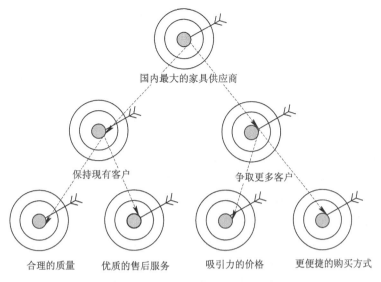

图 8.5 业务目标细化举例

8.4.3 业务规则(Business Rule)

业务规则是指业务活动必须要满足的政策、条件和约束。它是业务模型或者业务需求中的一部分,它可能会涉及到法律或者规则,也可能是为了适应业务架构或者风格的需求。通常描述业务规则有两种方法可以选用:

(1) 基于模型描述业务规则:业务规则作为 UML 模型中类的一种版型约束,如图 8.6 所示。规则可以使用自然语言声明或者使用更形式化的记号,如 Object Constraint Language(OCL)来描述。这种方法的好处是业务规则和业务模型在一起,缺点是比较分散,难以观察相关联的业务规则,也不容易描述得非常精确。

图 8.6 业务规则图标

(2) 基于文档描述业务规则:业务规则在另一个文档中进行描述。优点是适于描述大量的业务规则,如金融产品;缺点是和业务模型的描述风格不一致。

例如使用 OCL 描述业务规则:团队成员不能超过 10 人。

context Team inv:

    self.numberOfMembers <= 10;

如何在模型中描述业务规则呢?可以分成以下几种情况进行描述:

(1) 激发和响应规则:约束将被转换成业务流程图中的一个分支。例如在订单管理组织中,有如下规则:当订单被取消时,如果订单还没有发货,则关闭订单。该业务规则被反映到业务流程图中,如图 8.7 所示。

(2) 操作约束规则:约束规则被转换成工作流的

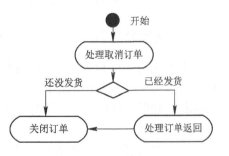

图 8.7 激发和响应规则

前提条件或者后置条件，或者可选路径，或者性能目标。

例如指定计算公式，产品的实价为：product price * (1 + tax percentage/100)，计算产品实价是任务 Ship Order 的一部分；发货给客户：仅当客户有发货地址时(等价于发货地址不能为空)，被转换成流程图的一个分支；客户咨询必须在 24 小时内得到响应，被转换成业务用例的性能目标。

(3) 结构约束规则：该种约束影响业务实体实例之间的关系，可表示成两个业务实体之间的关联关系或者多重性约束。例如：一个订单至少必须包含一个产品，该规则被转换成订单和产品之间的一对多(1 对 1..*)的关联关系。

(4) 推导规则：类似于其他规则，区别在于必须通过几步思考才能到达结论(非直接)。此规则暗含一个方法，被反映在工作流的某个活动状态中，并最终反映在业务工人或者业务实体的一个操作中。

例如，一个客户是好的当且仅当：寄给该客户的未付款发票不能超过 30 天。该规则对应到工作流中的一个可选的路径，在活动[评估客户]中包含一个方法来对客户进行判断，该方法需要计算未付款发票发出去的时间，并进行判断。因此，这一规则不是一目了然的或者十分显然的，属于"推导规则"，如图 8.8 所示。

(5) 计算规则：类似于导出规则。区别在于该规则所对应的方法更加正式，更像一个算法。与导出规则一样，该方法需要被跟踪到一个工作流的任务(活动)中，最终转换成业务工人或者业务实体的操作。从图 8.9 中可以看出，计算净价格转换为业务工人客户代表的一个操作。

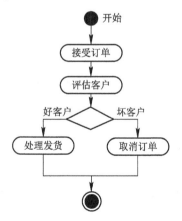

图 8.8 业务规则中的推导规则

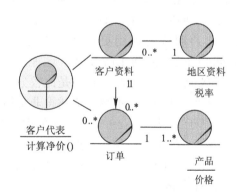

图 8.9 业务规则中的计算规则情况

8.4.4 业务参与者(Business Actor)

业务参与者是和业务交互的各种元素，代表着业务环境(区别于业务系统)中和业务有关的、由人或者事物扮演的角色。比如说业务客户、供货商、合作伙伴、潜在客户、上级相关部门、相关的外部信息系统等。业务参与者和业务系统的交互包括启动业务、提出需求、获取结果等等。

业务参与者用于定义系统边界(标识哪些是系统之外的因素，哪些是系统之内的因素)，描述和业务用例的交互过程等，是业务用例模型中的重要元素。在 UML 中，业务参与者使用对象的<<Business Actor>>版型来表示，如图 8.10 所示。

图 8.10   业务参与者

8.4.5   业务工人(Business Worker)

业务工人是指人、软件或者硬件的抽象。它代表着业务用例实现过程中的一个角色。业务工人通过和其他业务工人协作、响应业务事件、维护业务实体等方式来履行职责。

业务参与者和业务工人都是和系统有关的人、物的抽象，它们的区别在于业务参与者是系统之外的和系统有关的各种因素，而业务工人则是属于系统之内的，参与到业务用例实现过程中的因素，如企业采购过程中财务、库房等角色。

在 RUP 中，使用对象的特殊版型<<Business Worker>>表示业务工人，如图 8.11 所示。

图 8.11   业务规则图标

图中左边是 IBM Rational 的最新过程管理软件 Method Composer 中的图标；右边则是 Rational Rose 2003 中使用的图标。在 Rose 中，Bussiness Actor、Bussiness Worker 都是使用类来表示的，本质上都是对象，但使用不同的版型。从图标中可以看出，业务工人表示在业务用例实现中，参与到其中的各种因素，如人、系统等(图标中一个参与者 Actor 位于用例的实现过程中)。

业务参与者本身是系统之外的人或事物，使用类的类型来表示，而且一般又作为系统的内部对象，例如用户本身是系统之外的，但是用户对象又是系统之内的对象，这似乎有点矛盾。实际上，用户在系统中同时扮演了两个角色，即多态性。作为参与者的用户强调的是其启动用例、与用例交互并得到结果的职责，此时是作为系统外部真实的实际对象而存在的。而作为系统内部对象的用户则是保存其信息的载体，是被动的实体对象，是用户信息和操作的抽象，也是实现系统安全性的基础。

8.4.6   业务实体(Business Entity)

业务实体是一个被动类，也就是它不会调用自己的方法，而是由其他类调用其方法。一个业务对象可以参与到多个不同业务用例的实现中，通常其生命周期比一个用例中的交互周期更长。在业务建模中，实体表示业务工人访问、检查、维护、产生等操作的对象。例如：订单、入库单、库存、账户等等。业务实体对象为参与不同用例实现的不同业务工人提供了共享的基础。在 RUP 和 UML 中，业务实体使用对象的特殊版型<<Business Object>>表示，图标如图 8.12 所示。

图 8.12   业务实体图标

8.4.7　业务事件(Business Event)

业务事件表示业务活动中的关键事件，由业务参与者、业务工人、业务实体接收。业务事件用于触发业务用例、通知业务状态的变化、在业务用例之间传递信息。业务事件具有如下特性：重要性、随机性、独立性、响应性。在 RUP 和 UML 中，业务事件使用对象的特殊版型<<Business Event>>来表示，其图标如图 8.13 所示。

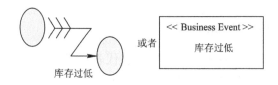

图 8.13　业务事件的图标表示

业务事件的触发方式有如下几种：

(1) 由业务参与者触发，表示一个业务用例开始或者结束。如：当供应商交付货物时，一个交付事件指示交付货物业务用例开始。

(2) 由业务实体触发，表示状态变化。如：作为招聘员工业务用例的一部分，候选资格业务事件指示一个潜在的雇员被检查通过了。

(3) 由业务工人触发，表示业务用例实现中的一个特定点。如：一旦一个火箭被发射了，一个发射业务事件指示跟踪火箭轨迹业务用例开始。

(4) 由时间触发。例如：病人出手术室六小时后，一个病人照看业务事件指示护士应该去检查病人。

触发事件的类叫做发行者(事件源)；接收业务事件的类称为订阅者(事件处理者)。发行者和业务事件之间有一个版型为<<Send>>的依赖关系。

业务事件也可以关联多个业务实体，如产品。订阅者需要一个操作，版型为<<Business Event>>，名字和业务事件名字一样，参数则与业务事件的属性一样，如图 8.14 所示(<<Business Event>>库存低(String warehouse，Product p,Integer Stock))。也可以在业务事件和订阅者之间通过版型为<<Receive>>的依赖关系来导出上述方法签名。

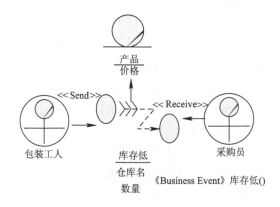

图 8.14　业务事件举例

8.4.8　业务用例(Business Use Case)

1．业务用例的基本概念

业务用例定义了一组业务用例实例。每个实例都是一组为获得对业务参与者有影响的结果的业务行为，或者是展示业务是如何响应业务事件以获得一个业务结果。业务用例是从业务系统外部的角度对业务过程的描述，它定义了业务系统的边界。业务用例是面向过程的业务规格描述，它包括了业务与业务参与者之间的交互和关键业务事件。在 RUP 和 UML 中，使用用例的特殊版型<<Business Use Case>>表示业务用例，参见图 8.15。

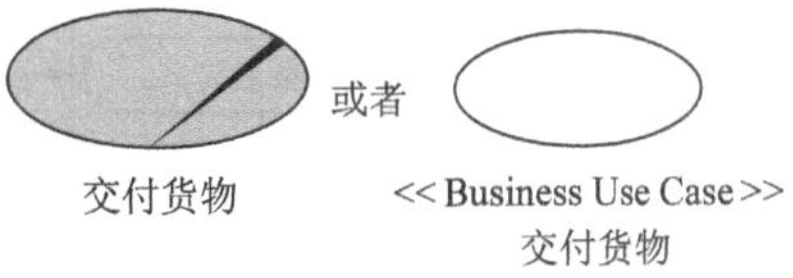

图 8.15　业务用例

业务用例定义中经常会出现的一些词汇，解释如下：

(1) 业务用例实例：是指业务的一次具体的执行过程。业务用例实例是一个具体的工作流或者情景，一个承担某种角色(岗位)的雇员可以在几个不同业务用例实例中做同样的事情。例如：在机场登记柜台，个人登记和团队登记业务用例都同样需要登记人员的服务，都需要访问同样的航班信息，因此这两个业务用例都被设计成使用同样的登记代理业务工人和航班实体。

(2) 业务参与者：指参与业务的具体个体，如客户、供应商等。

(3) 有价值的结果：据此可以确定业务用例的粒度，不至于太大或者太小。如维护商品信息和修改商品信息是两个不同粒度的用例。

(4) 业务有关：只描述和业务有关的行为。

(5) 业务行为：业务行为可以由参与者发出请求或触发(调用)，或者在某个时间被触发(调用)。

(6) 业务用例命名：业务用例的名字应该是动态的，表示当业务用例履行时发生了什么事情。一般使用动名词短语来命名业务用例，如修改订单。业务用例的名字可以用来从外部观点或者内部观点出发描述业务用例的任务，例如接收订单。但最恰当的命名方法是从业务的主要参与者的观点出发来命名。一旦决定使用一种命名风格，对于业务用例模型中的所有业务用例都应该遵循该命名规则。

(7) 目的/目标：可以从内、外两个方面描述业务用例的目标。从外部观点出发，指参与者所需要获取的价值；从内部观点考虑，则是从组织角度定义的该用例应达到的目标。

(8) 性能目标：可以从下面几个方面考虑，如执行一个工作流或者部分工作流所花费的大约时间、花费或者成本、质量。例如：产品下线的次品率不能超过 2%。

(9) 工作流的结构：很多工作流可以进一步分成一些子工作流。有些业务用例有公共的子工作流。如果这些子工作流形成独立的和自然分割的部分，那么将这个子工作流分离出来，形成一个独立的用例会更清楚。这个新的用例或者被包含在原始用例之中，或者作为另一个用例的扩展，或者作为父用例。例如：在机场登记柜台，个人登记和团队登记用例使用同样的步骤来处理个人的行李。因为这个子工作流独立于处理机票，但逻辑上又是有联系的，因此被单独建模成一个用例"处理行李"。

下面是一个业务用例"处理建议"，对应于一个公司的项目售前工作流。使用活动图描述上述工作流，如图 8.16 所示。

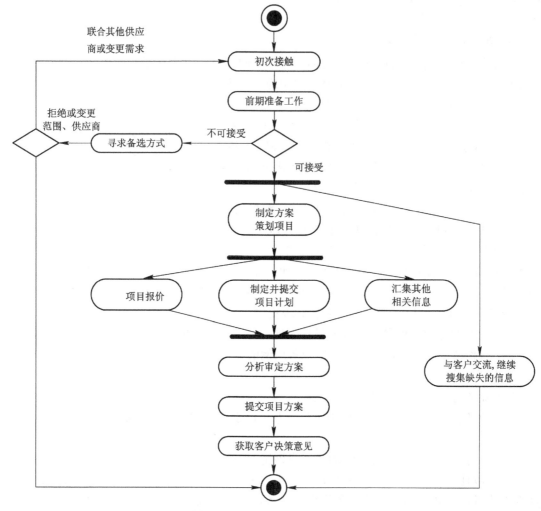

图 8.16   业务工作流活动图实例

活动图的特点在于直观，但细节不够清晰，文字描述则比较细致。针对这一工作流，图 8.16 相应的文字描述如下：

(1) 初次接触：该过程由客户和公司之间的初次联系启动。具体方式可以是由客户主动联系公司提出咨询或者请求，公司确定了自身的产品对客户有益，存在合作前景。也可以是通过公司与客户双方联系人作交流，分析是否是新客户，搜集有关本项目的建议信息及客户出价情况。

(2) 前期准备工作：该环节具有收集客户请求、进行机会分析两个目的。其中收集客户初步信息、制定销售计划(可选)、进行可行性分析的工作可以迭代进行，也可以并行。应当通过与客户的初步交流，获取产品需求和客户业务需求。并通过机会分析判断项目是否可行。

一个完整的项目需求应当包括技术选择(可能有多个，如果客户想要几种替换方案)、产品参数、功能需求、期限、服务需求、价格需求等。机会分析包括机会风险(产品可用性、竞争性、客户风险)、ROI、机会类型(复杂、简单)、销售可能性、销售规模预测、估计进度。公司要根据这一阶段的工作结果，决定是否继续进行下一步工作。

(3) 制定初步方案、撰写项目计划：如果判定项目可行，则要设计项目的初步方案，并指定专人制定项目计划书；如果认为当前了解的信息尚不足以作出项目是否可行的决策，则进一步通过和客户的交流，搜集确实的信息；如果判定项目在当前需求范围不可行，则考虑拒绝接受项目，也可以重新和客户进行协商变更项目需求规格或者提出引进合作伙伴的建议。

(4) 制定并提交项目计划：针对本项目制定一个初步计划，其内容包括项目时间进度、可用资源、工程能力分析、开发新产品的可能性、采用第三方产品的可能性等等。

(5) 项目报价：以分析方案为依据针对项目提出报价。

(6) 搜集其他缺失的信息：收集并汇总客户需要的其他信息。如目前能力、将来的能力、项目必须符合的标准、目前和将来可能需要的服务信息等等。

(7) 分析并审定方案：根据所了解到的各种信息，对初步方案进行审核确定。

(8) 提交方案：将上述经审核确定的建议方案提供给客户方。

(9) 获取客户决策意见：获取客户对方案、计划的最终反馈意见。如果客户持肯定意见，则可继续跟踪，直至签订合同；如果客户作出了否定决策，则中止售前工作。

一个好的业务用例应当具有名字和描述清晰、易理解的特点。每一个用例都应是完整的，每个用例至少有一个参与者，并由其启动。

好的工作流应当具备清晰易理解的特点。它重点在于描述工作流而非工作目的；仅描述业务之内的所有可能的任务，不要涉及和该业务无关的参与者。

好的抽象业务用例的特点则是必须要有充实的内容，包含所有逻辑相关的任务。

业务用例对于表现业务提供的价值以及理解业务怎么和环境产生交互是非常有用的。整个业务过程能够定义为一组不同的业务用例，其中每个业务用例代表一个特定的业务工作流，产生一个对业务参与者有价值的结果。有效的业务过程必须要么能为业务产生价值，要么能为业务减少费用。业务过程和业务用例相似，后者还要包括更多精确的定义。

2. 业务用例规格说明(Business Use Case Specification)模板

业务用例使用过程结构或模板来描述，说明业务功能，这种描述也需要遵循一定的规范和模式。可供业务用例规格说明的模板有许多，但最核心的是必须要能够反映出该用例的本质特点、用例的交互过程、与其他用例或参与者的关系、用例的执行对系统的影响等内容。

下面是一种业务用例规格说明的模板举例：

名称：说明业务用例的名称。

简要描述：简要描述角色设置和业务目的。

性能目标：和业务用例有关的性能要求，如"用户投诉需要在七个工作日中得到响应"。

工作流：业务用例所表示的工作流的文本描述。该工作流应该描述给业务参与者带来了什么价值，而不是描述怎么解决这个问题。

分类：核心、支持、管理。

风险：执行或者实现该业务用例的风险，并描述期待业务和已提供业务之间的区别。

可能性：估计改进的潜力。

过程拥有者：负责管理和计划改变。

特殊需求：工作流中没有描述的业务用例特性和量化指标。

扩展点：事件流中多个位置，利用 extend 关系，可以扩展成其他功能。

支持的业务目标：表示该业务用例实现的业务目标。

关系：该用例参与的关系，如通信关联关系、包含和扩展关系。

活动图：描述工作流的图形。

用例图：描述该用例及其关系的图形。

工作流草图：手绘的草图或者情景讨论(storyboarding session)结果。

如果业务建模仅仅是图示说明一个现存的目标组织，而不是为了改变它，可以不用描述性能目标、风险、可能性、过程拥有者。

3. 业务用例结构及业务用例之间的关系

1) 业务用例的泛化关系

某些业务用例之间存在着很大的相似性，例如银行挂失包含电话挂失、网上挂失、柜台挂失等，这些用例的实现过程有很大的相似性，此时可以抽取一个抽象的银行挂失用例作为父用例，抽取出所有挂失中公共的操作，在父类操作中有些可能是抽象的，例如输入挂失信息，这对于不同的挂失方法，其实现是不一样的，必须到子用例中才能实现。业务用例的本质是业务类，是一种业务过程类，所以在业务用例之间存在着泛化的关系。业务用例之间的泛化关系如图 8.17 所示。

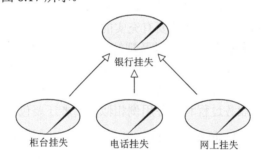

图 8.17   业务用例之间的泛化关系

2) 业务用例的包含关系

在执行某个业务用例的过程中，会调用其他业务用例的执行，并根据其执行结果来确定本业务用例的执行结果，这种用例之间的关系为包含关系，类似于函数的调用关系。例如银行挂失用例的办理过程中，需要到公安局核实用户的个人信息，根据该核实结果来确定挂失是否可以生效。业务用例之间的包含关系见图 8.18。

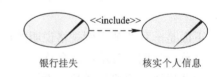

图 8.18   业务用例之间的包含关系

3) 业务用例的扩展关系

有时候很难确定一个业务服务是一个还是多个业务实例。以机场登记为例，乘客将票和行李递给登记人员，后者为乘客寻找座位，打印登机牌并处理行李。如果乘客的行李属于正常范围，登记员打印行李单、客户认领凭证、登机牌，用例终止。如果行李超出正常范围如特殊形状或者特殊内容，因此不能正常托运，乘客必须将其拿到特殊行李柜台。如果行李很重，乘客必须为此到售票处缴费，因为登记人员是不收钱的。这里是需要一个业务用例还是三个业务用例呢？该业务包含三种动作类型(相当于三个分支)，但并不是对每个乘客都有价值(大部分的乘客不需要为行李额外缴费)。推荐将联系密切的服务放在一起，这样可以一起评审、修改、测试、写用户手册等。类似的例子有逛商店、浏览商品、购买商品、加入购物车、结账。

业务用例的扩展可以使用用例之间的依赖关系来表示，如图 8.19 所示。

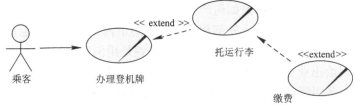

图 8.19　业务用例的扩展关系

8.4.9　业务用例实现(Business Use Case Realization)

业务用例模型使用业务参与者(客户)和业务用例(业务过程)来描述业务。业务用例模型包含工作流描述，这标识了该业务做什么(what)，而不是怎么做(how)。业务用例怎么做是在业务分析模型中实现的，具体的说，是在业务用例实现中才去描述怎么做的问题。

业务用例实现描述了业务系统、业务工人、业务实体和业务事件是如何协作来完成一个特定的业务用例的。同一个类的实例可以参与到多个业务用例的实现中。

在 RUP 和 UML 中，业务用例实现使用用例的特殊版型(Business Use Case Realization)来表现，如图 8.20 所示。

图 8.20　业务用例实现的图标

业务系统是业务部门、业务工人和业务实体的层次结构的封装。业务系统之间的交互可以只在业务系统边界进行，而不去暴露其内部细节。仅在特殊情况下，也可以和某个业务系统中的元素进行交互。

通常使用活动图、类图、顺序图等工具来描述业务用例的实现。活动图是描述业务用例实现的首选方法。可以使用活动图中的泳道(swimlane)来代表业务系统或者业务工人。一个用例实现可以使用多个活动图来描述其工作流。也可以使用交互图来描述业务用例实现中的业务系统、业务工人、业务实体等之间的交互情况。

交互图包括顺序图和通信图两种。通信图是 UML 旧版本中的协作图(Collaboration Diagram)，它们表达同样的信息，但仍有所不同。顺序图表示一个显式的事件序列，在描述复杂情景时，比活动图有优势，它可以一直对应到对象的操作。通信图表示对象之间的连接关系和通信信息。如果分支较少，但业务实体较多，交互图比活动图能更好地显示业务实现的工作流。也可以使用类图描述参与用例实现的业务系统、业务工人、业务实体及其关系。

8.4.10　业务用例与业务用例实现的区别

在用例驱动业务建模过程中，可以从两个角度描述业务：业务用例和业务用例实现。

业务用例表示业务的外部视图，定义履行该业务必须的操作以及参与者与业务的交互。业务用例的描述不涉及业务实际的内部结构。业务用例也描述业务事件及其业务状态的变化，但不描述状态是如何被建立和维护的，或者业务事件在内部是如何传递的。就这一点而言，有点类似于事件机制，程序员只关心事件什么时候或者在什么情况下产生、如何传递、怎么响应，而不关心其内部是如何产生和维护的。也类似于异常机制。通常人认为用例和用例实现是事物的两个方面：外部和内部。但所谓内、外的概念也是相对的，例如针对程序员和开发环境的用例说明，对于最终用户来说是用例实现。

业务用例实现给出业务用例工作过程的内部视图。由相关的业务工人、业务实体及交互组成，定义了业务用例怎样实现(how)，与业务用例规格描述(what)是一致的。

总之，业务用例的两种视图主要是为业务相关的人员设计的，包括为业务用例外部的人员设计的外部视图，为业务用例内部的人员设计的内部视图。

8.5　业务建模举例

下面以一个企业为例，使用经过定制过的 RUP 进行业务建模，部分模型如下。

8.5.1　业务目标(部分)

总目标：年产原油 100 万吨，实现销售额 100 亿。

第一级分目标：

　　　勘探储量 1 亿吨

　　　采油 100 万吨

　　　实现天然气销售 …

　　　实现成品油销售…

　　　固定资产投资…

　　　实现利税…

第二级分目标：

　　　采油一厂目标 20 万吨

　　　采油二厂目标 30 万吨

　　　⋮

　　　炼油厂目标…

　　　物资供应处目标…

　　　⋮

以上内容应该以目标图来表示，业务目标使用 Actor 的<<Business Goal>>版型来表示，业务目标之间的关系是实现关系，用<<realize>>版型来表示，如图 8.21 所示。

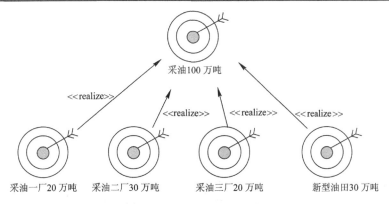

图 8.21　石油公司业务目标

8.5.2　组织结构

组织结构包括企业的部门和岗位设置。在 rose 中，部门一般使用包表示，选择版型 <<Business Unit>>；但部门作为系统之外的角色，也可以使用参与者 Actor 来表示。其优点在于可以使用操作表示该部门的职责以及和系统或者系统用例的交互关系，但无法表示出部门的集合和层次属性。这里需要一种类似于容器类组件的建模元素，既有自己的职责，又有包含的机制。

用包元素表示的某油气公司的组织结构(部分)如图 8.22 所示。

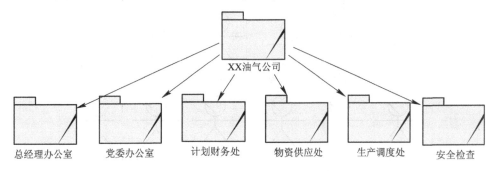

图 8.22　用包结构表示的组织结构

用参与者元素表示的某油气公司的组织结构如图 8.23 所示。

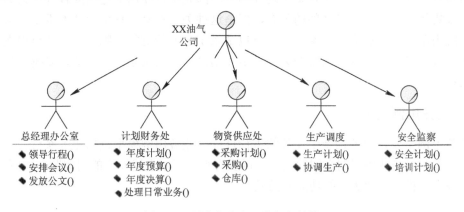

图 8.23　用参与者表示的组织结构

8.5.3　岗位设置和职责

岗位是具有某种职责的部门或者人员的抽象，例如统计报表岗、销售岗等。部门既可以看成是一种岗位(复合岗位)，也可以看成是一组岗位的集合，可参考图 8.23。

8.5.4　业务参与者(部分)

业务参与者包含部门、岗位、外部系统等。如图 8.24 所示，对油田公司的业务来说，业务参与者是和油田业务有关的外部参与者，如员工、客户、社保局、政府、供应商、储运公司、服务公司等。这些角色在油田的某些业务中会起到启动业务或者影响业务的作用，如员工办理退休手续，启动了办理退休手续的业务，这期间会有一些业务工人、业务对象参与该业务，最后的结果要通知社保局备案等。这里的员工是该业务的外部参与者，是业务用例的发起者，但在该业务的执行过程中，有些员工例如办理退休手续的职员，则属于业务实体，属于该用例执行过程中的内部对象，这是典型的参与者本身即作为外部交互者，又作为内部交互对象的例子，这与用户即是系统内部的对象，又是系统之外的参与者是同样的道理(一个实体承担多种角色的现象)。

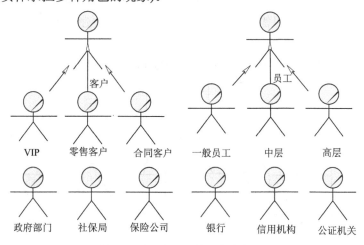

图 8.24　石油公司的业务参与者

参与者本质上是一个类，是系统之外的类。因此可以使用类之间的各种关系如泛化、关联、聚集等来表示参与者之间的关系，但是这种关系在某种程度上并不重要，因为它们不是系统内部对象，如果这些参与者本身也是系统之内的对象，则其关系就显得尤为重要了。对于参与者来说，其最关键的关系就是和用例之间的关系，如启动、影响、通信、交互等关系。

8.5.5　业务用例模型

业务用例主要指业务领域中业务的进行过程。业务用例模型包括业务参与者、业务用例、业务参与者与业务用例之间的关系，以及直观的表示上述元素的用例图，如图 8.25 所示。业务用例模型是业务系统功能的描述。

图 8.25　业务用例之一——办理退休手续

客户和销售人员订立销售合同的业务用例如图 8.26 所示。此处的客户是业务参与者，订立销售合同是业务用例，其中销售人员是业务工人，销售合同是业务对象。这些都在描述订立销售合同的细节中出现，在描述业务用例规格和用例实现时给出。

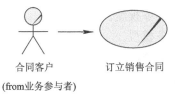

图 8.26　业务用例之二——订立销售合同

8.5.6　业务对象模型

广义地说，业务对象是业务参与者、业务实体、业务工人、业务事件、业务目标、业务流程对象等所有和业务领域有关的对象；狭义地讲，业务对象主要是指业务实体对象，如图 8.27 所示。

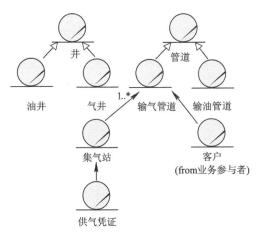

图 8.27　业务对象模型

8.6　小　　结

建立业务模型是进行系统开发之前的重要工作，业务模型是对现实世界或者问题的忠实反映和抽象，是建立计算机系统的基础，也是计算机系统可复用同种业务或者同种问题的业务基础。业务模型也称为概念模型，建立业务模型可以有多种方法，主要取决于最终的系统目标，例如建立数据库之前的概念模型可以使用 E-R 方法，开发面向对象系统的对象模型方法等。业务模型不要求都实现成系统，它是最终系统的基础，由业务模型导出系统需求直至最终系统的方法是更为严格和系统的开发方法。

习　题

1. 建立业务模型的目的是什么？业务模型中包括哪些模型？
2. 业务用例之间的关系有几种？
3. 业务用例和业务用例实现有什么区别和联系？
4. 针对飞机订票系统建立业务模型。
5. 针对某个企业建立其业务模型。
6. 针对物理学或者化学的某个问题建立其业务模型。
7. 针对你熟悉的学科或者问题建立其业务模型。

第9章　需求分析与用例模型

9.1　需　求　分　析

需求反映了对系统的各种要求和约束的总和，是制定软件产品的规格说明依据，也是产品开发的依据。需求分析是获取系统需求的开发活动，是所有其他开发活动的前置活动。传统的需求分析方法采用数据流+数据字典的方法，现代面向对象软件工程采用用例模型获取系统的功能需求。

9.1.1　系统需求和需求描述

根据来源的不同，需求可以分成用户需求、业务需求和系统需求，其中系统需求是用户需求和业务需求在系统中的反映，是综合各种需求因素以及系统约束之后确定的系统规格。需求描述是指系统的规格化描述，也称为软件需求规格说明(SRS)，其目的在于收集和组织有关项目的所有需求，包括功能需求和非功能需求。在 RUP 中，系统的功能需求由用例模型给出，非功能需求则由相关文档进行描述。

9.1.2　需求类型

需求有多种类型，其中一种需求分类方法为 FURPS+。F 代表 Functionality(功能)、U 代表 Usability(可用性或者可操作性)、R 代表 Reliability(可靠性)、P 代表 Performance(性能)、S 代表 Supportability(可支持性)。+表示还包含如下需求：设计约束、实现需求、接口需求、物理需求等。

功能需求说明一个系统在不考虑物理约束的情况下必须要执行的行为，它在用例模型中可以得到很好的描述。功能需求也说明了系统的输入、输出行为(用户输入什么，系统响应什么)。除功能需求之外的其他需求都称为非功能需求。

关于非功能需求简单介绍如下。

可用性需求包括文化因素、美学、用户界面一致性、在线帮助和上下文敏感帮助、向导和代理、用户文档、培训资料等。

可靠性需求指的是产品失效的频率和严重性、可恢复性、可预测性、精确性、平均失效间隔(MTBF)。

性能需求是指功能需求的条件和约束。例如：对于某个行为(功能)，可以制定其性能参数，如速度、效率、有效性、精确度、吞吐量、响应时间、恢复时间、资源用法等。

可支持性包括可测试性、可扩展性、可适应性、可维护性、可兼容性、可配置性、可服务性、可安装性、可本地化性(国际化)等。

设计约束指定系统设计的约束，例如使用 MVC 模式、CORBA 等。

实现需求指定编码或者建造系统的约束，例如：需要的标准、实现的语言、数据库完整性策略、资源限制、操作环境等。

接口需求是指系统和外部交互的需求，包括格式、时间及其他约束。

物理需求说明系统的物理特性，如物质、形状、尺寸、重量等，也可以描述硬件需求，如物理网络配置等。

9.1.3　需求与用例模型

用例(Use Case)是从使用者的角度或者说从系统外部观察系统的功能。它是系统功能抽象的使用案例，描述了系统功能的使用过程或者与用户的交互过程。用例可以看成是一种观察系统、描述系统的角度，从用例角度来看，系统被看成是黑盒，不涉及或者不关心系统内部如何实现，只关注系统做什么。这正符合需求分析阶段的主要任务，即定义系统做什么，而不是如何去做。

用例模型就是描述系统中所有功能的用例集合，定义了系统做什么。用例分析方法是一种和用户交流并获取需求的技术和手段，具有简单直观、容易上手的特点。与结构化分析方法(SA)中的数据流+数据字典方法、传统的面向对象软件工程(OOSE)方法中的对象模型方法相比较，用例模型更容易被用户和开发者理解，从而更便于对系统的需求取得共识，更适合作为系统分析人员和用户之间交流的工具。

用例模型本身是以系统功能为目标，从外部来观察其实现或者操作过程。从认识论角度来看，用例也可以扩充成从实现者的角度来观察用例的实现过程，即用例实现(Use Case Realization)，这正符合了从外至内、由表及里的认识规律，也比较适用于逐步改进的迭代式开发方法。

在用例模型中仅包含有参与者(Actor)、用例(Use Case)及其关系等三种建模元素，因此比较简单，容易掌握，下面分别对三种元素进行说明。

9.2　Actor 及其关系

9.2.1　Actor

从字面上看，Actor 有演员、角色、参与者、作用者、行动者和行为者的意思。在 RUP 中，Actor 被定义为一组系统用户扮演的用于和系统交互的角色(Role)。Rational Rose 中对 Actor 的定义是：Actor 代表系统用户，用来界定系统并给出系统应该做什么的清晰的图示。Actor 只和用例交互，而并非控制用例。可以根据下面几点来确定 Actor。

(1) 使用系统并和系统交互。

(2) 给系统提供输入或者从系统获取信息。

(3) 是系统外部的因素，不控制用例。

在 UML 中，Actor 使用带有文字描述的小人图标来表示，如图 9.1 所示。

Actor 可以代表系统用户，也可以代表系统之外其他的任何事物，如其他软件系统、打印机等。Actor 可以是系统之外但和系统有

仓库主管

图 9.1　参与者图例

关的任何元素，包括影响系统和受系统影响的任何元素。利用 Actor 可以帮助定义系统边界(定界或者界定系统)。凡是抽象成 Actor 的都是系统之外的元素，凡是抽象成 Use Case 的都是系统之内的功能。从而给出一个系统做什么、不做什么的清晰的全景图。需求阶段的主要任务就是确定系统边界，即决定系统做什么，不做什么，因此 Actor 和 Use Case 组合起来正好完成这一任务。

为了全面地理解和界定系统，就不能不对系统之外的和系统有关的因素，如用户、环境等进行分析。Actor 是抽象的，相当于用户类型或者用户类，其实例才是用户。Actor 和用户的关系是多对多的关系。

定义 Actor 需要给出 Actor 的名字及其描述，例如学生，使用选课系统的用户之一。更详细的描述可以给出该 Actor 与其他 Actor 的关系(一般是泛化关系)，还可以利用 UML 的扩展机制，如 tag 来对其进行扩充，例如 author,version 等。

Actor 举例：用户、客户、仓库管理员、学生、打印机、财务系统、信用系统。

每个参与者应该给出适当的说明。如用户：使用系统的各种人员；客户：订购公司产品的人员；财务系统：处理日常帐务的系统，等等。

9.2.2　如何发现 Actor

Actor 是和系统有关的外部事物或者元素。我们可以从将要使用系统的具体用户开始分析，将其分类，抽象其类型。还可以从和系统有关的人或者环境方面进行分析，逐一识别出使用系统和维护系统的人(如提供、使用、删除信息的人)、使用系统功能的人、对系统需求感兴趣的人(投资商、管理者等)、系统所在的环境、系统在哪个部门被使用、系统使用的外部硬件和资源、需要和系统交互的其他系统，等等。

对于一个组织(如企业)来说，为了实现组织的目标，需要定义相应的岗位，每个岗位都有自己相应的职责，然后根据这些岗位来聘用员工，即所谓定岗定编。对于企业来说，也可以从某个业务的系统实现过程的描述开始，将所涉及到的系统之外的因素都找出来，作为参与者的候选对象。Rational Rose 的帮助文档中指出，可以通过检查下面元素来发现参与者：

(1) 直接使用系统的人。

(2) 负责维护系统的人。

(3) 系统使用的外部硬件。

(4) 其他需要和该系统交互的系统。

根据 Actor 的职责和需求来开发系统功能或者用例，可以保证系统需求将是用户所希望的，也是和系统运行环境一致的。很多组织(企业)经过业务重组(改制)、规范和优化，整合了核心业务，划分为不同的组织部门。对每个组织部门都设置主要职责和目标，为实现这些职责和目标又设计了不同的岗位，实行定岗定员、岗位责任制。其中，岗位就符合 Actor 定义的所有特征要素，如抽象性、系统外部性和相关性，可以将其抽象成 Actor。

岗位是 Actor 非常好的业务原型，每个岗位都有确定的目标和职责，每个岗位的职责就可能变成该 Actor 的职责，也就可能会演化成系统的功能用例。一个岗位可以有多个具体的人承担，一个具体的人也可以承担多个岗位，例如销售统计岗、生产管理岗等。但是需要注意的是，在业务模型中，岗位可能被定义成业务工人(Bussiness Worker)，是系统内部的对象，这也说明了业务模型和系统模型抽取的系统边界是不同的。如果在建立业务模型时已经描述了业务工人的特性，则将其转换为 Actor 后，所有特性依然有效。

9.2.3　Actor 之间的关系

参与者的元数据类型是类，是类的一种特殊版型。因此，类之间的关系都适合于参与者之间，如泛化、关联关系等。因为参与者一般是系统之外的对象，只需要观察其对系统的影响或者受系统的影响，通常不需要详细建模。

但是，有一部分参与者本身会转换为系统内部对象，如用户对象等。因此对这些参与者有必要进行详细建模，只不过应该在系统建模阶段来细化对象之间的关系。一般来说，在确定系统边界和功能的期间不宜细化这种对象的细节，但在不影响直观性的前提下，可以定义参与者之间的泛化(Generalization)关系。

泛化关系就是一种分类或者抽象关系。这时候可以把参与者看成是一般对象，只不过是系统之外的对象。具体的参与者和更加抽象的参与者之间的关系可以使用泛化关系来表示。比如说，课程注册系统的用户分为几种类型：用户、系统管理员、教师用户、学生用户等。用户是抽象的，分为三种具体类型，分别是系统管理员、教师、学生等。参与者之间的关系如图 9.2 所示。

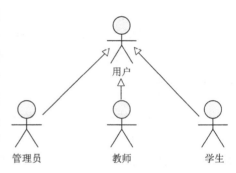

图 9.2　参与者之间的关系

又例如网上教学系统(教学网站)的用户类型有：普通用户、游客、教师、家长、学生、管理员等。企业信息管理系统的用户类型有：信息输入员、报表统计员、生产协调员等。

参与者之间也可以有关联关系。因为参与者是系统之外的对象，一般不需要对这些关系建模。我们研究参与者的目的是为了从系统之外的相关因素(环境因素)来认识和建模系统，这是由于系统本身的复杂性所致。

参与者作为对象具有两种状态(多态性)，一是外部操作者，二是内部对象。很多参与者对象都会转换成系统的内部对象，如用户、供应商、客户等。这样就需要在系统的逻辑模型中定义这些对象及其相关对象。这实际上是同一个对象实例的两种形态，一种是系统之外的操作者，另一种是系统内部的信息实体。

对参与者的进一步描述应该包括对其职责的描述，这种职责最终会对应系统的功能。

9.3　用例及其关系

9.3.1　用例(Use Case)

用例(Use Case)的全称为使用案例，是用户为了获取有价值的目标(为了达到一定的目的)，对系统功能的执行过程。用例包括一个或者多个交互活动序列。简而言之，用例是系统功能执行过程的抽象，也是参与者为了达到一定目的而和系统交互过程的抽象，是特殊的过程对象的抽象。在 UML 中，用例使用带有文字描述的椭圆图标来表示，如图 9.3 所示。

在用例定义中有两点需要注意：

(1) 用例必须获取有价值的目标或者达到一定的目的。

(2) 通过一个或者多个交互活动序列来完成该目标。

图 9.3　用例的图符

这两点是抽取用例、确定用例粒度和描述用例的基础，例如在 ATM 机上取款是一个用例，其目的很明确，也需要通过一系列的交互活动来达到此目的。输入密码则不是一个用例，因为其没有包含一系列的系统交互活动。

UML 的主要提出者 Rational 公司给出的用例定义为：简单地说，用例可以描述为从用户或者参与者(Actor)的角度使用系统的具体方式；具体地说，一个用例是系统展示的外部行为模式或者模板、由参与者和系统执行的一个交互事务序列、给参与者提交一些有价值的结果。

该定义同样强调了交互序列和获取有价值的结果这两个要点。同时还指出，用例是系统外部行为(功能)模式。从这一点来看，用例也可以看成是场景(scenario)的抽象，而场景是对系统功能的一次具体执行过程。用例是过程对象的抽象，其原型也是类(class)，因此也具有类之间的关系，例如泛化关系等。用例作为过程对象的抽象，有别于类作为实体对象的抽象。前者关心的是其动态的过程结构，而后者则关注其静态的数据和行为结构。

用例把系统看成是黑盒，只关心其做什么而不关心怎么做，因此非常适合于定义系统需求规格。用例提供了一种能够比较简单直观地获取系统需求、支持开发者与终端用户及领域专家进行交流、测试系统的方式。需求分析阶段的用例可以作为开发阶段的实现用例、测试阶段的测试用例、维护阶段的维护用例的基础。

用例也是一种思维方式或者方法，强调用具体生动的过程交互细节描述来刻画一个过程事物的外部和动态的特性。用例本身也不失抽象性，能够将同一个功能的各种具体交互的场景统一于一个用例之下，还可以将多个用例的共性部分抽象为父用例。

获取用例的方法主要是通过检查参与者并定义该参与者利用系统所做的事情或者所完成的功能。

参与者或者对象的命名一般都是名词或者名词短语，表示一个事物，而用例则表示一个过程。一般使用动词短语来为用例命名。例如转账、取款、查询余额、加入购物车、选课、修改密码、维护(新增、删除、修改)学生基本资料、录入学生成绩、录入客户资料、下载课件、观看课件，等等。

要注意，这里所提及的用例和第 8 章中的业务用例之间是有区别的。用例和业务用例本质上是一样的，都是对活动序列的描述，但其描述的对象不一样。用例是指信息系统或者软件系统功能的执行过程，业务用例则是指原始系统(可能是现实世界或者问题域)某个业务功能执行的过程。业务用例是用例的基础，用例是业务用例在计算机系统中的映射和实现。有时候也把用例叫做系统用例，实际上业务用例和系统用例是抽象用例的两种特殊情况或者类型，可以用版型来区别它们。

用例和业务用例之间的关系是依赖关系。图 9.4 中，采购业务用例表示组织中实际的采购过程，采购用例表示以此业务用例为基础开发的信息系统中的采购功能的执行过程。

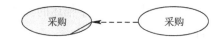

图 9.4　用例和业务用例的关系

完整的系统需求一般要使用一个用例集合才能够完整地描述清楚。该集合确定了使用系统功能的所有可能情况。用例集合可以直观地表示成用例图。

在 UML 中，用例处于十分核心的地位，是后续工作的基础。UML 中著名的 4+1 视图都是围绕着用例视图进行的，这也是所谓的用例驱动的开发模式(Use Case Drive)的由来与基础。

9.3.2　用例的版型(Stereotype)及用例观点

可以使用 UML 的不同版型(Stereotype)来对用例进行分类。如业务用例版型为<<Business Use Case>>，业务用例实现版型为<<Business Use Case Realization>>，用例实现版型为<<Use Case Realization>>，等等。在业务建模部分中已经就业务用例和业务用例实现问题进行了阐述，用例实现将在分析设计模型中加以说明，此处不再赘述。

正如对象观是一种世界观一样，用例观也是世界观的一种。前者所抽象的是事物的组成结构，是静态的；后者所抽象的是事物的过程结构或者行为结构，是动态的。用例的实质在于从使用者或者参与者的角度来观察某个事物的进行过程，观察者不同，则观察结果不同。

根据观察者所属的角色不同，观察结果也是截然不同的。很明显，业务人员的观察结果和开发人员的观察结果就是不同的。从系统外部看到的用例是系统用例，从系统内部观察的用例是用例实现。因为内部和外部是相对的，所以说用例和用例实现也是相对的。对于用户来说，系统功能的操作过程是用例，其内部实现是用例实现；对于程序员来说，程序是用例、程序的内部执行过程是用例实现。类似的，还可以定义测试用例、开发用例、部署用例等。

总之，用例的本质在于案例，案例的本质在于过程，所有为达到一定目的或者获取一定结果而执行的动态过程都可以抽象为案例(Case)。案例的特点在于它是直观的(intuitionistic)、生动的(lively)、动态的(actively)、面向过程的(process oriented)。

9.3.3　用例之间的关系

用例本身也可以看成是类(用例的元类型是类)，是一种特殊形式的类，不但描述其静态结构，更重点描述动态结构，即工作流或者交互流程。用例之间也有各种关系，常见的关系有包含(include)、扩展(extend)和泛化(generalization)，这种关系组成了用例的静态结构。

1. 包含关系

包含关系连接一个基本用例和被包含用例。

被包含用例描述了将被插入到基本用例中的行为片断。基本用例控制包含关系，并且依赖于被包含用例的执行结果，但基本用例和被包含用例都不能互访其属性。

被包含用例封装了可在多个用例中重用的行为。使用包含关系可以从基本用例中分解出公共行为，该公共行为的实现方法对理解基本用例的目的而言是无关的，基本用例仅仅依赖于其结果(即不关注被包含用例的过程,只关注其结果),也可以将两个或者两个以上用例的公共部分分离出来,经封装后形成被包含用例。

例如:在 ATM 系统中,取钱、存钱、转账用例都需要包含客户认证过程。这个公共过程可以被抽象成一个客户认证用例。基本用例与客户认证的方法无关,只与认证的结果有关。因此该过程被封装在被包含用例中。

从基本用例的角度来看,使用磁卡认证还是图像认证是无关的,仅仅依赖于认证的结果。从被包含用例角度来看,它也不关心基本用例是如何使用该结果的。包含用例有点类似于函数调用。一个基本用例可以包含多个被包含用例,一个被包含用例也可以被多个基本用例包含,它们彼此呈现多对多关系。同一个基本用例也可以多次包含同一个包含用例,插入到不同的地方。

包含关系定义了插入的位置,它也可以嵌套。被包含用例不需要参与者与其直接关联,只有当被包含用例的行为需要显式地和参与者交互时才需要通信关联关系。包含关系使用特殊的依赖关系(版型为<<include>>)来表示,见图 9.5。

图 9.5 用例之间的包含关系

包含关系的描述,应该在基本用例的行为序列中定义插入包含用例的位置,该位置可以是工作流中的一步或者子工作流。例如,应当把验证用户用例插入到取钱用例的开始和请求数量之间。

例如拨叫电话用例和启动电话系统用例的公共部分,可以抽取为被包含用例。拨叫电话用例的过程描述如表 9.1 所示;启动电话系统用例的过程描述如表 9.2 所示。

表 9.1 拨叫电话的用例描述

序号	呼叫者	电 话 系 统
1	拿起电话	播放拨号声(连续长声)
2	拨一个数字	关掉响声
3	继续拨号	分析号码
4		发现合法的号码,决定接收方的网络地址;决定虚电路是否能够建立,分配虚电路资源、建立连接;振铃通知接收方

表 9.2 启动电话系统的用例描述

序号	操作者	系 统
1	启动系统	诊断所有组件
2		测试所有连接;对于每个邻接系统,决定是否可以建立虚电路;分配资源,建立连接
3		系统响应启动成功

对以上两个完全不同的用例来说，带有下划线的行为是公共的，可以单独提取为一个用例，命名为管理虚电路连接，然后在上面两个用例中包含该用例，最后结果如图9.6所示。

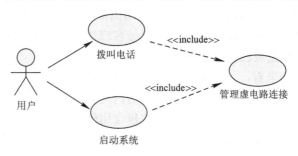

图9.6　用例包含关系举例

2. 扩展关系

扩展关系用来把一个扩展用例连接到基本用例，可以定义基本用例中的扩展点。其目的或者是表示基本用例的一部分行为是可选的，将可选部分和必须部分分离开来；或者表示扩展用例代表的子工作流仅在某个条件满足时才被执行；或者表示有一组行为片断，其中一个或多个被插入到基本用例的扩展点。

扩展是有条件的，即依赖于基本用例的执行情况。基本用例不控制扩展的条件，条件在扩展关系中描述。扩展用例可以访问和修改基本用例的属性，但基本用例不能看到扩展用例也不能访问其属性。基本用例隐含地被扩展用例修改，或者说基本用例定义一个模块框架，扩展用例可以向其中添加行为(有点像继承关系中父类和子类的关系)。

扩展用例也使用依赖关系来表示，其版型为**<<extends>>**，如图9.7所示。

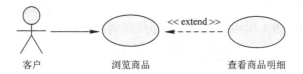

图9.7　用例之间的扩展关系

例如，在电话系统中，提供给用户的最基本的服务是打电话，可选的服务是：三方通话、来电显示，因此三方通话、来电显示都是打电话用例的扩展。

注意：打电话用例本身是有完整意义的，不需要了解其扩展就可以理解其初始目的，因此扩展用例是可选的。如果基本用例和扩展用例都必须显式地实例化，或者想让扩展用例修改基本用例的行为，则应该使用**泛化(generalization)**关系。

扩展用例可以包含多个插入片断，每个片断都是一个可选路径。这些插入片段增量式地修改基本用例的行为。一个扩展用例的每个插入片段插入到基本用例中的不同位置。这意味着扩展关系有一个扩展点列表，扩展点数等于扩展用例中插入片断的个数。每个扩展点都必须定义在基本用例中。

一个基本用例可以包括多个扩展关系，这意味着一个用例实现可以跟随多个扩展点，一个扩展用例可以扩展几个基本用例，但这并不暗指这些基本用例之间具有依赖关系。在同一个扩展用例和基本用例之间可以具有多个扩展关系，这意味着不同的扩展关系会被插入到不同的扩展点上。一个扩展用例本身也可能同时是扩展、包含、泛化的基本用例。

下面以三方通话用例对基本通话用例的扩展为例，来说明基本用例被扩展的过程。基本通话用例事件流如表 9.3 所示。

表 9.3　基本通话用例规格描述

序号	用户	电 话 系 统
1	拿起电话	电话响长声
2	拨号	关掉声音
3	继续拨号	分析拨号，确定受话方的网络地址
4	……	分析该地址是否存在
5	……	确定到受话方的虚电路是否可以建立
6	……	如果虚电路能够建立，系统振铃通知双方电话
7	……	当受话方回答电话，关掉响铃，完成虚电路
8	……	开始记账记录，记录通话的起始时间、结束时间、呼叫方客户信息
9	……	通话持续一段时间。通话任意一方终止通话，则记录结束时间，释放所有资源。用例结束

下面给该系统增加功能，允许通话双方连接第三方，这就需要给事件流增加行为。在上面的第 6 步增加分支，即扩展点：电话会议。

电话会议(多方通话)用例描述：

基本流：

1. 呼叫方按下[挂起]按钮。

2. 系统产生 3 短声表示响应。

第 3～9 步完全和基本用例的 3～9 步相同。

这样，呼叫方又和接收方建立起连接。其中 3～7 步可以抽取出来作为一个包含用例：建立连接用例。三方通话用例扩展的关系图如图 9.8 所示。

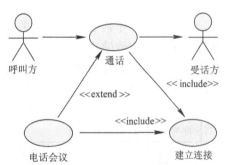

图 9.8　电话会议用例扩展的基本通话用例

3. 泛化关系(generalization)

泛化关系是一般和特殊、共性和个性、抽象和具体之间的关系。该关系具有普遍性，在 UML 中可以应用于参与者(Actor)、用例(Use Case)和类(Class)之间。泛化关系应用于用例时，具有一般性的用例称为父用例，具有特殊性的用例称为子用例。父用例可以被一个或多个子用例具体化。父用例一般定义成抽象的，子用例继承了父用例所有的结构、行为和关系。

如果发现两个或者多个用例在目的、结构、行为有共性时，就可以使用泛化关系来设计用例之间的关系，也就是用例结构，将公共的部分定义成抽象的父用例，然后由子用例具体化。

　　例如：银行挂失可以分成电话挂失、网上挂失、柜台挂失、短信挂失等，其目的、结构、行为相似，但每种用例的实现细节有所不同，因此可以提取父用例"银行挂失"，如图9.9所示。

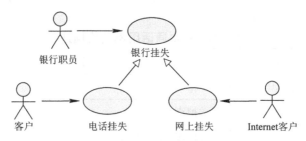

图 9.9　用例之间的泛化关系

　　银行挂失是一个一般性业务用语，对一般性的银行挂失，应该有着一般性挂失描述。但对于电话和网上挂失，应该在一般性的挂失基础上增加新的特性、行为，也可以修改其行为。

　　又如教师上课用例也可以分为：传统课堂授课、电视授课和网络授课。

　　如果父用例是抽象的，其行为中有些部分是不完整的，子用例必须完成这些不完整的部分。抽象用例不需要和参与者关联。如果两个用例继承同一个父用例，则其执行两个完全不同的用例实例，这与扩展或者包含关系不一样，后者执行的是同一个基本用例(正像类的继承和关联关系之间的区别一样)。用例泛化和包含关系都用来复用用例的行为，其中的区别在于：在泛化关系中，子用例依赖于父用例的结构和行为；在包含关系中，基本用例只依赖于被包含用例的执行结果。另一个区别在于，泛化关系共享目的和结构，而包含关系中，基本用例和被包含用例具有完全不同的目的。

　　一般来说，不需要描述泛化关系本身。在描述子用例的事件流中，需要说明插入到继承行为中的新步骤(扩展)，或者对继承行为的修改(覆盖)。如果子用例继承多个父用例，则必须说明父用例的行为序列在子用例中的继承顺序。例如打本地电话用例的事件流如表9.4所示；打长途电话的事件流如表9.5所示。

表 9.4　打本地电话的用例规格描述

序号	打电话者	电 话 系 统
1	拿起电话	播放拨号声(连续长声)
2	拨一个号	关掉响声
3	继续拨号	分析号码
4		发现合法的号码，开始连接，播放连接声音

表 9.5　打长途电话的用例规格描述

序号	打电话者	电 话 系 统
1	拿起电话	播放拨号声(连续长声)
2	拨一个号	关掉响声
3	继续拨号	分析号码
4		发现合法的号码，将号码发给其他系统，开始连接，播放连接声音

　　打长途电话用例继承了打本地电话用例，1～3 步都是继承自父用例，第 4 步对父用例进行了修改，如图 9.10 所示。

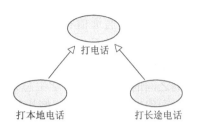

图 9.10　打电话用例的继承关系

　　需要注意的是，用例的上述三种关系(包含、扩展、泛化)都只是表示用例之间的结构关系，并非通信关系或者控制关系。在描述用例关系时容易犯的错误是在用例之间使用关联关系来作为用例之间的通信关系，就像数据流一样，表示数据从一个用例传向另一个用例。虽然从概念上来看，这样做也是有道理的，但是用例强调的是某个功能的执行或者实现过程，用例图强调系统功能和系统之外有关因素之间的关系，而非用例之间的数据传送。例如图 9.11 中的用例图就是不合适的，把用例图画成了数据流图。在 UML 中，不同的功能或者活动之间如果有数据传递，可以使用活动图(Activity)来表示。可能有人会说，在一张图中表示了更多的信息有什么不好？如果在一张图中表示了过多的信息，则图就会失去其固有的直观性，喧宾夺主，淡化了该图要表示的主要目的和目标。这里需要记住 UML 建模中的一条原则：每种模型只建模一种特性，不要在一种模型中建模多种特性，这和本书前面指出的在画数据流图时，在一张图中不要画过多的处理的道理是一样的。

图 9.11　不合适的用例图

9.4　用例图和用例模型

9.4.1　参与者与用例之间的关联

1. 关联(Association)关系

　　关联(Association)关系表示两个元素之间的联系，提供了被连接的两个元素之间通信的路径，是两个具体对象实例的具体关系的模板，相当于关系类型。按照通信的方向，关联分为单向和双向两种。关联关系可以存在于参与者、用例、类、接口之间。关联关系是元素之间最一般的关系，因此语义是最弱的。只要两个元素之间存在着某种语义上的联系，则其关系就是关联关系。关联关系使用实线(双向)或者实线箭头(单向)表示，如图 9.12 所示。

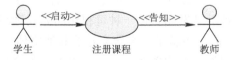

图 9.12　学生启动注册用例

　　两个元素之间可以存在着多种关联关系，每种关联关系都具有不同的语义。比如用户和用例之间既有通信和交互的关系，也有启动的关系。前者是双向的，后者是单向的。在对元素之间的关系建模时，不一定要把所有的关系都建模出来，而是建模最关键的关系，即所谓的系统关键元素(System Significant Element)。图 9.13 中就建模了参与者学生和注册用例之间的启动关系，学生总是该用例执行过程中的主动者，因此该关系是单向的，由学生指向用例。又比如该用例执行完毕后会对另外一个参与者(教师)产生影响，教师可以看到谁注册了自己的课程，这种关系也是单向的通信关系。虽然教师在查询该信息时是双向的操作，但那是在另外一个用例(查询注册信息用例)中做的事情。对学生注册用例来说，其对教师的影响就是单方向的，因为教师不可能代替学生去注册课程，或者控制学生注册课程。如果有一个学生委托教师替代其注册，则此时教师的身份就相当于学生，或者专门给系统增加一个用例替学生注册，但这都是不必要的。

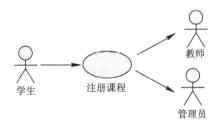

图 9.13　参与者与用例之间的通信关系

　　关联关系一般用动词或者动词短语来命名，表示关系的类型或者目的。如果不想特别说明，也可以省略，只表示有关系。

2. 参与者与用例之间的关系

　　Actor 至少应该和一个用例之间有关联关系。该关联关系可能是启动、通信、交互、影响等。Actor 和用例之间的关系是系统之外因素和系统内部功能之间的关系，是定义系统边界的直观简单的方法。图 9.14 表示了入库是系统的功能，而财务系统是系统之外的元素。

图 9.14　参与者与用例的关系是系统的边界

9.4.2　用例图

　　包括参与者、用例及其关系的图叫做用例图。一个系统会有多个用例，用例图可以形象直观地描述整个系统的关键用例及其关系，也可以描述某个功能的相关参与者和用例的关系，用例图一般放在特定的包下面，如 Use Case Model 包下面。用例图形象直观地描述了系统功能的静态结构和系统边界，即系统做什么、不做什么。参与者、用例及其用例图是抽象或者定义系统功能的一个良好开端，也是一种比较容易掌握的功能需求分析方法。

　　用例图的主要目的是帮助开发团队以一种可视化的方式理解系统的功能需求。包括基于基本流程的“角色”(actors，也就是与系统交互的其他实体)关系，以及系统内用例之间的关系。用例图一般表示用例的组织关系，它既可以囊括整个系统的全部用例，也可以只是完成具有某种或某类功能(如所有的销售管理)的一组用例。图 9.15 描述了网上选课系统的关键用例。

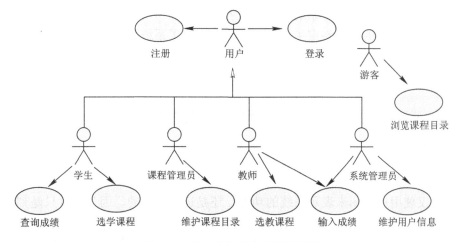

图 9.15　网上选课系统关键用例图

用例图中没有严格的规定必须表现什么，主要是有关参与者和用例。可以单独表现参与者及其关系，也可以单独表现用例及其关系，还可以按照各种分组规则如业务组或者功能组等表现参与者和用例之间的关系。

具体地，在用例图中一般可以表示如下情况。

(1) 表示属于同一个用例包下的所有参与者。

(2) 表示属于同一个用例包下的所有用例。

(3) 表示和一个参与者交互的所有用例。

(4) 表示和同一组参与者交互的所有用例。

(5) 描述系统关键用例，该种类型的图可以作为模型的概要，一般被包括在 Use Case View 包下。

(6) 经常在同一个动作序列中执行的多个用例(类似于流程图)，如采购过程中的多个用例。

(7) 在同一次迭代周期中一起开发的用例。

需要注意的是，每个参与者和用例及其关系至少应该在一个图中出现，如果能够使模型清楚，在同一个图中也可以出现多次。

9.4.3　用例模型

用例模型描述了系统预期的功能及其环境，它是客户和开发者之间的契约，是需求分析的任务之一，也是后期开发，如分析、设计和测试的基础。用例模型也是系统体系结构的要素之一，是从用户或者用例的角度观察系统得到的模型，体现了系统的关键功能。

用例模型中包含用例包、用例、参与者及其关系。其中用例包建模了系统功能的分类和层次结构；用例及其说明描述了系统的功能及为完成该功能，外部参与者和系统之间的交互过程；参与者描述了和该系统功能有关的外部因素(一般是和系统交互的用户等)；参与者和用例之间的关系描述了参与者与用例的控制、通信、交互等关系。在用例模型中一般还包括用例图。

可以从各种角度对系统建模，每种模型都有其目的，体现了某方面相关人员的观点。用例模型是从用户的角度对系统的外部特性进行建模的结果，即 Use Case View Model。建立用例模型的主要目的是针对系统的行为或者外部特性与用户或客户进行交流。因此用例模型必须是容易理解的。它界定了系统的边界，定义了系统要做什么、不做什么。在建立用例模型的过程中，用户及其相关的其他系统都是系统的参与者。用例模型是在充分体现参与者需求的基础上开发的，它能够保证所开发的系统的功能确实是用户所需要的功能。

9.5 用例规格说明

9.5.1 概述

如果仅仅使用用例图来表示系统的功能，还是远远不够的，因为此时只是刻画出了系统功能和外界因素之间的关系，用例的细节还有待更进一步描述。由于用例是使用者观察到的系统功能，因此可以从用例的执行过程来进一步地刻画它们。前面提取的用例只是高层次的功能，属于概念层次，而对其更详细的描述则属于具体细节描述。

有些资料上把用例模型看成是静态模型，有些节上将其看成是动态模型，其实都是有道理的，任何事物都可以从静态(如组成)和动态(如过程)两方面进行描述。只要是从使用者的角度来看待系统功能，都可以认为是用例观点。比如描述系统有哪些功能、功能之间的关系、系统和外界因素之间的关系都可以看成是用例模型静态的一方面，即功能组成及其关系。用例观点的另一方面是功能的使用过程，这是从动态的角度来看待系统功能，是对系统的某个功能进行更详细的描述。在后面的章节中，对系统内部结构进行描述的时候也是通过静态(如类结构)和动态(如对象交互)两方面进行描述的，甚至程序代码的结构也分为静态和动态两方面。

9.5.2 用例的描述模板

根据用例的定义，对用例的描述应该是规范的。用例描述的模板之一如表9.6所示。

表9.6 用例规格描述模板

序号	模板项目	说　明
1	用例名称	每个用例都有一个清晰、无歧义的动名词短语作为名称，如取款、查询成绩等
2	用例目的	用例是为获取有价值的结果而对系统功能的执行，因此每个用例的执行都有最终的目的或者目标
4	参与者	和该用例有关的参与者(Actor)，可以有多个
5	前提条件	用例可以开始执行的前提条件
6	工作流	该项描述了用户和系统在执行该用例的过程中，用户和系统之间的交互细节，包括：用户做什么，系统做什么，除了基本正常的工作流之外，还应该包含异常工作流
7	后置条件	该用例执行完毕后系统的最终状态
8	扩展点	什么条件下，可以扩展为其他用例
9	其他	用例的其他特殊要求，如性能要求、使用频率等

　　不同的资料上针对用例描述模板的介绍可能略有不同。例如，有些增加了用例的唯一标识符、输入数据、输出数据、处理说明，等等。具体描述哪些要点取决于问题类型及开发过程的价值观。需要注意的是，无论描述哪些要点都要从系统外部描述，不要涉及系统内部实现。另外描述要模板化，这样易于发现规律，找出功能的外部操作之间的联系，也易于使非结构化的数据逐步结构化，从而提高开发效率。

　　下面以教学管理系统中"查询成绩"用例为例说明用例的描述方法。

　　用例名称：查询学生成绩。

　　用例描述：学生查询本学期所有课程的成绩。

　　目的：学生通过该用例查看已完成课程的成绩单。

　　参与者：学生、教师。

　　前提条件：学生登录、成绩已登录完毕。

　　事件流：

　　开始：学生在主菜单中选择"查看成绩单"。

　　基本事件流：

　　1. 系统获取该学生上学期所有课程的成绩，整理并显示成绩。

　　2. 学生查看完毕，选择"关闭"。

　　可选事件流：得不到成绩信息，显示信息，学生确认后，该用例结束。

　　结果状态：无。

　　其他扩展：打印学生成绩单。

　　特殊需求：无。

9.5.3　通过用例描述来获取系统的功能

　　用例法是发现系统功能需求，尤其是用户和系统交互中的需求以及系统和系统之外元素之间关系的理想方法。参与者和系统交互的过程是直观的，比较容易理解和把握，所以用它来提取和发现、界定系统的需求。使用用户和系统交互的过程去发现或者确定系统的关键工作流和数据项也是用例思想的主要目的。下面以老师为答辩学生评分用例的描述为例，来说明这种功能分析过程。

　　用例名称：毕业答辩评分。

　　目的：通过该用例的执行，教师完成给毕业设计学生的答辩情况评分。

　　参与者：教师。

　　前提条件(前提用例)：学生基本信息维护、答辩顺序表维护、答辩信息维护(包括论文题目、摘要、ppt、论文正文等信息)，相关信息都已经存放在系统中。

　　交互活动流(可以使用文字、表格、活动图、顺序图来描述)：

　　正常工作流：

　　1. 教师选择[答辩评分]，系统显示所有参与答辩人员的目录(姓名、论文题目、指导教师等)。

　　2. 教师选择某位学生，系统显示该学生详细信息。

　　3. 教师点击[答辩]，系统显示评分界面。

　　4. 教师点击[开始]，系统开始计时。

5．[可选]，计时暂停/开始/结束。

6．教师输入各项评分及提问。

7．教师按下计时结束，系统显示答辩时间，可编辑。

8．教师点击[答辩结束]，系统显示该学生答辩分数。

9．教师点击[返回]则返回到毕业答辩目录页面。教师可以选择下一位学生，重复1～5项。

可选工作流：

5-1．教师点击系统计时[暂停]，[开始]。

7-1．教师输入调整后的时间。

后置条件：该用例正常结束后，系统记录该学生的答辩分数。

用例扩展：查看ppt、查看论文、修改某个学生的评分。

其他：无。

在对功能操作进行分析和描述的过程中，该功能的要求和意义也就清楚了，也就为后续开发奠定了良好的基础。但需要注意的是，用例描述也不能太过细致，更不要去考虑如何实现，否则就超出了用例分析的工作范围。

9.5.4　用例的描述方法及举例

用例描述主要是描述用例的静态和动态两方面特性。包括描述用例名称、用例目的、参与者、用例的前提条件、用例的交互过程或者活动流、用例执行结果、用例的扩展、特殊需求，等等。

其中，用例的工作流就是参与者和系统完成该功能交互过程的描述。描述方法可以采用多种方式进行，如文本方式、表格方式、活动图方式、顺序图方式等，这些方法各有特点，可以根据情况选用。

1．文本描述方法

以学生选课系统在网上选课用例为例。

用例名称：选学课程。

参与者：学生。

用例目的：通过该用例的执行，学生可以注册1～4门课程进行学习。

前提条件：登录。

基本工作流：

1．学生选择注册课程。

2．系统分类显示课程列表。

3．学生浏览课程列表。

4．[扩展点]查看课程详细介绍。

5．将课程加入选课单中，重复3～5步。

6．学生结束选课。

7．系统将选课单中的课程注册。

8．系统显示目前学生所选课程。

可选工作流：

7-1．系统注册课程出现课程冲突。

8-1．系统显示冲突课程名称和选择成功课程，提示用户重新选择。

后置条件：系统记录学生成功注册的课程。

其他：无。

扩展用例：查看课程明细。

在用例规格描述中，用户和系统交互的工作流描述是非常重要的，除了使用上述的文本方式描述之外，还可以使用事件流的活动图、顺序图、表格表现方法等。

2．事件流的活动图表现方法

活动图类似于流程图，但有所扩充，可以表示并发流程。带有泳道的活动图可以表现出系统中不同角色的行为分配。活动图中比较适合于表现分支和并行活动，例如学生答辩、教师评分、教师提问等。教师评分用例的事件流的活动图如图 9.16 所示。这种方法的主要缺点是需要专用的工具，可能会将事件流绘制得非常复杂。

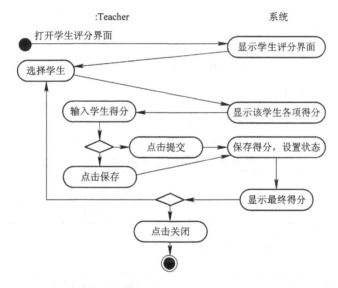

图 9.16　用活动图表示的用户交互事件流

3．事件流的顺序图表现方法。

顺序图的特点在于描述对象之间的交互，强调顺序性，但其不适合于描述复杂的流程和并发操作。UML2.0 在顺序图中引入了分支和循环的机制，增强了顺序图的表现能力。在参与者与系统交互的工作流描述的顺序图中，只需要设定两个对象，即用户和系统，用 Object Message(→)代表用户向系统发送的消息，Return Message(↩)代表系统向用户响应的信息，自反消息(⊐)表示系统做的不需要向用户反馈的处理或者操作。用顺序图表示的教师评分用例的正常工作流如图 9.17 所示。其缺点是需要专门的工具，也可能会绘制得非常复杂，不适合于表示分支和并发等。

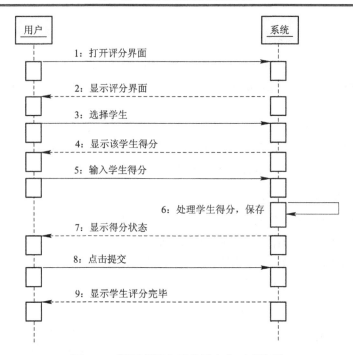

图 9.17　用顺序图表示的用户交互事件流

4．事件流的表格表现方法

事件流的表格表现方法见表 9.7。这种方法兼具直观和简单两种特点，不需要任何专用的工具，但不适合于描述复杂的交互流程，也不适合于描述分支和并发。

表 9.7　用表格描述的事件流

序号	教　　师	系　　统
1	打开评分界面	显示评分界面
2	选择学生名单	显示该学生成绩项目
3	输入各项得分，点击保存	保存各项得分
4	点击提交	系统保存最终得分，并设置状态

9.6　用例描述中常见的错误举例

如前所述，用例规格描述对需求的获取是至关重要的。但是初学者由于对用例思想的理解不十分准确到位，因此在描述时往往会犯一些错误。下面以学生选课系统为例，来说明用例规格描述中常犯的错误。

1．只描述用例目的，不描述用例的过程

例如，"选修课程"用例的描述为：该用例实现了学生选修课程的功能，在该功能中学生可以查询目前开设课程的信息、任课教师信息等，学生可以选择 4～6 门课程。

存在的问题：没有描述学生与系统的交互过程。

2．只描述参与者的行为

例如，"选修课程"用例描述如下：

(1) 学生查询开设课程列表。

(2) 学生查询任课教师信息。

(3) 学生选中课程，加入选课单。

(4) 学生提交选课单。

3．只描述系统的行为

例如，"选修课程"用例描述如下：

(1) 系统显示主界面和课程列表。

(2) 系统验证学生选择课程的合法性。

(3) 系统提示选课完成。

4．描述系统的内部行为

例如，"选修课程"用例描述如下：

(1) 学生选择选课功能，系统显示课程列表页面(CourseDisplay.jsp)。

(2) 学生选择课程，点击加入选课表。

(3) 系统调用选课表类(ChooseCourse)的加入课程方法(addCourse())，将此课程加入到临时选课表中。

(4) 学生提交选课结果，系统调用选课管理类(ChooseCourseManager)的校验方法Verifty()来确定选课的合法性(如该课程人数是否已满、该学生所选课程已满等)。如果没有问题，则显示选课完成；如果有问题，则提示问题类型。

本用例规格描述中的问题是在用户和系统的交互过程描述中涉及到的实现细节，如参与的对象和方法等，这些细节应该在用例实现(Use Case Realization)中使用顺序图的类工具来做精确的描述。用例描述是强调其可理解性，其阅读对象包括用户等不懂技术细节的人，所以不能涉及到技术细节。

5．过分细致的描述

以"学生注册"用例为例，描述学生注册时和系统的交互过程如下：

(1) 学生点击[注册]按钮，启动注册用例。

(2) 系统弹出注册页面。

(3) 学生输入学号、昵称、真实姓名、性别、出生年月日、联系方式、电话、地址、籍贯、专业、班级、爱好……

(4) 系统验证用户信息是否有误，如果没有错误则提交信息到数据库，并显示注册成功。

(5) 如果有错误，回到(2)，并显示错误信息。

该用例规格描述中的问题在于用例工作流太注重描述数据的细节，例如输入的信息细节，此细节应该在数据字典或者业务对象中精确描述。如果在这里对交互数据做详细、精确的描述，就会忽略关键的交互过程和活动，忽视了用例的主要目的。另外还需要维护与业务对象数据的一致性，增加维护工作量。记住：UML 中的每种图只解决一个问题，不要期望在一张图中解决所有问题。

6. 功能分解层次太深

以"维护教授基本信息"用例为例，其目的是对教授的基本资料进行维护。

(1) 管理员选择维护教授信息。

(2) 系统显示所有教授基本资料列表。

(3) 选择添加教授信息。

(4) 系统弹出新增教授对话框。

(5) 输入新增教授的名字、部门、专业等。

(6) 点击保存。

(7) 系统校验数据内容，提交数据库，显示新增成功对话框。

(8) 用户关闭对话框，新增用户显示在教授基本资料列表中。

(9) 选择某教授。

(10) 点击删除按钮。

该描述存在的问题是维护教授信息用例应该是一个大粒度用例，可以有三种不同的处理方法。一是分解成更小的用例，例如新增教授信息用例、修改教授信息用例和删除教授信息用例。另一种方法就是增加可选工作流路径，例如将新增教授信息作为基本工作流，删除教授信息和修改教授信息作为可选工作流。第三种方法就是利用用例之间的泛化或者扩展关系来重用用例的行为和特性，例如，教授的增、删、查、改用例的开始工作流都是一样的，后面具体的维护操作有可能不同。此时让具体的增、删、改、查用例继承维护用例，来具体描述其操作的工作流，此时的维护用例可以看成是抽象用例(注：这种方法的后续实现也可能采用这种继承结构，由一个父维护类和几个子维护类实现，因此功能的结构有可能映射为程序的结构，这也是面向对象方法在用例模型中的应用)。也可以把增、删、改用例描述成教授信息查询的扩展用例。两种用例结构的实现关系图如图 9.18 和图 9.19 所示。

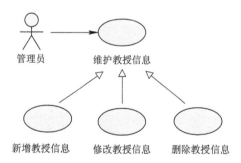 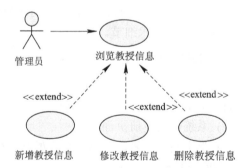

图 9.18　使用继承结构实现大粒度用例　　　图 9.19　使用扩展结构实现大粒度用例

上述的思路是一种功能分解的思路，适当地分解是可以的，可以抽取出功能之间的关系。但是如果采用这种思路把功能分解的很细，而把具有很小粒度的功能作为用例，如检查新增教授的信息是否合法等，这样就有违用例方法的初衷。应牢记用例是一个为了获得有价值结果的完整的操作流程。

同一个问题存在多种建模方法是很正常的，这反映了对同一问题从不同角度进行观察所得到的看法和抽象不同，正像数学中的一题多解现象一样。

7. 用例的数据流描述过多

此处以采购系统中的询价用例为例来说明在描述用例的过程中，过分描述数据输入、输出的不妥。

用例名称：报价管理。

用例目的：根据请购单数据，向各个相关厂商咨询有关商品的价格信息，并输入到数据库中，产生报价单。

输入：请购单、厂商信息。

工作流：

1. 打开报价管理功能，显示未报价的请购单。

2. 选择一个请购单。

3. 输入询价厂商，产生询价单。

4. 打印或者发送询价单。

输出：询价单。

这种描述存在的主要问题在于：如果在用例描述中过分强调数据输入和数据输出，则用例分析很容易变成基于 IPO 的描述方式。该种描述方式以描述系统处理为主，可能会导致忽视用户和系统的交互，或者陷入描述处理细节中。为避免此类问题，如果该用例需要有重要的数据输入，可以作为前提条件处理；如果有重要结果，可以作为后置条件对待。对上述用例描述修改如下：

前提条件：未询价的请购单、厂商资料。

工作流：　　(和上面一样)。

后置条件：产生询价单。

用例规格描述是文本文档，但又具有一定的结构和要求，否则会变得不规范或有歧义。这种文档称为半结构化文档。为了能够保证系统分析人员写出合格而高效的用例规格说明文档，可以应用 XML 技术定义用例规格，并将描述文档的文件类型定义为 DTD 或者 XSD 文档，然后在专用的编辑工具中就可以按照事先定义好的文档结构进行描述了。如果描述不到位或者出错，编辑工具会自动给出错误，就像在集成开发环境中写程序一样。这样就可以保证这种具有一定结构要求的文档形式的正确性和规范性。这样描述出来的文档还容易用来进行后继工作的自动化处理，如产生测试用例文档，等等。目前这种可以检查文档类型的编辑工具有很多，如 Eclipse、XMLSpy 等。

9.7　使用用例方法发现和确定系统功能需求

用例视图的特点之一在于它从使用者的角度来观察和描述系统功能；特点之二就是它详细描述用户和系统的交互过程。这两种情况下都把系统看成黑盒，不涉及系统内部细节。这种方法获取的功能更加具体，也更加容易让用户理解，因此也就更容易与用户交流。

用例实际上就是系统功能，不过前者是系统功能的更具体、更过程化的描述，后者是系统特性的抽象描述。可以认为用例是面向交互过程的功能描述。既可以从参与者的角度去了解系统的功能用例(此时的用例可以从业务用例中过渡过来)，也可以从业务流程中去获取用例，业务过程中的业务操作或者业务活动都可能成为业务用例或者系统用例。

9.7.1 通过 Actor 来发现用例

用例模型抽象了系统的功能需求。一个复杂的系统具有大量的功能需求，如何确定并细化这些需求是需求分析阶段的一项重要任务。用户是最终系统功能的使用者，他们关心的是系统的最终功能，每个用户可能关心系统不同的功能或者说不同的侧面，所有用户对系统的功能认知情况组成了该系统的功能全息图。因此从他们的角度来描述系统，或者发现用例，更具有针对性和直观性，所分析的结果也更容易得到用户的认可。

下面以教学网站的功能分析为例来说明这种通过用户来发现系统用例的方法。教学网站的目标就是要建立一个网上教学平台，供教师、学生、家长来使用。教学网站的主要参与者或者最终用户有教师、学生、家长。其中有很多功能容易使人混淆，如网上课堂，可能教师、学生、家长都会登录进去，但其目的是不同的。网上课堂或者网络上课是作为系统的一个功能还是针对每种用户都作为一种新的功能，这是令很多用例分析人员困惑的地方。如果从参与者的角度和用例本身的含义来看，不同的参与者上课应该算作不同的用例，也就算作不同的功能。用例是和参与者相关的，如果不从参与者出发，则上课只能抽取成一个用例，见图 9.20。如果从参与者角度出发，则上课被抽取成三个用例，并给予不同的命名，见图 9.21。虽然这些用例有很多相似的地方，但其目的是不一样的，因此应该算作不同的用例，至于其相似性，则可以通过用例之间的关系，即建模用例结构来体现。

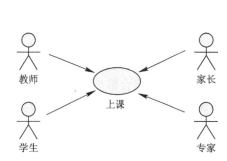

图 9.20 不同的参与者共用一个用例

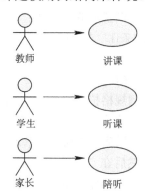

图 9.21 不同参与者的同名操作

汉语"上课"应用到不同的参与者，意义是不一样的，教师上课和学生上课完全不同，这时候最好使用不同的用例，而且给其以不同的名字，如讲课、听课。这样，图 9.20 中的一个用例变成三个用例。

这三个用例的意义比较明确，它们的目的不一样，导致界面、交互过程、使用功能都不一样。如果觉得这三个用例有共性，例如都要登录、都要选择某门课程，都要进入教室等，则可以抽取其父用例，例如上课，此时图 9.21 变成如图 9.22所示。

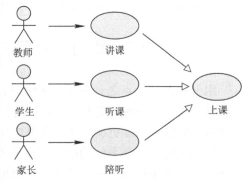

图 9.22 父用例的抽取

类似的用例还有选课、报价、下订单等。总之，从参与者角度出发，可以发现其相关的功能，以及不同参与者使用的同名功能之间的区别。这样就能够更好地发现、建模系统的功能结构及功能使用过程，为下一步的开发奠定良好的基础。这就是所谓的参与者驱动(Actor Drive)开发模式。

9.7.2　通过业务用例和业务流程来发现用例

在 UML 建模中，用例分为业务用例(Bussiness Use Case)、用例和用例实现(Use Case Realization)等版型。业务用例对应着组织中原来的业务目的及执行过程；用例对应着系统的功能，是从使用者的角度看待的系统功能；用例实现从实现者的角度来看待系统功能。

这也相当于从不同参与者角度来看同一个功能。业务用例相当于从业务专家的角度来看；用例相当于从用户的角度来看；用例实现相当于从开发人员的角度来看。当然还可以从测试人员或者安装人员、培训人员的角度来看，这样又可以定义其他用例版型。一般来说，业务用例的粒度要比用例的粒度大，参与的角色或者业务工人也比较多，涉及的交互流程也要比用例的交互过程复杂。用例的交互过程一般限于一个用户在执行某功能时和系统之间的交互，而业务用例或者业务流程则会涉及到为完成一个更完整、更复杂的业务目标而需要的多个参与者和多个系统功能交互的过程。从这个角度来描述系统，能够得到系统更完整、更全面的视图，从而定义更合适、更全面的用例模型。这就是所谓的业务驱动(Bussiness Drive)模式。图 9.23 是某企业的采购业务流程，对应着采购业务用例，从其中我们可以抽象出更多的系统用例。

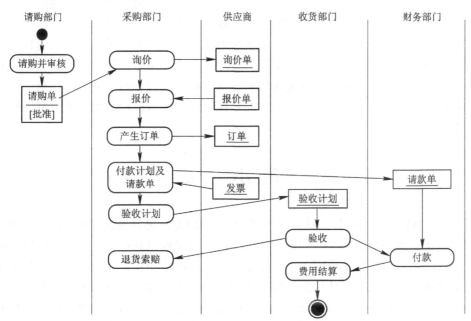

图 9.23　某企业的采购业务流程

从业务流程中发现的 Actor 和 Use Case 如图 9.24 所示。

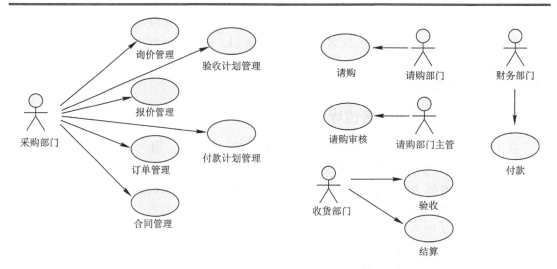

图 9.24　从业务流程中发现的 Actor 和 Use Case

9.7.3　多视角的建模

　　现代软件建模理论强调从多角度来观察软件系统并进行建模。不同参与者从不同的角度来看待系统，得到的结论是不尽相同的，但这些结论又必须是一致的。这正像从不同的角度观察三维世界中的实物，得到的图形不一样，但又相互联系、反映了同样的实体。投资者、硬件技术人员、用户、业务专家、分析人员、设计人员、程序员、测试人员、实施部署人员、培训工程师等都会从自己的角度来观察系统，因此得到的结论不尽相同。分析人员关心系统的外部需求，设计人员关心系统的结构，硬件人员关心软件的运行环境，即使是客户也可以分成多种类型，如决策层、管理层、业务层等，他们对同一套系统的需求都是不一样的。有些参与者关心高层模型和体系架构，有些参与者关心操作细节和代码细节，所以完整的系统模型要从每个参与者的角度来定义或者建模系统，也只有这样，系统模型才能真正反映用户客观完整的需求。

9.8　小　　结

　　相对于 OMT 和 OOSE 技术的对象模型方法，用例方法更容易认识和确定系统的功能需求，因此是建立系统功能需求的理想方法。用例的重要价值观在于它强调从使用者出发，面向使用过程来认识系统。用例模型从使用者的角度观察和建模系统，体现了从外及内、由表及里的系统认识规律。从用例建模方法来看，似乎和面向对象的思想、方法、技术关系不太大。但由于其易用性和直观性，是发现系统对象、建立系统对象模型的理想方法。因此用例模型成为 UML 建模语言和 RUP 过程模型中的重要组成部分，是诸如建立系统逻辑模型、测试模型等系统后续开发工作的基础。

习　题

1. 什么是用例？用例思想的主要价值观是什么？

2. 用例之间有几种关系？分别有什么作用？

3. 如何理解用例的静态性和动态性？

4. 什么是参与者？参与者有几种类型？

5. 考察你周围的一个系统或者组织，观察有哪些用户类型，把它们抽取成为 Actor，并建立其泛化关系。

6. 组织的部门应该建立成参与者还是包元素？部门是否是组织信息系统的内部对象？

7. 什么是用例的规格说明？试针对如下系统用例进行用例规格描述：

(1) 在教务系统中，输入学生成绩，用户是教师。

(2) 在销售网站上，购买商品，用户是普通用户。

(3) 在物业管理系统中，查询水电费，用户是业主。

(4) 在行政办公系统中，发送通知，用户是办公室主任。

(5) 在绘图系统中，选择图形和颜色，绘制该图形，用户是普通用户。

(6) 网络聊天室中，注册用户并加入到聊天室中，用户是普通用户。

(7) 网络聊天室中，创建一个群或者组，用户是管理员。

(8) 科学计算中，求解一个方程组，用户是普通用户。

第10章 分析设计与对象模型

10.1 类和对象的定义

在第 7 章面向对象技术概述中，我们已经对类、对象等概念进行了简单的介绍，在这一小节中，对这些概念进行更严格的定义和说明。

10.1.1 类的定义

在 UML 中，类的定义为：类是一组对具有相同属性、操作、关系和语义的对象结构的描述。在 Rational Rose 的联机帮助中，类定义为：类是具有共同结构(structure)和行为(behavior)的一组对象(属性、操作、关系和语义)的共性抽象，是对象的模板。类也是对现实世界事物的抽象。现实世界中具体的事物叫做类的实例，或者简称为对象。

在文献《软件体系结构研究进展》中类的定义为：类表征了正在建模应用中的离散概念——物理事物(如飞机)、商业事物(如订单)、逻辑事物(如广播节目表)、运算事物(如哈希表)、行为事物(如某个任务)。类是具有相似结构、行为、关系的一系列对象的描述，所有属性和操作附加于类或者其他分类，面向对象的系统围绕着类进行组织。

类定义了一系列具有状态和行为的对象。状态由简单属性和关联属性来描述。简单属性通常使用单纯数据类型，如数字或者字符串，关联属性使用具有标识的连接对象。可调用的行为表达为操作，方法是操作的实现。对象的生命周期由类所附带的状态集来表述。类的图符采用由类名称、属性和操作分割的矩形框来表示，如图 10.1 所示。

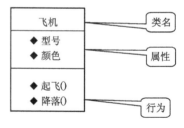

图 10.1 类的图形表示

对象是具有标识、状态和可调用行为的离散实体，是建模人员理解和构建系统的分离的单元，它是类的实例。对象构造了系统，类是理解和描述众多同类型对象个体的概念。在现实世界中，类和对象间是抽象和具体的关系。在程序中，类是静态的定义，对象则是动态的变量。类是在定义程序结构时描述的，对象则是在程序执行时才动态创建的。

10.1.2 类的定义讨论

从现实世界或者问题域来看，类是一组具有共同结构的对象的集合或者抽象。对象则是能够唯一标识并确定其属性和行为的任何事物，包括各种具体的实物，如汽车和力那样的抽象概念。汽车类是各种汽车共性的抽象，学生类是所有学生共性的抽象。这种抽象的共性主要指结构上的共性。如每个学生都有学号、姓名属性、查询成绩的行为，但每个学生实例的属性值不尽相同，行为结果也不一样。所以类抽取的只是结构的共性而不是每个对象实例的值，相当于模板。从这个定义出发，我们可以把现实世界或者问题域中的事物都抽象成概念模型中的类。事物的性质、属性或者状态抽象为类的属性；事物的行为、操作或者对外提供的服务抽象为类的操作。这种方法有利于我们分析问题域，建立概念模型和分析模型。将世界上所有的事物都看成是对象，并在此基础上解决问题，是面向对象的世界观和方法论。

例如，租车公司具有各种各样的汽车品牌，则其对象模型如图 10.2 所示；在工程力学领域中，有集中力、力偶、分布力等类型的力，据此建立起来的力学问题模型如图 10.3 所示。

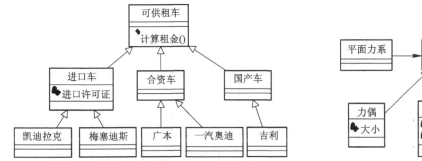

图 10.2　租车公司的汽车对象模型　　　　　图 10.3　力的对象模型

在后面的叙述中，有时候不区分类和对象这两个概念。对象模型实际上是类模型，此处的对象是泛指，表示类，除非专门指出是对象实例。从问题域或者现实世界中抽象的对象，一般都与现实世界中的事物一一对应，或者具有原型。由此建立起来的对象模型，对应了现实世界的某个领域，因此表示了现实世界中事物之间的客观性质及联系，这种模型称为概念模型，类似于数据建模中的 E-R 模型。使用对象或者类来表示现实世界的事物，使用类之间的关系来表示现实世界中事物之间的关系，这种概念模型叫做对象概念模型，也叫做业务对象模型，有时候简称为对象模型。该对象模型经过演化，会变成最终的软件系统模型中的一部分。概念模型中的类演化成程序中的类，现实世界中的对象演变成程序中的对象变量。

10.1.3　类的程序语言定义及和现实世界类的映射

类的定义最早来自于面向对象程序设计语言，如 smalltalk、C++等。在面向对象程序设计语言中，通过关键字 class 将一段相互关联的完整代码模块定义成一个类。从语言的角度来看，只要是由 class 关键字定义的一段程序代码(包括变量定义和函数定义)，都可以成为语法正确的类。如世界上最简单的类：class A{}，这是类的形式定义。在大括号中可以定义变量和方法，所以语言中类定义的一般形式为

```
class 类名{
    变量定义；
    函数定义；
}
```

以上定义也可以解释为

类=数据结构+操作

程序语言中类定义的严格形式是和具体的语言有关的，但其本质却是一样的。类可以用来表示现实世界、问题域事物或用来表示概念。在所有的面向对象程序设计语言中，类也相当于一种自定义数据结构或者类型，类似于 Pascal 语言中的记录类型(Record)和 C 语言中的结构体类型(struct)。不一样的地方仅在于除了可以定义成员变量之外，还可以定义成员函数，另外给成员增加了访问控制符(private/protected/public)等，以控制成员的对外可见性。

只要符合程序语言语法的类都是语言合理的类，其完全可以与现实世界或者问题域中的类没有关系。例如，class HelloWorld{ }就与现实世界中的对象没有任何关系。现实世界中的类却可以转换成程序语言中的类，现实世界中的对象实例可以转换成程序中的对象变量，这一转换的抽象过程如图 10.4 所示。从上述现实类和程序类的关系来看，程序类实际上是现实类的程序抽象，正如数学中的图形概念是现实世界事物形状的抽象一样。

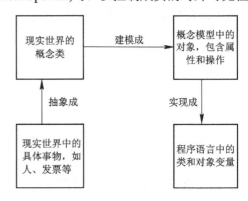

图 10.4　对象从现实世界到程序世界的抽象过程

图 10.5 给出了上述对象抽象过程的一个实例。在现实和概念世界中，类是事物属性和操作结构共性的抽象，对象是具体事物的抽象。在程序语言中，类是数据结构和操作结构的抽象，变量是程序内存空间的抽象。由此可以看出，类和变量都是联系现实世界和程序世界的桥梁。

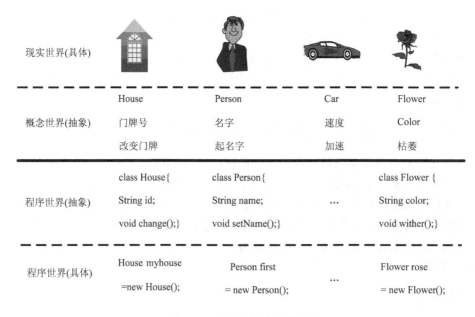

图 10.5　对象抽象过程的实例

10.1.4　类的高级概念

1. 类元(classfier)

类元是描述结构特征和行为特征的机制，包括类、接口、数据类型、信号、构件、节点、用例和子系统。在 UML 中，某些元素是没有实例的，如泛化关系和包。类元实际上就是那些具有实例、除关系外的 UML 建模元素的抽象。

在上述概念中，类的定义已经给出；接口用于描述类或者构件的服务操作集；数据类型则包括语言中所有的内置类型和枚举类型；信号是实例之间异步通信消息的规格说明；组件是将实现隐藏在一定外部接口内的系统模块；节点是运行时存在的物理元素，表示可计算的资源，至少包括一定的内存，有时候也有一定的处理能力；用例是系统为特定的参与者产生可观察的结果而执行的一组动作序列的描述(包括各种情况)；子系统表示系统的一个组成部分或者一个子集。

2. 可见性

在对类元属性和操作的规格描述中，最重要的内容是可见性(visibility)。可见性描述了该类元及其特性能否为其他类元所使用。类元的可见性被划分为如下三种级别：

(1) 公有的(public)：任何其他类元都可以使用该级可见性规定的特性，使用+表示。

(2) 保护的(protected)：类元的任何子孙都可以使用该特征，使用#表示。

(3) 私有的(private)：只有类元本身可以使用该特征，使用–表示。

3. 范围

对类元的属性和操作规格描述的另一个细节是该属性和方法的存在范围。该范围描述了属性和方法是出现在每个实例中，还是作为所有实例共享的。在面向对象语言中，前者称为对象属性和操作，后者称为类元属性和操作，使用 static 修饰。

4. 抽象

在类的继承层次结构中，位于顶层的类通常是没有实例的抽象类。这些抽象类描述子类公共的特征，其中有些操作则是没有实现的抽象方法。抽象类可以定义子类的公共接口，将实现延迟到子类去实现，这样就可以将不变的、抽象的特性提取到高层元素中。

5. 多重性(multiplicity)

使用类时，对每个类的实例数目要求是不定的，有些类没有实例，有些类只有一个实例(单体类)，有些类则具有很多的实例。一个类可能拥有的实例数目称为多重性。多重性也可以应用于属性和关联关系的角色上。

6. 属性

属性是类的结构特征。属性规格的描述需要如下信息：可见性、属性名、多重性、类型、初始值、可变性。其 UML 语法形式为

[可见性]属性名[多重性][:类型] = [初始值][{可变性}]

其中，可变性包含三种情况：可变(changeable)、只增(addOnly)、只读(readonly)。只读也称为 frozen，在 C++中称为 const，在 Java 中称为 final。

例如：−origin:Point=(0,0){changeable}。

7. 操作

一般来说，在大多数抽象层次上，当对类的行为特征建模时，只需简单地写出每个操作的名称即可。也可以详细地描述操作的可见性、范围、操作参数、返回类型、并发语义和其他特性。操作名称加上参数和返回类型称为操作的签名。

注意：UML 中界定了操作和方法的区别。操作规定了可以由任何对象请求的服务，而方法则是操作的实现。每个非抽象的操作都必须有一个方法，方法提供了执行算法。在继承的层次结构中，针对一个操作可能有不同的方法，通过多态性选择可以在运行时自动调度方法。在 UML 中，操作的完整语法定义如下：

[可见性] 操作名称 [参数列表][:返回类型][{特性串}]

例如：set(n:Name, s:String)，restart(){guard}。

参数的语法形式为

[方向]参数名：类型[=缺省值]

其中，方向包括：in，输入参数，不能修改；out，输出参数，可以修改；inout，输入输出参数，可以修改。

还有四种可用于操作的特性定义

(1) 查询(isQuery)，该操作不改变对象的状态，属只读操作。

(2) 顺序(sequential)，调用者必须在对象外部协调好，这样对象内部一次只有一个控制流。

(3) 监护(guarded)，在多控制流的情况下，通过序列化的方法保证对象的语义和完整性。

(4) 并发(concurrent)，在多控制流情况下，通过将操作看作原子操作来保证对象的语义和完整性。

8. 模板类(或者参数化类)

模板类是参数化类，在 C++或者 Ada 中都可以定义这样的类。每个模板类都定义一组类，这些类具有一定的共性。在模板类中包含类或者类型，对象或者值作为参数。模板类必须经过实例化以后才能使用。实例化过程就是将形参变成实参的过程(函数也相当于一种模板)。经过实例化的模板类就像普通类一样使用。

例如，C++中的堆栈类为

```
template <type T>
class   Stack{
  T stack[];
    ⋮
}
```

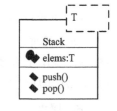

图 10.6　模板类

实例化 Stack<int> s 即定义了一个整型元素的堆栈。

Java 语言中没有定义模板，但是可以通过向上造型的方法，将同一个继承分支下的类看成是一种类型。jdk1.5 则通过泛型(generic)提供了容器类的模板化，如 ArrayList<Integer>。

模板类是具有相似结构的类结构共性的抽象。在 UML 中，使用右上角虚线框中标注参数的方法来表示模板类，如图 10.6 所示。

9. 标准元素

对类可以使用 UML 的所有扩展机制。如使用标记值(tag value)来扩展类的特性，如版本，用版型来描述新类型的构件，如网页元素。UML 中定义了四种用于类的标准版型：

(1) 元类(metaclass)：其对象都是类的类元。(类似于 Java 中的 Class。)

(2) 强类型(powtype)：其对象都是给定父类的子类的类元。

(3) 版型(stereotype)：可用于说明其他元素版型的类元。

(4) 实用程序(utility)：类的属性和操作都是静态的类，如 jdk 中的 Math 类。

10.2　对象、类之间的关系

10.2.1　泛化(Generalization)

泛化关系是一种类的结构关系。泛化关系是相似类之间共性的抽象，是一般性类和具体类之间的关系。用实线空心箭头来表示，箭头方向指向较一般性的类。泛化关系也就是通常所说的 ISA 或者 IS A KIND OF 关系。泛化关系说明子类对象是一个父类对象或者说是一种父类对象。如图 10.7 所示，我们可以说卡车是一个汽车。泛化关系也就是面向对象语言中的继承关系，但这里呈现的父类和子类之间的关系更像分类关系而非现实世界中的继承和遗传关系。分类关系建立在具体和一般概念之间，即两个抽象程度或者级别不一样的概念之间，而继承和遗传存在于两个同等抽象级别的概念或实体之间，如父与子。这一点在需要抽象泛化关系时要特别予以注意。

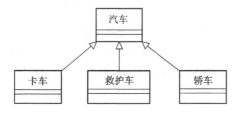

图 10.7　泛化关系

在早期的面向对象技术中，比较强调继承关系，因为继承可以高效地重用代码，也使得程序代码更加紧凑。通过继承和扩展机制，可以不断地在已有类的基础上增加新的类，在已有功能的基础上增加新的功能，在已有代码的基础上增加新的代码。这样扩充出来的类、功能和代码之间有着较强的耦合关系，因此程序结构相当稳定。

但是，过度继承带来的问题是：封装性减弱、代码耦合度增强、结构臃肿、不易变化。另一方面，继承导致子类的粒度增大，不利于被灵活地重用。所以近年来的面向对象技术都要求慎用泛化关系，强调不能无原则地使用继承。提倡遵循适应变化比提升重用率更重要，分离代码比合并代码更重要，重用抽象类型比重用具体代码更重要的原则。

只有本质上是同一类的事物才能使用泛化关系，比如说不同种类的汽车、电话卡、账户等等。不同种类的事物虽然有共性，即使共性很多，也不能使用继承。例如银行、存折、银行卡、账户都具有存钱、取钱、转账和查询的操作，但不能让存折或者银行卡类继承账户类。这些对象在完成某个功能时的关系是协作关系，而且每个对象的同名操作的接口也有所不同。这种共性关系一般使用接口来实现，接口机制更为灵活。

泛化关系只是事物的分类关系。抽象泛化关系时多从事物的分类角度去考虑，而不要只从代码继承的角度去考虑。例如在平面上的点类基础上去定义直线类，从代码继承的角度来看，似乎是可行的，可以重用点类中已定义的代码。但这种做法直接导致直线类继承了很多关于点的操作，以至于点和直线的操作混合在一起，为程序的进一步开发留下了隐患。泛化关系是 ISA 关系，即子类对象是一个父类，如果使用该原则判定上述直线的实现，则得到"直线是一个点"，这显然是不对的。直线类和点类之间的关系使用关联或者聚集更为合适。因此不如将图 10.8 抽象成图 10.9，又如，不如将图 10.10 所示的账户和存折之间的泛化关系抽象成图 10.11 中的接口实现关系。

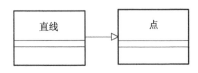

图 10.8　直线与点之间的泛化关系

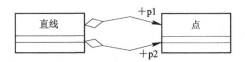

图 10.9　直线与点之间的组成关系

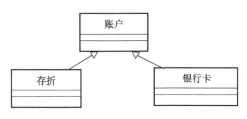

图 10.10　账户与存折之间的泛化关系

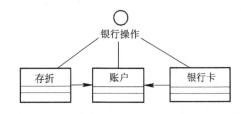

图 10.11　账户与存折之间的共享操作关系

后者的结构更为灵活，也反映了事物的本质。例如，将来如果手机卡(SIM 卡)直接可以进行银行操作，则只需要增加一个类，使其关联账户并实现银行操作接口即可。这种实现方式应用了包装(wrapper)或者适配器(adapter)设计模式。如果让其继承账户类则其意义不对，也比较难以扩充。

10.2.2　关联(Association)

关联关系表示不同类的实例之间的结构关系或者语义联系。关联关系也可以表示为一种通信关系，代表一个对象知道或者认识另一个对象。这样该对象才能向另一个对象发消息。一个对象可以完全包含或者拥有另一个对象(aggregation 和 combination)，也可以只包含另一个对象的引用(相当于知道另一个对象的地址或者电话号码，如果不知道该对象的地址是无法与其通信的)。

关联关系一般都是二元的，即只存在于两个类之间。关联可以用连接两个类的实线箭头表示。关联本身可以有名字，或者其两端的角色(role)具有名字。关联名代表关联的语义，角色是所属一个类的实例在另一个类中的引用名或者代理，另一个类利用该名字向关联对象发消息。两个类之间可以建立多个关联关系，但每个关联关系的语义和 role 是不一样的，即引用和代理不一样或者作用不一样。

关联名应该使用更有确切含义的名字来命名,而不是使用一般的 has 或者 use 等来命名。

角色名也一样，例如，Computer 关联一个鼠标，role name
应使用"鼠标 1"来表示更确切的含义，而不是使用"输入
设备"这样更一般性的概念来表示，如图 10.12 所示。

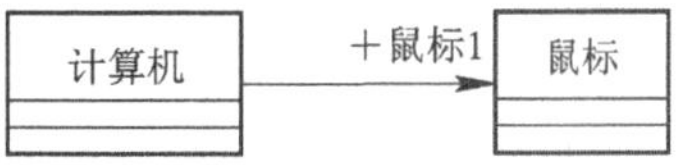

图 10.12　关联关系

1. 关联的多重性或度(Multiplicity)

对每个角色都可以指定其多重性，即参与该关联关系的对象实例个数。使用中间两个
圆点隔开的两个整数(如 1..10)代表的范围来表示其取值范
围。*代表多个。如一个客户可以关联多张订单，则在客户
和订单的关联关系中，订单一方的多重度为 1..n 或者 1..*。
注意：单个*代表 0..*，即 0 个或者多个；0..1 代表可选的，
如图 10.13 所示。

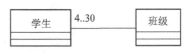

图 10.13　关联关系的多重性

2. 导航性(Navigability)

角色的导航性表示从关联的一个类访问另一个类的可能性。这可以通过几种方式实现：
定义对象引用，通过数组、哈希表或者其他实现技术来允许
一个对象参照另一个对象。导航性使用箭头表示，指向关联
的目标。例如：学生和班级的关联关系，每个学生都知道其
班级，每个班级也知道其学生，这就是双向的导航性。在
UML 中，双向的导航性使用没有箭头的直线来表示，如图
10.14 所示。图中，4..30 表示一个班级可以有 4～30 个学生。

图 10.14　关联关系的导航性

3. 自反关联关系(self-associations)

有时候一个类可以关联自身，但不表示该类的某个实例
关联该实例本身(这会形成递归)，而是关联该类的另一个实
例。在自关联中，角色名字用来说明该关联的目的和语义，
如课程和其先导课程之间的关系。图 10.15 中，每门课程都
有 0 或者多门先导课程。

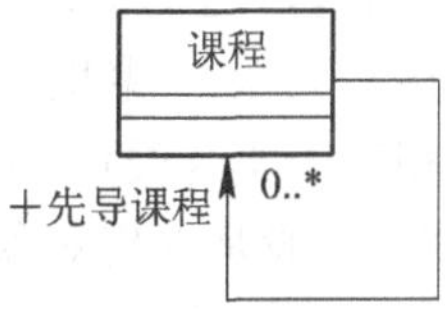

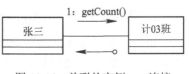

图 10.15　自反关联关系

4. 连接(link)

关联是建立在类的基础上的，关联本身也可以看成是
一个类。当类实例化时，关联也会实例化，关联的实例称
为 link，因此，link 是实例对象之间的关系。消息可以在
link 上发送，link 也可以表示对象之间的引用和聚集。在
UML 中，link 可以画在协作图中，如图 10.16 所示。

图 10.16　关联的实例——连接

5. 关联类

普通情况下，关联只是属性变量。但如果关联本身也具有类的特性，如属性、操作和
关联等，则需要使用类来表示关联，该类称为关联类。如学生和教师之间的关联关系就对
应着课程类，该课程类具有上课时间、地点、成绩等属性，对应着计算成绩、修改时间、
地点等操作，课程类还可以对应考勤等关联属性。关联属性因此需要使用类来表示，该类
对应着学生和教师的关联关系，是对关联关系的进一步说明。每个链接 link 对应一个关联

类的实例。关联类一般用于多对多关联中，此时关联的属性放在任何一端类中均不合适。使用关联关系到关联类的虚线来表示关联类和关联关系的所属关系。图 10.17 中，关联关系两端的类中都可以包含关联类的实例作为属性。

6. 限定关联

限定词用于进一步地限制和定义参与关联的实例集合(role)，一个对象和一个限定值通过关联可以唯一地确定一组对象，从而形成了组合键。限定关联通常可以减少角色的多重度。图 10.18 中，一个订单关联多个订单项，每个订单项对应一个产品。

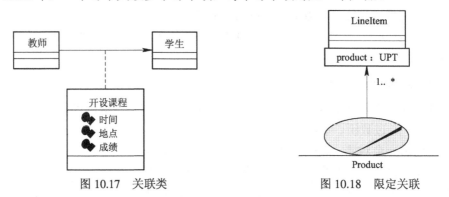

图 10.17　关联类　　　　　　　　图 10.18　限定关联

10.2.3　聚集(Aggregation)

聚集关系一般用来表示对象之间的整体与部分的组成关系或者包含关系。例如，操场和学生、足球俱乐部与足球运动员、图书馆和书籍、汽车和车轮、部门和雇员、计算机和组成设备等，这也就是通常所说的 HASA 关系(区别于前面所说的 ISA 关系)。聚集关系的 Client 端(关系的起始端)称为聚集类(相当于集合类)，其对象称为聚集对象；Supplier 端称为部件类，一般是聚集对象的一部分，被聚集对象拥有或者被包含在聚集对象中。聚集关系可以表示出由部分构造出整体或者整体包含部分的关系。聚集对象是部分对象的拥有者，如图 10.19 所示。

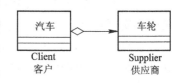

图 10.19　聚集关系

1. 共享聚集(Share Aggregation)

如果一个对象实例同时属于两个以上的不同的聚集对象，则称为共享聚集。在这种关系中，即使删除了聚集对象，因为部件对象被共享，它也不一定被删除。例如客户对象和业务对象都包含了地址对象(基于家庭的住址)，即使业务对象被删除了，还有客户对象包含着该地址对象。

共享聚集可以转换为非共享聚集，如业务扩大了以后，客户和业务不再共享共同的地址。又如某个教授同时属于两个以上的学校。(注意：这里不涉及到同时性，某些共享对象不能同时属于两个不同的集合对象，如某个人不能同时即在操场，又在教室)。

2. 组成关系(Composition)

组成关系是一种表示具有更强拥有关系的聚集关系，即整体和部分的生命周期是一致

的。组成关系使用实心菱形箭头表示。组成关系相当于
实体关系中的标定关系(Identify Relationship)，如图
10.20 所示。

图 10.20 组成关系

可以把聚集关系看成是关联关系的特殊情况，强调
整体和部分的关系，关联关系的语义更一般一些。两个
类之间的聚集关系也可以看成两个关联关系，如班级和学生的关系是聚集关系，学生和班
级的关系是关联关系。

3. 自聚集关系(self-aggregation)

某些情况下，一个类可以包含自身，即某个类的对象可以包含同类的另一个实例作为
自己的属性，在这种情况下，一般需要使用角色名字
来表示对象在此关系中起的作用。图 10.21 中，文件
夹和子文件夹之间的关系即为自反聚集关系。UML 和
Java 语言中，包与子包之间的关系也是如此。自聚集
关系和自关联关系比较像，其区别正如聚集和关联一
样，聚集关系有比较明显的包含关系或者组成关系。

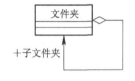

图 10.21 自聚集关系

10.2.4 依赖(Depandancy)

依赖关系定义了元素之间的使用关系。模型元素之间的依赖关系定义为：当一个元素
(被依赖元素)改变的时候，另外一个元素(依赖元素)会受影响，如图 10.22 所示。当 B 类的
规格说明变化的时候，会影响到 A 类的代码。依赖关系和关联关系的区别是：关联是元素
之间语义上最弱或者最模糊的关系；而元素间的依赖关系是一种更为一般性的关系，它仅
仅是一种使用关系，并不一定表示元素间存在着语义上的联系。例如，A 中使用了 B 的规
格说明或者调用了 B 的代码，并不表示 A、B 间一定存在语义关系。

图 10.22 依赖关系

在用例模型中，用例之间的包含关系和扩展关系都是通过依赖关系来实现的，因为基
本用例都使用或依赖被包含用例或者扩展用例的事件流。在对象模型中，类之间的依赖关
系表示客户端调用了服务端对象实例的方法，或者说使用了服务端的方法。也就是说，在
客户端类的方法或者方法参数中，使用服务端类定义了引用变量。在这种情况下，依赖对
象可以向被依赖对象发送消息，但是依赖对象和被依赖对象的生命周期可能不一致。比如
说被依赖对象的生命周期只是在依赖对象的一个操作期间存续。(例如在该操作中定义并创
建的被依赖对象)。

包与包之间也可以存在依赖关系。只要包中的一个元素依赖于另一个包中的元素，则
认为该包依赖于另一个包。实际上，UML 中的用例、类、组件、包之间都可以具有依赖关
系，这些依赖关系的语义是最不确定的，因此依赖关系是最一般的关系。

综上所述，依赖关系是元素之间最一般的关系；泛化、聚集、关联则属于较特殊的关
系，属于依赖关系的特殊情况。

　　在确定两个元素之间的关系时，首先判断其间是否存在泛化关系，再判断其间是否有组合和聚集关系，最后判断其间是否有关联关系。如果确定以上关系都不存在，则认为其间是依赖关系或没有关系。总的说来，在对象之间的关系当中，泛化关系最强，其次是组合，再后面依次是聚集、关联、依赖。对象之间关系越强则其耦合性越强、内聚度越高。在设计时需要注意解决耦合和内聚之间的关系，本质上联系紧密的事物抽象为对象后，其耦合性必定很强，对象之间的联系也就强，如泛化关系；本质上联系松散的事物抽象为对象后，其耦合性应该较弱，对象之间的联系也就弱，如普通的关联关系等。

10.3　抽象类和接口

　　抽象类应用于类的泛化关系中，一般作为父类，是同类事物共性的抽象。在抽象类中存在一些不能实现的操作，必须要延迟到子类中实现。

　　接口规定了一个类或者组件外部可视的操作，它本身并不提供操作的实现，亦即只提供操作签名。一般来说，接口只定义一个类或者组件的部分操作及属于类和组件的某个操作视图，如银行操作接口。

　　接口的意义在于抽象出现实世界中事物操作接口的共性，而不是操作本身。例如，某接口抽象出银行取款操作，而不去关心其实现方法。接口机制比泛化机制的使用范围更为广泛。它们两者都是抽取事物之间共性的。泛化要求抽象出的仍然是一个有意义的，或者说本质上和子类是同一类的事物。但接口就不需要这种限制，抽取出来的接口可以是完全不同种类事物的共性，因此接口机制比泛化机制更为抽象。例如，Java 中的事件监听器接口定义了能够监听事件的操作接口，至于实际承担监听器的事物则是什么都可以，例如可以是一个线程对象，也可以是一个组件或者是一个任何类型的对象。

　　接口概念对于抽象现实世界事物的共性也有一定的意义。例如银行存折、银行卡之间的关系，这两个事物有很多共性，尤其是在操作方面，比如说都可以存钱、取钱、查询等，但是使用继承关系又不太合适，因为存折、银行卡本质上又是不同的事物，此时使用接口机制抽象就比较好。定义一个银行操作的接口 BankOperation，存折和银行卡都实现该接口。当然也可以采用其他方式定义，但这种定义方法较好地说明了接口的意义，如图 10.23 所示。

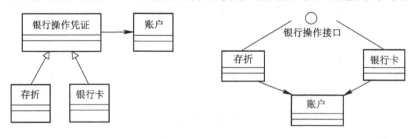

图 10.23　接口举例

　　注意，图中存折和银行卡类都关联同一个账户类，如果要保证这两者关联的是同一个账户对象，则该账户对象的定义有两种方法：一是定义存折和银行卡的父类，如银行操作凭证，然后在父类中定义该属性或者关联账户类；二是让存折和银行卡都关联账户类。但这都还不足以共享账户对象，最关键的是要在这两个类的外部创建账户对象，然后在此基础上创建存折和银行卡对象，使其共享一个账户对象，即使用代码而不是结构保证这种唯一性。不论使用哪个类操作，都最终反映在同一个账户对象上(这就是所谓的共享关联)。

注意接口中是不能包含属性的，只包含公共操作接口，父类中则可以包含属性。类和接口的关系是实现关系，实现某个接口的类必须实现该接口中所定义的操作接口，否则为抽象类。

抽象类和接口的区别，在程序设计语言中，抽象类和接口都可以作为一种类型，其区别在于抽象类本身可以包含有属性，而接口则不能。另外，类本身是一种具有确定含义的事物的抽象，而接口只是公共操作接口集合的抽象。

除了能够反映不同类事物的操作接口共性外，接口还可以用来实现多继承机制，如 Java 语言就是使用接口实现多继承的。

10.4　分析模型(Analysis Model)

用例实现 (Use Case Realization)从开发者的角度或者从系统内部来观察系统功能的实现和执行过程。分析模型定义了用例实现的对象模型，是设计模型的抽象。分析模型中包含了分析类及其关联的工作产品，这是一个临时的、阶段性的工作产品，最终会进化为设计模型，可以在多个项目中进行重用。分析模型中包含了用例分析的结果，即分析类的实例。在 RUP 中，分析模型是可选的。

分析类(Analysis Class)确定了早期概念模型中的元素，如业务对象(Business Object)等，说明了系统中具有职责和行为的元素。分析类中包含了三种类版型(Stereotype)：边界类 <<Boundary>>、实体类<<Entity>>和控制类<<Control>>。这三种类对应了 MVC 模式中的三种元素，即 Model、View 和 Control。其中，Model 代表了系统所依赖的模型，Control 则封装了对系统流程的控制，View 作为系统的界面或者接口。

10.4.1　边界类(Boundary)

边界类用于建模系统外部环境和系统内部的接口及其交互界面。例如，图形界面中的窗口类、通信协议(如 HTTP，对 Web 服务器来说，HTTP 相当于和客户端之间的接口)、打印机接口、传感器和终端，等等。最常见的边界类即系统界面类，用户和系统通过界面进行交互。交互过程包括用户控制、输入信息、系统处理和响应。窗口类是边界类抽象的、最合适的粒度大小。边界类是整个接口的逻辑抽象，而不是具体的交互组件，一般不需要将界面中的某个控件，如按钮等作为一个单独的边界类。边界类对于抽象非面向对象应用接口也是很有用的。

一般说来，在每个 Actor Use Case 对中都需要一个边界类。该边界类负责协调参与者和系统之间的交互控制、传递信息(信息通信)、接口适配等任务。由于参与者可以是用户、外部系统或者设备，因此针对这三种参与者就定义了三种边界类：用户界面、系统接口、设备接口。以学生选课为例，其用例实现就可以通过图 10.24 中的界面类——选课界面达到选课的目的。

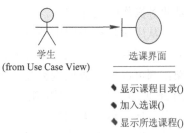

图 10.24　选课界面类

选课界面的属性表示了该界面的状态等，其操作则提供了用户可选的操作、对外提供的服务等。界面的操作抽象了用户和界面交互过程中系统的动作，或者说是系统操作的抽象。界面类也可以形成更复杂的结构，多个界面类之间的关系如图 10.25 所示。

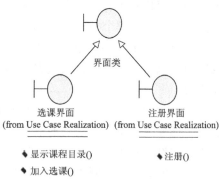

图 10.25　界面类之间的继承关系

10.4.2　控制类(Control)

控制类用来建模一个或者几个用例的控制行为。控制类是用例行为的静态封装。控制类一般都要控制其他对象，因此其行为是协作类型。控制类封装了用例具体的行为，可以说控制类运行了用例实现。某些控制类参与多个具有紧密关系的用例实现，当然也可能有多个控制类参与到一个用例的实现中。某些用例实现也可以没有控制类，直接通过界面类和实体类进行协作完成。控制类定义了系统的动态行为，完成了系统的主要任务和控制流。需要注意的是，控制类并不完成用例中的所有事情，它主要负责组织协调其他对象，如实体类等来实现功能，是实际完成工作的对象(业务对象)的代理或者管理者。

控制类的特性为：与环境无关，用以定义用例中的控制逻辑(事件顺序)和事务，几乎不受实体改变的影响。它使用和设置几个实体类的内容，因此需要协调这些实体类的行为，每次执行的结果有可能不同。

控制类一般用于有比较复杂的业务规则的业务控制，如订单管理、课程注册管理等。用例事件流定义了任务执行的顺序。对于简单的输入、获取、显示或者修改数据，一般不需要控制类，只需要在界面类或者实体类中去做就可以了。

在分析设计过程中如何发现控制类呢？一个复杂的用例可能需要多个控制类来协调系统的其他对象来完成任务。控制类的例子有权限管理类、事务管理类、资源协调类和错误处理类等。控制类能够有效地将边界和实体对象分离，因此就更适应系统的变化，例如界面变化。同样，控制类也将用例的具体行为和实体对象分离，使得实体对象应用于更多的用例和系统中。一般来说，控制类和用例更密切相关。在用例的实现中，控制类占有一个比较核心的地位。只要用例的行为不变，则控制类不需要改变，但是具体的操作内容则可能由实体类来决定。控制类相当于程序控制流中的高层操作。例如调用实体类中的操作，而实体类则相当于程序中的底层操作，是业务操作的具体实现。

从用例规格说明中抽取控制类是一个比较好的方法。凡是系统要做的高层操作都可以抽取成控制类及其操作。图 10.26 说明了学生选课用例的分析模型，其中包括有界面类和控制类。需要注意的是，用例实现规格说明了系统操作的过程流，控制类则只给出了这些操作的

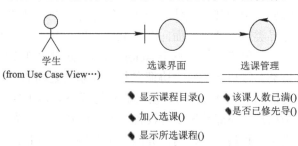

图 10.26　控制类的提取——选课管理类

结构，但并没有给出其操作的顺序，操作顺序要由交互模型(通信图或者顺序图)给出。

10.4.3 实体类(Entity)

实体类用于建模现实世界中实际存在的对象的信息及其相关的操作，例如职员、学生、产品、购物车、账户、客户等。这些对象通常都需要持久化，即长期保存，有时候其生命周期与整个系统的生命周期一样长。实体对象一般是被动的，由其他对象，如控制对象来管理和操作，其主要职责是用来存储和管理信息，也包括对这些信息的基本操作。实体类的字面意思相当于现实世界存在，即在现实世界中有原型。控制类、界面类都属于程序世界，属于仅在程序世界才有意义的对象。

实体对象通常并不针对一个用例实现，甚至不针对一个系统，它可以参与到多个用例实现，甚至多个系统中。实体对象的属性值和关系经常是由参与者设定的。实体对象帮助完成系统内部任务，它本身也有一定的行为(例如选课单类中的计算选课门数的操作等)，该行为是与实体对象本身密切相关的。实体对象代表了系统的关联概念，因此属于概念模型中的重要元素。

对于信息系统来说，实体对象封装了信息本身，而控制对象则封装了系统流程和规则。业务对象是指业务领域中的对象。业务对象和实体对象之间既有联系又有区别，业务对象属于现实世界或者业务领域中存在的对象，实体对象属于系统，其原型是业务实体对象。一般不太区分业务实体对象和业务对象，前者主要应用于业务建模中，后者则用于系统建模中。因此实体对象一般对应于现实世界中的各种事物，具有持久性，业务对象则更一般，除了实体对象之外，还包括业务流程控制对象(Business Process)、业务接口对象等。所以说，实体对象属于业务对象的范畴中。

例如，选课用例中涉及到的实体对象如图 10.27 所示；最终选课用例实现的分析模型如图 10.28 所示。

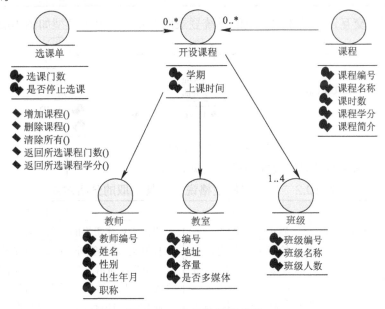

图 10.27 实体类及其关系

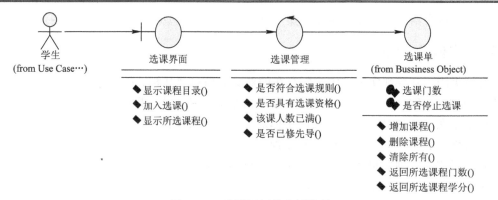

图 10.28　选课用例的分析模型

10.4.4　分析模型举例

1．根据用例规格描述建立分析模型

建立用例实现的分析模型的关键是找出相应的界面类、控制类和实体类，这些类都可以从用例的规格描述中去抽取。下面给出一个例子(系统登录)来说明这一点。登录过程中用户和系统交互的过程及抽取的分析对象如表 10.1 所示。

表 10.1　从用例规格描述中抽取系统对象

序号	用　户	系　统	分　析　对　象
1	启动系统	显示登录对话框	界面类：登录对话框 LoginDlg
2	输入用户名、密码，点击登录	检查用户名和密码。如果合法，则显示主界面；否则显示错误信息	控制类：Login，负责获取界面信息、创建实体对象、调用检查密码方法，据此返回值；实体类：User，保存用户信息；协作：界面类调用控制类，控制类调用实体类完成该任务

从上述用例交互过程描述中抽取的系统登录用例实现的分析模型如图 10.29 所示。

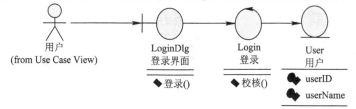

图 10.29　登录用例的分析模型

根据注册用例规格说明抽取的分析对象见表 10.2。

表 10.2　注册用例规格说明及其抽取的分析对象

序号	用　户	系　统	分　析　对　象
1	启动注册功能	显示注册页面	界面类：注册界面，负责显示输入组件
2	输入注册信息，点击注册	检查输入信息，如果合法，则显示注册成功；否则显示错误信息。界面类调用控制类完成该任务	控制类：注册管理，负责处理界面传输的数据，检查用户注册信息是否合法，如果合法则返回注册成功信息；否则返回错误信息。实体类：User，负责保存界面中传来的数据，验证用户信息是否合法

从上述用例交互过程描述中抽取的系统注册用例实现的分析模型如图 10.30 所示。

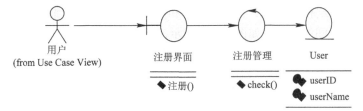

图 10.30　注册用例的分析模型

注意：上述两个用例实现共用实体类 User。

2．从实体模型出发建立分析模型

实体或业务对象一般都来自于现实世界，例如企业供、销、存系统中的订单、出库单、入库单、发票等。这时候往往首先建立实体对象或者实体关系模型。再在实体模型基础上建立分析模型时，则可以设想每个实体都应该有一个操作它的界面和控制类。例如，订单需要维护，则应该有一个维护订单界面以及控制订单生成的控制类，如订单管理，最终生成实体类订单对象。这种建立分析模型的方法可以看成是由实体对象模型向系统模型自然过渡的一种方法，即给每个实体对象都加上用于和用户交互的界面对象以及控制其逻辑的控制对象，由此建立起来的分析模型和使用用例规格抽取的分析模型是一致的。

10.5　设 计 模 型

同分析模型描述了用例的逻辑实现一样，设计模型用来描述用例的物理实现，它是实现模型和源代码的抽象，也是实现活动、测试活动的输入。设计模型是从分析模型开始，结合实现环境等特点进行演化得出的。分析模型中的分析类被演化成设计模型中的类、类包和子系统。分析模型是与实现环境无关的系统的逻辑模型；设计模型则是与实现环境有关的系统物理模型，比如基于 Struts 的 Web 应用程序、客户端基于 ActiveX 的 Web 应用程序、客户端基于 Applet 的 Web 应用程序、基于 JFC 的桌面应用程序、基于 PFC 的桌面应用程序、基于 MFC 的桌面应用程序、基于 Corba/JMI 的多层分布式应用程序，等等。这些环境要么使用一组特定的类库，要么基于一种特定的开发框架。

设计模型的核心依然是对象模型，此时的类应该是某种语言环境中的类，例如 Servlet 或者 JFrame 等。类的属性是该语言中合法的标识符，并要给出其数据类型；操作也要给出具体的接口，包括返回值类型和参数类型等。

设计模型根据系统元素的粒度也分为高层模型和底层模型。高层模型可以使用包图(下章介绍)描述系统的顶层结构、大粒度对象及其关系，如图 10.31 所示。

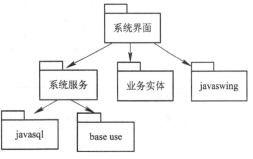

图 10.31　系统设计模型高层架构

概要的类图只描述系统中的类及其关系，不关注其属性和操作接口，属于系统的概要结构，介于高层和底层模型之间，如图 10.32 和图 10.33 所示。详细类图描述每个类的属性及操作接口以及类之间的关系，如图 10.34 所示，该模型已经和面向对象程序代码框架精确对应，可以直接导出代码。因为此处没有给出操作的实现方法，因此即使是详细类图也只是系统的结构模型，而不是详细设计。

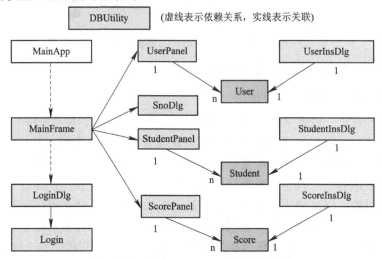

图 10.32　基于 Swing/JDBC 的设计类图

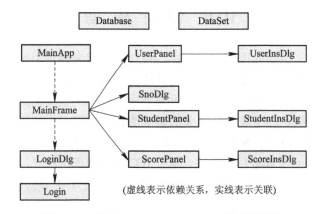

图 10.33　基于 dbswing/DataExpress 的系统设计

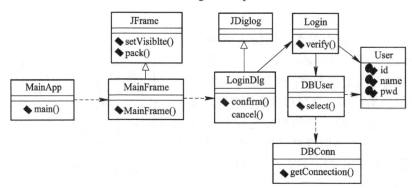

图 10.34　登录模块的系统设计

也可以直接根据用例规格说明来抽取与实现环境有关的设计对象。根据注册用例规格说明和基于 JSP/Servlet 实现环境抽取的设计对象见表 10.3，由此绘制出的用例实现的物理设计类图和分析模型类似，此处省略，读者可以自行练习。

表 10.3　注册用例规格说明及其抽取的对象

序号	用　户	系　统	设　计　对　象
1	启动注册功能	显示注册页面	界面类：Register.jsp，负责显示输入组件
2	输入注册信息，点击注册	检查输入信息，如果合法，则显示注册成功；否则显示错误信息。界面类调用控制类完成该任务	控制类：ProcessRegister，负责处理界面传输的数据，检查用户注册信息是否合法，如果合法，则返回注册成功信息；否则返回错误信息。实体类：User，负责保存界面中传来的数据，验证用户信息是否合法

10.6　抽象类和接口的设计原则

10.6.1　缺省抽象原则 DAP(Default Abstraction Principle)

DAP 是指在纯抽象的接口和具体的实现类之间插入一个抽象类，将一些与子类无关、可以实现的操作接口进行实现。这个抽象类实现了接口的大部分操作，只留下一些和子类相关的操作到子类去实现，将变化的和不变的部分分离开来，使用了稳定抽象原则和稳定依赖原则。这种设计避免了在接口中实现具体的方法。在 JDK 类库中有大量的符合此原则的设计，如图 10.35 和图 10.36 所示。

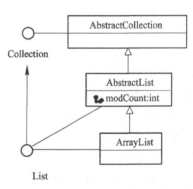

图 10.35　JDK 中的集合接口和实现类

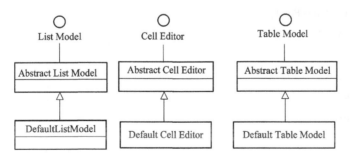

图 10.36　JDK 中的图形界面组件模型

10.6.2　接口设计原则 IDP(Interface Design Principle)

IDP 是指规划一个接口，而不是实现一个接口，不需要考虑在接口中实现某个方法。接口提供的都是操作接口，即不考虑实现的操作签名。这相当于只定义了类的使用接口或者使用视图，将外部接口和内部实现隔离开来。编程也尽量针对接口编程，而不是对具体的类进行编程(依赖倒置原则)，这样，程序的可维护性会更强。例如：

```
List list = new ArrayList();
    ⋮
```

这样，将实现类换成 LinkedList，后面的代码将不需要修改。又如：

```
public void drawAll(IDrawShape s[]){
    for(i=0;i<s.length;i++)
        s[i].draw();
}
```

此代码也与具体的实现类无关，只要是实现了 IdrawShape 接口的类都行，因此适合于所有的实现类。

10.6.3　黑盒原则 BBP(Black Box Principle)

　　黑盒原则是指在进行对象关系设计时，多选用类的聚合，少选用类的继承。继承和聚合是使用已有类创建新类的两种方法，其共同点在于它们都是重用代码的机制。继承和聚合两者在关联父类对象的本质上是一样的，但继承中子类可以直接访问父类中的非私有成员，这可能会破坏类的封装性，给程序维护带来潜在的隐患。聚合则在不破坏被包含对象封装性的前提下，使用其代码，因此更为安全。另外，继承的层次如果变得很深，则程序结构耦合性增强，程序结构维护变得困难。原则上只有在类本质上是同一类事物，即符合 ISA 关系时才使用继承关系。继承复用的特点在于不仅能够复用父类的代码，还可以复用父类的类型，即子类可以看成是父类类型。这实际上也是为了提高代码效率而对程序安全性带来潜在危险的一种表现。

　　例如从点类定义直线，可以使用继承或者聚合机制，但比较理想的方式当然为后者。例如，对于直线类：

```
class Point{ double x,y;}
```

若使用继承机制定义，则为

```
class Line extends Point{
    double x1,y1
}
```

若使用聚合机制定义，则为

```
class Line{
    Point p1,p2;
}
```

10.6.4　不要具体化超类原则 DCSP(Don't Concrete Supperclass Principle)

　　DCSP 是指超类最好是抽象的，而不要在超类中给出所有的实现，然后由子类去覆盖其方法。在超类中应当只实现子类中的公共方法。强调任何类都不应该从具体类派生；任何方法都不应该覆写在其任何基类中已经实现了的方法上。如图形类的父类 Shape，最好定义为程序抽象类而不是具体类。因为该类本身是抽象的，其操作多不能实现，如计算面积、计算周长、绘图等。

```
abstract class Shape{
    abstract public double getArea();
    ⋮
}
```

如果要定义成具体的类，则就需要实现 getArea()等方法，这种实现显然是无意义的，如 return 0.0。因此还不如不要实现，留待子类去实现。

10.7 类 图

类图中包括类、接口及其关系的表示，展现了系统对象模型的静态结构，是系统静态逻辑结构的可视化视图。多个类可以按照各种属性，如业务、层等组织成具有层次结构的包。

在类图中可以描述类的名字、属性、方法。对于属性，可以描述其访问性、静态性、类型和初值；对于方法，则可以描述其签名，包括返回类型、参数类型等。

类与类之间的关系包括关联、聚集、泛化、依赖四种。类和接口的关系有实现的关系。可以使用类图来说明系统中最重要的子系统、类、接口及其关系，该种类图可以作为概要的设计模型，并有助于对模型进行评审。类图只建模系统的静态模型，给出系统结构的视图，从中看不出系统的执行流程和对象交互的过程。系统的执行流程和对象交互的过程需要使用动态模型，例如顺序图来描述。一个基于 Applet 的绘图系统的系统类图如图 10.37 所示。

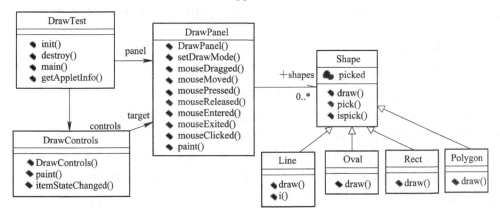

图 10.37 绘图系统的类结构

10.8 领域设计(Domain Design)

10.8.1 概述

任何项目开发的一个关键部分都是要获取对被开发系统环境的一个好的理解，通常该环境也被称为领域。领域也称为问题域，是定义求解域的一个先驱。对领域的描述可以采用多种形式。创建领域模型对于帮助相关人员获取对领域的一致性理解是有帮助的，这也是定义求解域范围的基础，它将为后续的分析设计提供有用的输入。

不同的人对领域建模有不同的看法，术语"领域模型"既可以描述具体领域的各种特性，也可以描述一个领域的共性和个性，或者一个领域中被维护的信息，等等。领域设计被分类成三个活动：领域建模、领域分析和领域工程。

10.8.2　领域建模

领域模型是一个组织用来指导其业务的模型，是和业务密切相关的。不同的组织对于同一个领域的领域模型应该是相同的。实际中，影响领域模型的两个因素是：领域模型的具体程度以及该模型被使用的方法背景。在最简单的情况下，术语"领域模型"特指表示领域中概念的类图，包括业务类及其关系、业务属性和业务操作，这些领域类一般和高层业务用例相联系。

领域建模经常包含理解领域中现行软件系统的工作。在这种情况下，领域建模的重点在于标识和建模该领域中已有软件系统的共性和个性，从而理解软件系统解决的是问题域的哪个方面。领域建模通过建模软件系统的功能、对象、数据和关系来定义系统"是什么"。这样做的结果应当达到如下目的：

(1) 理解该领域中的软件系统的性能。

(2) 有助于系统相关人员获得对系统理解的公共词汇表。

(3) 现行的软件系统的完整文档，主要功能和关系。

领域建模的一个关键输出是领域字典，该字典捕获了用于描述领域模型中的特性和实体元素以及主要目的。详细信息可参见业务分析模型(Business Analysis Model)。

10.8.3　领域分析

领域分析是在领域专家的指导下，学习现存系统和其开发历史，学习领域相关知识、相关理论和技术，标识、收集和整理领域相关信息的过程。

领域分析应该限制在被考虑的特定领域范围中。要考虑领域系统的共性和个性，深刻理解领域中各个元素之间的关系，并以一种有效的方式表达出来。

根据领域模型的形式和不同的目标，有许多不同的领域分析方法。例如，有些领域分析技术集中于产品线的相似性和不同点。面向特性的领域分析方法(FODA，Feature Oriented Domain Analysis)目的在于使用相关软件系统来表示不同的用户可见的系统特性；其他领域分析技术则关注另外一些特殊的角度。

10.8.4　领域工程

领域工程是一个建立同类或者相似系统的高效的重用方法。领域工程覆盖了构建软件核心财富的所有任务。这些任务包含标识一个或者多个领域、捕获变化、进行合适的设计、定义从需求转换到系统的机制等工作。这些任务的产品或者软件财富就是领域模型、设计模型、领域相关语言、代码产生器和代码组件。这些领域工程产品是保证能够在一个组织中系统地进行方法重用的基础。

10.9 面向对象设计的原则

由于面向对象设计工作的抽象程度比较高，因此实施起来比较困难。尤其是在必须考虑多种因素的情况下，做出易于重用、易于维护的设计就更加困难。我们希望能够提炼出一些简单通用的原则来指导设计工作，使得面向对象的设计工作变得有章可循。经过大量的实践与深入的研究，陆续提出了一些得到公认的面向对象设计工作原则，包括：SRP——单一职责原则；OCP——开闭原则；LSP——Liskov 替换原则；DIP——依赖倒置原则；ISP——接口隔离原则，等等。这些原则都可以指导我们进行面向对象设计工作，但它们有些可能还是相互矛盾的。实际上，面向对象设计过程也就是在多个可能相互矛盾的因素之间做出平衡的决策过程。下面针对这些原则分别加以介绍。

10.9.1 单一职责原则(SRP)

面向对象设计要求保证每个类都具有一定的职责，即确定负责做什么。

单一职责原则是指每个类应该只做单一的事情，只能有一个导致其变化的原因，而不是什么都做，就像现实世界中的人一样，责任单一而明确，这也是保证模块具有高内聚、提高程序可维护性的必要措施。

例如在传统的 GUI 程序设计中，我们喜欢直接在控件的事件处理句柄中写出各种事件的处理代码，这就不是一种好的设计。GUI 界面类及其控件负责界面的显示及控制，其代码可能会相当得复杂，控制流程也会很复杂。如果把所有的处理代码都放在界面中去处理，界面和处理逻辑会相互混杂，给将来的维护带来很大的困难。好的设计应该将事物的处理逻辑分离出去，放到另外的类中去处理。因此单一职责原则实际上也是分离原则，这和封装性的封闭原则是相反的设计原则。面向对象设计思路的本质是利用结构的复杂性代替算法的复杂性，增加了类就是增加了结构复杂度，但是每个类的算法都会变得简单了，这也是一种问题分解技术。单一职责原则给我们带来了如下的好处：

第一，有助于算法的简捷性和清晰性。当算法代码足够复杂、例如需要多层的 if 和 for 嵌套，需要几百行的代码描述算法时，使用此方法可以有效地降低算法复杂性。

第二，使代码变得容易测试和维护。由于每个类的职责相对来说简单和单一，因此比较容易进行测试和扩充。

第三，有利于提高代码重用度。代码模块的粒度越小，越容易得到重用。

需要注意的是，遵循这种原则进行设计的结果可能会使系统结构的复杂度增加，因此，结构的测试和维护工作量会增大，但是结构代码相对于功能代码来说，其稳定性要大得多。

10.9.2 开闭原则(OCP)

简单的说，OCP(Open Close Princeple)就是开放扩展、关闭修改，提倡和遵循将系统的类体系结构设计成易于扩展和不允许修改的原则。

开闭原则是面向对象设计的五大关键原则之一。OCP 原则讲的是：一个软件应当对扩展开放，对修改关闭，也就是说，软件设计应该允许扩展，但不允许修改。面向对象中的继承和多态机制就很好地满足了开闭原则。如果要扩展某个类，则只需要继承该类，在子类中进行修改，例如进行扩展或覆盖，这样做不会影响到父类。

还有一种情况，在某些情形下，需要对父类进行修改，考虑到继承特性，这样会导致所有派生类都发生变化。解决这个问题的方法是尽量将父类设计成抽象类或者接口，这样对子类的影响就会减低到最小程度，子类的方法尽可能对父类进行覆写(override)。

实际上就是说，在设计一个模块的时候，应该注意使这个模块可以在不必修改的前提下被扩展。换言之就是在不改变源代码的情况下改变这个模块的行为。实现的方式是抽象成抽象类或者接口。从另外一个角度就是可变性的封装原则(找到一个系统的可变因素，并且将它封装起来)，意味着两点：

(1) 一种可变性不可以和另一种可变性混合在一起。继承结构一般不超过两层，超过两层就说明有两种不同的可变性混合在一起。

(2) 一种可变性不可散落在代码的很多角落里，而应该封装到一个对象里。同一种可变性的不同表象意味着同一继承等级中的具体子类。

例如，下面的 Java 代码中，Shape 类是抽象父类，Line、Circle、Rectangle 是其子类。如果子类不对父类方法进行覆写，则在代码中需要判断是什么图形，才能调用相应的函数进行绘制。

```java
void draw(Shape s){
    if(s is Circle) ((Circle)s).drawCircle();
    else if(s is Rectangle) ((Circle)s).drawRect();
    else if(s is Line) ((Circle)s).drawLine();
}
```

以后如果要增加新的图形，则需要修改以上 if 结构。如果整个图形按照开闭原则设计，则应该是继承+覆写(多态)结构，这样，子类中的方法接口和父类的一样。例如，对于 draw()，以上代码简化成：

```java
void draw(Shape s){
    s.draw();
}
```

此段代码自动将 draw()方法动态变成了具体图形的 draw()方法，于是不论将来出现什么新的图形，这段代码永远不会改变，需要改变的就是增加一个图形子类，所有的父类及其他子类都不需要改变，这也是开闭原则的应用。

另一个例子是二叉树的链表实现代码。这段代码中使用了所有类的父类 Object，这样该段代码就可以用于存储任何类型的数据，而不需要修改。

```java
class BinaryTreeNode{
    Object data;
    BinaryTreaNode left,right;
    public BinaryTreeNode(){   }
    public BinaryTreeNode(Object data){   }
    public BinaryTreeNode(Object data, left, right){   }
    public setLeft(BinaryTreeNode node){   }
```

```
    public getLeft(){    }
}
```

OCP 原则实际上就是要在代码中多用抽象父类和接口类型，也就是抽象代码，这样的程序很容易扩充，而不用修改。有很多算法是建立在此基础上的，可以在不改变任何代码的条件下扩充到其他更多的情况下。上述的程序结构反映了二叉树元素之间的关系及数据结构，与具体的数据对象无关。类似的数据结构还有线性表、堆栈、队列、图等，这些结构反映了抽象的结构，具有不变性。

可以对 OCP 原则作如下的简单小结。

优点：通过扩展已有软件系统，可以提供新的行为，以满足对软件的新需求，使处于经常变化中的软件具有一定的适应性和灵活性。已有软件模块，特别是最重要的抽象层模块不能再修改，这使变化中的软件系统有一定的稳定性和延续性。

缺点：容易形成复杂的继承结构和倒置依赖性。

10.9.3　Liskov 替换原则

Liskov 替换原则出自麻省理工学院(MIT)计算机科学实验室的 Barbara Liskov 女士的经典文章 Data Abstraction and Hierarchy。其含义大致为：使用指向基类的指针或引用的函数，必须能够在不知道具体派生类对象类型的情况下使用它们(Functions That use pointers OR References to base classes must be able to use objects of derived classes without knowing it.)。即尽量在不知道子类的情况下，使用父类去构造程序，这样的程序具有足够的抽象性，因此可以应用于更多的情况，例如计算任意多个任意图形的面积和的方法。在书写程序的时候，尽量使用父类类型或父类实现的接口，由程序自动使用多态性或者动态联编特性调用子类对象的方法。

多态性类似于教师根据每个学生的情况布置不同的作业。一种方法是根据学生不同让其做不同的题目。还有一种方法是，每个学生的作业都写在自己的书上，老师只需要告诉全班同学每个人做自己的作业即可，这样无需再针对每个学生分别命题，每个学生自然会按照自己书上的要求去做合适的题目。这样做并没有减少代码，但减少了判定语句，简化了程序结构。这种做法的本质是尽量将用户程序中的判断功能交由运行环境去做，根据对象类型去自动选择合适的代码，即动态联编。这种做法也有要求，即子类必须要覆盖父类的方法。

定义：如果对于类型 S 的每一个对象 o1，都有一个类型 T 的对象 o2，使得对于任意类型 T 定义的程序 P 中，将 o2 替换为 o1，P 的行为保持不变，则称 S 为 T 的一个子类型。

Liskov 替换原则是指：在程序中，基类型对象必须能够替换成子类型对象而保证程序功能不变。LSP 又称里氏替换原则。该替换原则还可以推广为：如果将程序中子类型对象替换为其他子类型对象，程序功能保持不变。该原则保证程序使用其他子类来实现时，程序的修改量是最小的。程序应该是对抽象的父类或者接口类型进行编程，而不是对具体的子类对象编程，这样可以保证软件具有最大的稳定性。

例如，对于购物车例子，下面的代码用集合对象定义了一个购物车类，该集合对象的引用变量定义为接口类型 List。

```
    public class Cart{
```

```
List<Product> goods = new ArrayList<Product>();
public void add(Product p){
    goods.add(p);
}
public void remove(Product p){
    goods.remove(p);
}
public void remove(int index){
    goods.remove(index);
}
public void removeAll(){
    goods.clear();
}
public double totalMoney(){
    double sum=0.0;
    for(Product product:goods)
        sum += product.price;
}
    ⋮
}
```

该程序如果将子对象 new ArrayList()换成其他子类实现，如 LinkedList、Vector 等，而其他部分代码可以不作任何修改，仍可保持程序功能不变。

又例如，绘制多个图形的程序：

```
public void drawAll(List<Shape> shapes){
    for(Shape shape:shapes)
        shape.draw();
}
```

调用该方法时，可以给 shapes 传输任意具体的 Shape 子类图形对象集合，如 Circle、Rectangle 集合等，程序功能是不变的，总是绘制所有的这些图形，因此该方法具有一定的抽象性和普适性。这也说明了使用抽象父类型或接口进行编程的代码具有一定的抽象功能。

里氏替换原则是说程序中凡是出现父类对象的地方，都可以替换成子类对象，而程序的功能保持不变。实际做的时候凡是出现子类类型的地方都替换成父类类型。前者可以看成是特殊化，后者可以看成是一般化。前者总能实现，后者则不一定满足。如果后者满足可替换原则，则该程序就是可扩展的。

替换原则实际上告诉我们，在面向对象编程中，为了将来的扩充性和通用性，在代码中能用父类类型的就尽量使用父类类型，而不要使用子类类型；或者说尽量使用抽象的代码(抽象类和接口)，能够把子类替换为父类类型，就尽量替换。例如，totalArea(Shape s){} 就比 totalArea(Circle s){}要好；使用 Component button = new Button()比使用 Button b = new Button()要好。

　　由于面向对象方法固有的多态性，子类对象可以上溯造型(upcast)成父类类型，而且由于子类自动拥有父类所有的操作接口，因此上溯造型是安全的，这也保证了里氏替换是安全的。

　　下面的设计例子说明满足了依赖倒置原则，但没有满足里氏替换原则，仍然不能认为是好的设计。

```
abstract public class Shape{ public void draw(Graphics g){}}
public class Circle extends Shape{ public void drawCircle(Graphics g){}}
public class Rectangle extends Shape{ public void drawRect(Graphics g){}}
public class Triangle extends Shape{ public void drawTri(Graphics g){}}


//最后，我们来看客户端的调用：
public void drawAll(Shape shape)
{    if (shape instanceof Circle)
{   Circle c = (Circle) shape;   //下溯造型，DownCast
      c.drawCircle();
   }else if (shape instanceof Rectangle)
{   Rectangle c = (Rectangle)shape;
       r.drawRect();
   }
   ⋮
   }
```

　　在上面的代码中，虽然客户端的具体类(Circle)实现了对抽象类(Shape)的依赖，满足了依赖倒置原则，使得该方法没有针对每个具体类都编写一次，但该设计的扩展性依然存在问题，即每当增加新的图形时，都需要修改上述代码，没有实现运行期绑定和子类方法自动调用。之所以出现这种情况，就是因为上述设计不满足里氏替换原则，子类调用的方法父类没有，因此子类都不能替换成父类。这就导致了系统的扩展性不好，没有实现运行期内绑定。

　　如果改成下面的设计：

```
abstract public class Shape{ public void draw(Graphics g){}}
public class Circle extends Shape{ public void draw (Graphics g){}}
public class Rectangle extends Shape{ public void draw (Graphics g){}}
public class Triangle extends Shape{ public void draw (Graphics g){}}
```

则客户端的调用可改为

```
public void drawAll(Shape shapes[]){
    for(int i=0;i<shapes.length;i++)
    if (shape[i] instanceof Circle)
    {   Circle c = (Circle) shape[i];   //下溯造型，DownCast
            c.draw ();
    }else if (shape[i] instanceof Rectangle)
```

```
    {   Rectangle r = (Rectangle)shape[i];
                r.draw ();
    }
         ⋮
    }
```

将上述的子类类型全部替换成父类类型，功能不变。

```
    public void drawAll(Shape shape[])
    {
        for(int i=0;i<shapes.length;i++)
        if (shape[i] instanceof Circle)
        {   Shape s = shapes[i];
                s.draw ();
            }else if (shape[i] instanceof Rectangle)
        {   Shape s = shapes[i];
                s.draw ();
        }
        ⋮
    }
```

将上述代码简化，并应用运行期绑定，则代码变为

```
    public void drawAll(Shape shapes[]){
        for(int i=0;i<shapes.length;i++)
            shapes[i].draw();
    }
```

可见，代码得到了最充分的简化，具有更高的抽象性，功能也更加强大，也就具有最大的可扩展性和可重用性。具有最高境界的代码就是统一性和抽象性，不但能处理目前的问题，还可以处理将来的问题。上述方法的语义是绘制任意多个任意图形，这两个"任意"充分保证了程序的通用性。数量上的任意容易实现，但种类上的任意却比较难以实现。设计中使用了两个设计原则：依赖倒置和里氏替换。

在上述代码改进过程中，使用共性的 draw 方法代替每个类中的具体的 draw 方法是一个关键点，这实际上也是对不同图形操作之共性的抽象，操作共性即 draw 方法。因为 draw 属于某个类，该类已经刻画了对象的特性，因此不再需要 drawCircle、drawRect 等方法签名，如果一定要这样写，则会造成信息冗余。因此好的代码设计必须是建立在最精简的对象模型基础上的，只有无可减，而不是无可加才是最好的设计。

因此，系统要拥有良好的扩展性和实现运行期内绑定，有两个必要条件：第一是依赖倒置原则；第二是里氏替换原则。这两个原则缺一不可。

另一个例子是，在大多数的模式中，一般都有一个共同的接口，然后子类或扩展类都去实现该接口。下面代码根据字符串变量 action 的方法实现动作调度。

```
    if(action.equals("add")){
        //do add action
```

```
    }else if(action.equals("view")){
        //do view action
    }else if(action.equals("delete")){
        //do delete action
    }else if(action.equals("modify")){
        //do modify action
    }
```

按照单一职责原则，我们首先想到的是把这些动作分离出来，就可能写出如下的代码：

```
public class AddAction{
    public void add(){
        //do add action
    }
}
public class ViewAction{
    public void view()
    {
        //do view action
    }
}
public class DeleteAction{
    public void delete()
    {
        //do delete action
    }
}
public class ModifyAction{
    public void modify()   {
        //do modify action
    }
}
```

可以看到，代码将各个行为独立出来，满足了单一职责原则，但这远远不够，因为它不满足依赖倒置原则和里氏替换原则。

下面来看看典型的"命令模式"对该问题的解决方法：

```
public interface Action{
    public void doAction();
}
//然后是具体的实现：
public class AddAction implements Action{
    public void doAction(){
```

```
                //do add action
            }
        }
        public class ViewAction implements Action{
            public void doAction(){
                //do view action
            }
        }
        public class deleteAction implements Action{
            public void doAction()   {
                //do delete action
            }
        }
        public class ModifyAction implements Action{
            public void doAction()   {
                //do modify action
            }
        }
        //这样，客户端的调用大致如下：
        public void execute(Action action){
            action.doAction();
        }
```

这样，结合对象工厂模式，客户端代码中就不会出现很多的 if 语句，程序控制结构相对简单，扩展性良好，也有了运行期内绑定的优点。

对 LSP 原则的优点可以简单小结如下：

(1) 保证系统或子系统具有良好的可扩展性。只有子类能够完全替换父类，才能保证系统或子系统在运行期内只识别子类，使得系统或子系统有了良好的扩展性。

(2) 实现运行期内绑定，即保证了面向对象多态性的顺利进行。这节省了大量的代码重复或冗余。避免了类似 if instanceof 这样的语句，或者 getClass()这样的语句(这些语句是面向对象所忌讳的)。

(3) 有利于实现契约式(Contract)编程。契约式编程是指在分析和设计的时候，首先定义好系统的接口，然后根据这些接口编程，最后实现这些接口即可。也可以在抽象父类里定义好子类需要实现的功能接口，由子类实现这些功能。

使用 LSP 原则时需要注意的地方有：

(1) 此原则和 OCP 的作用有点类似，LSP 是保证 OCP 的重要原则。

(2) 这些基本的原则在实现方法上也有个共同层次，就是使用中间接口层，以此来达到类对象的低耦合，也就是抽象耦合。

(3) 派生类中存在退化函数。派生类的某些函数退化(变得没有用处)，Base 的使用者不知道不能调用 f，会导致替换违规。在派生类中存在退化函数并不总是表示违反了 LSP，但是当存在这种情况时，应该引起注意。

(4) 从派生类抛出异常。如果在派生类的方法中添加了其基类不会抛出的异常，而基类的使用者不期望处理这些异常，那么把它们添加到派生类的方法中就可能会导致不可替换性。

10.9.4　依赖倒置原则(DIP)

面向过程的程序结构高层模块调用底层模块来实现功能，因此高层模块依赖于底层模块。面向对象中具体类扩展抽象类，抽象类属于高层模块，这样就产生了依赖倒置现象，如图 10.38 所示。

图 10.38　依赖倒置原则

实际上，这并不矛盾，前者是动态过程的依赖关系，属于动态结构；后者则是静态的结构之间的关系。在面向对象中，抽象父类中的方法没有被实现，其执行时仍然依赖于底层类的具体实现，只不过这种调用是系统自动进行的，而非用户程序实现的。

依赖倒置原则讲的是：要依赖于抽象，不要依赖于具体。简单地说，依赖倒置原则要求客户端依赖于抽象耦合，抽象不应当依赖于细节，细节应当依赖于抽象；要针对接口编程，不针对实现编程。

下面以一个例子来说明 DIP 原则的使用。设计一个遥控器类来控制电灯的开关。传统的设计如图 10.39 所示。

此设计的缺点是耦合太紧密，电灯类发生变化时将影响电灯遥控器类，例如需要遥控不同的电灯类。

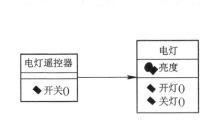

图 10.39　遥控器传统设计

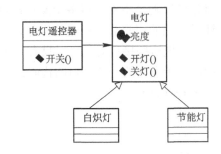

图 10.40　遥控器设计之一——继承结构

解决办法一：将电灯类设计成抽象父类，然后具体类继承自电灯类，如图 10.40 所示。

优点：电灯遥控器类依赖于抽象类电灯，具有更高的稳定性，而白炽灯与节能灯继承自电灯类，可以根据"开放—封闭"原则进行扩展。只要电灯类不发生变化，白炽灯类与节能灯类的变化就不会波及到电灯遥控器类。

缺点：如果用该遥控器类控制一台电视就很困难了，不能让电视机继承自电灯类。

解决方法二：使用接口，让电灯和电视都实现具有开关操作的接口，如图 10.41 所示。

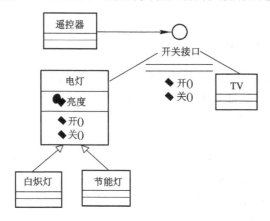

图 10.41　遥控器设计之二——接口结构

优点：更为通用、更为稳定。

结论：使用传统过程化程序设计所创建的依赖关系，策略依赖于细节，这是不好的设计，因为策略会受到细节改变的影响。依赖倒置原则使细节和策略都依赖于抽象，抽象的稳定性决定了系统的稳定性。

需要注意的是，采用依赖倒置和里氏替换来编写抽象通用代码时，有两个特点：

(1) 需要使用方法，而方法参数一定是抽象的接口或者父类类型，以利于接受各种具体对象。

(2) 共性化代码，个性化操作。实现个性化操作的关键在于实例化对象的不同，传给什么对象就执行什么对象的操作，这是对象动态绑定或者对象多态性带来的便利之处，当然也是应用了里氏替换原则得到的结果。

10.9.5　接口分离原则(ISP)

接口分离原则是指不要将多个操作都设计在一个接口之中，而应尽量将其分散。如一个系统针对不同的用户会有不同的操作，则应该将针对不同用户的操作分离出来，分离成多个接口，实现这些接口的类可以只有一个。

例如，对于下面的一个接口的代码：

```
interface Interface{
    a();
    b();
    c();
}
class ClientA{
    Interface i = new Instance();
    i.a();
```

```
        }
    class ClientB{
        Interface i = new Instance();
        i.b();
    }
    class ClientC{
        Interface i = new Instance();
        i.c();
    }
```

不如将其设计成三个接口，还由原来的类来实现，则代码变成：

```
    interface InterfaceA{
        a();
    }
    ⋮
    class ClientA{
        InterfaceA i = new Instance();
        i.a();
    }
    class ClientB{
        InterfaceB i = new Instance();
        i.b();
    }
    class ClientC{
        InterfaceC i = new Instance();
        i.c();
    }
```

这种代码要比上述使用一个接口的代码更安全。如果使用依赖倒置和里氏替换原则，可以将上述代码抽象成一段代码。针对不同客户执行的操作封装在不同的子类中，这些子类实现同一个接口或者继承同一个父类。客户端代码只需要写一个：

```
    public void clientDo(Interface i){
        i.do();
    }
```

依赖倒置和里氏替换需要用不同的类来实现同一个接口，接口分离却是用不同的接口暴露同一个类的不同操作，当扩充新的客户端时，需要设计新的接口。两者的目的是不一样的，前者的代码抽象而高效、接口简单、实现分离，后者的代码具体而安全、接口复杂、实现集成。

下面再举一个例子，说明各种设计原则的应用。

对于一个门，假设具有开和关两个方法，现在要增加一报警器，使其具有一个报警的方法。如何进行设计呢？

根据单一责任职责，不能将上述三个方法置于同一个类中，因为这涉及两个不同类的对象：门和报警器，这些职责不属于同一个对象。根据里氏替换和依赖倒置原则，我们可以想象一个具有报警装置的门，该对象同时具有门和报警的职责，该类实际上就是门和报警器的子类。这实际上就是多继承，一个对象同时具有两个以上父类的职责。由于 Java 中没有多重继承的概念，因此不能采用两个父类。那么此时可以采用接口，具体的说，可以采用两个 interface 或者一个采用抽象类，一个采用 interface。

报警门的本质是门，但同时具有报警功能，其本质上不是报警器。它和门的关系是 is a door 的"is a"关系，因此，采用抽象类，而具有报警功能这一行为，可以通过 interface 定义（"like a"）。

程序如下：

```
abstract class Door{
    abstract void open();
    abstract void close();
}
interface Alarm{
    void alarm();
}
class AlarmDoor extends Door implements Alarm{
    void open(){...}
    void close(){...}
    void alarm(){...}
}
```

上面讨论了面向对象设计的几条原则，总结起来就是如下四个方面：

(1) 面向接口编程，而不是面向实现。

(2) 用组合而不主张用继承。

(3) 如果用继承，主张使用抽象类。

(4) 主张重用类型或者契约，而不是实现代码。

10.10　对象模型与关系模型

10.10.1　概念模型的表示方法

概念模型是反映现实世界或者问题域中真实存在的事物及其关系的，包括各种具体的实体和抽象的概念等。概念模型类似于领域模型，属于领域模型中的一部分。

概念模型的建模方法有多种，诸如数据流模型(DFD)、系统流程模型(SFD)、数据字典模型(DD)、实体关系模型(ER)等都是建立概念模型的方法。在面向对象分析设计中，使用业务流程模型、业务对象模型来表示概念模型。业务对象模型和实体模型都是对现实世界事物结构的抽象，其区别在于实体仅包含属性结构，被转换成逻辑模型中的关系表；而对象不仅包含属性结构还包括操作结构等，被转换成程序中的类和对象。对象之间的关系比实体之间的关系要复杂,前者包括泛化、关联、聚集、依赖关系,后者则仅仅包含关联关系。所以业务对象模型比实体关系模型的表达方法和语义都更为丰富,更重要的是借助于CASE 工具,业务对象模型可以直接转换成系统的对象模型,从而得到程序框架的编码。

传统上的概念模型多指现实世界中事物的结构特性或者静态特性,例如事物的属性。在面向对象方法中,不仅要建模事物的属性,还要建模事物的操作特性,但这还不是事物的动态特性。所谓动态特性,则是指过程特性,即事物变化的过程和规律。事物变化的过程和规律是以其静态结构为基础的,但又不同于它们。例如,采购部门具有采购的操作,但不代表一次具体的采购。对于一次具体的采购,则可能要使用到多个相关联的业务对象及其业务操作。所以说,广义的概念建模不仅包括概念建模,还要包括概念涉及到的过程建模。其实传统的系统分析方法也有过程建模方法,例如数据流图、控制流图、系统流程图等,而面向对象技术中则有业务流程图等。这样,所谓的概念模型就更接近于比较完整的业务模型或者领域模型,虽然后者还会包括更多的东西,例如业务目标、业务工人、业务规则、组织结构、岗位职责,等等。

E-R 模型可以很容易地转换成关系数据模型,从而生成数据库,因此 E-R 模型方法被称为信息系统建模方法。E-R 模型方法在建模时可指定实体主码,该主码转换成关系的主码,从而满足实体完整性;指定实体的外码,将实体之间的关系转换成关系表之间的约束关系,从而保证实体的参照完整性等。

对象模型则不具备上述 E-R 模型的特点,但是某些对象是需要持久化的,必须保存在关系数据库中,因此需要研究对象模型、E-R 模型、关系模型的相互转换问题。

10.10.2 对象模型和关系模型的相互转换

1. 对象模型向关系模型转换

(1) 每个对象转换成一个实体,对象的属性都自动转换成实体的非主码属性,并自动增加一个主码属性。类型转换则依据具体的程序语言和数据库系统而定。

(2) 主码约束转换成对象的一个方法。

(3) 对象之间的关系包括泛化、关联、聚集、组成等都转换成实体之间的关系,特别是泛化和组成都转换成标定性(Identify,存在型或者依赖型)关系,普通关联和聚集则转换成非标定型(Non-Identify,非存在型或非依赖型)关系。

2. 关系模型向对象模型转换

(1) 每个实体转换成一个对象,实体的属性都自动转换成对象的属性,如果主码属性是系统自动增加的,则不需要转换。类型转换则依据具体的数据库系统和程序语言而定。

(2) 实体之间的关系都转换成对象之间的关系,标定性(Identify,存在性)关系转换成对象之间的组成关系,非标定性(Non-Identify)则转换成普通关联或者聚集关系。如果有分类关系的话,则转换成泛化关系。

对于信息系统开发,一般都需要建立数据模型,也就是 E-R 模型和关系模型。如果还要采用面向对象开发方法,则需要保证上述两种概念模型的一致性:如果首先建立的是数据模型,则采用将数据模型转换成对象模型以得到一致的对象模型;如果首先建立的是对象模型,则应该将对象模型转换成数据模型,以得到一致的数据模型。目前有些工具,如

IBM Rational Rose 可以提供自动进行转换的功能支持，能够极大地提高转换效率。

10.11　小　　结

从面向对象的观点来看，系统是对象的集合，对象是类的使用和实例，类是对象的抽象和模板。系统中类的定义及类之间的关系构成了系统的静态结构，是实现系统的基础。系统的类是由问题域中的实体对象演变过来的，但只有实体类是不够的，为了实现系统，还需要有界面类、控制类等。系统的分析模型是在不考虑具体实现环境前提下的一种逻辑实现，着重于抽象出实现过程中的逻辑对象，体现了系统功能是由多个对象协作完成的面向对象设计的基本原则。分析结果越抽象就也越容易重用。参与系统功能实现的对象可以通过研究用例规格说明的过程来逐步的发现。设计模型则是与实现环境相关的实现方案，更接近于最终的系统。总之，系统的分析设计过程就是从问题域的过程或者实体出发，逐步演化成系统的实现方案的过程，因此分析设计过程是系统开发中非常重要的工作。

习　题

1. 类是对象哪些方面共性的体现和抽象？
2. 类之间的关系有哪些？它们之间的区别是什么？试举例说明。
3. 针对如下实际系统或者问题建立其对象模型。
(1) 出租车公司。
(2) 超市。
(3) 贪吃蛇游戏。
(4) 俄罗斯方块。
(5) 网上商城。
(6) 图书馆。
(7) 书店。
(8) 政府部门，如税务部门或者工商局。
(9) 银行。
(10) 学校食堂。
(11) 医院。
4. 针对系统的如下功能用例建立其分析模型，抽取必要的对象，并描述其职责及相互关系。
(1) 课程注册系统中的选课用例。
(2) 进、销、存系统中的创建订单用例。
(3) 网上商店中的加入购物车用例。
(4) 超市结账系统的结账用例。
(5) 教学网站的课件点播。
(6) 网站的文件上传。

第 11 章　系统结构与包模型

11.1　包 的 概 念

在 UML 中，包(package)是一种分组机制或命名空间，也可以认为是一种集合元素或者
容器元素，其中可以包含不同类型的产品。类似于文件管理中
的文件夹，包中还可以包含包，以形成包的层次结构。包可以
做为对包内多个相关元素整体的抽象，从而形成系统的高层抽
象结构。

图 11.1　包的 UML 表示

在程序设计语言中，包也被看作命名空间，在同一个包中
不允许同名的元素存在，但在不同的包中允许同名元素存在。这就为命名的分配和灵活性
提供了便利条件。

在划分包时，一般将语义有联系的或者松散耦合的元素放在同一个包内，包的层次不
要太深，三层以上的包结构会使系统变得相当难理解。包的 UML 表示如图 11.1 所示，类
似于文件夹的符号。

11.2　包之间的依赖关系

包与包之间可以存在依赖关系。如果某个包中的元素和另外一个包中的元素存在着依
赖关系，则这两个包之间存在着依赖关系。图 11.2 所示是一个系统的三层结构，GUI 包中
包含了所有的界面元素，使用到 Business Service 包中提供的业务服务类，如订单管理类；
同时也使用了 Business Object 包中的业务对象，如订单；业务服务类中，订单管理类也使
用到业务对象订单类，此时这三个包就存在着依赖关系。

元素和包之间也可以有依赖关系，如果某个元素(用例、类、组件等)和某个包内的元素
存在着关系(泛化、关联、依赖等)，则该元素和该包存在着依赖关系。如图 11.3 所示，业务
服务包中的类使用到了数据库访问对象 DAO，DAO 的实现又使用到了 Business Object。

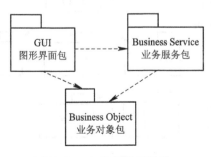

图 11.2　包依赖关系举例

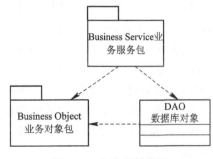

图 11.3　包依赖性举例

在包和接口之间也可以存在实现关系,如图 11.4 所示。如果包中的类实现了该接口,在这种情况下也可以画依赖关系,但语义更弱,实现关系则特指类实现接口。

包机制也是一种封装或者隐藏机制,使用包名字来描述其中包含的所有元素的特性,这可以起到信息隐藏的作用,但也可以选择包内的元素(非子包元素),使其暴露出来,如图 11.5 所示。

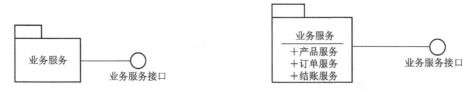

图 11.4　包和接口之间的实现关系　　　　　图 11.5　包中元素的隐藏与暴露

11.3　包的版型

包是对多个元素的封装,利用 UML 的扩充机制之一,即版型可以对该概念进行扩充,Rose 中常用的包版型见表 11.1。

表 11.1　ROSE 部分常用包的版型符号

版 型 名 称	Rose中对应的版型图标
应用程序系统版型<Application System>	
业务分析模型(Business Analysis Model)	
业务设计模型(Business Design Model)	
业务域(Business Domain)	
业务系统(Business System)	
业务用例模型(Business Use Case Model)	
Corba Module, Domain Package(域), layer(层), Organization Unit(组织单位)	

11.4　用包表示的系统高层结构

用包及其关系可以表示业务系统或者信息系统的高层模型,例如系统体系结构。例如,图 11.6 表示了业务子系统之间的依赖关系,图 11.7 则表示了系统的多层结构。其中,Presentation 是表示层,包中放置界面元素,如页面或者界面类;Application 是应用层,其间放置应用逻辑,如订单管理;Domain 是领域包,其中主要存放业务对象,如订单等;Persistence 是持久层,其间存放操作实体对象的数据库操作实用类,如 OrderDAO;Services 是服务层,存放一些公共服务类,如单位转换类等。

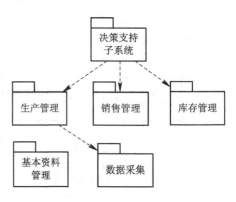

图 11.6　业务体系结构

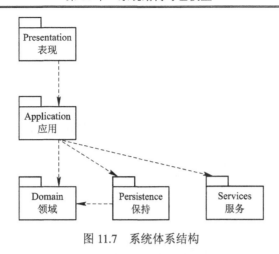

图 11.7　系统体系结构

11.5　设计包的原则

在设计系统的包结构时，如何划分和组织元素是非常重要的。前面说过，同一个包中的元素都是具有相近意义或者语义相关、具有弱耦合关系的元素。一个包中的元素也可能和另一个包中的元素有关系，这样就形成了包之间的依赖关系，也就是耦合关系。设计系统时，应该尽量使包保持高内聚、低耦合的特点。一般来说，设计包时，应该遵循重用等价原则、共同闭包原则、共同重用原则、非循环依赖原则、稳定依赖原则以及稳定抽象原则等六项基本原则。

11.5.1　重用等价原则(REP)

重用等价原则指的是当把类放入某个包时，应当考虑把整个包作为可重用的单元，即重用的粒度是包，包也是发布的粒度。为了方便使用者重用，要提高抽象级别，尽量将接口和实现类分离，使用依赖倒置和里氏替换原则来设计系统。这样当实现包内容修改时，用户能够尽量不修改代码或者少修改代码，也无需重新参考、引用或者依赖新的包。例如有些系统开发者喜欢把所有的公用类放在一个包中，该包中的类被使用的频度高、范围广，版本更新的频度也会比较高，一般都会统一地进行发布。

11.5.2　共同闭包原则(CCP)

共同闭包原则指的是把那些需要同时改变的类放在一个包中。若一个类的修改会引起另外的类的修改，则尽量将这两个类放在一个包中。该原则实际上是说，如果两个类耦合比较强时，应该将其放在同一个包下，也就是提高包的内聚性，降低包与包之间的耦合性。这样，一个包内的元素修改之后就不会影响到另一个包。划分包的另一个主要原则是概念或者语义的相近性，而非单纯考虑耦合性。例如习惯上将所有的界面类放在一个包内，而将实体类放在另一个包内，界面类依赖于实体类，因此界面包依赖于实体包。当实体包修改时，肯定会影响到界面包，但是一般并不把界面类和实体类放在同一个包中，而是建立其间的依赖关系。

包中的所有类对于同一类性质的变化应该是共同封闭的。即系统的某些变化若对一个包有影响，则将对包中的所有类产生影响，而对其他的包不造成任何影响。例如系统界面风格需要变化，则会对界面包中的所有类进行变化。

11.5.3　共同重用原则(CRP)

共同重用原则指的是不要把不会一起使用的类放在同一个包中。一个包中的所有类应该是共同重用的。如果重用了包中的一个类，那么就要重用包中的其他类。相互之间没有紧密联系的类不应该在同一个包中。例如每个子系统包都会使用公用包中几乎所有类，界面设计会用到界面包中的所有类等。

11.5.4　非循环依赖原则(ADP)

非循环依赖原则指的是包之间不要形成循环依赖关系。比如说，A 包依赖于 B 包，B 包依赖于 C 包，C 包又依赖于 A 包，形成了间接循环依赖关系。如果确实无法避免这种循环依赖，则可以考虑将 A、B、C 包组织成一个或者两个大包，以消除循环依赖关系。

11.5.5　稳定依赖原则(SDP)

稳定依赖原则指的是包的设计应该朝着稳定的方向进行依赖，即不稳定的包总是依赖稳定的包。应该把封装系统高层设计的软件模块(比如抽象类)放进稳定的包中，不稳定的包中应该只包含那些很可能会改变的软件(比如具体类)。例如，业务规则和业务对象和界面相比较来说，是更稳定的，因此设计时要让界面依赖于业务规则和业务对象包，见图 11.8。

在实际问题中的诸多因素中，某些因素相对于其他因素的变化更容易些，应将不稳定的因素集中在一起，稳定的因素集中在一起。例如，程序设计方法相对于程序设计语言来说，是更不容易变化的，是更稳定的因素，而程序问题相对于程序设计语言和设计方法来说，是更容易变化的。程序问题、程序设计语言、程序设计方法之间的依赖关系见图 11.9。

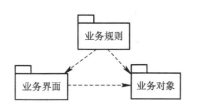

图 11.8　稳定依赖原则举例一

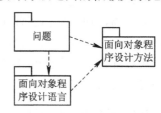

图 11.9　稳定依赖原则举例二

11.5.6　稳定抽象原则(SAP)

稳定抽象原则是指包的抽象程度应该和其稳定程度一致。相比较来说，抽象的元素相对于具体的元素更为稳定。因此一个稳定的包相对于不稳定的包应当更抽象。从本质上来说，系统开发中的所有元素，包括模型元素和程序元素都是对现实世界的抽象，只不过抽象的程度不一样。抽象的层次越高，则其适用面越广，稳定性也就越强。例如圆图形是对所有具体的具有圆截面物体的抽象，图形概念则是所有各种几何形状的抽象，显然图形更为抽象，因此圆依赖于图形(圆继承自图形)。图形类抽象出图形的共性操作，如绘制、计算面积和周长、移动、选取等。因为不涉及到实现，图形类相对于圆类更不容易变化，因此也就更稳定。

需要指出的是，以上设计原则有些是相互矛盾的，如重用等价原则、共同闭包原则等。内聚和耦合本身就是一对矛盾，集成和分离本身也是一对矛盾。设计过程就是要在这些相互矛盾的过程中取得平衡，获取最优设计结果的过程。

11.6　小　　结

包是一种抽象的集合类元素，其中可以包括相关联的或者具有弱耦合的其他元素，也可以包含其他包。包和包之间存在着依赖关系，它是包中元素关系的外部反映。包概念用于表达系统的抽象的高层结构。

习　题

1. 包本身是一种 UML 的元素吗？包有实例吗？
2. 一个普通的类能否依赖于一个包？一个包是否可以依赖于一个具体的类？
3. 使用包元素建模一个组织或者企业的组织结构。
4. 使用包元素表达系统的 MVC 结构。
5. UML 中的包元素能否对应到程序语言中的元素？对应到什么程序元素上？试以你熟悉的语言为例来说明。

第12章　系统动态特性与对象交互模型

12.1　动态模型概述

　　系统的静态模型描述了系统的组成关系及其结构，包括元素及其关系。系统的动态模型则表示了系统对外表现的功能、性能、特性等实现过程。静态模型偏重于描述系统的全貌，动态模型则倾向于刻画系统的细节。例如从用户角度观察的用例执行过程，从开发者角度观察的用例实现过程，等等。

　　从系统内部结构看，类图表示了系统组成类及其关系，每个类描述了需要的属性和操作集合，但并没有和系统的某个功能联系起来。说到底，任何面向对象系统都是由若干个有关系的类组成的，每个功能都是由这些类的实例之间的交互完成的。无论是从用户的角度描述某个功能的执行过程，还是从开发者的角度来描述某个功能的实现过程，都需要使用更加过程化的方法来描述。UML 提供了四种动态模型的建模方法：顺序图(Sequence Diagram)、通信图(Communication Diagram)、状态图(State Chart Diagram)和活动图(Activity Diagram)，其中顺序图和通信图又称为交互图，下面分别予以介绍。

12.2　交　互　图

12.2.1　概述

　　交互图描述了系统功能执行过程中，参与实现的对象之间的交互(消息和响应)情况，包括顺序图和通信图。

12.2.2　顺序图

　　顺序图是 UML 的构造元素之一，表示了对象的交互序列，从而实现用例场景的行为。顺序图是由多个对象及表示其生命周期的虚线，以及对象和对象之间的交互消息组成的。根据建模的角度不同，可以分为系统外部顺序图和内部顺序图，前者是从使用者角度观察的结果，后者是从开发者角度观察的结果，分别用于需求分析阶段和系统设计阶段。图12.1和图12.2分别表示了用户操作的过程和用户操作对应的系统对象操作。

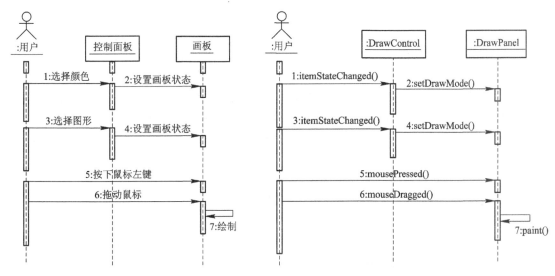

图 12.1　用户角度的功能操作顺序图　　　　图 12.2　开发者角度的功能实现顺序图

12.2.3　顺序图中的对象

顺序图描述的是针对系统功能的一次执行过程(情景)中，系统对象的交互情况。对象交互只能发生在对象实例之间，因此在顺序图中只能出现对象实例。图中的对象命名有三种方式：

对象名

对象名：类名

：类名

第一种情况只给出对象名(实际上是引用变量名)，属于分析的初步阶段；第二种情况给出对象名及所属的类名；第三种情况只给出类名，表示用此类创建的匿名对象，类似于 new 类()。一般在抽象分析中，对象名并不重要。每个对象下面跟一条虚线表示该对象的生命周期线，简称为生命线，对象接收和响应的所有消息都在其生命线上进行。生命线上的小矩形表示响应该消息的时间间隔。

12.2.4　顺序图中的消息

消息是对象之间的通信，它担负着传递信息或者触发操作的任务。在顺序图中，消息使用水平实线箭头表示，从消息发出者对象的生命线指向消息接收者对象的生命线。消息也可以发向自己，叫做自反消息。消息可以是非标定的，意味着是一个暂时的命名，并不对应接收对象的操作。如果消息被指派给接收对象的操作，则执行操作会替代消息名(设计的进化)。根据对消息的响应类型，消息又分为简单(Simple)、同步(Synchronous)、超时(Timeout)、阻塞(Balking)、过程调用(Procedure Call)、异步(Asynchronous)、返回(Return)等类型。在 UML 中，可以在实线箭头上加入不同的符号表示不同类型的消息。例如加上圆圈(　——○→　)表示超时，加上叉叉(　——×→　表)示同步，半箭头(——→)表示异步、虚线箭头(　——→　)表示返回信息或者响应信息、实心箭头(　——▶　)表示过程调用、折回箭头(　◁——　)表示阻塞。

12.2.5 建立顺序图的方法和步骤

顺序图是比较精确的模型，它从对象交互过程的角度来描述和建模系统过程。应该根据比较粗略的过程模型，如用例规格描述和用例实现规格描述进行分析。首先，要确定参与用例执行或者用例实现的对象，在顺序图中建立这些对象；然后根据用例描述的活动流来顺序描述对象的交互，标识消息，检查一致性和完整性；最后将对象对应到系统的类，消息对应到类的操作上，再次检查一致性和完整性。下面以一个简单绘图系统中的绘图用例的实现例子来说明建立顺序图的过程。

(1) 选择图形并绘制用例的规格描述。

描述：在界面中选择某种图形，使用鼠标绘制该图形。

前提条件：无。

活动流：

1．用户在界面的下拉列表中选择图形种类，如矩形。

2．系统设置画板状态为绘制矩形状态。

3．用户按下鼠标左键(不松手)，确定矩形左上角位置。

4．系统记录矩形左上角坐标。

5．用户拖动鼠标确定矩形的尺寸。

6．系统绘制矩形的形状。

7．用户松开鼠标左键确定矩形。

8．系统保存该图形并重新绘制，设置成选取状态。

后置条件：用户绘制的图形被临时保存在内存中。

扩展用例：对所绘制图形进行填充、删除、缩放。

(2) 抽取用例描述中的对象。在上述用例规格描述中，出现的对象有用户、界面、矩形等。界面分成两部分，分别为控制面板和画板。使用工具在设计环境中绘制这些对象。

(3) 绘制交互过程。根据活动流中的交互过程，绘制对象之间的消息线，并标注消息名称。绘制完成后检查一致性和完整性。绘制的结果见图 12.1，这是从用户操作的角度绘制的系统交互图。

(4) 对应映射。将上述对象分别对应到系统类，如控制面板对应到 DrawControl、画板对应到 DrawPanel。将消息对应到类的操作上，如用户通过下拉列表选择图形消息；事件对应到 DrawControl 的 itemStateChanged 方法上，如用户按下鼠标左键事件对应到 DrawPanel 的 mousePressed 方法上。转换完毕后，检查结果。当把用户的外部操作转换到系统的类操作上后，系统的动态结构也就设计好了，顺序图的目标也就完成了。

12.2.6 通信图(Communication Diagram)

通信图用于描述对象如何通过交互或者通信来实现用例的功能。同顺序图一样，通信图被设计者用来定义和澄清对象在执行用例事件流中的作用，是确定类职责和接口的首要信息来源。通信图在 UML 1.1 中被称为协作图(Collaboration)，在 UML 2.0 中被改为通信图。两者之间没有本质的区别，都表示对象交互(Interaction)，通信的含义更强调对象之间的信息传递，协作或者交互则含义更笼统，不太确切。

12.2.7　通信图中的元素

在通信图中，包含对象或者参与者的实例及它们之间的关系和消息。通信图通过对象发送消息的方式描述了参与对象之间的交互，对用例的每种事件流情景都可以描述一个通信图。图 12.3 是一个分析阶段的通信图的例子，描述了用例中的各种对象之间的交互过程。通信图和顺序图表达的信息基本相同，但没有直观地显示消息的时间顺序，通信图中可以描述通信的内容即数据令牌(Datatoken)。下面对通信图中的元素分别作一说明。

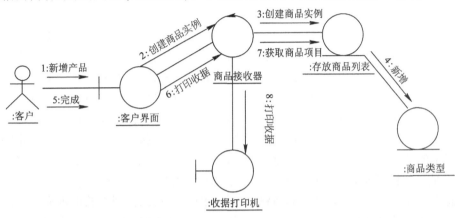

图 12.3　通信图举例

(1) 对象实例：与顺序图一样，对象实例采用对象名：类名的形式来描述，可以给定对象名、类名或者两者都给定，分别表示只指定对象实例引用名、某个类的匿名对象或者某个类创建的有引用名的对象。

(2) 联系(links)：表示对象之间的关系，通过该联系信息被发送。在通信图中，联系使用一个连接两个对象的直线表示。这种联系可以是关联关系的实例，也可以是依赖关系的实例。

(3) 消息：是对象之间的通信。在通信图中，消息被表示成在联系旁边的、具有文字说明的箭头，这表示联系是传输信息的基础。消息可以是没有指派操作的临时字符串，表示消息的含义，在后面的设计中可以将消息指派给目标对象的操作，此时可使用该操作名代替消息字符串。

建立通信图的方法和步骤基本与建立顺序图的一样，只是更强调对象之间交互的消息内容，因此一般不需要两者都建立。

12.2.8　顺序图和通信图的比较

顺序图和通信图表达了同样的信息，但表达方式和强调内容不同。顺序图强调交互的过程性和顺序性，容易理解和验证交互过程；通信图强调对象之间的关系，容易理解指定对象的全部(所有)作用，有利于过程设计。另外，通信图中，还可以表示对象之间的消息内容，因此消息的语义更丰富。

通信图的格式特征使得它更适合于分析阶段。顺序图则较适合于系统设计阶段。要特别指出的是，通信图适合于描述数量较少的对象之间的简单交互。当对象数目和交互过程复杂时，通信图就不容易理解了。另外，在通信图中也很难表示有关时序、决策点或者其他非结构化信息，而这些在顺序图中是非常容易表示出来的。尤其是在 UML 2.0 的顺序图中，增加了选择和循环结构的表达方法，使得顺序图的功能更加强大。

12.3 状 态 图

12.3.1 概述

交互图用于对协同工作的对象群体的行为进行建模。状态机则可以对单个对象的整个生命周期的行为进行建模。一个状态机是一个行为，说明对象在其生命周期中为响应事件所经历的状态序列及对这些事件的响应。这里所说的"状态"，是对象生命周期中的一个条件或者状况，它必须满足一些条件，执行一些活动或者等待事件。事件则是发生在某个时空位置上的有意义的事情的规格说明。在状态机环境中，事件是能够触发状态转换的激励的产生。迁移/转换是状态间的关系，表示对象在前一状态执行某些行为，当特定的事件发生并且特定的条件满足后进入后一状态。活动(activity)是状态机中所进行的非原子操作。动作(action)是导致模型状态变化或者返回一个值的可执行的计算，属于原子操作。

状态机用来建模模型元素的动态特性。状态图是对状态机规格的正规描述方法，具体地说，就是用来描述系统性能的事件驱动方面。状态机特别被用于定义模型元素的"状态相关"特性，或者说描述模型元素根据所处状态不同而发生变化的特性。这些模型元素一般是控制类。如对于订单管理类，如果库存不够或者客户信用度不够，则不接受该订单的创建。

如果模型元素的特性不随元素状态变化，则不需要用状态机来描述，这些元素一般都是被动类，其主要负责存储数据，如学生类、订单类等。需要强调的是，状态机用来建模主动类的特性，后者利用调用和通知事件来实现其操作(作为类状态机的迁移)。

状态机包括由迁移(transition)连接的多个状态。一个状态是指对象执行某些任务或者等待事件的一个条件或者状况。迁移是对象的两个状态之间的关系，由一些事件触发。例如，Java 中的线程对象在整个生命周期中的状态如图 12.4 所示。

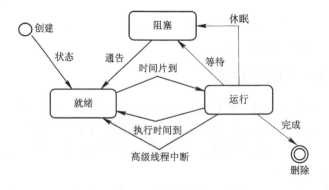

图 12.4　状态图举例——线程对象的生命周期模型

12.3.2　状态图中的基本概念

1．状态(state)

状态是指对象在其生命周期中某个时刻时属性的取值情况，或者称为状况、条件。状态是对象的条件，使之能够执行某个任务或者接收事件。对象的状态一般会持续一定的时间，在此时间内，对象满足一定的条件，履行一定的任务，响应某些事件。状态有如下属性：

(1) 名字：用来区别不同的状态。一个状态也可以是匿名的。

(2) 进入/退出动作：进入或者退出该状态时要执行的动作，例如对象的构造方法和析构方法。进入和退出动作允许在进入和退出该状态时，每次分别分派同一个动作。进入和退出动作干净利落，不需要显式地在进入和离开的转换中去做。进入和退出动作可以没有参数和监护条件。模型元素状态机顶层的进入动作可以带参数，代表该元素创建时机器接收的参数。

(3) 内部转换：不会造成状态变化的转换。内部转换允许在状态内被处理，即不需要离开状态，因此避免触发进入或者退出动作。内部转换可以有带参数和监护条件的事件，本质上代表中断处理。

(4) 子状态：状态的嵌套结构，包含汇交(顺序活动)或者并发(并发活动)子状态。

(5) 延迟事件：一系列没有在该状态处理的事件，被对象推迟到另一个状态排队等待处理。延迟事件被推迟到一个活动状态，其间事件不再延迟。当该状态活动后，事件发生被触发，并且可能造成转换，好像事件刚刚发生。延迟事件的实现需要有一个内部事件队列。如果一个事件发生了，但是被列为延期，该事件就进入内部事件队列。当对象进入了不再延迟这些事件的状态后，延期事件离开该队列。

2．迁移(transition)

迁移是两个状态之间的关系，表示对象在第一个状态中执行一定的动作，当某个事件发生并且某个条件满足时进入第二个状态。在这种状态变化中，迁移称为激活。在迁移激活之前，对象处于源状态；激活后，对象处于目标状态。迁移也有一些性质。

(1) 源状态(Source State)：被迁移影响的状态。如果对象处于源状态，且接收迁移的触发事件并满足监护条件，则迁移被激活。

(2) 事件触发(Event trigger)：迁移合法激活的事件(如果监护条件满足的话)。该事件被处于源状态的对象接收。在状态机中，事件是能够触发状态迁移的激励的发生。事件包括信号、调用、时间流逝、状态变化等。信号和调用事件可以带有参数，参数值可以被转换中的监护条件和动作所用。也可能有无触发的迁移，这种迁移又可称为完成迁移，当源状态完成其任务后，隐式地被迁移(完成也可以看成是一个事件，如线程执行完成后自然变成删除状态)。

(3) 监护条件(Guard Condition)：通常是当迁移被触发或者事件被接收时进行计算的逻辑表达式。如果值为 true，则迁移被合法地激活；如果为 false，则迁移不被激活，而且如果不存在其他迁移被该事件触发，则该事件丢失。

当迁移的触发事件发生时，监护条件被计算。对于同一个触发事件，从同一源状态出发，只要监护条件不相互重叠，可能会有多个迁移。当事件发生时，迁移的监护条件只计算一次。该逻辑表达式可以引用对象的状态和事件本身，例如，boolean exp(Object obj，Event e(para))。

(4) 动作(action)：可执行的原子计算，直接作用于拥有状态机的对象，间接作用于对该对象可见的其他对象。所谓原子计算，是指不能被事件中断，必须执行到完成。这与任务不同，任务可以被其他事件中断。动作包括调用、创建或者破坏对象，向其他对象发信号等。

(5) 目标状态：迁移完成后的对象状态。一个迁移可能有多个源状态，代表来自多个并发状态的汇合，也可以有多个目标状态，代表通向多个状态的分叉。

12.3.3　状态图的工具支持

在 Rational Rose 中，提供了状态图工具，在其中可以绘制初态/终态/状态/迁移/内部迁移。对于状态来说，可以定义其动作，包括进入、退出、执行、事件操作；对于迁移来说，可以定义其事件名称、参数、监护条件、动作、信号等。状态中可以嵌套状态，表示大状态下的子状态。图 12.5 是描述一个机器人运动的状态图，是一个嵌套的状态图。

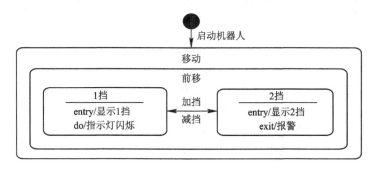

图 12.5　嵌套状态图

12.4　活　动　图

12.4.1　概述

活动图是五种 UML 动态模型图之一。本质上是流程图，表示活动到活动的控制流。但不像传统的流程图，活动图不仅可以表示控制分支，也可以表示并发。

活动图类似于流程图，可以表示数据流(DF)，也可以表示控制流(CF)。在 UML 中，活动图一般用来描述用例的工作流，也可以用来描述业务工作流(属于业务用例)，还可以用来描述操作的流程。

用例的事件流描述了为提供给用户有价值的结果，用户和系统需要做的事情，包括一系列任务或者操作。事件流包含基本流和一个或多个可选流，用例事件流可以使用活动图来描述。

12.4.2　活动图中的基本概念

活动/状态/动作(Activity/State/Action)：代表任务的执行或者事件流的步骤，本身可以是不能分解的原子操作，例如方法调用、发出信号等，也可以是多个动作的组合。

控制流/转换(Control Flow/Transition)：表示后续的活动状态。这种类型的转换有时称为完成转换，区别于不需要显式地触发事件的转换，它被活动状态表示的任务触发。

决策(Decision)：定义一组监护条件。这些监护条件控制在任务完成时的下一个转换(或者一组可选的转换)。决策和监护条件允许表现用例事件流中可选的执行线索。

泳道(Swimlane)：是活动图中的条形区域，可以将活动按照某种原则分组，如业务模型中的部门，分布式系统的多个节点等。泳道本质上是一个对象实例，可以指定其所属类，如图 12.6 所示。

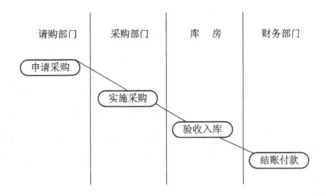

图 12.6　带有泳道的活动图

对象流(Object Flow)：在活动图的控制流中可以涉及到关联的对象。对象可以作为动作的输出，也可以作为其他动作的输入。对象也是连接两个动作的联系，类似于数据流。对象流本身也可以看作是数据流。按照这种观点，活动图在某种程度上类似于数据流图，只不过在活动图中，对象不仅可以标识其实例名称，还可以标识所属类及其所处状态，如图 12.7 所示。

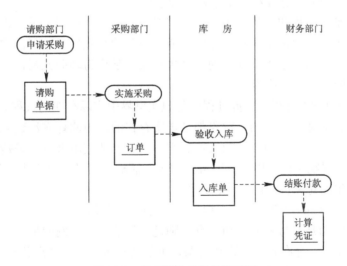

图 12.7　带有输出对象的活动图

同步条(Synchronzied Bar)：用来显示并行子工作流和用例事件流中并发的线程。

如上所述，在面向对象的分析设计过程中，活动图存在着从简单到详细的进化过程。从最初的简单流程图细化到细分职责的泳道图；从单纯的动作细化到输出对象；从简单的动作对象到具有类属和状态的对象；逐渐一步步地将过程清晰地展现在用户和开发者面前。尤其是在描述类属的对象流状态时，距离系统最终状态越来越近。因为对象一般都可以抽象成为数据，进而形成数据模型。这是从流程到系统的一个进化过程，也是流程驱动(由流程派生/推导数据和处理)的一种开发过程。

但从本质上来说，流程图是面向过程的，以处理/活动/动作为核心和主线的，对象/数据只是其输出物，该图并没有反映出以对象为中心的交互过程。对象交互过程在顺序图和通信图中得到了很好的反映。过程同样是现实世界物质的属性之一，面向过程则是从动态处理的、发展变化的观点来观察世界的思想和方法，这和事物的发展过程、人的思维过程相一致。因此活动图容易理解，受到人们关注，可以作为面向对象方法或者抽取对象的一个开始。对象交互则更精确地表示了面向对象系统的交互过程。活动图中的活动/动作被对应到某些对象的操作上去，这些对象有可能并没有完全出现在活动图中，在活动图中不能设计出所有的对象，只能从某个角度(业务或者功能)观察对象和处理的一致性。活动图可以用于建立传统面向对象软件工程三大模型中的功能模型，相当于高层数据流图。活动图是特殊的状态图，所有或者大部分状态都是活动状态，所有或者大部分迁移都被完成动作触发。

12.4.3　活动图的用途

结构和过程都是客观事物的属性。类图主要用于建模结构，活动图主要用于建模过程，前者是静态的，后者则是动态的。现实世界中有很多过程需要研究和描述，尤其是作为信息系统的背景或原型的系统，也就是业务系统。信息系统也有过程特性，但它是区别于现实世界过程的。过程包括复杂的宏观社会过程，如政府过程、企业过程；简单的微观操作处理过程，如计算工资的过程；还有信息系统的操作过程以及实现过程等。活动图适合于对这些宏观及微观的业务过程和系统过程进行建模。

需要注意的是，过程和对象是不可分的，对象包括多个过程，过程也包括若干对象。交互图是以对象为中心对过程进行描述的，通过对象的交互展现过程，称为对象驱动。活动图则是以过程活动为中心进行描述的，其中对象只是作为辅助元素，称为过程驱动。归纳起来看，活动图的主要用途为：

(1) 用于业务过程的建模。业务过程就是现实世界中实际存在的过程。在此种过程的活动图描述中，所有的泳道、活动、对象都是现实存在的，用此种方法建立的业务过程模型是业务模型中的一部分。例如企业的采购过程，其中的泳道用来表示采购过程中相关的部门，如请购部门、采购部门、库房、财务部门等；活动包括日常的企业经营行为，如询价、报价等；活动产生的对象包括请购单、订单等。

(2) 用于系统过程的建模。系统过程就是系统的使用过程、开发过程和执行过程。在使用过程中，有些活动是参与者的活动，有些则是系统的活动。例如最简单的桌面系统就是用户和系统进行交互。分布式系统则较复杂，可能会有多个机器节点并发地参与系统过程。此种方法利于对复杂的分布式系统过程进行建模，包括并发活动。例如，基于 C/S 模式的网络协作系统过程的建模中，泳道用来表示参与协作的服务器和多个客户机；活动包括协作活动，如发出协作申请、演示、讨论、投票等；活动产生的对象包括协作的结果，如文档、图形、模型等。

（3）用于操作过程的建模。一般来说，面向对象技术中的操作都属于某个对象，操作是对象的行为或者提供的服务，操作可以改变对象状态，属于动态的特性。操作相对于活动来说，是微观的，代表有限的机器指令集合。活动图用于操作过程建模，作用类似于算法流程图。

12.4.4　活动图的工具支持

在 Rational Rose 中，活动图可以建立在一个包下面，表示包范畴(如组织结构)内的一个工作流；可以建立在任何一个用例下面，表示用例的事件流或者过程流；可以建立在类下面，表示该类对象的活动流或者状态机；也可以建立在操作下面，表示该操作的处理流程等。在活动图中，可以绘制活动、状态、转换、决策、泳道、同步条、对象和对象流等。活动也可以表示动作，转换也可以表示监护条件、参数等。

12.5　UML 2.0 的活动图

在 UML 2.0 中，活动图中的结点不再称做"活动(Activity)"，而是称做"动作(Actions)"。"活动"是更高一级的结构，包括一系列的"动作"。从图 12.8 中可以看到，动作"选择课程"的圆角矩形框里面有个"靶型符号(Rake Symbol)"，它代表这个动作由一个子活动完成。从图 12.9 中可以看到，左上角是子活动"选择课程"的名字，下面是输入参数的名称和类型。在 UML 2.0 中，动作可以有其自身的前置条件和后置条件。在执行动作之前，首先要满足前置条件；在执行动作之后，也要能够满足后置条件。图 12.9 中，动作"记录日志"后面的符号是活动的结束标志，它代表其所在的一系列动作分支的终点，但其他分支的活动流还可以继续执行。

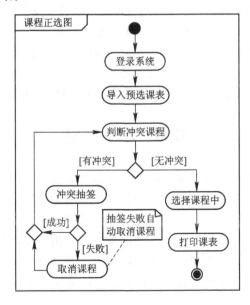

图 12.8　课程正选图

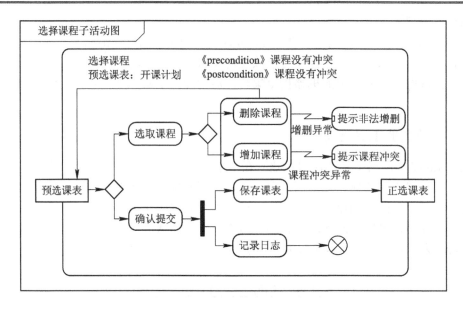

图 12.9 选择课程子活动图

在"删除课程"和"增加课程"这两个动作中,可能出现两种异常(Exception)。这两个动作被嵌套在一个"受保护节点(Protected Node)"里面,在 UML 2.0 中这是允许的。这个受保护结点连着两个"处理程序主体结点(Handler Body Node)",中间的连线写着异常的类型(Exception Type)。当学生删除必修课或者增加不符合选课规则课程的时候,此异常就会被系统捕捉,然后系统提示非法增删。另一种情况是当学生选择一门上课时间有冲突的课程时,系统会提示课程冲突。

UML 2.0 有三种方法可以组合和分解动作,上面是其中一种。还可以利用扩展区域(Expansion Region)和活动分区(Activity Partition)组合和分解动作。前者根据输入的内容不断地做迭代动作,给出相应的输出,后者可以在泳道图中根据某些特征来组合动作。

现在,活动图不仅仅可以用来描述工作流,而且还加入了新特性。例如时间信号标志,能更有效地支持自动化的设计。同时,动作还可以有多个输入流,当同时满足这些输入流的时候,动作才能执行,这样活动图就能够当作 Petri 网来描述复杂多变的业务流。

12.6 小 结

任何事物都有静态和动态两方面的特性。在面向对象建模中,对象模型是静态模型,对象交互和状态模型是动态模型。静态模型代表了系统的组成结构,动态模型以静态模型为基础,反映了系统的运行状态和规律,更加具体地刻画了系统功能的操作和实现过程,是静态模型在某种情境中的使用过程,因此在系统的分析、设计建模中的作用是十分重要的。动态建模中需要注意的是不要过度建模,因为系统运行的情境、案例和线索很多,一般只针对关键系统过程、关键系统用例、关键系统对象等进行动态建模。

习　题

1. 系统的静态模型和动态模型是从哪两个角度来对系统进行建模的? 它们之间有什么区别和联系?

2. 系统的动态模型包括哪些具体的模型? 由哪些图来表示?

3. 业务系统的动态模型和信息系统的动态模型有什么区别和联系?

4. 针对系统的下列用例或者对象进行动态建模:

(1) 销售系统中的订单对象的生命周期模型(状态图)。

(2) 课程注册系统中的选课用例的对象交互模型(顺序图)。

(3) 订单处理的流程模型(活动图)。

(4) 绘图系统绘制椭圆的交互模型(通信图)。

5. 动态模型不仅可以用于系统建模中, 也可以用于现实世界过程的建模, 请举出一些这方面的例子。

第13章 构件模型和部署模型

13.1 代码实现与构件模型

13.1.1 概述

系统模型的大部分内容反映了系统的逻辑和物理设计方面的信息，并且独立于系统的最终实现单元。然而，为了可重用性和可操作性的目的，系统实现方面的信息也很重要。UML 使用两种视图来表示实现单元：构件视图和部署视图。

构件视图将系统中可重用的代码块包装成具有可替代性的物理单元，这些单元被称为构件。构件视图也称为实现视图。构件视图用构件及构件间的接口和依赖关系来表示设计元素(例如类)的具体实现。构件是系统高层的可重用的组成部件。图 13.1 表达了构件和接口之间的实现关系。

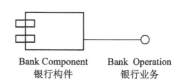

图 13.1　构件与接口之间的实现关系

13.1.2 构件(Component)和构件图(Component Diagram)

在 UML 中，构件代表一个具有良好定义接口的软件模块，包括源代码、二进制代码、可执行代码、动态链接库等。构件的接口由其所提供的一个或多个接口元素表示。构件之间的关系用来表示软件模块之间的编译、运行、调用、接口的依赖关系，也可以表达构件和类之间的实现关系，在 Rational Rose 中是通过在类和构件之间建立指派(Assigned)关系实现的。

构件是定义了良好接口的物理实现单元，它是系统中可替换的部分。每个构件体现了系统设计中特定类的实现。良好定义的构件不直接依赖于其他构件而依赖于构件所支持的接口。在这种情况下，系统中的一个构件可以被支持正确接口的其他构件所替代。

构件具有它们支持的接口和需要从其他构件得到的接口。接口是被软件或硬件所支持的一个操作集。通过使用命名的接口，可以避免在系统中各个构件之间直接发生依赖关系，有利于新构件的替换。构件视图展示了构件间相互依赖的网络结构。构件视图可以表示成两种形式，一种是含有依赖关系的可用构件(构件库)的集合，它是构造系统的物理组织单元。另一种表示为一个配置好的系统，用来建造它的构件已被选出。在这种形式中，每个构件与给它提供服务的其他构件连接，这些连接必须与构件的接口要求相符合。构件用一边有两个小矩形的一个长方形表示，它可以用实线与代表构件接口的圆圈相连，如图 13.2 所示。

图 13.2　带接口的构件

构件图表示了构件之间的依赖关系，如图 13.3 所示。每个构件实现(支持)一些接口，并使用另一些接口。如果构件间的依赖关系与接口有关，那么构件可以被具有同样接口的其他构件替代。

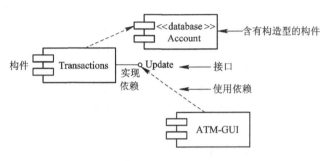

图 13.3　构件图

一个系统可能由多种软件模块组成，如可执行文件(exe)、动态链接库文件(dll)、图片文件、网页文件、文本文件等。每种软件模块由模型中的一个组件代表。为区别不同种类的构件，可以使用版型(Stereotype)机制，如图 13.4 所示。

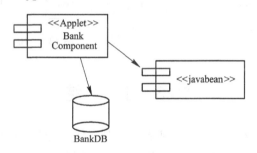

图 13.4　用版型表示不同种类的构件

构件名就是所表达的文件名，构件一般要指定实现语言。

13.1.3　构件(Component)图的作用

构件模型在软件开发过程中的实现阶段创建，是最终软件产品的物理模型或者叫做物理构件，直接对应最终的各种程序和数据文件。构件模型是软件系统最终发布和部署的基础。在某些语言中，程序的逻辑构件，例如类和构件之间的对应关系是比较复杂的，有可能是多对多的关系，例如 C++中，一个类的完整定义应该放在两个文件中，接口定义(.h)和实现文件(.cpp)中，即一个类可能会对应多个实现文件，而一个源代码文件中也可以定义多个类，这说明类和构件之间是多对多的关系。另一些语言中，这种对应关系比较简单，例如，Java 中的一个类只能对应一个类构件(.class)文件，反之亦然，是一对一的关系；类和源程序之间的对应关系是多对一的关系。在类与构件之间是多对多关系时，从类跟踪到构件或者从构件跟踪到类是比较繁琐的事情，这可以通过构件模型很容易地达到此目的。在某些建模工具，例如 Rational Rose 中，选择类或者构件，通过建立类和构件的指派关系，可以很方便地显示出其对应的构件或者类列表，为软件开发过程中的产品可跟踪性奠定基础。另外，构件模型也是建立产品基线和发布以及产品生产线的基础。

13.2　部署图(Deploy Diagram)

部署是将开发出的软件产品安装在运行环境中，使之正确运行的软件开发活动。目前的运行环境多为基于网络的分布式环境，部署过程较为复杂，因此部署过程也需要建模。将开发出的物理构件和处理器结点对应起来，以利于正确的部署和运行。部署图表示了构件和处理器物理结点之间的这种对应关系。在 UML 中，部署图表示了处理器、设备及其连接关系，也可以表示软件构件和处理器之间的关系。每个系统模型中只包含一个部署图，表示该系统中处理器、设备之间的连接以及进程对处理器的分配。

部署视图表示运行时的计算资源(如处理器及它们之间的连接)的物理布置拓扑结构，这些运行资源被称作计算节点。在运行时，节点包含构件和对象的动态映射——进程和线程。构件和对象在计算节点上的分配可以是静态的，它们也可以在节点间迁移。如果含有依赖关系的构件实例放置在不同节点上，则部署视图可以展示出执行过程中的瓶颈。图 13.5 是一个基于 B/S 模式的三层模型。

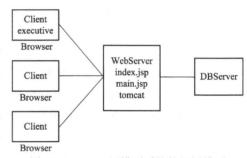

图 13.5　B/S 三层模型系统的部署模型

13.3　小　　结

在 UML 中，构件代表源程序文件或者二进制文件，是软件开发的最终产品。从软件产品的最初需求到系统的概念模型，从系统的逻辑模型到最终的物理文件，构成了软件系统完整的开发生命周期。一般来说，生命周期的开始与问题或者业务领域比较接近，后期则和计算机系统更为接近。这种从问题域到程序域的映射过程中，可跟踪性显得非常重要，因为最终的解决方案可能和最初的问题形式相距甚远，构件模型则给出了从逻辑模型到物理模型的跟踪性，也给出了软件构件之间的依赖性，是软件测试、发布和维护的基础。

习　题

1. 软件构件和开发环境、开发语言有关吗？不同语言和不同开发环境中实现同一个操作接口的软件构件一样吗？

2. 物理构件和逻辑组件，如类的关系是什么关系？怎样从逻辑组件跟踪到物理构件？

3. 在 UML 中，构件之间有什么关系？构件和类、接口之间有什么关系？

4. 试在某种具体的面向对象程序设计语言，如 C++、Java 或者 Delphi 中，表示出实现某个用例或者功能的构件。

第 14 章　面向对象测试基础

从表面上看，软件测试与其他软件活动的目的都相反。软件工程的其他阶段都是"建设性"的活动：软件工程师力图从抽象的概念出发，逐步设计出具体的软件系统。但软件测试人员却努力设计出一系列测试方案，目的是为了"破坏"已经建造好的软件系统——竭力证明程序中有错误而不能按照预定要求正确工作，或者发现程序中的缺陷。当然，这只是表面上的或者是心理上的现象。事实上，发现错误是为了改正错误。测试阶段发现的问题越多，交付的软件质量就越高，后期的纠错性维护工作就越少。因此，从本质上看测试工作也是一项"建设性"活动。软件测试的基本策略是从单元测试开始，逐步进入集成测试，最后进行确认测试和系统测试。

对于传统的软件系统来说，单元测试的对象是软件设计的最小的、可编译的程序单元(过程模块)，它检查在模块中实现算法的正确性及返回值与预定结果的符合程度。一旦把所有单元都测试完后，就把这些模块组装起来，进行集成测试，以便发现与接口有关的各种错误和新单元加入到程序中所带来的副作用。最后，把系统作为一个整体来测试，以发现软件需求中的错误。

在面向对象方法中，测试没有受到更多的关注，文献中见到的关于这方面的工作，都是想把过程性测试方法应用于面向对象方法中。尽管面向对象软件的策略与上述策略基本相同，但是，由于过程性开发而得到的系统一般可被看作是单入口和单出口的结构，而类或类实例(对象)不能视为这种类型的结构。因为没有考虑到面向对象软件测试还必须涉及到继承性和多态性，故过程性测试方法所使用的充分性准则不能直接地应用于面向对象系统的测试，面向对象的软件测试有其自身的新特点。

14.1　面向对象的单元测试

在面向对象的软件开发中，"封装"导致了类和对象的定义特点，这意味着类和类的实例(对象)包装了属性(数据)和处理这些数据的操作(也称为方法或服务)。软件的核心是"对象"，不像传统软件开发中的"单元"(或者说单元的概念改变了)。也就是说，封装起来的类和对象是最小的可测试单元。一个类可以包含一组不同的操作，而一个特定的操作也可能定义在一组不同的类中。因此，面向对象的软件单元测试与传统测试方法不一样，它的含义发生了很大变化。

面向对象软件的单元测试不是独立地测试单个操作，而是把所有操作都看成类的一部分，全面地测试类和对象所封装的属性和操纵这些属性的操作整体。具体地说，在面向对象的单元测试中不仅要发现类的所有操作中存在的问题，还要考查一个类与其他的类协同工作时可能出现的错误。现以实例说明：在一个类层次中，操作 A 在超类中定义并被一组子类继承，每个子类都可使用操作 A，但是 A 要调用子类中定义的操作并处理子类的私有属性。由于在不同的子类中使用操作 A 的环境有所不同，因此有必要在每个子类的语境中测试操作 A。这就是说，当测试面向对象软件时，传统的单元测试方法是不完备的，我们不能再独立地对操作 A 进行测试。

14.2　面向对象的集成测试

传统的集成测试是采用自顶向下或自底向上或二者混合的两头逼近策略，是通过用渐增方式，逐渐集成功能模块进行的测试。但是由于面向对象程序没有明显的层次控制结构，相互调用的功能也是分散在不同的类中，类通过消息的交互作用申请和提供服务，因此传统的集成测试的策略就没有意义了。此外，由于面向对象程序具有动态性，程序的控制流往往难以确定，因此主要做基于黑盒方法的集成测试。

面向对象的集成测试主要关注于系统的结构和内部的相互作用。面向对象软件的集成测试有两种方法。

1. 基于线程的测试(Thread_based Testing)

基于线程的测试把响应系统的一个输入或一个事件所需要的一组类集成起来进行测试。应当分别集成并测试每个线程，同时为了避免产生副作用再进行回归测试。该测试需要基于系统的动态模型。

2. 基于使用的测试(Use_based Testing)

基于使用的测试首先测试几乎不使用服务器类的那些类(称为独立类)；接着测试使用独立类的最下层的类(称为依赖类)；然后，对根据依赖类的使用关系，从下到上一个层次一个层次地持续进行测试，直至把整个软件系统测试完为止。

除了上述两种测试方法，还有一种集群测试法，是面向对象软件集成测试的一个步骤。为了检查一群相互协作的类，用精心设计的测试用例，力图发现协作错误，即集群测试。通过研究对象模型可以确定协作类。

为减少测试工作的工作量，在进行集成测试时，可参考类关系图或实体关系图，确定不需要被重复测试的部分，从而优化测试用例，使测试能够达到一定的标准。

14.3　面向对象的确认测试与系统测试

通过对软件的单元测试和集成测试，仅能确认软件开发的功能是正确的，不能确认在实际运行时，它是否满足用户要求，是否大量存在与实际使用条件下的各种应用相矛盾的错误。为此在完成上述测试活动后，还必须经过规范的确认测试和系统测试。

面向对象软件的确认测试或系统测试与传统的确认测试一样，通过设计测试用例，主要检查用户界面和用户可识别的输出，不再考虑类之间相互连接的细节。测试人员应该认真研究动态模型和描述系统行为的脚本，为系统的输入信息设计出错处理的通路，模拟错误的数据和软件界面可能发生的错误，设计出合理的测试用例。

14.4　设计测试用例

14.4.1　测试用例概述

类似于用例(Use Case)的定义，测试用例(Test Case)是为实现某个特殊目标(验证或者找错)而执行系统的过程。它包括精心设计的一组测试输入、执行条件以及预期结果，以便测试某个程序功能或者路径是否满足特定需求。

测试用例包括对特定的软件产品进行测试的任务描述，体现测试方案、方法、技术和策略，其内容包括测试目标、测试环境、输入数据、测试步骤、预期结果、测试脚本等，并形成文档。

测试用例是针对软件产品的功能、业务规则和业务处理所设计的测试方案。对软件的每个特定功能或运行操作路径的测试构成了一个个测试用例。不同类别的软件，测试用例的策略、方法和侧重点都是不同的。例如，企业信息管理类软件，其需求不确定或者变化较为频繁，通常的策略是把测试数据和测试脚本从测试用例中划分出来，以供重用。

目前，面向对象软件的测试用例的设计方法还处于研究、发展阶段。1993 年，Berard 提出了指导面向对象的软件测试用例设计的方法，要点如下：

(1) 每一个测试用例都要有一个唯一的标识，并与被测试的一个或几个类相关联起来。

(2) 每个测试用例都要陈述测试目的。

(3) 对每个测试用例要有相应的测试步骤，包括被测对象的特定状态、所使用的消息和操作、可能产生的错误及测试需要的外部环境。

(4) 与传统软件测试(测试用例的设计由软件的输入—处理—输出或单个模块的算法细节驱动)不同，面向对象测试关注于设计适当的操作序列以检查类的状态。

测试用例分为基于黑盒的测试用例和基于白盒的测试用例。前者也叫做基于系统外部需求的测试用例，主要根据需求分析阶段的用例规格描述和其他需求进行设计，只观察系统的外观表现是否满足预期要求；后者又称为基于系统内部结构的测试用例，主要依据分析设计阶段的逻辑和物理模型，如类图和顺序图以及代码设计测试用例，旨在测试软件功能执行过程中对象的交互过程，包括消息、响应以及各个程序路径等。

14.4.2　面向对象概念对测试用例设计的影响

封装性和继承性是类的重要特性，这为面向对象的软件开发带来很多好处，同时它又为面向对象的软件测试带来负面影响。

类的属性和操作是被封装的，而测试需要了解对象的详细状态。同时，当改变数据成员的结构时，要测试是否影响了类的对外接口，是否导致相应的外界必须改动。例如，强制的类型转换会破坏数据的封装性。请看下面的这段程序：

```
class Hd{
    int a=1;
    char *h="Hd";}
class Vb{
```

```
        public:int b=2;
          char *v="Vb";}
        ⋮

    Hd p;

    Vb *q=(Vb *)&p;
```

这样，p 的私有数据成员 a 可以通过 q 被随意访问，破坏了类 Vb 的封装性。

此外，继承不会减少对子类的测试，相反，会使测试过程更加复杂化。因此，继承也给测试用例的设计带来负面影响。当父类与子类的环境不同时，父类的测试用例对子类没有什么使用价值，必须为子类设计新的测试用例。

在设计面向对象的测试用例时应注意以下三点：

(1) 继承的成员函数需要测试。对于在父类中已经测试过的成员函数，根据具体情况仍需在子类中重新测试。一般在下述两种情况下要对成员函数重新进行测试：

① 继承的成员函数在子类中有所改动。

② 成员函数调用了改动过的成员函数。

(2) 子类的测试用例可以参照父类。例如，有两个不同的成员函数的定义如下：

father::B()中定义为

```
    if (value<0) message("less");

    else if (value==0) message("equal");

    else message("more");
```

son::B()中定义为

```
    if (value<0) message("less");

    else if (value==0) message("It is equal");

    else {message("more");

    if (value==99) message ("Luck");}
```

在原有的测试上，对 son::B()的测试只需做如下改动：将 value = 0 的测试结果期望改动，并增加 value==99 这一条件的测试。

(3) 设计测试用例时，不但要设计确认类功能满足的输入，而且还应有意识地设计一些被禁止的例子，确认类是否有不合法的行为产生。

14.4.3　类测试用例设计

类测试是类生存期中的初始测试阶段。类一般是一些单独的部件，可以用于不同的应用软件中。这就要求每个类都必须是可靠的，并且不需要了解任何实现细节就能复用。类的测试既可以使用传统的白盒测试方法，也可以使用黑盒测试方法。一般来说，在设计测试用例时，可参照下列步骤：

(1) 根据面向对象分析设计结果，选定检测的类，并仔细分出类的状态和相应的行为，以及成员函数间传递的消息和输入输出的界定。

(2) 确定覆盖标准。

(3) 利用结构关系图确定测试类的所有关联。

(4) 构造测试用例，确认使用什么输入来激发类的状态，使用类的什么服务，期望产生什么行为。

下面介绍两种常用的类测试用例设计方法。

1. 基于故障的测试用例设计

基于故障的测试(Fault_based Testing)与传统的错误推测法类似，通过对面向对象分析或面向对象设计模型的分析，首先推测软件中可能有的错误，然后设计出最可能发现这些错误的测试用例。例如，软件工程师经常在问题的边界处犯错误，因此，在测试(计算平方根)操作(该操作在输入为负数时返回出错信息)时，应该着重检查边界情况：一个接近零的负数和零本身。其中，"零本身"用于检查程序员是否犯了如下错误：

(1) 把语句 if(x＞＝0)calculate=sqr(x)；误写成 if(x＞0)calculate=sqr(x)；。

(2) 程序中将 if(strncmp(str1,str2,strlen(str1)))误写成 if(strncmp(str1,str2,strlen(str2)))，那么如果在测试用例中使用的数据 str1 和 str2 长度相同，就无法检测出错误。

为了推测出软件中可能有的错误，测试人员应该认真研究分析模型和设计模型，还得依靠测试人员的经验和直觉。如果推测得比较准确，则使用基于故障的测试方法能够用较少的工作量发现大量错误，否则不然。

2. 基于用例的测试用例设计

基于故障的测试用例有一个很突出的缺点，当功能描述是错误的或子系统间的交互存在错误时，基于故障的测试用例就无法发现错误。

基于用例的测试用例更关心的是用户想做什么，而不是软件想做什么。通过用例获取用户要完成的功能，并以此为依据设计所涉及的各个类的测试用例。更具体地说，先搞清楚用户想实现哪些功能，然后去寻找完成这些功能，需要哪些类参与，从功能出发，对所确定的这些类及其子类分别设计类测试用例。用例实现涉及到的类在动态模型，尤其是顺序图或通信图中可以得到充分的展现，因此基于用例的测试用例设计应该好好地研究、分析和设计模型中的动态模型。

14.4.4　类间测试用例设计

在集成面向对象测试阶段，必须对类间协作进行测试，因此测试用例的设计变得更加复杂。通常可以从面向对象分析的类—关系模型和类—行为模型导出类间测试用例。测试类协作可以使用随机测试方法和划分测试方法，以及基于情景的测试和行为测试来完成。

1. 多个类的划分测试方法

多个类的划分测试方法有三种，即基于状态的划分、基于属性的划分和基于功能的划分。根据类操作改变类状态的能力来划分类操作，称为基于状态的划分法；根据类操作使用的属性来划分类操作，称为基于属性的划分法；根据类操作所完成的功能来划分类操作，称为基于功能的划分法。另外，多类测试还应该包括那些通过发送给协作类的消息而被调用的操作。根据与特定类的接口来划分类操作也是一种可用的划分测试方法。

2. 从行为模型导出测试用例

动态行为模型由几个状态转换图组成的。根据类的状态图，可以设计出测试该类以及类间动态行为的测试用例。同时，为了保证该类的所有行为都能被测试，还可以利用状态图设计更多测试用例。

14.4.5　测试用例设计举例

1. 基于用例(Use Case)的测试用例设计

用于功能性测试的测试用例来源于测试目标的用例。应该为每个用例场景编制测试用例。用例场景要通过描述流经用例的路径来确定。这个流经过程要从用例开始到结束，遍历其中所有基本流和备选流。

例如，图 14.1 中经过用例的每条不同路径反映了基本流和备选流，用箭头来表示。基本流用黑直线来表示，是经过用例的最简单的路径。每个备选流自基本流开始，之后，备选流会在某个特定条件下执行。备选流可能会重新加入基本流中(备选流 1 和备选流 3)，还可能起源于另一个备选流(备选流 2)，或者终止用例而不再重新加入某个流(备选流 2 和备选流 4)。

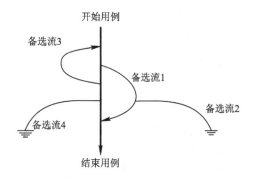

图 14.1　用例的执行路径(基本路径和备选路径)

根据上述用例执行路径，可以总结出该用例的执行场景如表 14.1 所示。

表 14.1　用例执行场景

场景 1	基本流		
场景 2	基本流	备选流 1	
场景 3	基本流	备选流 1	备选流 2
场景 4	基本流	备选流 3	
场景 5	基本流	备选流 3	备选流 1
场景 6	基本流	备选流 3	备选流 1	备选流 2
场景 7	基本流	备选流 4	
场景 8	基本流	备选流 3	备选流 4

根据上述每个场景可以生成测试用例，生成每个场景的测试用例是通过确定某个特定条件来完成的。这个特定条件将导致特定用例场景的执行。例如，假定图 14.1 描述的用例对备选流 3 规定为："如果在上述步骤 2[输入提款金额]中输入的金额超出当前账户余额，则出现此事件流。系统将显示一则警告消息，之后重新加入基本流，再次执行上述步骤 2[输入提款金额]，此时银行客户可以输入新的提款金额。"据此，可以开始确定需要用来执行备选流 3 的测试用例，如表 14.2 所示。

表 14.2　根据场景生成的测试用例

用例 ID	场景	条件	预期结果
TC x	场景 4	步骤 2 - 提款金额 > 账户余额	在步骤 2 处重新加入基本流
TC y	场景 4	步骤 2 - 提款金额 < 账户余额	不执行备选流 3，执行基本流
TC z	场景 4	步骤 2 - 提款金额 = 账户余额	不执行备选流 3，执行基本流

除了从用例生成的用于功能测试的测试用例之外，还可以从非功能性需求中生成测试用例，例如可以从性能需求生成负载测试用例和强度测试用例，为安全性和访问控制生成测试用例等。

2. 基于白盒技术的单元测试的测试用例设计

从理论上来讲，白盒测试应该测试程序每一条可能的路径。在所有简单的单元内实现这样的目标是不切实际的。作为最基本的测试，应将每个决策(Decision)到决策路径(DD 路径)测试至少一次，这样可确保将所有语句至少执行一次。决策通常是指 if 语句，而 DD 路径是两个决策之间的路径。

要达到这种程度的测试覆盖，测试用例应确保：

(1) 每个 if 语言的布尔表达式的求值结果为 true 和 false。例如，表达式(a<3) or (b>4)的求值结果为 true/false 的四种组合，即满足条件覆盖。

(2) 每一个循环至少要执行零次、一次和一次以上。

(3) 可使用代码覆盖工具来确定白盒测试未测试到的代码，另外在进行白盒测试的同时应进行可靠性测试。

例如，假设对类 SetofPrime 中的 isPrime 函数执行结构测试。该函数检查集合是否包含了某个指定的整数。isPrime 函数的代码和相应的流程图如图 14.2 所示。

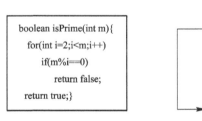

```
boolean isPrime(int m){
    for(int i=2;i<m;i++)
        if(m%i==0)
            return false;
    return true;}
```

图 14.2　基于白盒技术的测试用例设计

理论上，测试用例应遍历代码内路径的所有组合情况。在 isPrime 函数的 for 循环中存在两个可选择的路径。测试用例可以一次、多次遍历该循环，或是根本就不遍历。如果测试用例根本就没有遍历循环，则在代码中只能找到一条路径。如果遍历一次，将有三条路径；如果遍历两次，将存在六条路径。如此类推。因此路径组合总数根本无法完全测试，必须选择所有这些路径的子集。本例中，可以采用三个测试用例来执行所有的语句，测试数据 m 分别为 2、3、4，这和基于黑盒的等价类划分方法得到的结果是一致的。

14.5　小　　结

面向对象测试和传统测试方法有很多类似的地方，主要区别在于面向对象测试中的单元测试是以类作为基本单元的，必须针对类单元设计单元测试用例。除了类单元测试之外，还有类协作测试。面向对象方法在软件测试中的应用之一就是测试用例或测试案例(Test Case)概念的提出，这也是用例思想在软件测试中的应用即通过设计合适的测试案例来发现软件设计中存在的问题。此时可根据用例的使用或者实现过程来设计测试用例，前者可以参照用例规格说明，后者可以根据参与实现的类之间的关系来设计用例，以便更好地发现类协作之间的问题。

习　题

1. 用例和测试用例之间有什么区别？
2. 为什么面向对象单元测试中的单元为类？
3. 根据用例来设计测试用例有什么好处？主要依据是什么？
4. 设计测试类间关系的用例是白盒测试还是黑盒测试？为什么？
5. 你是否可以针对前面分析设计作业中的用例设计测试用例？
6. 试根据用例规格说明设计测试用例。

第 三 篇

软件工程项目管理

为有效遏制"软件危机"的影响，多年来人们进行了大量的研究。在广泛研究了技术实力和管理过程对于软件工程项目影响程度的基础上，最终得出了结论：管理是影响软件研发项目全局的因素，而技术只影响局部。同样，在软件工程七项基本原则中，第一条就指出"必须按照分阶段的生命周期计划进行严格的管理"。

因此，要想提高软件生产率、改进软件产品质量、控制生产周期和生产成本，关键在于对整个软件工程过程进行全面、有效的管理。必须对软件开发项目的工作范围、可能会遇到的风险、必要的资源(人员、设备及软件资源)、要实现的任务、要经历的里程碑、花费的工作量(成本)以及进度的安排等等做到心中有数。软件项目管理能够提供这些信息。

第 15 章　软件工程项目管理基础

项目管理活动开始于技术工作开始之前，在软件从概念到实现的过程中持续进行，最后终止于软件工程过程结束。

具体来说，项目管理过程要完成下述任务：

(1) 启动一个软件项目：包括明确目标、界定范围、初步确定解决方案。

(2) 项目度量：包括对过程的度量和对产品的度量两个方面。对过程的度量(如进度、成本等等)是为了改进开发过程，对产品的度量是为了保证产品质量。概括地说，度量是为了对产品和过程进行定量的管理。

(3) 估算：包括对项目规模、工作量、成本、进度、资源需求等各个方面的估算。估算的目的是制定科学的计划。估算的依据是经验公式和历史数据。

(4) 风险分析：针对存在的"不确定性"可能导致的问题，事先进行分析，以便最大限度地规避开发过程中可能会发生的风险。软件工程专家 Tom Gilb 在他的著作中写道："如果谁不主动地攻击风险，风险就会主动地攻击谁"。风险分析实际上就是贯穿在软件工程过程中的一系列风险管理步骤。包括风险识别、风险预测、风险跟踪等保护性活动。

(5) 制定计划：项目管理者要使工作能够高效率地、有条不紊地进行，就必须制定开发计划。开发计划应当界定每项细分的工作任务所需要的时间、人力资源、阶段划分、工作产品形式、启动/结束条件等。

(6) 实施跟踪和控制：项目管理中，必须以计划为准绳，以度量数据为依据，对实际工作进行跟踪和检查，出现较大偏差时要及时进行调控。实现对软件开发过程的有效控制。

15.1　项目管理的范围

有效的项目管理集中在三个 P 上，即人员(People)、问题(Problem)和过程(Process)。这三者的顺序不能够任意变更。软件工程是人的智力密集型劳动，忽略了对人的管理，工程必然失败；如果在项目早期没有和用户进行有效的通信交流，没有界定出清晰的需求，那么即使设计出不错的解决方案，也往往针对的是错误的目标；如果对于过程环节疏于管理，即使采用了良好的技术方法和先进的工具，也会因过程的混乱失控而遭遇失败。

人员的过程能力、技术水平和协同工作能力是保证软件项目成功的关键因素。培养有创造力的、技术水平高的软件人员是从 20 世纪 60 年代起就开始讨论的话题。近年来对于优秀软件人才的要求中又增加了针对个人软件过程能力(PSP)方面的要素。考虑到人的因素非常重要，SEI 还专门开发了一个人员管理能力成熟度模型 PM-CMM。专门用以指导软件开发组织改进人力资源管理工作。人员管理能力成熟度模型 PM-CMM 共分为五个成熟度等级。它为软件人员管理定义了如下的关键过程域：招聘、选择、绩效管理、培训、报酬、专业发展、组织和工作计划以及团队精神/企业文化培养。在 PM-CMM 方面的成熟度等级越高的组织，更有可能增强开发团队的能力，实现有效的软件工程开发。

问题管理主要解决"软件定义"和任务分解方面的问题，明晰针对什么对象、进行什么处理、达到什么目标、分配给什么角色去完成。任何一个软件工程项目都应当首先界定项目的目标和范围。这一活动是作为系统工程活动的一部分开始的，持续到软件需求分析阶段。这一活动的目的是说明该项目的总体目标，但并不涉及到如何实现；范围说明给出与问题相关的主要数据、功能和行为，并且以量化的形式约束这些特性。目标和范围确定之后，要开始考虑软件的解决方案，并据此确定项目的约束条件。

软件过程提供了一个活动框架的集合，这些框架适合于任何一个软件项目。根据该框架可以建立一个综合的开发计划。通过定义框架中不同的具体任务，能够使描述通用过程的框架"个性化"，从而适合于不同软件项目的特征和项目组的需求。每一个框架(任务集合)都由任务、里程碑、交付的工作产品和质量控制点组成。对软件过程进行管理，使之按照严格的规则有效地进行裁剪，以适应具体的工程特征；对实际进程进行度量都属于过程管理的任务。

15.2　人员角色管理

软件生产类型是智力密集型。人是软件生产力的主要组成成分。在 IEEE 发表的一份研究报告中指出，调查涉及到的大型技术公司的高层领导对于"成功软件项目中最重要的因素是什么"这个问题的回答惊人地相似，都是"优秀的人员"，这是对软件工程过程中人的重要性的有效证明。既然如此，讨论参加软件过程的人员构成以及如何组织他们实现有效的软件工程就是十分重要的议题。

15.2.1　项目参与者

参与软件项目的人员可以分为五类。

(1) 高级管理者：负责确定商业问题，这些问题往往对项目会产生很大影响。所有涉及外部组织和个人的承诺只能由高级管理者验证确定。

(2) 项目(技术)管理者：对项目的进展负责。包括制定项目计划；组织、控制并激励软件开发人员展开工作；负责和用户代表交流，获取项目的需求与约束条件；和用户代表协商，进行变更控制；协调内部软件相关组的工作；安排必要的培训。

(3) 开发人员：负责开发一个产品或者应用软件所需的各类专门技术人员。根据工作性质的不同，又可以划分成不同的角色，比如系统分析员、系统设计师、程序员、测试工程师等等。按照项目开发计划所赋予的任务和角色的岗位职责开展工作。

(4) 客户代表：负责说明待开发软件需求的人员。同时和项目管理者协作控制项目开发过程中的各类变更。

(5) 最终用户：一旦软件发布成为产品，最终用户是直接与软件进行交互的人，在使用过程中还会提供必要的反馈信息。在验收测试阶段，最终用户起着非常重要的作用。

　　每一个软件项目都应当有上述人员参加，为了提高人员工作效率，项目负责人必须最大限度地发挥每个人的技术和能力。为了能够更好地发挥各类专业人员的作用，软件开发组织应当根据实际情况建立本组织的岗位责任制度。划定岗位，明确职责，力争做到人定其岗、岗定其责。同时开发组织、项目组还应当保证每种角色在承担自己的任务时都接受过必要的、足够的培训，保证具有履行相应岗位职责的能力。

15.2.2　项目负责人

　　项目负责人是项目管理工作的策划者和主要执行者之一。遴选项目负责人时必须注意，管理人员的管理技能水平是首要的条件。一个优秀的软件工程师并不见得就能够很好地承担项目负责人的角色。

　　项目管理的核心是人员的管理，一个优秀的项目管理人必须善于利用激励机制鼓励技术人员发挥其最大能力；必须具有组织能力，能够驾驭或者创新过程，使得最初的概念能够逐渐转化成最终的产品；他也应当鼓励人们在工作中发挥创造性。

　　项目负责人还应当集中注意力理解待解决的问题；管理新想法、新思路的交流；通过语言和行为在整个项目组中贯彻质量至上的意识。一个有效的软件项目负责人应当能够准确地诊断出技术的和管理的问题，把以往的成功经验应用到新环境下；策划系统的解决方案并激励开发人员实现方案。如果最初的方案遭遇挫折，项目负责人应当灵活地改进方案。

　　项目负责人必须掌管整个项目，在必要时对项目进程进行调控，必须保证优秀的技术人员能够最充分地发挥技术特长，奖励有主动性和做出成绩的人员，并鼓励在项目约束范围内进行创新。项目负责人应当具有较强的语言交流能力，以期充分理解下属的意见并与之交流。

　　良好的心态对于一个优秀的项目负责人来说是不可或缺的。当项目出现困难时，项目负责人必须能够承受较大的压力，保持对项目的控制能力。

　　项目管理者的目标是尽力建立并维持一个具有"凝聚力"的小组。一个具有凝聚力的小组是一组团结紧密的人，他们的整体力量大于个体力量的总和。具有凝聚力的小组成员比起一般的小组来说具有更高的生产率和更大的动力。软件企业的人员流动率远高于传统企业，管理者更应当认真做好人员管理工作，提高小组的凝聚力、稳定开发队伍。

15.2.3　软件项目组的组织结构

　　软件项目组的组织结构取决于整个软件开发组织的管理风格、问题的难易程度和人员的数量及技术水平。常见的小组组织形式包括：

　　(1) 民主分权式(DD，Democratic Decentralized)。这种软件工程小组没有固定的负责人，任务协调者是短期指定的，之后就由协调不同任务的人取代。通过小组讨论来完成问题定义和解决方案制定，小组成员之间的通信是平行的。DD 小组结构最适于解决模块化程度比较低的问题。它适合于生命周期较长的小组。能够产生较高的士气和工作满意度。

　　(2) 受控分权式 (CD，Controlled Decentralized)。这种软件工程小组有一个固定的负责人，他负责协调特定的任务并负责和负责子任务的二级负责人交流。问题的解决过程仍然是一个群体活动，但是解决方案的实现是由小组负责人在二级组之间进行划分的。子小组和个人之间的通信是平行的，也存在着上下级的通信。CD 结构模式适用于项目有较高的模块化特性时。当质量保证活动比较有效时，CD 模式能够产生比 DD 模式更少的缺陷。

(3) 受控集权式(CC，Controlled Centralized)。适用于较大项目。顶层问题的解决和内部小组协调是小组负责人管理的。负责人和小组成员之间的通信是上下级形式的。CC 结构模式适用于项目有较高的模块化特性的情况。当质量保证活动比较有效时，CC 模式能够产生比 DD 模式更少的缺陷。历史上风行一时的"主程序员组"就属于 CC 模式。

选择项目小组结构方式时，应当充分考虑到项目各方面的具体特征，尽量选择适合的结构形式。集中式的结构能够更快地完成任务，最适合处理简单问题；分散使得小组更能够产生出更多的解决方案，所以这种结构在处理复杂问题时成功的几率更大；小组的性能和通信量成反比，所以较大的项目最好采用 CC 或 CD 结构。表 15.1 描述了项目特性对选择项目小组结构的影响。

表 15.1　项目特征与适宜的小组结构

项目特性 \ 小组结构		DD	CD	CC	项目特性 \ 小组结构		DD	CD	CC
难度	高	✓			可靠性	高	✓	✓	
	低		✓	✓		低			
规模	大		✓	✓	交付日期	紧			
	小	✓				松		✓	✓
小组生命期	短		✓	✓	社交性	高		✓	
	长	✓				低			✓
模块化程度	高		✓	✓					
	低	✓							

除上述的划分方法之外，还有人将软件工程小组划分为四种"范型"。

(1) 封闭式范型：按照传统的权利层次来组织小组，类似于 CC 小组。这种小组不利于创新，但在开发和原先的产品类似的软件时十分有效。

(2) 随机式范型：依赖小组成员个人的主动性。适于进行创新或技术上的突破，但当需要"有次序的执行任务"才能完成工作时，常常陷入困境。

(3) 开放式范型：试图结合前两种范型的优势。工作的执行结合了大量的通信和基于小组一致意见的决策。适于解决复杂问题，但效率不是很高。

(4) 同步式范型：依赖于问题的自然划分，小组成员各自解决问题的片断，彼此之间很少有主动的通信需要。

从历史上看，最早的软件开发小组是 IBM 首先提出的"主程序员组"。这种组织就本质来看，类同与 CC 结构的小组。

15.2.4　小组内的协调和通信

协调一致的工作是小组成功的保证，便捷灵活的通信是进行协调的技术手段。

许多现代软件的规模宏大，小组成员之间的关系比较复杂。一部分成员以另一部分成员的工作输出为自己的工作输入。彼此之间进行产品交接、技术讨论、产品互查都是日常必须进行的工作。此外，在项目的进展过程中，不确定性经常出现，给项目组带来困扰和一系列的变更。在多人协作开发的软件成分之间，不可避免地存在着相互操作的要求，这更需要在开发者之间进行交流。

为了保证小组成员之间开展成功的协同工作，项目组必须建立良好的协调和通信机制。例如工作产品的交换，同事之间针对个人工作的相互审查，变更的请求、实施与通报，里程碑处的正式复审等等都需要有效的通信机制来保障。在组内的通信与协调，可以借助电子邮件、项目简报、周工作会议、同行审查和里程碑报告等方式进行。具体可以归为如下几类：

(1) 正式的、非个人的交流方法：包括使用组织的历史数据库、项目配置库、工程文档、阶段产品、备忘录、错误跟踪报告等方式进行的通信与交流。

(2) 正式的、个人间的通信交流，如状态复审会议、产品互查等等。

(3) 非正式的、个人间的交流，例如个人间针对特定问题的讨论等。

(4) 电子通信：包括电子邮件、网络会议等通信方式。

对于由 N 个成员组成的小组来说，通信的路径有 N × (N−1) 条。随着 N 值的增加，通信与协调工作的复杂性急剧增加。所以，软件工程的基本原则中，要求建立"少而精"的开发小组。同样，因为通信协调工作的复杂性，在项目开发的后期靠增加开发人员来赶进度并不是明智之举。

根据对 65 个项目和上百个软件工程师的调查结果，各类协调方式的应用情况统计如图15.1。图中在线条之上的应用方式对于协调工作价值较大。从图中可见，从在项目组内部的协调工作中的价值来看，个人之间的讨论、需求和设计复审都占有十分重要的地位。

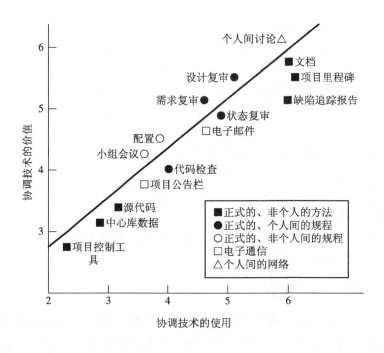

图 15.1　协调和通信技术的价值及使用

15.3　问 题 管 理

所谓问题，包括需求问题和工程过程问题两重含义。

问题管理要解决两个问题：问题界定与问题的分解划分。和用户的深入交流是本项工作得以完成的保障。也可以认为问题管理的实质就是初始需求管理，包括获取需求和精化需求两项内容。

问题界定要明确就当前认识层次而言，确定的软件范围是什么。据此可以制定初步的开发计划；问题的分解进一步评估和精化软件功能，为量化估算提供基础。软件范围的确定可以从三个层面上来描述：

(1) 工程背景与约束条件(环境需求)：待建造的软件如何适应特定的客户背景，包括未来的运行环境、软硬件平台和其他系统的接口以及可能提出的扩充性需求。

(2) 信息目标(数据 I/O 需求)：需要什么样的输入流，输出什么样的用户可见的数据，输出具有什么样的表现形式。

(3) 功能和性能(综合需求)：为将输入数据转换成输出数据，软件需要什么样的加工功能；对于处理精度、处理速度、数据容量、通信速率、容错性、可靠性等各类性能有什么要求。

问题分解又称为划分，是软件需求分析的核心活动。在软件范围界定时虽然也对需求进行了初始划分，但粒度较粗，不利于进行精确的分析与估算。在此基础上，还需要进一步的划分。首先需要对功能进行细分。从整体功能到子系统，从子系统到功能模块。如此逐层细分，为估算项目规模、开发工作量、工作进度和资源需求提供了基础。

其次，要对生产待交付产品的工作过程进行细分。按照选定的工程模型，将整个过程中所包含的一般性、保护性活动划分为若干阶段，确定每个阶段的任务，明确阶段工作产品，确定工作里程碑。这样不但有利于制定较详细的工作计划，也有利于将整体综合计划细分为阶段计划和单项计划，增加计划的可操作性。

15.4　过 程 管 理

项目过程定义、制订过程计划、实施过程跟踪监控是过程管理环节的中心工作。软件过程一般可以粗略地定义为系统定义、软件开发、软件维护三大阶段，这种划分适用于任何软件项目。但是，采用不同的软件工程过程模型，各类一般性和保护性框架中包括的具体活动及其执行顺序是有差别的。可供我们选择的软件工程过程模型包括线性顺序模型、RAD 模型、原型模型、演化增量模型、演化螺旋模型等等。项目管理者应当根据项目的特点和用户的要求，选择最适合本项目的工程过程模型。基于特定模型的公共过程框架活动集合定义一个初步的项目计划。然后通过对过程的细化分解，从初步计划出发建立一个完整的计划，明确框架活动中所需要的工作任务。

项目计划开始于"问题"和"过程"的合并。软件项目组所要开发的每一个功能(问题)都必须选择过程规定的框架活动集合来完成。假如组织采用了如下的框架活动集合：

- 用户通信：建立开发者和用户之间有效通信的任务。

- 计划：定义资源、进度及其他项目相关信息所需要的任务。
- 风险分析：评估技术风险、管理风险的任务。
- 工程：建立应用的"表示"(文档、源码、可执行代码等)的任务。
- 建造及发布：建造、安装、调试、培训用户等任务。
- 用户评估：获取用户反馈信息所需要的任务。

那么，承担每一项具体工作任务(如需求分析、体系设计、测试等等)的成员，都必须将规定的每一项活动应用于本项任务的开发上。这样，整个工作就得以按照"规范化的统一的过程"进行，在要解决的具体问题和统一的过程活动上进行了统一。

考虑到项目各有特点，项目组在选择过程模型时应当有较大的灵活度，并应当按照项目的特点和组织的现实情况对过程规定的活动进行裁剪。如果开发一个和原来开发过的项目类似的小项目，可以考虑采用线性顺序模型；如果时间很紧而问题又便于分解，则可首选 RAD 模型；如果时间太紧，可以考虑使用增量模型。一旦选定了模型，公共过程框架(CPF，Common Process Franework)应当能够适用于它。CPF 是不变的，它能够充当一个开发组织所执行的所有软件工作的基础。但是，执行一个框架活动时，具体工作任务却是可简可繁的。这种特点在将过程活动分解成具体工作任务时应当注意。

15.5　小　　结

软件项目管理是软件工程中的保护性活动。它先于任何技术活动之前开始，贯穿于软件工程始终，具有无可替代的重要作用。实现软件工程目标、控制开发成本、改进组织的过程能力都有赖于项目管理活动。

简单地说，项目管理活动覆盖项目估算、风险预测、进度安排、计划制定、品质保证、配置管理和针对整个项目进程的跟踪、度量活动。项目管理的重点是人员、问题和过程。实施项目管理的基本目标是保证人员高效、问题明晰、过程可控。三个 P(人员、问题和过程)对项目管理具有本质的影响 。人员必须得到必要的培训并被组织为有效率的小组，激励他们进行高质量的软件工作，并协调他们能够进行高效率的通信；问题必须由开发者和用户交流，界定目标、范围、约束条件、分解为合适的粒度，并分配给软件小组；过程必须适合于人员和问题。必须根据开发组织的标准过程结合项目组的特点裁剪形成项目的开发过程。也就是要选用一个公共过程框架、选定一个适合于具体情况的工程过程模型、并选择适当的工作任务集合来完成项目的开发。

在任何一个项目中，最关键的因素是人员。项目管理者应当根据项目的特征和自己的人力资源选择采用不同的组织结构，并以阶段评审和成员互审等方法为主，实现小组成员之间的有效交流和通信。

习　题

1. 根据你的理解，解释一下"在软件工程中，人是最重要的资源"这一论点。

2. 对于开发一个常规数据处理系统，比如电子商务软件,采用哪一类组织结构最合适？请说明理由。如果要开发的是一个针对复杂科学计算的软件，比如天气形势预测分析软件，上述选择是否依然合理?

　　3. 在遴选项目负责人时,有两种截然不同的说法: "项目负责人自然应当是小组成员中的技术领军人物"、"项目负责人以管理为主要工作,可以不懂得技术"。你认为是否正确?合格的项目负责人应当具有哪些必需的素质?

　　4. 对于软件范围的界定通常应当考虑哪些方面的要求?

　　5. 过程管理的首要因素是选择适合的软件工程过程模型。根据你所了解的软件过程模型各自的特点,简述针对具体项目选择过程模型的基本原则。

第16章　软　件　度　量

对于任何工程学科来说，"度量"都是一项基本的工作，软件工程当然也不例外。Lord Kelvin 就度量问题曾经说过："如果你能够度量所说的事物并用数字来表示它时，则说明你了解它；但当你不能度量它，不能用数字去说明它时，你对它的了解就很肤浅、很不令人满意；这可能是知识的开始，但你在思想上还远远没有进入科学阶段"。

软件度量可以用在软件过程中，这时度量的目的是在一个连续的基础上持续地改进软件过程能力；度量也可以用在整个软件项目中，辅助进行项目估算、质量控制、生产率评估及项目控制；度量还可以针对某一个特定的软件工作产品，这时我们关心的是项目或产品的规模、成本与质量。简单地说，就软件工程过程、软件工程项目、软件工作产品各方面来看，度量都是一项十分重要的工作。

16.1　软　件　度　量

对软件进行度量的目的是：评价软件产品的质量，显化软件开发的生产率，给出使用了新的软件工程方法(如从结构化方法改变为面向对象方法)和工具所产生的生产率方面和质量方面的效率，建立项目估算的基线，帮助调整对新工具和培训的要求。

在软件工程中，度量的方式分直接度量和间接度量两种：

(1) 直接度量：对过程的直接度量包括度量投入的成本、完成的工作量等等；对产品的直接度量包括产生的代码行数 LOC、文档的页数、缺陷数/千代码行、软件执行速度等等。

(2) 间接度量：软件的正确性、效率、可靠性、可维护性、可用性等难以直接度量。一般通过对其他项目直接度量的结果进行分析，获取对本项目的间接度量结果。

软件度量的内涵及其种类可以参见图 16.1。

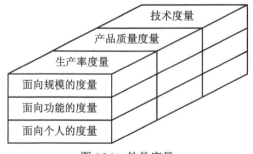

图 16.1　软件度量

生产率度量主要集中在软件工程过程的输出；产品质量度量反映产品满足用户需求的程度；技术度量主要集中在软件的一些技术特性上(如复杂度、聚合度、耦合度等等)。从另一个方面看，面向规模的度量用以收集与直接度量有关的软件工程输出的信息和质量信息；面向功能的度量提供直接度量的尺度；面向个人的度量收集个人工作方式与效率方面的信息。

16.2　面向规模的度量

面向规模的度量是对软件产品和软件开发过程的直接度量。包括工作量、成本数据、产生的代码行数、文档页数等等。它是通过规范化质量和/或生产率的测量得到的。这些测量都是基于所生产软件的"规模"数据。面向规模的度量数据样例见表 16.1。

表 16.1　面向规模的度量数据样例

项目名称	代码行 (kLOC)	工作量 (人月)	成本 (千元)	文档 页数	错误 (发布前)	缺陷 (一年内)	人数
项目 1	121	24	168	365	134	29	3
项目 2	272	62	440	1224	321	86	5
项目 3	202	43	314	1050	256	64	6
⋮	⋮	⋮	⋮	⋮	⋮	⋮	⋮

可以根据面向规模的基本度量数据作一些简单的计算分析，进行面向规模的生产率、质量和单位成本的间接度量，例如：

$$生产率= \frac{kLOC}{人月}$$

$$质量= \frac{错误数}{kLOC}$$

$$单位成本= \frac{成本数}{kLOC}$$

坚持进行度量并记录度量结果，可以积累组织的历史数据财富。利用这样的历史数据，能够更科学地把握自己的工程能力，对以后的工程项目作出更为精确的估算。以 kLOC 为基本度量单位的面向规模的度量曾经发挥过很好的作用，但是也一直存在着争议。争议的焦点是千代码行 kLOC 作为关键度量准则的合理性。使用 kLOC 作为关键度量准则已经有大量的案例，并且许多著名的度量模型也直接以 kLOC 作为输入；但是，这种方法明显地不适应采用非过程化语言进行开发的实践，对于项目估算也存在一定的不便，因为在项目开发初期，也没有现成的 kLOC 数据可用。随着面向对象方法的应用，也有人提出了以系统的对象数作为基本度量单位进行规模度量的方法。

16.3　面向功能的度量

面向功能的度量是对软件和软件开发过程的一种间接度量方法。这种方法并不把注意力集中在生产结果(kLOC)上，而是以未来软件应当满足的"功能性"、"实用性"作为度量的原始依据。因为"功能"不能直接度量，所以，必须通过其他直接的度量来导出。实用性要求在度量过程中被用作计算权值。面向功能的度量基本单位是"功能点"(FP)。计算方法参见图 16.2，计算过程中的各参数解释如下：

(1) 用户输入数(EI)：每个 EI 应当是面向不同应用的输入数据。输入数据有别于查询数据，它们应当分别计数。

(2) 用户输出数(EO)：各个 EO 应当是为用户提供的面向应用的输出数据。这里的输出是指报表、屏幕信息、错误提示等等，报表中的各个数据项不再分别计数。

(3) 用户查询(EQ)：EQ 是一种联机输入，它引发软件以联机方式产生某种即时响应。每一种不同的查询都要计数。

(4) 内部逻辑文件(ILF)：每一个逻辑主文件都应当计数。所谓的逻辑主文件，是指逻辑上的一组数据文件组合。它们可以是数据库的一部分，也可以是一个单独的文件。

(5) 外部接口(EIF)：对所有用来将信息传送到另一个系统中或从另一系统接收数据的接口均应计数。

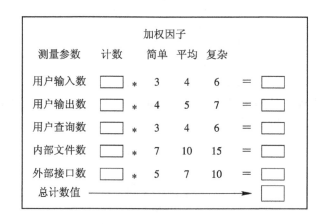

图 16.2   功能点度量的计算

通过对软件需求的分析，不难搜集到上述五类数据。之后就可以按照下式计算软件的功能点总数：

$$FP=总计数值 \times [0.65+0.01 \times \sum F_i] \tag{16.1}$$

其中，"总计数值"是根据图 16.2 所计算出来的原始功能点数；$\sum F_i$ 是按照表 16.2 计算出来的系统难度系数。i 的取值从 1～14。$\sum$ 为求和符号。求得了 FP 值之后，就可以以它为基础，通过简单的计算，结合一些历史数据，间接地度量出软件的生产率、质量和其他一些属性。例如：

(1) 软件质量：每个功能点(FP)的缺陷数。

(2) 平均成本：每个功能点(FP)的成本。

(3) 文档规模：每个功能点(FP)的文档页数。

(4) 生产率：每个人月完成的功能点(FP)数。

表 16.2 计算项目功能点数的难度校正系数值

难度因素 F_i 描述 \ F_i 权值数据	没有影响	偶有影响	轻微影响	平均影响	较大影响	严重影响
1. 系统需要可靠的备份与复原吗	0	1	2	3	4	5
2. 需要数据通信吗	0	1	2	3	4	5
3. 有分布式处理功能吗	0	1	2	3	4	5
4. 性能很关键吗	0	1	2	3	4	5
5. 系统是否运行在既存的、高度实用化的操作系统环境中	0	1	2	3	4	5
6. 系统是否需要联机数据项	0	1	2	3	4	5
7. 联机数据项是否要多屏幕切换	0	1	2	3	4	5
8. 需要联机更新主文件吗	0	1	2	3	4	5
9. 输入/输出、文件、查询是否复杂	0	1	2	3	4	5
10. 内部处理复杂吗	0	1	2	3	4	5
11. 代码是否要设计成可复用的	0	1	2	3	4	5
12. 设计中需要包括转换和安装吗	0	1	2	3	4	5
13. 系统设计是否要支持多次安装	0	1	2	3	4	5
14. 应用设计是否要方便用户修改	0	1	2	3	4	5

功能点度量方法最适合于数据处理类软件的度量。它充分考虑了“数据域”需求对功能点的影响，但是对“功能域”、“控制域”需求对功能点的影响没有考虑。不过，对它进行扩充之后，也可以应用于嵌入式软件、复杂计算软件和实时控制类软件的功能度量。“特征点”(FPs，Feature Points)度量方法就是一种扩充的功能点度量方法，适用于针对复杂计算软件进行功能度量。

在计算特征点的时候，首先按照上面计算功能点的方法对数据域度量参数进行加权计数。此外，特征点还要对软件的“算法”(一个特定计算机程序中包含的有界的计算问题)特征进行计数。计算特征点的方法如图 16.3 所示。

从图 16.3 中可见，特征点度量的计算增加了“算法数”这一度量参数。具体的计算公式和功能点方法完全相同。

测量参数	计数		加权因子		加权计数
用户输入数	□	*	4	=	□
用户输出数	□	*	5	=	□
用户查询数	□	*	4	=	□
内部文件数	□	*	7	=	□
外部接口数	□	*	7	=	□
算法数	□	*	3	=	□
总计数值	→				□

图 16.3 特征点度量的计算

Boeing 提出了另一个专门用来对实时系统和工程产品进行功能度量的功能点扩展方法。它的特点是把数据域、功能域、行为域集成起来考虑，因此被称为 3D 功能点度量。这三个域的特性参数被计算、定量并被变换成度量值，以提供软件的功能指标。关于 3D 功能点度量的具体算法，可参考有关资料。

LOC 和 FP 都可以用作软件度量的基本单位，很多研究者试图将 FP 和 LOC 联系起来考虑。代码行和功能点度量之间的关系依赖于设计的质量和实现软件所用的程序设计语言。根据统计数据，表 16.3 列举出了在不同的程序设计语言中建造一个功能点平均所需要的代码行数的一个粗略估算。

表 16.3　代码行-FP 粗算

程序设计语言	LOC/FP 平均值	程序设计语言	LOC/FP 平均值
汇编语言	320	面向对象语言	30
C	128	第四代语言(4GLs)	20
Cobol	105	代码生成器	15
Fortran	105	电子表格	6
Pascal	90	图形语言(图标)	4
Ada	70		

16.4　软件质量的度量

软件的质量定义为"与软件产品满足规定的和隐含的需求能力有关的特征或特性的全体"(ANSI / IEEE Std 729-1983)。软件的质量特性可以定义为一种层次模型。ISO9000 标准、中国国家软件产品标准中都对软件的质量及其度量要素进行了规定和描述。

开发高质量的软件是所有开发者的共同愿望。如何评价、度量、控制软件质量是软件工程领域中极端重要的问题。软件质量包括软件过程质量(即过程能力)和软件产品质量两个范畴。这里主要讨论软件产品质量的度量。

软件产品的质量度量是一种保护性活动，贯穿于软件工程过程的始终。产品交付之前的质量度量为评价设计、编码、测试工作的好坏提供了一个量化的根据。这一阶段的质量度量包括程序复杂性度量、模块有效性度量等等；软件交付之后，在运行维护阶段进行的度量主要关注软件中残存的差错数(反映可靠性)和系统的可维护性方面。

16.4.1　影响软件质量的因素

软件质量是一个多因素的复杂混合，这些因素随着不同的应用和需要它们的用户而变化。概括地说，可以从三个方面来评估软件质量，即产品的运行(使用)、产品的修正(变更)和产品的转移(移植)，如图 16.4 所示。

人们往往采用分层的结构来定义软件的质量模型(如图 16.5 所示)。顶层定义基本质量特征，比如正确性、可靠性等等；这些特征分别由下一层的子特性来定义和度量；子特性在必要时又可以由它的下级子特性描述和度量。

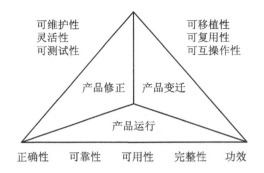

图 16.4 基于 McCall 模型的软件质量因素

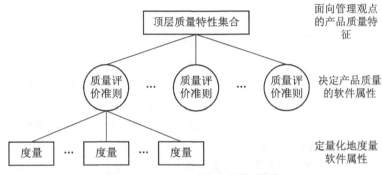

图 16.5 McCall 质量度量模型框架

按照 ISO/TC97/SC7/WG3/1985-1-30/N382，软件质量模型也由三层结构组成：

高层(Top Level)：软件质量需求评价准则(SQRC)；

中层(Mid Level)：软件质量设计评价准则(SQDC)；

低层(Low Level)：软件质量度量评价准则(SQMC)。

ISO 组织认为，应对质量模型的高层建立国际标准，以便于在国际范围内推行软件质量管理(SQM)技术。中层的 21 项质量属性只作为推荐，不作为标准；而低层可由使用者自行确定。具体数据如下：

SQRC：功能性、可靠性、可维护性、效率、可使用性、可移植性。

SQDC：适合性、准确性、互用性、依从性、安全性、成熟性、容错性、可恢复性、可理解性、可学习性、可操作性、时间特性、资源特性、可分析性、可变更性、稳定性、可测试性、适应性、可安装性、一致性、可替换性。

SQMC：软件开发组织根据自己的需要自行定义。

16.4.2 软件质量度量

从软件质量的定义中就可以看出，度量软件质量的标准是用户对软件的需求，不符合需求的软件就不具备质量。在标准的软件工程过程中，定义了一系列的开发准则，用来指导软件人员用工程化的方法来开发软件，如果不遵循这些准则，软件质量就得不到保证。质量定义中所提到的"需求"，既包括已经明确定义了的需求，又包括隐含的需求。因此，软件的可扩充性、可维护性就成了支持实现隐含需求的、十分重要的质量指标。度量软件产品的质量，除了要严格度量最终产品的质量之外，还应当包含对需求分析产品、设计产品、编码产品、测试产品等所有软件工作产品的全面度量。

　　软件质量的定性、定量度量，可以在开发过程中，结合针对各项技术产品的度量来进行。比如对需求分析产品的完备性，设计产品对需求项的覆盖程度，编码产品对设计的实现情况，测试用例对需求项的覆盖情况，体系结构设计的合理性，模块的聚合度、耦合度情况的度量，都可以作为间接的质量度量方法。在产品交付之后，也可以对产品质量进行事后评估。这时主要度量对象是通过搜集用户反馈信息得到的产品中残存的缺陷数。

　　在许多软件质量度量方法中，使用最广泛的是事后度量或验收度量，它包括对产品的正确性、可维护性、完整性和可用性的度量。Cilb 提出了这些质量指标的定义和度量方法。

　　(1) 正确性：软件是否能正确地执行所要求的功能。可以用缺陷数/kLOC 来度量；在产品交付后，根据标准的时间周期(一般为一年)，按照反馈的用户报告中的缺陷数进行度量。

　　(2) 可维护性：利用平均变更时间 MTTC(Mean Time To Change)间接度量软件的可维护性。

　　(3) 完整性：这个属性反映软件系统抗拒针对它的安全攻击(事故或人为)的能力。

$$完整性＝\Sigma(1－危险性\times(1－安全性))$$

其中，危险性指一定时间内特定攻击发生的概率，安全性是排除特定类型攻击的概率。两者都可以从估算或历史数据中得出。

　　(4) 可用性：即"用户友好性"。可以从四个角度度量：学习应用软件所花费的代价；为达到有效使用软件所花费的时间；使用软件带来的生产率净增值；通过问卷调查得到的用户的主观评价。

16.5　在软件过程中集成度量数据

　　通过对软件生产率和软件质量的度量，管理者能够建立改进软件工程过程的目标。改进软件工程过程将对整个开发组织的工作产生直接的影响。从另一个角度来看，只有充分地了解工作能力的现状，才有可能确立正确的改进目标。因此，为了持续发展，必须通过对能力、效率、质量的度量进行度量数据的收集、计算与分析，并且将历史度量数据、当前度量数据进行集成，建立工程过程的"度量基线"，利用基线来评估各类改进工作的效用，估算新项目的规模、工作量、预测成本、质量指标。

16.5.1　建立基线

　　软件项目的管理者经常要考虑解决诸如进行有意义的项目估算、生产高质量的软件、保证按时交付产品之类的问题。这时他们当然需要了解"以前类似项目的估算结果是什么？"、"影响软件质量的主要问题在哪里？"和"本组织的实际生产效率究竟有多高？"等情况。如果他们在软件工程中使用了度量，搜集了以前的度量数据，对这些数据进行集成整合，建立了项目的"度量基线"数据库，就能够为解决上述问题起到积极的作用。度量数据的收集使得一个软件开发组织能够调整自身的软件工程过程，以排除那些对软件开发有重大影响的错误产生的根源。

在项目级和技术级，软件度量能够提供立竿见影的好处。软件设计完成之后，大多数开发人员都希望能够了解哪些用户需求可能会变更？系统中哪些模块可能会容易出错？对每一个模块的测试要进行到什么程度？在测试开始时能够预计到将会出现多少特定类型的错误？如果在以前的工作实践中收集到了相关的度量数据并把它们当作估算的指南来使用，就能够确定这些问题的答案。

度量基线由以往的软件开发项目收集到的度量数据构成。有人将其称之为"数字化的经验"。为了有助于估算、计划和质量控制，纳入基线的数据应当具有如下的属性：

(1) 数据必须是精确的、合理的。

(2) 数据应当来自尽可能多的项目。

(3) 对于所有称为数据搜集对象的项目，对"代码行"、"功能点"等基本度量单位的解释都应当是一致的。

(4) 在应用基线数据时，必须保证类型的匹配。比如，来自批处理项目的基线数据就不能用来指导针对实时项目的估算。

建立基线，实际上就是集成了已有的度量数据。

16.5.2　度量数据的收集、计算和评价

建立一个基线(收集度量数据)的过程如图 16.6 所示。

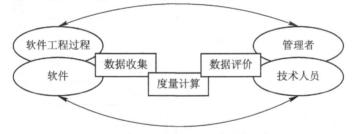

图 16.6　度量收集的过程

除了在开发过程中搜集数据之外，还需要对以往的项目作历史调查，并根据调查的结果来构造所需要的基本数据。一旦收集到基本数据，就可以进行间接度量计算。最后，应当对计算出来的数据的合理性进行评价，以免盲目地使用基线数据。表 16.4～表 16.6 给出了建立基线应当收集的基本的度量数据项。

表 16.4　面向规模的度量——生产率和成本的度量数据项

数据项	单位	样本数据
项目名	字母数字	Proj_1
输出	kLOC/人月	0.905
全部维护代码的成本	元/kLOC	22 514
除去复用代码的成本	元/kLOC	24 028
经历时间	月/kLOC	1.0
文档	页/kLOC	30
文档	页/人月	10
文档	元/页	739

表 16.5　面向规模的度量——质量的度量数据项

数据项	单　　位	样本数据
错误数	错误数/kLOC	13.0
错误成本	元/错误	376
出错维护/总维护量	比率	0.36
修改维护/总维护量	比率	0.64
维护工作量/开发工作量	比率	1.15

表 16.6　面向功能的度量

名　　称	描　　述	单　　位	样本数据
功能点数计算	未校正的功能点		378
	总影响度		43
	复杂性校正值		1.08
	功能点		408
生产率和成本度量	项目名	字母数字	Proj#1
	输出	FP/人月	11.1
	成本	元/FP	700
	经历时间	月/FP	31.4
	文档	页/FP	0.9
质量度量	错误数	错误数/ FP	0.064
	出错维护工作量	人日/FP	0.817
	修改维护工作量	人日/FP	1.472
功能性	程序规模	FP/程序	408
	单位规模的功能	维护的 FP/kLOC	32

表 16.4～表 16.6 给出了进行数据收集与计算的表格模型。包括了成本数据、面向规模的数据、面向功能的数据，可以进行面向 KLOC 的度量和面向 FP 的度量。使用这个模型对足够多的以往项目的历史数据进行收集和计算，就能建立起软件度量基线。

16.6　小　　结

本章介绍了软件度量的必要性、度量模式、度量方法、度量对象以及如何通过集成软件度量数据形成度量基线。

度量使得管理者和开发者能够改善软件过程；辅助制定软件项目的计划，对软件项目进行跟踪与监督控制，并能够评估产品质量。通过对过程、项目及产品的特定属性的度量结果进行分析，能够产生指导管理和技术行为的指标。

面向规模的度量和面向功能的度量是当前最常使用的两种度量方式。面向规模的度量是一种直接度量方式，采用千代码行 kLOC 作为其它度量的规范化因子。功能点度量方法是一种基于对信息域的间接度量和在对复杂度的主观评估中导出的算法。

质量度量涵盖过程质量和产品质量两方面。就产品质量来说，用户需求是衡量它的唯一准则。

要执行度量，则数据收集、度量计算和度量评价是必须执行的三个步骤。通过创建度量基线，工程师和管理者能够更好地了解他们所做的工作以及所开发的产品。

需要强调的是，必须善用度量数据。度量的目的是为了提升软件工程过程和软件产品的质量。不应当用一个项目组的生产率和另一个组的生产率数据进行对比，更不能以此来评价两个小组的绩效和个人的表现。因为影响生产率的因素很多，包括人的因素、问题因素、过程因素、产品因素、资源因素等等。简单地根据生产率度量数据对比来评定人员绩效是不公平的，这样做不但可能严重影响工程师的工作热情，还很可能会影响到今后度量数据的真实性。

习 题

1. 简述进行软件度量的目的与作用。度量的主要方式包括哪几种？

2. 给出一个反对以代码行作为软件生产率度量基础的论据。你认为度量软件生产率使用什么度量基础最合适？

3. 度量对改进过程和提升质量有着积极的作用，但有一种论点认为在满足过程与产品质量要求的前提下，应当尽可能少地进行度量。这种说法是否正确？请阐述理由。

4. 按照 ISO 组织的软件质量度量模型，顶层质量要素包括软件的正确性、可靠性、效率、可用性、可维护性、可移植性。就你的理解，其中哪些要素比较便于定量度量？

5. 根据下面的信息域特征值，计算项目规模的功能点值(复杂度调整值为"平均")。

| 用户输入数: | 32; | 用户输出数: | 60; | 用户查询数: | 24; |

内部逻辑文件数: 8; 外部接口数: 2

6. "特征点"和功能点的区别是什么？假如在上题中增加 14 个算法，请计算本项目的以特征点值描述的项目规模。

7. 在软件过程度量或软件产品度量过程中，为什么经常使用"间接度量"？请举例说明。

8. 为什么说不能够简单地用两个小组的生产率度量数据对比结果来断定小组的绩效高低？这样做将带来什么弊病？

9. 复印机驱动软件用 32 000 行 C 语言代码和 4200 行类 4GLs 描述语言，请估算该软件的功能点数。

第17章　软件计划

对软件项目的有效管理取决于制订科学的全面计划。根据美国联邦政府的调查统计，因软件计划不当而造成的项目失败数占项目失败总数的一半以上。为保证计划的科学性，应当对任务的规模、可用的资源、可能的进度和产品的质量目标有一个比较清楚的理解；对自身的开发能力有一个客观的认识；还要预见到开发过程中可能发生的风险，并预先准备好试探性的解决办法。

全面、合理的计划来自于对任务、资源和风险的全面理解，而在项目启动时，我们往往只是得到初步的项目需求。因此，制定计划前，就必须利用已经了解到的基本需求进一步界定工作的目标和范围，估算出尽可能详细、准确的项目的相关数据。

整个软件计划过程包括以下步骤：定义软件范围和目标，选定工程过程模型，估算软件工作产品的规模及所需的资源，制定进度计划，鉴别和评估软件风险和协商约定。为了建立软件项目计划，可能需要重复这些步骤若干次。计划提供执行和管理软件项目活动的基础，并按照软件项目的资源、约束和能力阐述对顾客作出的承诺(如软件的质量指标、交付日期等等)。

17.1　软件范围界定

软件项目计划的第一个活动是确定软件的范围。软件范围描述了软件项目的功能、性能、约束条件、接口以及可靠性等质量指标。此项工作旨在进一步将项目的开发任务明确化、具体化，并进行必要的功能分解，为下一步的估算工作打下基础。

在软件项目开始时，虽然已经定义了要求，并确立了基本的目标，但是还不足以作为开展估算的基础。必须对分配给软件的功能需求、性能需求进行评价，从管理角度和技术角度出发，确定明确的、可理解的项目范围。关于软件范围的描述应当尽量给出定量的说明(如最大并发用户数，最大允许响应时间等)，给出约束条件或针对项目的限制(例如成本限制、运行环境的限制等)。此外，还要界定某些质量因素(如可靠性等)。

由于对成本和进度的估算都和项目功能有关，因此常常采用某种程度的功能分解细化，以便结合历史数据，采用面向规模或面向功能的方法对项目规模、成本、工作量、进度、风险、资源诸方面做出估算。

性能的考虑包括处理复杂度和系统响应时间的需求；约束条件则标志着外部硬件或其他现有系统对软件的限制。功能、性能和约束必须在一起进行综合的评价。因为在功能相同时，性能限制不同，可能将导致开发工作量相差一个数量级，成本和进度也会有显著的差别。

软件和其他元素是相互作用的。计划制定者要考虑每个接口的性质和复杂程度，以确定其对资源、成本和进度的影响。接口的概念可以解释为：

(1) 运行软件的硬件及间接受软件控制的设备和软件之间的接口。

(2) 必须和新软件连接的现有软件和新软件之间的接口。

(3) 人机接口。

(4) 软件运行前后的一系列操作过程。

针对每一种接口，都应当明确地理解通过接口的信息转换要求。

项目要求的软件可靠性指标也应当作为一种约束予以考虑，以便在进行规模、成本、工作量估算时能够更加精确。在 FP 度量方法中，功能点复杂度加权因子和从 $F_1 \sim F_{14}$ 的取值就反映了约束条件对最终度量结果的影响。作为例子，我们对一个传送带分类系统(如图17.1 所示)的软件需求进行范围界定。

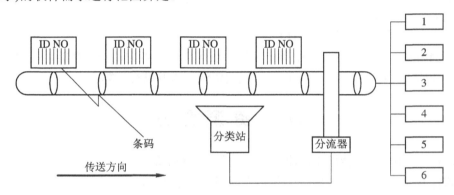

图 17.1　一个传送带分类系统

原始的功能需求陈述：

传送带分类系统(CLSS)用来传送贴有识别条码的六类不同的产品。产品通过由一个条码阅读器和一台 PC 机组成的分类站。分类站的 PC 机连到一个分流器上，分流器将不同的产品分送到不同的包装箱中去。

CLSS 软件以和传送带速度一致的时间间隔接收条码阅读器送来的数据，将条码数据译码转换为产品标识符的规定格式并以此为查询键值。在最多可容纳 1000 个条目的数据库中进行查询检索，以便确定当前产品应当放入哪个箱子中。查出来的该箱子的编号被送到分流器，分流器将根据接收到的数据将产品推入指定的箱子中。同时，每一个产品放入哪个箱子的信息还要写入数据库中备用。

CLSS 软件还要接收来自脉冲流速计的输入，用以使控制信号和流速计同步。根据分类站和分流器之间产生的脉冲个数，软件将在适当时产生一个控制信号给分流器，以适当地确定产品去向。

根据以上陈述，我们就可以开始进行范围界定工作。

需求范围界定：

(1) 读条形码作为输入。

(2) 读脉冲流速计输入。

(3) 对条码数据进行解码。

(4) 检索查询数据库。

(5) 确定合适的箱子号。

(6) 产生并输出分流器控制信号。

(7) 保存当前产品被存入的箱子的纪录。

性能要求：每一个产品的全部处理都必须在下一个产品到达分类站之前处理完毕(根据传送带的流速可以换算出最大可接受的响应时间指标)。

接口要求：

(1) PC 和分类站之间的数据接口，用来传送原始条码数据。

(2) PC 和脉冲流速计之间的接口，用来接收同步脉冲数据。

(3) PC 和分流器之间的接口，用来输出分流器驱动数据。

约束条件：

(1) 传送带匀速运动。

(2) 传送带上的产品间隔均匀摆放。

如上例所示，进行了软件范围界定之后，就可以综合考虑功能、性能、接口、约束条件要求，开始进行计划的下一步工作——确定资源需求并进行估算。

17.2　资　源　需　求

在进行了范围界定之后，软件计划的第二个任务是估算为完成本软件开发工作所需要的资源。包括人力资源、可复用软件资源和环境资源(如图 17.2 所示)。

资源金字塔的底层是开发环境，包括硬件和软件工具，提供支持开发工作的基础；再高一层是可复用的软件构件——软件建筑块，能够极大地降低开发成本并缩短交付时间；金字塔的顶端是人力资源，这是资源中的主要成分。在项目计划中，针对所需要的每类资源，都应当从资源描述、可用性说明、需要该资源的时间以及该资源被使用的持续时间四个特征上进行说明。

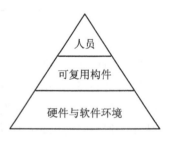

图 17.2　资源金字塔

计划者在开始时要评估需求范围并选择完成开发所需要的技术。对于开发组中所需要的各种角色(如项目经理、系统分析员、设计师、程序员等)和他们应当具备的专业技能都要进行描述。这就显化了对人力资源的能力要求。但所需要的人数要等到完成了项目工作量估算之后才能结合交付时间的限制完全确定。在开发过程的各个阶段，对人力资源的需求是不一样的(如图 17.3 所示)，应当按照动态的需求来制定人力资源的需求计划。

一个软件开发组织，总是不断地将自己的开发成果积累起来，形成自己的软件财富库。有一些通用功能(例如权限管理、数据维护、通用查询等等)自然地就形成了可复用的软件构件。而且分析、设计阶段的工作产品也都存在着在类似项目中重用的可能。直接使用可复用构件，将会使开发工作量(不仅仅是编码量)因重用而下降。所以，在计划阶段，就应当考虑对可复用资源的需求。考虑到需求吻合程度，对可复用构件的使用，分为完全复用和修改复用两种情况：

(1) 存在着现成的、完全满足要求的软件构件，肯定应当重用它。

(2) 对于必须进行修改才能重用的软件成分，要慎重处理，建议权衡了修改工作量和重新开发工作量的对比情况后再考虑是否重用。

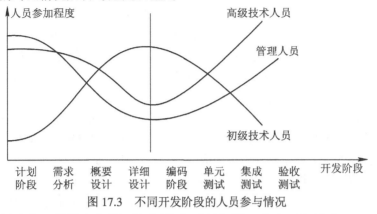

图 17.3　不同开发阶段的人员参与情况

在项目计划阶段，常常会忽视可复用构件重用问题，应当引起注意。

硬件与软件资源环境，是支持软件开发的环境，通常称为"软件工程环境"，集成了硬件和软件两大部分。硬件提供了一个支持工具平台，如各类服务器、网络通信设备、各种外设等等；而软件资源是工作在这一平台上的工具集，包括分析设计工具、语言工具、中间件工具、数据库系统、操作系统等等。除了要明确所需要的软硬件资源环境之外，还应当明确地界定资源的时间窗口，并落实在指定的时间窗口中这些资源是否可用。

17.3　项 目 估 算

就本质来说，项目估算就是一种"超前度量"。直接度量和间接度量两种模式，面向规模度量和面向功能度量两种方法都可以用来进行估算。但是，由于"超前"的特点，必要的基本度量数据往往难以直接得到，历史数据和基于经验的模型往往成为进行估算的依据。"度量基线"在进行估算时的作用十分显著。没有度量基线，项目估算的基础就十分薄弱，很不稳定。

就种类而言，计划者要进行的项目估算主要包括项目规模估算、开发工作量估算、开发成本估算、进度估算等等。在估算中最经常使用的方法包括：

(1) 使用简单的"分解技术"来进行项目规模、工作量和成本的估算。

(2) 使用一个或多个经验模型进行软件规模、工作量和成本的估算。

分解技术采用"分而治之"的策略进行软件项目估算，将项目分解成若干主要功能及相关的软件工程活动，通过逐步求精的方式进行规模、工作量和成本的估算。经验估算模型是基于经验来进行的，可以表示成

$$d=f(v_i) \tag{17.1}$$

其中，d 是要估算的对象，如规模、工作量、进度；v_i 是选出来的独立参数(如 FP、LOC)。这两种方法可以交叉使用，以便互相验证估算结果。也有一些自动估算工具能够实现一种或多种分解技术或经验模型，通过交互式地输入基本参数，自动完成估算，能够极大地提高估算效率。

17.3.1　基于问题分解的估算

分解方法包括问题分解和过程分解，都可以用来进行项目的估算。在项目估算过程中，"规模"是一个基本的度量。如果能够估算出项目的规模，那么结合历史数据对规模进行计算与分析，就不难完成对工作量、成本的间接度量估算。在资源确定的前提下，进度估算也能够利用工作量估算结果，采用间接方法完成。就规模估算本身来说，只要界定了需求目标并且进行了必要的分解细化，那么既可以利用 LOC 方法进行直接度量，也能够使用功能点(或特征点、3D 方法等)进行间接估算。

通过对"问题"的分解进行估算时，可以采用 LOC 或 FP 估算方法。LOC 和 FP 的求取方法已经在前一章中介绍过，不再重复。具体来说，LOC 和 FP 在估算中有两种作用：其一是作为一个估算变量，度量软件中每个成分的规模；其二是结合度量基线数据进行计算，得到工作量与成本估算数据。这时，来自度量基线中的生产率历史数据起着非常重要的作用。

由于项目的多样性，只用一个单一的生产率历史数据来作决定是不科学的。应当根据经验，从乐观的、可能的、悲观的三种主观前提出发进行估算，根据计算出来的三个结果值再来计算 LOC 或 FP 的期望值。基于经验，可以采用下述加权求和公式来计算：

$$EV = \frac{S_{opt} + 4S_m + S_{pess}}{6} \tag{17.2}$$

上式中，S_{opt} 代表"乐观"值，S_m 代表"可能"值，S_{pess} 代表"悲观"值。公式中给"可能值"以最大权重，并遵循 β 概率分布。一旦确定了估算变量的期望值，就可以开始使用历史的 LOC 或 FP 相关数据作下一步估算。这种方法称为"三点估算"方法。

例1　基于 LOC 估算的例子，范围说明如下：

CAD 软件接收来自工程师输入的三维或二维几何数据。工程师通过用户界面和 CAD 软件进行交互，并控制它，该界面应当表现出良好的人机界面设计的特征。所有几何数据及其他支持信息都保存在一个 CAD 数据库中。要求开发设计分析模块，以产生必要的输出，这些输出将表现在不同的图形设备上。软件在设计中要考虑与外设交互并控制它们。除显示器之外，外设包括鼠标、数字化仪和激光打印机。假设已经对上述要求进行了求精和分解，界定了以下的主要软件子功能：

(1) 用户界面及控制机制；

(2) 二维几何分析(2DGA)；

(3) 三维几何分析(3DGA)；

(4) 数据库管理(DBM)；

(5) 计算机图形显示机制(CGDF)；

(6) 外设控制(PC)；

(7) 设计分析模块(DAM)。

利用本组织的度量基线数据，遵照 LOC 的"三点"估算技术，对分解后的需求进行 LOC 估算。例如，对于 3DGA 功能：$S_{opt}=4600$；$S_m=6900$；$S_{pess}=8600$。求得其期望值为

$$EV = \frac{S_{opt} + 4S_m + S_{pess}}{6} = 6800 \text{ LOC}$$

类似地，求出其他被分解部分的 LOC 期望值，形成表 17.1。

表 17.1 基于问题分解的 LOC 方法的估算表

问题分解所得的子功能	估算的 LOC 期望值(行)
用户界面及控制机制	2300
二维几何分析(2DGA)	5300
三维几何分析(3DGA)	6800
数据库管理(DBM)	3350
计算机图形显示机制(CGDF)	4950
外设控制(PC)	2100
设计分析模块(DAM)	8400
估算总代码行数期望值	33 200

查询本组织的度量基线得知,此类系统的平均生产率为 620LOC/PM;平均人月成本为 8000 美元/人月,则 LOC 平均成本为 13 美元/LOC。计算可知本项目的总成本为 431 000 美元,总工作量 54 个人月。如果人力资源投入六名合格的工程师,则预计工期为九个月。

例2 基于 FP 估算的例子。对于上例中的各个子功能进一步细化,将所有功能都分解为 EI、EO、EQ 以及 ILF、EIF 的组合,假设加权因子都取为"平均",计算出各类功能点见表 17.2。

表 17.2 估算信息域值——基于问题分解的 FP 估算

信息域值	乐观值	可能值	悲观值	估算计数	加权因子	FP 计数
EI	20	24	30	24	4	96
EO	12	15	22	16	5	80
EQ	16	22	28	22	4	88
ILF	4	4	5	4	10	40
EIF	2	2	3	2	7	14
总计数值						318

计算本项目的复杂度因子,如表 17.3 所示。

表 17.3 CAD 软件项目复杂度调整

因子	值	因子	值
备份和复原	4	信息域值复杂度	5
数据通信	2	内部处理复杂度	5
分布式处理	0	可复用需求	4
关键性能	4	设计中的转换及安装	3
现有的操作环境	3	多次安装	5
联机数据登录	4	方便修改的应用设计	5
多屏幕输入切换	5	复杂度调整因子	1.17
主文件联机更新	3		

最后，得到整个项目的 FP 估算期望值：FP = 318 × [0.65+0.01 × ΣF_i] = 372(功能点)。

查询组织的度量基线数据库得知，这类系统的平均生产率为 6.5FP / PM，一个 PM 的成本仍取 8000 美元，则每个 FP 的平均成本约为 1230 美元，总项目成本估算约为 457 000 美元，工作量估算期望值是 58 个人月。

17.3.2 基于过程分解的估算

通过对工作过程进行分解，也能够结合度量基线进行估算。方法是将过程分解为相对较小的活动或任务，估算出完成每项任务的工作量，最后汇总即可。和基于问题分解的估算一样，基于过程分解的估算也是开始于软件功能描述。对于每一个功能，都必须要执行一系列的活动，如果能够利用同类项目的度量基线估算出对应于每项任务所需要的工作量，则加总值就是本项目的工作量估算值。

仍以 CAD 软件开发项目为例，基础参数见表 17.4，仍然按照每人月 8000 美元计算，项目总成本 368 000 美元，工作量共 46 个人月。

表 17.4 CAD 软件项目基于过程分解的工作量估算

活动／任务	用户通信	计划制订	风险分析	工 程		建造发布		用户评估	总和
				分析	设计	编码	测试		
UIGF				0.50	2.50	0.40	5.00		8.40
2DGA				0.75	4.00	0.60	2.00		7.35
3DGA				0.50	4.00	1.00	3.00		8.50
DSM				0.50	3.00	1.00	1.50		6.00
CGDF				0.50	3.00	0.75	1.50		5.75
PCF				0.25	2.00	0.50	1.50		4.25
DAM				0.50	2.00	0.50	2.00		5.00
总和	0.25	0.25	0.25	3.50	20.50	4.75	16.50		46.00
工作量	0.5%	0.5%	0.5%	8%	45%	10%	36%		

由上面的例子可见，采用不同的估算方法，结果会有一定的误差。这在一定范围内是正常的，可以用几种方法的平均估算值作为最终估算值。同时，也可以看出，度量基线在估算中的作用是无庸置疑的。

如果几种方法的估算偏差过大(一般以 20%为界)，则需要分析原因，进行再估算。可能的原因主要有两种，其一是度量基线中的数据和当前问题的类型不匹配；其二是对项目的范围理解不充分。计划者必须确定偏差过大的原因，并调和各个估算结果。

17.3.3 经验估算模型

经验估算模型是用经验公式来进行项目的估算。因为公式是通过对有限样本集的分析得出的，因此得到的结果并不一定适合当前项目类型，这种方法应当慎重使用。使用这种方法，工作量是 LOC 或 FP 的函数。

典型的经验估算模型是通过对以前项目中收集到的数据进行回归分析导出的。总体结构具有类似的形式：

$$E=A+B \times (ev)^C \tag{17.3}$$

其中，ev 是估算变量，A、B、C 是基于经验导出来的常数，E 是以人月为单位的工作量值。同时，还可以在公式中加一些调整因素以便适应当前项目的特征。基于工作实践，许多人提出了行之有效的经验估算模型，主要的有：

(1) 面向 LOC 的经验估算模型：

  Walston-Felix 模型 $E=5.2 \times (kLOC)^{0.91}$

  Bailey-Basili 模型 $E=5.5+0.73 \times (kLOC)^{1.16}$

  Boehm 的简单模型 $E=3.2 \times (kLOC)^{1.05}$

(2) 面向 FP 的经验估算模型：

  Albrecnt-Gaffney 模型 $E=-13.39+0.0545\ FP$

  Kemerer 模型 $E=60.62 \times 7.728 \times 10^{-8} (FP)^3$

  Maston-Barnett 模型 $E=585.7+5.12\ FP$

不同的模型来源于不同的样本数据集，结果对于相同的 ev 值会算出不同的结果。因此，估算模型必须按照当前项目特点进行调整。

17.3.4　COCOMO 模型

构造性成本模型(COCOMO，Constructive Cost Model)是由 Barry Boehm 提出的一种被广为应用的估算模型，它共有三个层次。

(1) 基本的 COCOMO 模型：将软件开发工作量(及成本)作为程序规模函数进行计算，程序规模以估算的代码行数来表示。该模型是一个静态单变量经验模型。

(2) 中级 COCOMO 模型：将软件开发工作量(及成本)作为程序规模及一组"成本驱动因子"的函数(共 15 项)来进行计算。其中，"成本驱动因子"包括对产品、硬件、人员及项目属性的主观评估。

(3) 高级 COCOMO 模型：包含了中级模型的所有特征，并结合了成本驱动因子对软件工程过程中每一个步骤(分析、设计、编码等)的影响的评估。

在 COCOMO 模型中，使用的基本量包括：

源指令行数：DSI 或 KDSI，度量单位为行或千行，1KDSI=1024 DSI(不包括注释行)。

开发工作量：MM，度量单位为"人月"，1MM=19 人日=152 人时=1/12 人年。

开发进度：TDEV，度量单位为月，它由工作量确定。

在使用 COCOMO 模型进行度量时，应当考虑到具体项目的特点和具体的开发环境。

软件项目的类型一般可以分为三类。

(1) 组织型：相对较小较简单的软件项目(KDSI<50)。需求不很苛刻，开发人员对软件产品开发目标理解充分，软件工作经验丰富，对软件使用环境熟悉，受硬件约束小。多数应用软件均属此类。

(2) 嵌入型：要求在紧密联系的硬件、软件和操作的限制条件下运行。通常与某些硬设备紧密结合，因此对算法、数据结构、接口要求较高的软件规模任意。例如大型 OS 软件、大型指挥系统软件等都属此类。

(3) 半独立型：要求介于以上两种之间的软件。规模、复杂性规模都在中等以上。KDSI 可能在 300 以上。例如大型 ERP、简单的指挥系统、大型事务处理软件等属于此类。

针对不同的项目任务，应当选择使用不同层次的 COCOMO 模型进行估算。基本的 COCOMO 模型工作量与进度估算公式见表 17.5。

表 17.5　基本 COCOMO 模型工作量与进度估算公式

总体类型	工 作 量	进 度
组织型	$MM = 2.4(KDSI)^{1.05}$	$TDEV = 2.5(MM)^{0.38}$
半独立型	$MM = 3.0(KDSI)^{1.12}$	$TDEV = 2.5(MM)^{0.35}$
嵌入型	$MM = 3.6(KDSI)^{1.20}$	$TDEV = 2.5(MM)^{0.32}$

中级的 COCOMO 模型工作量与进度估算公式见表 17.6。

表 17.6　中级的 COCOMO 模型工作量与进度估算公式

总体类型	名义工作量	名义进度
组织型	$MM1 = 3.2(KDSI)^{1.05}$	$TDEV = 2.5(MM1)^{0.38}$
半独立型	$MM1 = 3.0(KDSI)^{1.12}$	$TDEV = 2.5(MM1)^{0.35}$
嵌入型	$MM1 = 2.8(KDSI)^{1.20}$	$TDEV = 2.5(MM1)^{0.32}$

对于计算的结果，要基于经验进行调整，实际工作量：

$$MM = R \times \prod_{i=1}^{15} F_i \times (KDSI)^c \tag{17.4}$$

这里，R 是经验系数，$\prod F_i$ 是 15 项调整函数 $F_1 \sim F_{15}$ 的连乘积。实际进度也要利用实际工作量调整。15 种影响软件工作量的因素见表 17.7。

表 17.7　15 种影响软件工作量因素 F_i

工作量因素 F_i		非常低	低	正常	高	非常高	超高
产品因素	软件可靠性	0.75	0.88	1.00	1.15	1.40	
	数据库规模		0.94	1.00	1.08	1.16	
	产品复杂性	0.70	0.85	1.00	1.15	1.30	1.65
计算机因素	执行时间限制			1.00	1.11	1.30	1.66
	存储限制			1.00	1.06	1.21	1.56
	虚拟机*易变性		0.87	1.00	1.10	1.30	
	环境周转时间		0.87	1.00	1.07	1.15	
人员因素	分析员能力		1.46	1.00	0.86		
	应用领域实际经验	1.29	1.13	1.00	0.91	0.71	
	程序员能力	1.42	1.17	1.00	0.86	0.82	
	虚拟机*使用经验	1.21	1.10	1.00	0.90	0.70	
	程序语言使用经验	1.41	1.07	1.00	0.95		
项目因素	现代程序设计技术	1.24	1.10	1.00	0.91	0.82	
	软件工具的使用	1.24	1.10	1.00	0.91	0.83	
	开发进度限制	1.23	1.08	1.00	1.04	1.10	

注：虚拟机是指为完成某项软件任务所使用的硬件与软件的结合。

高级的 COCOMO 模型的名义工作量和名义进度计算公式和中级的类同，但是调整方式有区别：不再使用统一的工作量调整因子表，而是将 15 项工作量调整因子按照不同工作阶段(分析与高层设计、详细设计、编码与单元测试、集成及测试)分别考虑，给出不同的阶段工作量调整数据表，最后使用各个阶段工作量调整因子的综合均值进行工作量和工作进度调整，更为贴近实际。

17.3.5　软件方程式

软件方程式是一种多变量估算模型。这种模型是从 4000 多个当代软件项目中收集的生产率数据中总结出来的。该模型具有如下的形式：

$$E=\left[LOC\times\frac{LOC}{B^{0.333}}\right]^3\times\frac{1}{t^4} \tag{17.5}$$

其中，E=以人月或人年为单位的工作量数据。

　　t = 以月或年表示的项目持续时间。

　　B="特殊技术因子"，它随着"对集成、测试、质量保证、文档及管理技术的需求的增长"而缓慢增加。对于 KLOC 在 5～15 的较小的程序，B=0.16；对于超过 70 KLOC 的较大的程序，B=0.39。

　　P="生产率参数"，它反映了：

　　(1) 总的过程成熟度及管理水平。

　　(2) 使用良好的软件工程时间的程度。

　　(3) 使用的程序设计语言的级别。

　　(4) 软件环境的状态。

　　(5) 软件项目组的技术及经验。

　　(6) 应用的复杂性。

对于实时嵌入式软件的开发，典型值是 p=2000；对于电信软件及系统软件，p=10 000；对于科学计算软件，p=12 000；而对于商业系统应用，p=28 000。当前项目的生产率数据可以从以前开发工作中收集到的历史数据中导出。

应当注意的是，软件方程中有两个独立的参数：

　　(1) 规模的估算值(以 LOC 表示)；

　　(2) 以月或年表示的项目持续时间。

为了简化估算过程，并将该模型表示为更通用的形式，Putnum 等又提出了一组方程式，它们均从软件方程式中导出。

最小开发时间被定义为 t_{min}(单位是月)：

$$t_{min}=8.14\left(\frac{LOC}{p}\right)^{0.43} \tag{17.6}$$

工作量数据 E(单位是人月(t 的单位是人年))：

$$E=180Bt^3 \tag{17.7}$$

对于前面讨论过的 CAD 软件开发项目，当规模确定之后，利用上式进行计算可得

$$t_{min}=8.14\left(\frac{33\,200}{12\,000}\right)^{0.43}=12.6\,(月)$$

$$E=180\times0.28\times(1.05)^3=58(人月)$$

17.3.6　自动估算工具

前面所介绍的分解技术和经验估算模型已经在很多的软件工具中得以实现。这些软件称之为"自动估算工具"。结合历史数据使用自动估算工具，使得计划者能够估算项目的成本以及工作量，并对重要的项目变量如交付日期或人员需求进行分析。这些工具的共同作用是提高了估算效率，它们的共同点是都需要以下的一种或几种数据：

(1) 对于项目规模(如 LOC)或功能(如功能点)的定量估算。

(2) 定性的项目特性，如复杂度、所要求的可靠性或交付期限的紧迫程度。

(3) 对于开发人员和环境的描述。

根据这些基本数据，利用自动估算工具能够提供关于如下数据的间接估算：完成该项目所需的工作量，预期的工程成本，项目持续时间，人员配置以及在某些情况下的开发进度及相关的风险防范。

应当强调的是，实践证明，若干种不同工具应用于同一个项目时，得到的估算结果可能存在很大偏差。因此，应当明确，自动估算工具的输出不应当作为唯一的估算数据来源。

17.4　软件项目计划的结构

当界定了软件范围，明晰了约束条件和接口要求，确定了资源需求，估算出项目规模、成本和工作量之后，制定项目开发计划就有了科学的依据。

软件项目计划由项目开发计划和相关的工作计划构成。相关工作计划包括测试计划、品质保证计划、配置管理计划、进度计划、培训计划等等。在软件项目开发计划的结构中，应当包括任务描述、过程模型选择、资源需求描述、项目度量估算、阶段任务划分、里程碑设置和工作产品清单等内容。具体的项目开发计划的结构可以参考"国家计算机软件产品标准"中的标准样表。各个开发组织也可以按照自己的过程定义方法，定义本组织的项目计划结构。

例　一个项目开发计划结构的参考样例。

下面是一个达到 CMM 3 级成熟度标准的软件开发组织的软件项目开发计划的结构模板，可供我们在设计项目开发计划结构时参考。

　　1. 引言

　　　　1.1 编写目的

　　　　1.2 项目背景

　　　　1.3 术语定义

　　　　1.4 参考资料

2. 项目概述

  2.1 项目目标及功能界定

  2.2 项目开发方法选择

    2.2.1 体系结构选择

    2.2.2 约束条件

    2.2.3 开发技术路线

  2.3 软件工作产品

    2.3.1 程序产品

    2.3.2 文档产品

  2.4 产品运行环境说明

  2.5 技术服务

  2.6 软件验收标准

3. 规模、工作量、成本及资源需求

  3.1 软件规模估算

  3.2 软件工作量估算与阶段工作量分配

  3.3 项目成本估算与成本控制计划

  3.4 关键资源需求估算

4. 项目开发计划

  4.1 项目组组织结构

    4.1.1 角色定义

    4.1.2 人员分配

  4.2 阶段工作计划

    4.2.1 项目计划阶段计划

    4.2.2 需求分析阶段计划

    4.2.3 体系结构设计计划

    4.2.4 详细设计计划

    4.2.5 测试的策划

    4.2.6 编码计划

    4.2.7 测试计划

    4.2.8 系统实施及试运行计划

    4.2.9 验收计划

    4.2.10 项目维护计划

5. 人员培训计划

6. 变更控制规范

7. 配置管理计划

8. 风险预测及应对措施

9. 关于本软件开发计划的补充说明

    在软件能力成熟度模型 CMM 中，将"软件项目计划"作为 CMM 2 级的一个重要的
KPA 提了出来。

17.5　项目计划的分解求精

"按照分阶段的生命周期计划进行严格的控制"是软件工程七项原则的第一项。计划是控制工程过程的依据，离开了计划，对工作的评价就没有标准，对过程的控制就没有根据。因此，在按照规范完成了包括范围界定、规模估算、资源需求分析、阶段划分、角色定义等内容的项目开发计划之后，应当进一步对其分解细化、调整求精。这样将能够使得开发工作步步、时时、事事有据可依、有章可循。

17.5.1　任务的确定与并发处理

在项目开发计划中，已经对项目的阶段工作任务进行了划分。但是在多人参加的项目中，开发工作中必然会出现并行情况，如图 17.4 所示。

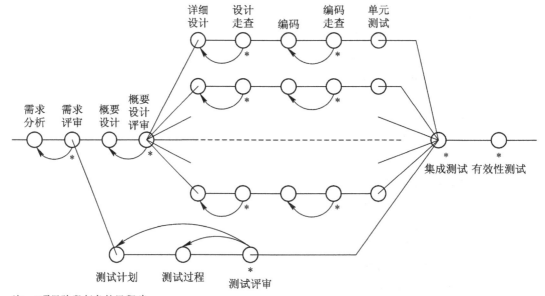

注：*项目阶段任务的里程碑。

图 17.4　软件项目阶段任务的并行性

从图 17.4 中可以看到，在开发进程中设置了许多里程碑。里程碑为管理人员提供了指示项目进度的可靠依据。当一个软件任务成功完成并通过评审，产生了文档后，就完成了一个里程碑。阶段任务之间的"并行"特征也表示得较为清晰。

由于软件工程项目的"并行性"，因此提出了一系列的进度要求。因为并行任务是同时发生的，所以进度计划必须决定任务之间的从属关系，确定各个任务的先后次序和彼此的衔接，确定各个任务完成的持续时间。此外，项目管理者必须特别注意构成关键路径的任务。在细化进度计划时，必须保证关键任务能够提前，至少是按期完成。否则必然导致项目的延误。同时在人力资源的调配上，也要注意到并行工作带来的影响。

17.5.2 制定明细的开发进度计划

当项目规模、开发工作量已经估算完毕，资源也已经明确后，可以按照表 17.8 的建议来确定各个阶段的工作量的分配比例，从而确定每一阶段所需的开发时间，然后再针对每个阶段进行任务分解，最后为分解出的各个任务进行工作量估算和开发时间的分配。在这个过程中，项目的进度计划被进一步求精，细化到了任务级。

表 17.8 阶段任务时间比例分配

阶段任务	需求分析	设 计	编码与单元测试	组装与测试
占开发时间的百分比	10%～30%	17%～27%	25%～60%	16%～28%

为了比较清楚地表现各项阶段任务之间在进度上的相互依赖关系，利用图形方法表示进度计划比使用语言叙述更清楚。

在计划的图形表示中，必须明确标明各个阶段任务的计划开始时间、完成时间；各个任务完成的标志(约定：○表示文档编写；△代表评审)；各个任务中参加工作的人数；各个任务和工作量之间的衔接情况；完成各项任务所需要的物理资源和数据资源。甘特图(Gannt Chart)常用来表示细化的进度计划。在用甘特图进行进度求精时，时间单位可以分解到每周、每一个工作日乃至每一个工时，资源可以对应到每一个人。

图 17.5 给出了具有五项子任务的项目进度计划。使用 MS-Project 工具，可以很方便地

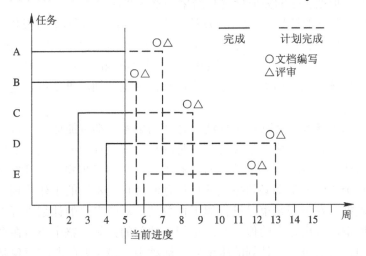

图 17.5 用甘特图表示进度计划

在表示进度计划的各种形式之间进行切换，比如数据表、甘特图、网络图等等。使用甘特图时，每一任务的完成，不是以能否继续下一阶段的任务为标准，而是以必须交付应当交付的文档和通过评审为标准。因此在甘特图中，文档编制和评审是软件开发进度的里程碑。

除甘特图之外，计划评审技术(PET，Program Evaluation Technigue)和关键路径方法(CPM，Critical Path Method)也都是安排开发进度、细化软件开发计划的常用方法。他们都采用"网络图"来描述一个项目的任务网络，利用识别关键路径和关键活动的方法，很便于进行计划的优化。

在制订软件开发计划并对其细化求精的过程中，应当注意处理好进度和质量之间的关系。不能为了进度牺牲质量，尤其不能为了加快进度去压缩各类审查、评审活动。

17.6 计划跟踪监督

没有计划的工程是混乱的工程、没有跟踪监督的计划是无效的计划。

制订计划是严格项目管理的第一步。在计划执行的过程中，必须对计划的执行情况进行跟踪。并对跟踪所得的结果和计划情况进行对比分析。当计划与实际之间存在着较大偏差时，必须对过程活动或者计划进行调整。计划的跟踪监督在能力成熟度模型 CMM 中是一个重要的关键活动域。

计划是我们考核评价工作的标准，但是由于计划的基础是建立在不能完全保证精确度的"估算值"之上，因此，即使是精心制订的计划，也不见得就完全没有偏差。从另一个角度来看，即使计划制订得十分准确，当需求发生变更、资源发生变化或者发生了其他的风险，也会产生计划与实际进展情况脱节的现象。

对于项目计划进行跟踪和监督的目的是建立对实际进展的适当可视性，使管理者能在软件项目性能明显偏离软件计划时采取有效措施。

项目计划的跟踪和监督活动包括对照文件化的估计、约定和计划审查和跟踪软件完成情况和结果，并且根据实际的完成情况和结果调整这些计划。

软件项目的文件化的计划(即软件开发计划)用作跟踪软件活动、通报状态和修订计划的标准。管理者监控软件活动，主要通过在所选出的软件产品完成时和在所选择的里程碑处，将实际的软件规模、工作量、成本、资源和进度与计划值相比较，来确定真实的进展情况。必要时采取纠正措施。这些措施可以包括修订软件开发计划，重新策划遗留的工作或者改进过程性能。

不论是什么原因导致了计划和工程活动之间的偏差，都可能造成项目的失控。因此，对计划的执行情况进行制度化的跟踪度量，是项目管理过程中的一项重要任务。一种可行的方法是采用周计划/周总结的方式来进行跟踪监督。项目经理将项目开发计划分解到每个人、每一周。每个工作人员都必须按照项目计划制订自己本周的工作计划并严格执行，记录必要的工作数据。在每周结束时进行周工作总结，对照自己的计划进行工作量、进度、成本等数据的度量，找出存在的偏差并制定纠正偏差的措施。整个小组在个人跟踪的基础上进行项目的跟踪与监督。在计划的跟踪监督活动中，最重要的跟踪对象是工程活动、工作进度、项目资源、工作成本和工作质量。在本书第四部分关于 PSP、TSP 的介绍中，有更多的关于计划跟踪监控方面的内容。

除了内部的跟踪与监督之外，独立于项目组的 SQA 人员也应当进行项目计划的跟踪与监督，并将发现的问题通报给项目成员，必要时向上级管理部门通报。

对计划跟踪监督活动本身的进展，也应当进行度量，并将度量结果用于确定软件跟踪和监督活动的状态。需要度量的对象包括：

(1) 在完成跟踪和监督活动时所花费的工作量和其他资源；

(2) 根据跟踪结果对软件开发计划的更改活动，包括对软件工作产品的规模估计、软件成本估计、关键计算机资源估计和进度的更改。

17.7 计划执行情况的度量与计划调控

在计划制订并被细化求精之后，它实际上就已经界定了工作的目标，给出了项目规模，预计的工作量，各个阶段任务的完成期限，项目的总体成本和各个阶段的成本，所需要的资源和可能发生的风险。因此，在项目工作中，应当针对这些方面的实际进展进行度量。这种度量应当是量化的、客观的并应当形成书面的度量数据表，包括：

(1) 度量计划中罗列出来的所有软件工作产品的实际规模数据(代码行、文档页等等)；

(2) 度量完成各项任务的实际时间；

(3) 度量完成各项工作所耗费的实际成本；

(4) 度量人力资源、可复用构件资源和硬件/软件环境资源的实际状态(到位/未到位)；

(5) 度量实际的工作进度；

(6) 度量计划中指出的可能发生的风险情况(检查特定的风险标识出现/未出现)；

(7) 度量在一段时间内发生的变更情况。

上述所有度量的结果应当在项目组的周报和里程碑阶段总结报告中明确地进行表述。必要时，增加对有关度量结果的说明和分析。这些工作必须形成制度，保证能够得到执行。

度量数据和计划数据之间不可避免会存在偏差。项目管理者要对照计划进行偏差分析。当偏差超过一定范围后，要采用修订计划、改进工作、调配资源等手段对工程过程进行调控。只有这样才能够保持开发工作能够在计划允许的偏差范围内不断推进。

通过度量与对比，有时会发现由于估算误差或后续变更等原因造成的偏差，项目中估算的规模、成本、进度等数据与工作实际相比存在过大的偏差，这时就有必要进行迭代估算，对计划进行再一次修订求精，确保计划反映实际情况。开发组织可以自行设定偏差阈值，决定究竟当偏差达到什么程度就必须进行重新估算并修订计划。

如果通过计划和工作过程度量数据的对比，发现由于资源缺口导致了进度滞后等情况，则应当通过资源调配，扭转工作滞后的局面。当度量结果预示出某种风险已经实际发生时，应当启动抗风险措施，将风险带来的损失降到最小。

在根据度量结果对计划进行变更调整时，应当形成变更备忘录，通知所有有关系的小组和个人，并将其纳入配置管理库。凡是涉及到对外承诺的变更(如工期后延、追加预算)，必须经过高级管理人员审查核准后才能够进行。

17.8 小 结

保证软件项目的开发活动按照严格的、科学的计划有序地进行是现代软件工程的基本要求。计划的制定有赖于对项目需求的充分理解和对自身能力的客观评价。

对任务进行深入细致的分析，明确地界定任务范围与目标，全面地了解约束条件能够帮助我们解决"究竟要做什么"和"希望做到什么程度"的问题。以此为据，能够确定为完成目标所需要的环境资源、可重用构件资源和人力资源。

估算工作使得我们对任务的理解从定性层面进化到定量理解层面。利用直接度量或间接度量的模式，采用面向规模或者面向功能的方法，能够估算出任务的规模等制定计划所需要的基础数据。在估算的过程中，历史数据具有十分重要的作用。不了解自身的能力基线(例如生产率)，就无法保证估算的准确性。

在总结了大量项目经验的基础上，人们提出了一系列的基于经验模型的估算公式。其中，COCOMO 模型的多层次估算方法具有明显的特征，得到了广泛的应用。

基于对主观能力和客观问题两方面的理解，我们能够按照选定的软件工程模型，制定出分阶段的软件工程计划，用作工程的指导方针。一个完备的软件开发计划，应当涵盖工程、测试、配置管理、品质保证各个方面，对项目规模、工程环节、开发进度、产品界定、成本分配、资源需求、风险防范都做出明确的描述，是有序开展工程活动的依据。使用甘特图等工具，有助于计划求精和细化，并能够使计划的可视性得到明显改善。

计划指导工程实践，工程实践又将验证计划的科学性与合理性。在工程过程中对计划的执行情况进行跟踪监督，是在实践中不断完善计划的必需，也是采集、积累实际度量数据，充实与完善度量基线的有效手段。

计划跟踪过程中不可避免地会出现偏差。造成偏差的原因包括估算失误、后期变更、工作过错和发生意外风险等等。正是由于通过跟踪发现了各类偏差，才使得我们能够对估算的准确度进行度量，在必要时进行重新估算并在新的基础上更新计划，或者调整工程实践活动中的不合理部分。

通过对本章的学习，希望读者能够初步掌握有关项目计划的基本知识，学会估算项目规模、工作量与成本等要素的方法，对度量工作和度量基线的作用与意义有一定的了解。

习　题

1. 假如你承接了一个"图书资料管理"项目的开发任务，请根据自己的理解，写一个范围说明来描述该软件的开发目标。

2. 在许多软件中，都有一个"系统管理"子系统。完成对角色、权限、数据安全(备份与恢复)、日志(查阅与清空)的管理。请根据自己的理解细化这一子系统的需求。

3. 对于习题 2 中的系统，采用面向功能的问题分解方式，估算其规模(FP)。假如你所在单位的生产率是 15 工时/功能点，每人月的成本是 5000 元人民币，请估算工作量与成本。

4. 建立一个电子表格模型，实现面向功能的规模估算。要求考虑到 14 项难度系数的影响。

5. "度量"在软件工程中具有什么样的地位？在建立度量基线的过程中，你准备采集哪些类别的数据？

6. 为什么应当对计划的执行情况进行跟踪监督？计划与实际之间存在偏差是正常的吗？试分析导致偏差的原因。

7. 在项目资源中，"可复用资源"是一个重要的组成部分。根据你的理解，试阐述可复用资源包括哪些种类。

第 18 章　软件工程风险管理

软件工程过程中存在风险,这已经是人们的共识。风险的产生往往会干扰计划的执行,严重的风险更可能会导致项目的失败。因此探究风险的起因,识别风险的发生,削弱风险的负面影响,实施风险管理是软件工程界必须认真对待的问题。

Robert Charette 在他的著作中给出了风险的定义:"首先,风险关注未来将要发生的事情。今天和昨天已不再被关心,如同我们已经在收获由我们过去的行为所播下的种子。问题是:我们是否能够通过改变我们今天的行为,而为一个不同的、充满希望的、更美好的明天创造机会。其次,这意味着,风险涉及变化,如思想、观念、行为或地点的变化……第三,风险涉及选择和选择本身所包含的不确定性。因此,就像死亡和税收一样,风险是生活中最不确定的元素之一。"

软件工程领域对风险的考虑,主要基于 Robert Charette 提出的三个概念:一是关心未来,即什么样的风险将导致软件项目的彻底失败;二是关心变化,即用户需求、开发技术、目标计算机以及所有其他与项目相关的因素的变化将会对按时交付和项目总体成功产生什么影响;三是必须进行选择,即应当采用什么样的方法和工具,应当配备多少人力,应当如何选择质量标准才能够满足要求。

对于风险问题,有两种处理的策略:被动策略与主动策略。

被动策略又称为"救火模式"。项目组对风险事先不予注意,直到发生了问题才赶紧采取行动,试图迅速地纠正错误。

主动的风险处理策略早在技术活动开始之前就已经启动。项目组提前标识出潜在的风险,评估它们的发生概率和可能造成的不良影响,按照重要性(综合考虑发生概率和损害程度)进行排序。项目组建立计划来管理风险,以预防风险发生作为风险管理的主要目标。考虑到不是所有的风险都能够预防,所以项目组必须制定一个应对意外事件的计划,以便在必要时能够以可控的、有效的方式做出反应。

风险管理实际上是四个不同的活动:风险识别、风险评估、风险评价和风险缓解与监控。

18.1　软 件 风 险

对软件风险的严格定义还存在着很多争议,但对于在风险中包含了两个特性这一点上已经达成了共识。

(1) 不确定性:风险可能发生也可能不发生,即不存在发生概率为 100%的风险(100%会发生的风险实际上是加在项目上的约束)。

(2) 危害性：一旦风险变成了现实，就会产生恶性后果或损失。

进行风险分析时，重要的是量化不确定性的程度和与每个风险相关的损失程度。为了达到此目的，必须考虑不同类型的风险。

项目风险威胁到项目计划。也就是说，如果项目风险变成现实，可能会拖延项目进度且增加项目的成本。项目风险是指潜在的预算、进度、人力(工作人员及组织)、资源、客户及需求等方面的问题以及它们对软件项目的影响。项目的复杂性、规模及结构不确定性也被定义为项目(估算)风险因素。

技术风险威胁到要开发软件的质量和交付时间。如果技术风险变成现实，则开发工作可能变得很困难或者根本不可能。技术风险是指潜在的设计、实现、接口、验证和维护等方面的问题。此外，需求规约的二义性、技术的不确定性、陈旧的技术及"先进的"技术也是风险因素。技术风险的发生是因为问题比我们所设想的更难以解决。

商业风险威胁到要开发的软件的生存能力。商业风险常常会危害项目或产品。五个主要的商业风险是：

(1) 市场风险：开发了一个没有人真正需要的优秀产品或系统。

(2) 策略风险：开发的产品不再符合公司的整体商业策略。

(3) 营销风险：生产了一个销售部门不知道如何去卖的产品。

(4) 管理风险：由于重点的转移或人员的变动，失去了高级管理层的支持。

(5) 预算风险：没有得到预算或人力上的保证。

另一种分类方式将风险分为三类：

(1) 已知风险：通过仔细评估项目计划，开发项目的商业及技术环境以及其他可靠的消息来源(如不现实的交付时间，恶劣的开发环境，没有需求或者软件范围文档)之后可以发现的那些风险。

(2) 可预测风险：能够从过去项目的经验中推断出来(如人员调整、与客户无法沟通、开发人员精力分散)的风险。

(3) 不可预测风险：可能或有时真会出现的风险，但事先很难识别出来。

18.2　风　险　识　别

风险识别就是要识别属于前述类型中的某些特定的风险。方法是利用一组问卷来帮助项目计划人员了解在项目和技术方面有哪些风险。Boehm 建议使用一个"风险项目检查表"列出所有可能的、与每一个风险因素有关的提问。例如，管理人员或计划人员可以通过回答下列问题得到对有关人力风险的认识：

可用人员是最优秀的吗？

按照技能对人员进行了合理组合吗？

人力足够吗？

整个项目开发期间人员如何投入？

有多少人不是全工时投入本项目的工作？

人们对于手头上的工作是否有正确的目标？

项目成员是否接受过必要的培训？

项目的成员是否是稳定的和连续的?

对于这些提问,通过判定分析或假设分析,给出确定的回答,就可以帮助管理人员或计划人员估算风险的影响。当然,上面仅仅是针对人力资源风险有效的问题。同样地,我们也可以对其他类型的风险制定出必要的问题,利用和上述方法相同的手段,估算不同类别风险的影响。例如,针对技术风险的问题包括:

该技术对你的组织来说是新的吗?

客户的需求是否需要创建新的算法或 I/O 技术?

软件是否需要使用新的或未经证实的硬件接口?

待开发软件是否要和开发商提供的未经证实的软件接口?

待开发软件是否要和其功能和性能均未在本领域中得到证实的数据库系统接口?

产品的需求中是否包括要求采用特定的用户界面?

产品的需求中是否要求开发某些程序构件,这些构件和你的组织从前开发过的构件完全不同?

需求中是否要求使用新的分析、设计或测试方法?

需求中是否要求使用非传统的软件开发方法,如形式化方法,人工神经网络方法?

需求中对产品性能的约束是否过分严格?

客户能确定所要求的功能是"可行的"吗?

如果对于上列问题中任何一个问题的回答是肯定的,则需要进行进一步的调研来评估潜在的风险。

18.3　风　险　预　测

风险预测又称为风险估算。它试图从两个方面去评价每一个风险:其一是风险发生的可能性或概率;其二是如果风险发生了会造成的后果。风险预测活动要进行四项工作:

(1) 建立一个尺度,以反映风险发生的可能性(尺度可以是布尔值、定性的或定量的)。

(2) 描述风险的后果。

(3) 估算风险对项目和产品的影响。

(4) 标注风险整体预测的精确度以免产生误解。

18.3.1　建立风险表

建立风险表给项目管理者提供了一种简单的风险预测技术。样本如表 18.1 所示。

表 18.1　风险预测表样本

风险描述	风险类别	发生概率	可能的影响	RMMM
规模估算可能非常低	产品规模	60%	2	
用户数量大大超过计划	产品规模	30%	3	
复用程度低于计划	产品规模	70%	2	
最终用户抵制该系统	商业风险	40%	3	
交付期限紧缩	商业风险	50%	2	

续表

风险描述	风险类别	发生概率	可能的影响	RMMM
资金流失	预算风险	40%	1	
需求改变	产品规模	80%	2	
技术达不到预期效果	技术风险	30%	1	
缺少对于工具的培训	人力风险	80%	3	
人员缺乏经验	人力风险	30%	2	
人员流动频繁	人力风险	60%	2	
⋮	⋮	⋮	⋮	⋮

在表 18.1 中，影响类别取值为：1——灾难的；2——严重的；3——轻微的；4——可以忽略的。项目组将所有可能的风险都在第一列中列出，在第二列上加以分类。发生概率经评估后取评估均值，将估计的影响程度填入第四列，然后按照发生概率和影响程度自高到低地对风险表进行第一次风险排序。

管理者研究已经排序的风险表，定义一条中止线，一般来说，管理者对于中止线以上的风险会进行进一步的关注。其他的风险需要再次评估以完成第二次排序。

从风险管理的角度来看，风险的发生概率和可能产生的影响作用是不相同的。从图 18.1 中可以看出，对于高影响低概率的风险，并没有花费太多的管理时间。首先被管理者考虑的是高影响且发生概率是中到高的风险以及低影响高概率的风险。

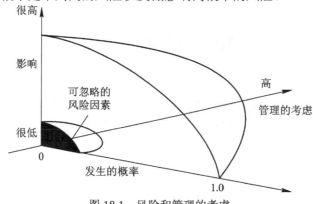

图 18.1　风险和管理的考虑

风险表中所有在终止线以上的风险都应当进行管理。在表的最后一列包含有一个指针，指向为所有终止线以上的风险制定的风险缓解、监控和管理计划(RMMM 计划，Risk Mitigation，Monitoring and Management Plan)。

18.3.2　风险评估

建立一个三元组集合来进行风险评估

$$[R_i，L_i，X_i]$$

其中，R_i 是风险；L_i 是风险出现的可能性；X_i 是风险出现会造成的影响。在进行风险评估时，应当进一步检验在风险预测时得到的估计的准确性(影响及概率)，试图为已被发现的风险排出优先顺序，并开始考虑如何控制或避免可能发生的风险。

要使评估发生作用，必须定义一个风险参考水平值。对于大多数软件项目而言，前面所讨论的风险因素——性能、成本、支持及进度也代表了风险参考水平值，即对于性能下降、成本超支、支持困难、进度延迟(或者它们的组合)都有一个水平值的要求。超出水平值就会导致项目被迫终止。如果风险的组合所产生的问题引起一个或多个参考水平值被超过，则工作将会停止。在软件风险分析中，风险参考水平值存在一个点，称为参考点或临界点。在这个点上，决定继续进行某项目或者是终止它(问题太大了)都是可以接受的。图18.2 中就表示了这种情况。如果风险组合产生的问题导致成本超支及进度延迟，则会有一个水平值，(即图中的曲线)，当超过它时会引起项目终止。

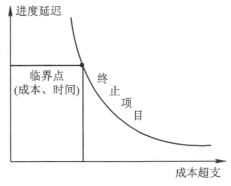

图 18.2　风险参考水平曲线

实际上，参考水平值很少能够表示成如图 18.2 所示的光滑曲线。在大多数情况下，它是一个区域，其中存在很多不确定性，这个区域可能是一个易变区域。在这些区域中想要做出基于参考值组合的管理判断往往是非常困难的。因此，在作风险评估时，可以采用下面的步骤执行：

(1) 为项目定义风险参照水准。

(2) 尝试找出在每一个$[R_i，L_i，X_i]$ 和每一个参照水准之间的关系。

(3) 预测参照点组以定义一个终止区域，用一条曲线或一些易变动区域来界定。

(4) 努力预测复合的风险组合将如何形成一个参照水准。

至于有关风险评估的更详细的讨论，请参阅专门探讨风险分析的论著。

18.4　风险缓解、监控与管理

在这一步的工作中，所有的风险分析活动都只有一个目的，那就是辅助项目建立处理风险的策略。任何一种有效的策略都必须考虑三个问题：风险避免、风险监控、风险管理及意外事件计划。

如果项目组对于风险采取主动策略，则最好的方法是通过制定一个风险缓解计划并付诸实施，设法避免风险。图 18.3 所示为风险缓解与监控。

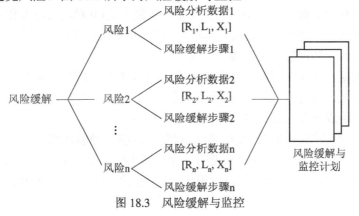

图 18.3　风险缓解与监控

例如人员频繁流动是软件开发组织中的一个普遍存在的风险。将其标注为 R_0，基于以往的历史数据和管理经验，发生概率 L_0 被估算为 0.7，影响 X_0 被预测为对于项目的成本和进度有极严重的影响。

为了缓解这一风险，项目管理者可以采取如下的策略来降低人员流动：

(1) 预先与现有人员一同探讨一下人员流动的原因(如工作条件恶劣、低报酬、激烈的人才竞争)。

(2) 在项目开始之前，采取行动来缓解那些被识别出的、且在管理控制之下的原因。

(3) 一旦项目启动，假设人员会发生流动，并采取一些措施以保证当人员离开时工作的连续性。

(4) 对项目组进行良好的组织，使得每一个开发活动的信息能够被广泛地传播和交流。

(5) 定义文档的标准，并建立保证文档能够被及时、正确建立的机制。

(6) 对所有的工作进行详细的复审，保证不止一个人熟悉该项工作。

(7) 对每一个关键的技术人员都指定一名后备人员。

随着项目的进展，开始进行风险监控活动。项目管理者监控某些因素，这些因素可以提供风险是否正在变高或变低的指示。针对人员频繁流动的风险，应当监控下列因素：

(1) 项目组成员对于项目压力的一般态度。

(2) 项目组的凝聚力。

(3) 项目组成员彼此之间的关系。

(4) 与报酬和利益相关的潜在问题。

(5) 在公司内和公司外工作的可能性。

除了监控上述因素之外，项目管理者还应当监控预设的风险缓解步骤的效力。例如，前述的一个风险缓解步骤中要求定义"定义文档的标准，并建立保证文档能够被及时、正确建立的机制"。如果有关键的人员离开了项目组，这就是一个保持工作连续性的机制。项目管理者应当仔细监控这些文档，以保证每一个文档内容正确，而且当新员工加入项目组时，能够利用已经建立并得到监控的文档为他们提供必要的信息。

如果风险缓解工作失败，风险已经发生，那么就要按照风险管理和意外事件处理计划(风险应对预案)进行处理，减少风险带来的损失。假定项目进行过程中，有一些人宣布要离开，如果我们执行了缓解措施，那么就有后备人员可用，同时因为信息已经文档化，并且有关知识已经在项目组中广泛地进行了交流，后备人员能够很快地接手工作。此外，项目管理者还可以暂时重新将资源调整到那些人员充足的功能上去(并对项目进度作必要的调整)，从而使得新加入的人员能够"赶上进度"。同时，应当要求宣布要离开的人员停止工作，在最后一段时间里进入"知识与业务交接"模式。

应当注意的是，在防范风险的过程中是要花费成本的。应当在防范措施的成本和风险一旦发生的损失之间进行投入产出分析，以此确定要执行什么样的风险防范措施。举例来说，为每个项目组成员都配备一名后备人员就没有必要。

在风险缓解和风险监控措施中，应当注意抓主要风险。经验证明，整个软件风险的 80%，可以由仅仅 20% 的已标识出的风险来说明。在早期进行风险排序，能够帮助项目管理者识别出这 20% 的主要风险。其他一些已标识出的风险虽然已经评估、预测过，但可以不纳入 RMMM 计划之中。

18.5　RMMM 计 划

风险管理策略可以包含在软件项目开发计划中，也可以建立一个独立的风险缓解、监控和管理计划(RMMM 计划)。RMMM 计划将所有的风险分析工作文档化，并作为整个项目计划中的一部分来使用。RMMM 计划的大纲如下：

1. 引言
　　1.1　文档的范围和目的
　　1.2　主要风险综述
　　1.3　责任划分
　　　　A. 管理者
　　　　B. 技术人员
2. 项目风险表
　　2.1　中止线以上的所有风险的描述
　　2.2　影响概率及影响的因素
3. 风险缓解、监控和管理
　　3.1　风险 1
　　　　A. 缓解
　　　　　⋮
　　3.n　风险 n
　　　　A. 缓解
　　　　　ⅰ．一般策略
　　　　　ⅱ．缓解风险的特定步骤
　　　　B. 监控
　　　　　ⅰ．被监控的因素
　　　　　ⅱ．监控方法
　　　　C. 管理
　　　　　ⅰ．意外事件计划
　　　　　ⅱ．特殊考虑
　　　　　⋮
4. RMMM 计划的迭代时间安排表
5. 总结

一旦建立了 RMMM 计划且项目已经启动，则风险缓解及监控活动也就随之开始。正如前面讨论过的，风险缓解是一种"问题避免"活动；风险监控则是一种项目跟踪活动，它包括三个主要目的：评估一个被预测的风险是否真正发生了；保证为风险而定义的缓解步骤被正确地实施；收集能够用于今后的风险分析的信息。在很多情况下，项目中发生的问题可以追溯到不止一个风险，所以风险监控的另一个任务就是试图在整个项目中确定问题的"起源"(什么风险引起了什么问题)。

18.6 小 结

当软件项目成功的期望值很高时，一般都会进行风险分析。过去这种分析一般是由项目管理者非正式地完成的。但是为了提高项目的成功率，我们认为，这项工作应当纳入制度化、规范化的工作范畴。成功的风险分析能够从更加平稳的项目过程、较高的跟踪和控制项目的能力等方面得到满意的回报。

风险预测表是进行风险预测的良好工具。使用"中止线"概念能够使我们将有限的精力与资源用来对付最危险的风险。而使用 RMMM 计划规范风险管理工作，将有助于使风险管理成为软件工程过程中的一项制度化的工作环节。

风险分析是要花费资源和时间的，但是，"知己知彼，百战不殆"的古训告诉我们，这样做是值得的，这里的"彼"指的就是风险。

习 题

1. 请描述"已知风险"和"可预测风险"之间的差别。

2. 解释应对风险的"被动策略"和"主动策略"的异同。

3. 在风险管理过程中主要包括哪几个工作环节？简述它们各自的主要工作内容。

4. 对风险预测表进行排序操作的目的是什么？为什么要根据发生概率和可能造成的影响两个因素进行排序？

5. 假如你是一个项目的管理者，你的下属全部都是在校学生，该项目的目标是开发一套基于因特网环境的"网上售票"系统，请为它建立风险预测表。

6. 风险缓解活动和风险监控活动各自有什么特点？

7. 如你已经识别出在你所领导的项目中需求变更的可能性比较大，你是否认为它是潜在的风险？如果是风险，你准备采用哪些措施来降低风险的影响？

第 19 章　软件质量保证

软件开发的目标就是生产出高质量的软件产品。所以软件质量保证(SQA，Software Quality Assurance)工作是在软件工程领域中受到普遍关注的问题。SQA 是一种应用于整个软件工程过程的保护性活动。SQA 活动内容包括：一种质量管理方法；有效的软件工程技术(方法和工具)；在整个软件工程过程中采用的正式的技术复审；一种多层次的测试策略；对软件文档及其修改的控制；保证软件遵从软件开发标准的规程；度量和报告机制。

19.1　软件质量与 SQA

19.1.1　软件质量

在 ANSI / IEEE 的 729—1983 号标准中定义软件质量为："与软件产品满足规定和隐含需求的能力有关的全体特征(或特性)"。

为满足软件的各项规定的或隐含的功能、性能需求，符合文档化开发标准，就需要相应地设计出一些质量特性及其组合——质量目标，作为在软件开发与维护中的重要考虑因素。如果这些质量特性及其组合都能在产品中得到满足，则这个软件产品的质量就是高的。这些被定义出来的特性及其组合就称之为软件的"质量目标"。

从上述软件质量的定义中，反映出了以下三个方面的问题。

(1) 软件需求是度量软件质量的基础。不符合需求的软件就不具备质量。

(2) 软件人员必须遵循软件过程规范，用工程化的方法来开发软件。如果不遵守这些规程，软件质量就没有保证。

(3) 往往会有一些隐含的需求没有明确的提出来。如果软件只是满足那些规定的需求而不可能满足那些可能存在的隐含需求，软件质量也不能保证。

软件质量是各种特性的复杂组合，它随着应用的不同而不同，随着用户提出的质量要求不同而不同。在计算机发展的早期(20 世纪 50 和 60 年代)，软件质量保证工作曾经只由程序员来承担。20 世纪 70 年代，美国军方在软件开发合同中首先提出了软件质量保证的标准，提出了软件质量保证活动的定义是为了保证软件质量而必须的"有计划的和系统化的行动模式"这一观点。这一定义的含义是要求在一个组织中应当由多个机构共同协作，承担保证软件质量的责任。包括软件工程师、项目管理者、客户、销售人员和 SQA 小组的人员。

SQA 小组是软件开发组织中独立于任何项目组的专职品质保证组织。他们以客户的观点来看待软件，通过自己的工作来回答软件是否满足各项质量指标、软件开发是否按照预先设定的标准进行、作为 SQA 活动一部分的技术规程是否恰当地发挥了作用等问题。换句话说，SQA 针对工作过程与标准的符合性、工作产品与标准的符合性进行审核与审查。

19.1.2　SQA 活动

软件质量保证活动由各种任务构成。这些任务分别和从事技术工作的软件工程师和负责对质量保证活动进行计划、监督、记录、分析、报告工作的专职 SQA 小组成员相关。

软件工程师通过采用可靠的技术方法和措施，进行正式的技术复审，执行计划周密的软件测试来考虑软件质量问题并保证软件质量；SQA 小组的职责是辅助软件工程小组得到高质量的最终产品。SEI 推荐了一组有关软件质量保证活动中的计划、监督、记录分析及报告的 SQA 活动。这些活动由一个独立的 SQA 小组执行。按照 SEI 的建议，具体的 SQA 活动应当包括：

(1) 为项目准备 SQA 计划：该计划在制定项目开发计划时制订，由所有对质量感兴趣的相关部门复审。该计划将控制由软件工程小组和 SQA 小组执行的软件质量保证活动。在 SQA 计划中，应当包含：需要进行的评价；需要进行的审查和复审；项目可以采用的标准；错误报告和跟踪过程；由 SQA 小组产生的文档目录；为软件项目组提供的反馈数据种类。

(2) 参与开发该项目的软件过程：软件工程小组为将要进行的工作选择一个工程过程。SQA 小组将复审过程说明，以保证该过程与组织政策、内部软件标准、外部标准以及软件开发计划的其他部分相符合。

(3) 复审各项软件工程活动：对工程活动是否符合定义好的软件工程过程进行核实。SQA 小组识别、记录和跟踪实际工作与已定义过程之间的偏差，提出报告指出要求改正的地方并对是否已经改正进行跟踪与核实。

(4) 审查指定的软件工作产品，对其是否符合定义好的软件工程过程中的相应部分进行核实。SQA 小组要对选出的产品进行复审，识别、记录和跟踪产品与过程规定的偏差，并对是否已经改正进行跟踪核实。定期地将工作结果向项目管理者报告。

(5) 确保软件工作及工作产品中的偏差已记录在案，并按照预定规程进行处理。偏差可能出现在项目计划、过程描述、采用的标准或技术工作产品中。

(6) 记录所有的不符合部分，并报告给高级管理者，对不符合部分进行跟踪，直到问题得到解决。

此外，SQA 小组还要协调变更的控制和管理，并协助收集项目度量信息。

19.2　软 件 复 审

对软件工作产品进行评审是防患于未然的正确措施。通过评审，本阶段工作产品中的缺陷会被检查出来，在进入下一阶段的开发活动之前予以清除。评审有非正式的交互审查，也有通过正规会议进行的同行评审。

19.2.1　软件复审简介

软件复审是软件工程过程中滤除缺陷的"过滤器"。在软件项目开发过程中的多个不同的点上，软件复审活动能够起到及早发现错误进而引发排错活动的作用。软件复审的目的是尽可能多地发现被复审对象中的缺陷，起到"净化"工作产品的作用。由于我们发现别人生产的工作产品中的缺陷比发现自己的缺陷要容易，所以复审应当在不同的工程师之间进行。任何一次复审都是借助人的差异性来达到目标的活动，它的目标包括：

(1) 指出一个人或一个小组生产的产品所需进行的改进。

(2) 确定被审核产品中不需要或者不希望改进的部分。

(3) 得到与未复审时相比更加一致，至少更可预测的技术工作的质量，从而使得技术工作更可管理。

复审的方式很多，包括非正式的复审、正式的同行评审、管理复审等等。

19.2.2　软件缺陷对成本的影响

在软件工程活动中，"缺陷"是指在软件交付给最终用户后发现的质量问题；而"错误"描述在软件交付前由软件工程师发现的质量问题。很明显，缺陷带来的危害远大于"错误"带来的影响。因此，正式技术复审的主要目标就是在复审过程中发现错误，以便潜在的缺陷在交付之前变成"错误"并得到纠正。正式技术复审的明显优点就是能够较早发现错误，防止错误传播到软件过程的后继阶段。"尽早"发现错误是我们的追求，因为同样的错误对成本和工期产生的影响与发现错误、改正错误的时间是密切相关的。

大量的研究表明，设计活动引入的错误占软件过程中出现的所有错误和最终缺陷数量的 50%～70%。而近期的研究表明，正式的技术复审在发现设计错误方面有最高达到 75% 的有效性。由于能够通过复审检测和排除大量的设计错误，复审过程将可望极大地降低后继开发和维护阶段的工作成本。根据从多个大型项目中采集的数据表明，假如在设计阶段发现的一个错误的改正成本是 1 个货币单位，那么在测试之前发现的一个错误的改正成本就是 6.5 个货币单位，在测试时发现一个错误的改正成本变成 15 个货币单位，而在发布之后，改进一处缺陷的成本达到 60～100 个货币单位。因此，尽可能早地发现错误，是降低软件错误/缺陷对工程成本影响的有效途径。

19.2.3　缺陷的放大和消除

可以用"缺陷放大模型"来说明及时的复审在软件工程中的作用，如图 19.1 所示。图中，方块表示一个开发步骤，可能因疏忽而产生错误。复审过程可能没有完全发现来自此步骤之前的和新发生的所有错误。从而可能在本阶段"继承"了一些错误，并将一部分错误引入下一阶段。其中，一部分来自前一阶段的错误可能会误导本阶段的工作，导致在错误的基础上产生更多的错误，形成错误的"放大"效应。

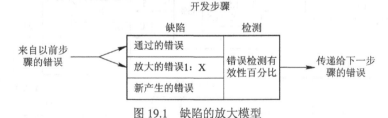

图 19.1　缺陷的放大模型

图 19.2 是一个没有进行技术复审的软件开发过程中缺陷放大的例子。乐观地设想，在每一个测试步骤都能够发现并改正 50% 的输入错误，而又不引入新的错误。在图中明显地看到，最初在概要设计阶段产生的 10 个错误，到集成测试之前已经放大成为 94 个。12 个隐藏的缺陷将随着软件的发布扩散到用户处。表 19.1 是无复审情况下缺陷放大数据及因此增加的成本数据。

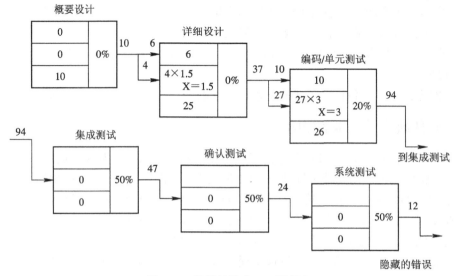

图 19.2 缺陷的放大——无复审

表 19.1 无复审情况下软件缺陷对成本的影响

错误发现时机	缺陷数量	成本单位	成本总计
测试之前	22	6.5	143
测试期间	82	15	1230
发布之后	12	67	804
缺陷总成本			2177

从图 19.3 中可以看到，只要在每个工程阶段都进行复审工作，就能够有效地遏制缺陷放大的势头，从而减少缺陷对成本的影响。在概要设计阶段同样是 10 个错误，到集成测试时仅扩展为 24 个，最终输出到用户处的缺陷只有三个。表 19.2 是有复审情况下缺陷数据及因此增加的成本数据。

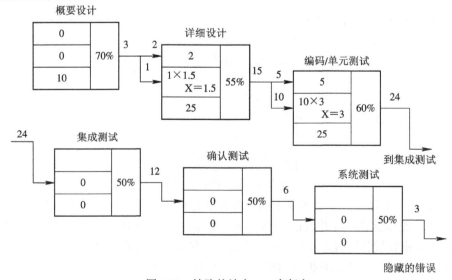

图 19.3 缺陷的放大——有复审

表 19.2　有复审情况下软件缺陷对成本的影响

错误发现时机	缺陷数量	成本单位	成本总计
设计期间	22	1.5	33
测试之前	36	6.5	234
测试期间	15	15	315
发布之后	3	67	201
缺陷总成本			783

从上例中能够清晰地看出，实行复审能够及早地发现大部分错误，极大地减少交付产品中的缺陷数，降低因修正缺陷带来的成本。当然，为了进行复审，开发人员也必须投入工作量，也就是说，组织必须为复审支付成本。但复审增加的成本和因进行了复审而降低的纠正错误和缺陷的成本相比，是相当低的。因此，软件开发组织应当在各个工作阶段上组织进行有效的复审，以便消除缺陷，减少缺陷成本，保证软件质量。

19.3　正式的技术复审

正式技术复审(FTR)是一种由技术工程师进行的软件质量保证活动。FTR 的目标是：

(1) 在软件的任何一种表示形式中发现功能、逻辑或实现上的错误。

(2) 证实经过复审的软件的确满足需求。

(3) 保证软件的表示符合预定义的标准。

(4) 得到一种以一致的方式开发的软件。

(5) 使项目更加容易管理。因为 FTR 的进行使大量人员对软件系统中原本并不熟悉的部分更加了解，因此，FTR 还起到了提高项目连续性和培训后备人员的作用。

FTR 实际上是一类复审方式，包括"走查"(Walkthrough)、"审查"(Inspection)、"轮查"(Round Robin Review)以及其他软件小组的技术评估。每次的 FTR 都以会议的形式进行，只有经过适当地计划、控制和相关人员的积极参与，FTR 才能获得成功。

19.3.1　复审会议的组织

从保证会议效果出发，不论进行什么形式的 FTR 活动，会议的规模都不宜过大，控制在 3～5 人较好；每个参会人员都要提前进行准备，但是复审准备工作占用的工作时间应当少于两小时；会议的时间不宜长，控制在两个小时之内。

考虑到这样的约束，每次复审的对象显然应当只是整个软件中的某个较小的特定部分。不要试图一次复查整个设计，而要对每个模块或者一小组模块进行复审走查。经验证明，当一次 FTR 关注的范围较小时，发现错误的可能性更大一些。

FTR 的焦点是某个工作产品，比如一部分需求规约，一个模块的详细设计，一个模块的源代码清单等等。负责生产这个产品的人通知"复审责任人"产品已经完成，需要复审。复审责任人对工作产品的完成情况进行评估，当确认已经具备复审条件后，准备产品副本，发放给预定要参加复审的复审者。复审者花 1～2 小时进行准备。通常在第二天召开复审会议。复审会议由复审责任人主持，产品生产者和所有的复审者参加，并安排专门的记录员。

产品生产者在会议上要"遍历"工作产品并进行讲解，复审者则根据各自的准备提出问题。当发现错误和问题时，记录员将逐一进行记录。

在复审结束时，必须做出复审结论。结论只能是下列三种之一：

(1) 工作产品可以不经修改地被接收。

(2) 由于存在严重错误，产品被否决(错误改正后必须重新复审)。

(3) 暂时接收工作产品(发现了轻微错误需要改正，但改正后无需再次评审)。

参与复审的所有人员，都必须在结论上签字以表示他们参加了本次 FTR，并同意复审小组的结论。

19.3.2　复审报告和记录保存

在 FTR 期间，一名复审者(记录员)主动记录所有被提出来的问题。在会议结束时对这些问题进行小结，并形成一份"复审问题列表"。此外还要形成一份简单的"复审总结报告"。复审总结报告中将阐明如下问题：

复审对象是什么；

有哪些人参与复审；

发现了什么，结论是什么。

复审报告是项目历史记录的一部分，可以分发给项目负责人和其他感兴趣的复审参与方。复审问题列表有两个作用，首先是标识产品中的问题区域，其次将被用作指导生产者对产品进行改进的"行动条目"。在复审总结报告中，复审问题列表应当作为附件。

SQA 人员必须参与复审。他们一方面观察复审过程的合理性，另一方面将会在今后对问题列表中各个问题的改正情况进行跟踪、检查并通报缺陷修改情况，直到复审通过或问题彻底解决。

19.3.3　复审指南

不受控制的错误的复审，比没有复审更加糟糕。所以在进行正式的复审之前必须制定复审指南并分发给所有的复审参加者，得到大家的认可后，才能依照指南进行复审。正式技术复审指南的最小集合如下：

(1) 复审对象是产品，而不是产品生产者。复审会议的气氛应当是轻松的和建设性的，不要试图贬低或者羞辱别人。通常，有管理职权的成员不宜作为复审者参加会议。

(2) 制订并严格遵守议程。FTR 会议必须保证按照计划进行，不要离题。

(3) 鼓励复审者提出问题，但限制争论和辩驳。有争议的问题记录在案，事后解决。

(4) 复审是以"发现问题"为宗旨的。问题的解决通常由生产者自己或者在别人的帮助下解决。所以不要试图在 FTR 会议上解决所有问题。

(5) 必须设置专门的记录员，做好会议记录。

(6) 为保证 FTR 有实效，坚持要求与会者事先做好准备，提交书面的评审意见，并要限制与会人数，将人数保持在最小的必须值上。

(7) 组织应当为每类要复审的产品(如各种计划、需求分析、设计、编码、测试用例)建立检查表，帮助复审主持者组织 FTR 会议，并帮助每个复审者都能够把注意力放在对具体产品来说最为关键的问题上。

(8) 为 FTR 分配足够的资源和时间，并且要为复审结果所必然导致的产品修改活动分配时间。

(9) 所有参与复审的人，都应当具备进行 FTR 的技能，接受过相关的培训。

(10) 复审以前所作的复审，总结复审工作经验，不断提高复审水平。

在软件能力成熟度模型中，"同行评审"工作被作为一个关键活动域提出。要想使自己的开发组织达到"已定义"等级的过程能力水平，必须结合本组织的实际，将 FTR 工作制度化。

19.4　基于统计的质量保证

有经验的业界人士都同意下面的观点：大多数真正麻烦的缺陷都可以追溯到数量相对有限的根本原因上。对一段较长时间内发现的软件缺陷进行收集、统计，并利用统计规律对大量的缺陷数据进行深入的分析，有助于我们逐渐发现导致大部分缺陷的根本原因，从而能够将它们分离出来，集中力量予以解决。这样，就可以在 SQA 活动中做到"将时间集中用在真正重要的地方"，有针对性地进行质量保证活动。这种方法称之为"基于统计的质量保证"。

基于统计的 SQA 包括以下的步骤：

(1) 收集软件缺陷信息并进行分类。

(2) 尝试对每个缺陷的成因进行追溯。

(3) 通过追溯，将少数最重要的缺陷成因分离出来。

(4) 针对分离出的重要的缺陷成因，进行有针对性的改进活动。

假如一个软件开发组织在一年内利用复审、测试、用户反馈等途径搜集到了有关自身产品的错误 / 缺陷信息，尽管发现的错误 / 缺陷数以百计，但是经过归类，所有的错误/缺陷的原因都可以归为下列原因中的一个或几个：

- IES：说明不完整或说明错误；
- MCC：与客户通信中产生误解；
- IDS：故意与说明偏离；
- VPS：违犯编程标准；
- EDR：数据表示错误；
- IMI：模块接口不一致；
- EDL：设计逻辑有错；
- IET：不完整的或错误的测试；
- IID：不准确或不完整的文档；
- PLT：将设计翻译成预定语言时的错误；
- HCI：不清晰或不一致的人机界面；
- MIS：杂项。

设计一张表格，将各类错误/缺陷的统计数据和它们各自在所有错误/缺陷中所占的比例计算出来，以此数值为键值进行降序排序，造成所有错误/缺陷的重要原因就能够十分清晰地凸现出来。表 19.3 中显示 IES、MCC 和 EDR 是导致发生 53% 的错误/缺陷的"少数重要原因"。同时可以看出，如果我们将注意力集中到严重错误的成因上，那么应该将 IES、EDR、PLT 和 EDL 作为"少数重要原因"。

表 19.3 统计 SQA 的数据收集与分类

错误类别	错误总计		严重错误		一般错误		轻微错误	
	数量	百分比	数量	百分比	数量	百分比	数量	百分比
IES	205	22%	34	27%	68	18%	103	24%
MCC	156	17%	12	9%	68	18%	76	17%
IDS	48	5%	1	1%	24	6%	23	5%
VPS	25	3%	0	0%	15	4%	10	2%
EDR	130	14%	26	20%	68	18%	36	8%
IMI	58	6%	9	7%	18	5%	31	7%
EDL	45	5%	14	11%	12	3%	19	4%
IET	95	10%	12	9%	35	9%	48	11%
IID	36	4%	2	2%	20	5%	14	3%
PLT	60	6%	15	12%	19	5%	26	6%
HCI	28	3%	3	2%	17	4%	8	2%
MIS	56	6%	0	0%	15	4%	41	9%
统计值	942	100%	128	100%	379	100%	435	100%

一旦确定了"少数重要原因"，开发组织就可以采取改进行动。例如，为了改正 MCC 错误，开发者可以采用更便于理解的软件说明技术，提高和用户通信交流的质量。为了改正 EDR 导致的错误，可以使用 CASE 工具进行数据建模，并进行更加严格的数据设计复审。

当导致错误和缺陷的少数重要原因被识别、纠正后，一些原来不那么重要的原因会成为统计数据表中新的"少数重要原因"。这样，SQA 活动能够始终针对当前导致错误和缺陷的主要原因展开工作，取得事半功倍的效果。这也就是基于统计的质量保证活动价值之所在。

19.5 软件可靠性

19.5.1 可靠性和可用性

软件可靠性的含义是："程序在给定的时间间隔内，按照规格说明书的规定成功地运行的概率"。在这个定义中包含的随机变量是"时间间隔"。显然随着运行时间的增加，运行时遇到程序故障的概率也将增加，即可靠性随着时间间隔的加大而减小。

除可靠性之外，用户也非常关心软件系统可以使用的程度。一般来说，对于任何一个可以修复的系统，都应当同时使用可靠性和可用性来衡量它的优劣。软件可用性的一个定义是："程序在给定的时间点，按照规格说明书的规定成功的运行的概率"。

可靠性和可用性之间的主要差别在于：可靠性意味着在 0~t 这段时间间隔内系统没有

失效；而可用性只是意味着在时刻 t 系统是正常运行的。因此，如果在时刻 t 系统是可用的，则包括下述种种可能：在 0～t 这段时间里，系统一直没有失效；在这段时间里失效了一次，但是又修复了；在这段时间里失效了两次、又修复了两次……

如果在一段时间里，软件系统故障停机时间分别为 td_1，td_2，td_3……正常运行时间分别为 tu_1，tu_2，tu_3……则系统的稳态可用性为

$$A_{ss} = \frac{T_{up}}{(T_{up} + T_{down})} \tag{19.1}$$

其中，$T_{up} = \sum tu_i$，$T_{down} = \sum td_i$。

如果引进系统平均无故障时间 MTTF 和系统平均维修时间 MTTR 的概念，那么，软件系统的稳态可用性可以表示为

$$A_{ss} = \frac{MTTF}{MTTF + MTTR} \tag{19.2}$$

平均维修时间 MTTR 是修复一个故障平均需要的时间，它取决于维护人员的技术水平和对系统的熟悉程度，也和系统的可维护性有重要关系。平均无故障时间 MTTF 是系统按照规格说明书的规定成功运行的平均时间，它主要取决于系统中潜伏的缺陷数目，因此和测试的关系十分密切。

为了直观地度量软件的可靠性，还可以采用"平均失效间隔时间"MTBF。

$$MTBF=MTTF+MTTR \tag{19.3}$$

19.5.2　平均无故障运行时间的估算

软件的平均无故障运行时间 MTTF 是一个重要的质量指标，用户往往把 MTTF 作为对软件的一种性能需求提出来。为满足用户的需求，开发组织就应当在交付产品时估算出产品的 MTTF 值。

为了估算 MTTF，首先引入一组符号：

- E_t：测试之前程序中的缺陷总数；
- I_t：用机器指令总数衡量的程序长度；
- τ：测试(包括调试)时间；
- $E_d(\tau)$：在 0～τ 时间内发现的错误总数；
- $E_c(\tau)$：在 0～τ 时间内改正的错误总数；
- E_r：在 0～τ 时间后剩余的缺陷数。

建立一组基本假定：

(1) 在类似的程序中，单位长度程序里的故障数 E_t / I_t 近似为常数。根据美国的一些统计数据：$0.5 \times 10^{-2} \leqslant E_t / I_t \leqslant 2 \times 10^{-2}$，也就是说，在正常情况下，测试之前，1000 条指令里大约有 5～20 个缺陷。

(2) 软件失效率正比于软件中潜藏的缺陷数，而 MTTF 和潜藏的缺陷数成反比。

(3) 假定发现的缺陷都及时得到了改正，所以，$E_d(\tau)=E_c(\tau)$。

(4) 剩余的缺陷数：$E_r(\tau)=E_t-E_c(\tau)$。

(5) 单位长度程序中剩余的缺陷数：$E_t / I_t - E_c(\tau) / I_t$。

估算平均无故障运行时间：经验表明，软件的平均无故障时间和单位长度程序中剩余的故障数成反比，即

$$MTTF = \frac{1}{K(E_t/I_t - E_c(\tau)/I_t)}$$ (19.4)

其中，K 为常数，它的取值应当根据历史数据选取。美国的一些统计数据表明，K 的典型值为 200。按照上式，可以估算出 MTTF 值，在用户提出了 MTTF 指标的情况下，也可以据此判断发现多少个错误后才可以结束测试工作。

已交付产品中潜伏的缺陷数是一个十分重要的量值。它既直接标志软件的可靠程度，又是计算 MTTF 的重要参数。严格地说，我们无法精确计算这一数据，但是从统计学的角度上来看，可以通过下面两种方法来对 E_t 进行估算。

1. 植入故障法

在测试之前，由专人在程序中随机地植入一些错误，测试之后，根据测试小组发现的故障中原有的和植入的两种故障的比例，来估计程序中原有的总故障数 E_t。假设人为地植入了 N_s 个故障，经过一段时间的测试后，发现了 n_s 个植入的故障，此外还发现了 n 个原有的故障。假定测试人员发现原有故障和植入故障的能力相同，那么能够在概率的意义上，估计出程序中原有的故障总数大约为

$$N = \frac{n}{n_s} \cdot N_s$$ (19.5)

2. 分别测试法

植入故障法的基本假定是所用的测试方案发现植入错误和原有错误的概率相同。但是这种假设并不总是成立，因此有时计算结果有较大的偏差。设想由两个测试人员同时测试一个软件程序的两个副本(用 T 表示测试时间)：

T = 0 时，故障总数为 B0;

T = T1 时，测试员甲发现的故障数为 B1;

T = T1 时，测试员乙发现的故障数为 B2;

T = T1 时，测试员甲、乙发现的相同故障数为 Bc。

则在统计的角度上，测试之前的故障总数为

$$B0 = \frac{B2 \cdot B1}{Bc}$$ (19.6)

为进一步求精，可以每隔一段时间进行一次并行测试，如果几次估算的结果相差不多，则可取其均值作为 E_t 的结果估算值。

19.6 SQA 计划

为了有序地开展软件质量保证活动，必须制定专项的 SQA 计划来指导全部的 SQA 活动，并作为项目开发计划的一个组成部分。SQA 计划应当由 SQA 小组和项目组共同制定，并进行评审。IEEE 组织推荐了一份 SQA 计划大纲(如表 19.4 所示)，开发组织可以结合项目的实际情况对大纲进行裁减、充实后，制定项目的 SQA 计划。

表 19.4 SQA 计划大纲

1. 计划目的	a.软件需求复审
2. 参考文献	b.设计复审
3. 管理	c.软件验证和确认复审
3.1 组织	d.功能审核
3.2 任务	e.物理审核
3.3 责任	f.过程内部审核
4. 文档	g.管理复审
4.1 目的	7. 测试
4.2 所需的软件工程文档	8. 问题报告和改正行动
4.3 其他文档	9. SQA 工具、技术和方法学
5. 标准、实践和约定	10. 代码控制
5.1 目的	11. 媒体控制
5.2 约定	12. 供应商控制
6. 复审和审核	13. 记录收集、维护和保管
6.1 目的	14. 培训
6.2 复审需求	15. 风险管理

计划的开始部分描述制定 SQA 计划的目的和涉及到的文档范围，并指出 SQA 活动所覆盖的软件过程活动。所有在 SQA 计划中将要提到的文档都要列出来，所有可应用的标准都专门注明。

计划中的"管理"部分描述 SQA 组在组织结构中的位置、SQA 任务和活动及它们在整个软件过程中的位置，以及与产品质量有关的角色和责任。

文档一节描述的是软件过程各个部分所产生的各种工作产品。包括：项目文档(例如项目计划)、工程过程模型、技术文档、用户文档等等。

在"标准、实践和约定"中列出在软件工程过程中采用的合适标准和实践方法。此外还要列出作为软件工程的组成部分而收集的所有的项目、过程及产品的度量信息。

计划中的"复审和审核"标识了软件工程小组、SQA 小组和客户要进行的审核和复审活动，给出要进行的各种审核和复审活动的纵览。

"测试"一节中列出软件测试计划和过程(可以单独列出)。定义了测试记录保存的需要，"问题报告和改正行动"中要定义错误及缺陷的报告、跟踪和解决规程，同时标出这些活动的组织责任。

"SQA 计划"的其他部分标识了支持 SQA 活动与任务的工具和方法；给出了控制变更的软件配置管理过程(可以单独列出)；定义了一种合同管理方法；建立了组装、保护、维护所有记录的方式；标识了为执行 SQA 计划所需要进行的培训；定义了在 SQA 过程中标识、评估、监控和控制风险的方法。

19.7 小 结

软件质量是软件工程活动追求的主要目标。对软件质量的评价标准只能是软件产品满足用户已定义的以及隐含的需求的程度。

SQA 活动是贯穿于整个软件工程始终的保护性活动。SQA 的目的是通过对工作过程和阶段工作产品的审查与审核，尽量地预防错误，及早地发现和纠正错误，防患于未然。

SQA 工作涉及到开发组织中的技术工程师和管理人员等许多方面，树立全员质量意识是成功地开展 SQA 工作的保证。专职 SQA 小组的存在将使得 SQA 工作超出单一项目的限制，在整个开发组织的范围内全面的、持续的开展。

SQA 活动包括对生产过程的审核，这种审核将及时发现和纠正违背已定义的工程过程规范和组织标准的行为，防止因过程的偏离导致产品中出现错误。SQA 活动还包括对各类工作产品的复审与检查，以便及早发现和纠正已经发生的错误，避免错误放大效应的发生。历史缺陷数据的积累、统计和分析有助于开展基于统计规律的 SQA 活动，能够帮助我们集中力量去解决导致发生错误和缺陷的最重要的问题，取得事半功倍的效果。通过 SQA 活动，我们能够基于统计规律，在度量基线的支持下，定量地评述软件的可靠性指标，从而满足用户提出的量化的可靠性性能需求。

QA 能力是度量一种工程学科成熟与否的标尺。SQA 就是要将质量保证的管理对象和设计原则映射到适用的软件工程管理和技术空间上。当上述映射成功实现时，其结果就是成熟的软件工程。软件能力成熟度模型 CMM 的 18 个关键活动域中就有两个是关于 SQA 活动的，而且所有关键活动域中都明确指出必须有 SQA 人员的积极参与。努力做好 SQA 工作，是软件开发组织可持续发展，不断走向成功的必由之路。

习　题

1. 评价质量的根据是看产品是否满足用户的需求。如果客户的需求经常发生变更，是否还有可能评估软件质量？

2. 软件质量和软件可靠性的概念是紧密相关的，但也有一些不同，请就此进行讨论。

3. 在进行 FTR 活动时，如果出现了激烈的争吵，主持评审的人员应当采取什么措施？

4. 为什么具有管理职权(绩效权)的人员不宜参加技术评审？

5. 在软件开发组织中，SQA 小组和软件工程小组之间的关系常常是紧张的，这种紧张关系是否正常？你是否同意“SQA 小组的职责是充当领导的耳朵和眼睛”的说法？

6. 为了控制 FTR 会议的有效性，你认为可以采取哪些措施？

7. 作为项目经理，你得知某人负责的一项工作产品经 FTR 评审被认为存在严重错误，你将会采取什么措施？

8. 甲、乙两位测试人员共同测试一个 10 000 行的程序，各人独立工作。一周后统计，甲发现了 164 个错误；乙发现了 179 个错误。其中有 148 个错误是两人都发现了的。请粗略估算一下这个程序的可靠性。

9. 除了对错误的个数计数之外，还有哪些可以计数的软件特征具有质量意义？它们是什么？能否直接度量？

第 20 章　软件配置管理

软件过程的输出包括三个主要的类别，程序、文档及数据，这些项包括了在软件过程中产生的信息，总称为软件配置。

在开发计算机软件的时候，变化是不可避免的，并且变化使得共同工作在某一项目中的软件工程师互相之间的不理解性更加增高。如果在进行变化前没有进行分析，在实现变化前没有进行记录，变化实现后没有向有关人员通报并进行复审，或者没有从改善质量并减少错误的观点出发对变化加以控制时，工程师之间的"不理解性"将会增加。

为将不理解性降低到最小程度而协调软件开发过程的技术称为配置管理。配置管理是对正在被一个项目组建造的软件的修改进行标识、组织和控制的技术，其目标是通过最大限度地减少错误来最大限度地提高生产率。

软件配置管理(SCM，Software Configuration Management)是贯穿于整个软件工程过程活动中的一种保护性活动。因为在软件工程中，变化随时可能发生(需求、设计、编码、文档等等均可能变化)，所以设计了 SCM 活动来标识变化、控制变化，保证变化被适当的实现以及向其他相关人员报告变化。它的主要目的是使变化可以更容易地被适应，并减少当变化必须发生时所需花费的工作量。

20.1　软件配置管理的任务

随着软件工程过程的进展，软件配置项(SCI，Software Configuration Items)的层次、数量迅速增加。考虑到因为市场原因、客户原因、组织原因和预算与进度原因的影响，软件工程过程随时都可能发生变化。这就不可避免地会影响到配置项发生变化。SCM 的任务就是在计算机软件的整个生命周期内管理变化。我们可以将 SCM 看作是应用于整个软件过程的一类质量保证活动。

20.1.1　基线

变化是软件开发过程中必然发生的事情。客户要变更需求，开发者希望修改技术方法，管理者要调整预算等等都属于合理的变化要求。遗憾的是，如果完全随意地进行变化的话，软件工程将变成一场灾难。变化不可避免，变化必须得到管理，已经成为业界的共识。引入基线的概念，正是为了实现对变化的管理。

基线(Base Line)的原意是棒球场的边线，在软件工程中将其引申成为软件配置管理中的一个专用名词。基线用来在不对合理变化造成严重阻碍的前提下控制变化。IEEE 组织对于基线的定义是："已经通过正式复审和批准的某规约或产品，它因此可以作为进一步开发的基础，并且只能遵循正式的变化控制过程得到改变"。这里的规约(Specification)可以解释为"详细说明"或"规格说明"。

　　根据这个定义，可以认为基线是一组已经经过正式技术复审而被认可、发布并且可供使用，只能遵循一定规程进行变化的软件工作产品。SCI 被纳入基线之前，生产者可以为了顺应某种要求，对其进行迅速而非正式的变更，但是如果该项已经纳入基线，那么针对它的每一个变化，必须按照特定的、正式的规程进行评估、实施、验证和发布。虽然基线可以在任意的细节层次上定义，但为了避免过于繁琐，最常见的软件基线如图 20.1 所示。

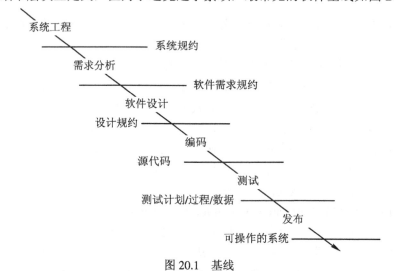

图 20.1　基线

　　在软件工程的范围内，基线是软件开发过程中的里程碑，其标志是有一个或多个软件配置项(SCI)的交付。而且这些配置项已经经过正式技术复审并获得认可。例如，某设计规约的要素已经形成文档并通过复审，错误已被发现并且得到了纠正。一旦规约的所有部分均通过复审、纠正，然后认可，则该设计规约就变成了一个基线。此后任何对包含在此设计规约中的程序体系结构的变化都只能在被评估并得到批准之后方可进行。

　　产生基线的事件进展如图 20.2 所示。

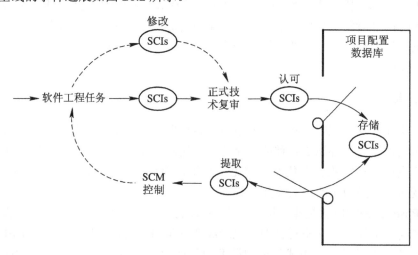

图 20.2　作为基线的 SCI 和项目的配置数据库

软件工程产生一个或多个 SCI, 在 SCI 被复审并得到认可后, 它们被放进项目的配置管理数据库中。当软件工程项目组中的某个成员希望修改某个基线 SCI 时, 该 SCI 被从项目的配置管理数据库拷贝到工程师的私有工作区中, 然而, 这个提取出来的 SCI 只有在遵循 SCM 控制的情况下才可以被修改。图 20.2 中的虚线说明了对某一个 SCI 进行修改的事件路径。

在基线管理活动中, 除了对项目基线进行管理之外, 为了提高整个开发组织的过程能力, SCM 活动也必须进行必要的扩充。一般来说, 还应当建立组织的过程基线和软件财富基线, 以便在整个组织中共享过程和软件财富。

作为过程基线, 应当将组织的质量体系、过程文件、工程操作指南、文档模板、工作样表、历史度量数据等进行统一管理、集中维护、控制发放和深入分析。将这些来自于本组织工作实践的财富提供给各个项目组, 用作具体项目的工作指导。同时, 通过对项目的监控和度量, 不断地充实过程基线; 在深入分析当前基线数据的基础上, 找出限制组织提升过程能力的主要因素和存在的关键问题, 有针对性地引入更先进的过程模型和技术手段, 不断地提高本组织的过程能力。

软件财富基线主要包括各类可复用的软件构件。对这些构件进行标识、维护、管理, 提供给所有需要重用它们的项目组, 无疑将会极大地提高生产率, 改进未来产品的质量并提供更多可供选择的解决方案和设计方案。项目中形成的可复用构件, 应当及时纳入财富基线, 尽快发挥它们的作用, 扩大财富的积累。

20.1.2　软件配置项

软件配置项已经定义为在部分软件工程过程中创建的信息。一般地说, 一个 SCI 可以是一个文档、一套测试用例或者一个已经命名的程序构件。下面的 SCI 成为配置管理技术的目标并形成一组基线。

  1: 系统规约

  2: 软件项目计划

  3: 软件需求规约

    a: 图形分析模型

    b: 处理规约

    c: 原型

    d: 数学规约

  4: 初步的设计手册

  5: 设计规约

    a: 数据设计描述

    b: 体系结构设计描述

    c: 模块设计描述

    d: 界面设计描述

    e: 对象描述(如果采用了面向对象技术)

  6: 源代码清单

7：测试规约

    a：测试计划和过程

    b：测试用例和结果记录

8：操作和安装手册

9：可执行程序

    a：模块的可执行代码

    b：链接的模块

10：数据库描述

    a：模式和文件结构

    b：初始内容

11：联机用户手册

12：维护文档

    a：软件问题报告

    b：维护请求

    c：工程变化命令

13：软件工程的标准和规程

除此之外，为了清晰地描述开发环境，许多软件开发组织也将使用的工具和开发环境内容纳入配置管理库中。工具，就像利用它们生产的产品一样，可以被基线化，并作为综合配置管理工作的一部分，一般称之为"环境基线"。

SCI 被组织成配置对象、被命名并被归类到项目的配置管理数据库中。一个配置对象有名字、属性，并通过"关系"和其他的对象连接。

在图 20.3 中，配置对象"设计规约、"测试规约"、"数据模块"、"模块 N"、"源代码"分别被定义。但每个对象都和其他对象存在着一定的关联。曲线表示的关系是组装关系，说明数据模块和模块 N 都是设计规约的组成部分。直线双箭头连接指明关联关系。如果一个对象(比如源代码对象)发生变化，关联关系使得软件工程师能够据此判定还有哪些对象会被影响。

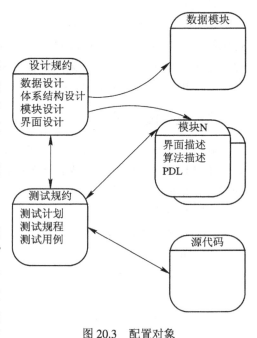

图 20.3 配置对象

20.2 SCM 过程

软件配置管理过程是软件工程中的重要环节，它的直接目标是管理变更。在管理过程中，配置管理活动还要关注个体 SCI 的标识和软件产品的版本控制，负责软件配置库的审核和配置变更情况并及时提出配置变更报告。概括地说，SCM 过程的任务主要有下面五项：

(1) 组织如何标识和管理程序及文档的很多现存版本，以保证能够高效率地进行必要的变更。

(2) 如何在软件发布之前和之后控制变更。

(3) 明确由什么角色负责批准变更，并给变更确定优先级别。

(4) 如何保证变更已经被恰当地执行。

(5) 采用什么机制去告诉相关人员目前已经发生的变更。

简单地说，SCM 任务是标识配置项、控制产品版本、控制变化、配置审计和发布配置报告。在软件能力成熟度模型中，将配置管理作为达到二级成熟度的一个关键活动域，提出了四项必须达到的目标：

- 目标 1：软件配置管理活动是有计划的。
- 目标 2：所选定的软件工作产品是已标识的、受控的和适用的。
- 目标 3：对已标识的软件工作产品的更改是受控的。
- 目标 4：受影响的组和个人得到软件基线的状态和内容的通知。

20.3 软件配置中对象的标识

为了控制和管理软件配置项，每一个配置项必须被独立命名，然后用面向对象的方法加以组织。对象命名是为了能够根据名称提取对象；而通过组织对象并描述其间的关系则是着眼于在对象变更时能够清楚地了解变更的影响范围。

能够被标识的对象分为基本对象和聚集对象两大类。基本对象是软件工程师在工作中创建的诸如需求规约的一个段落、一组测试用例、模块的源代码清单之类的"文本单元"(unit of text)。而一个聚集对象是基本对象和其他聚集对象的集合，是一个递归的概念。例如图 20.3 中的"设计规约"。在概念上，聚集对象可以被认为是已经被标识命名的"指针表"。指针指向基本对象"模块 N"和"数据模块"。

配置对象具有一组唯一标识它的特征数据：(对象名、描述、资源表、实体)。

各项特征的含义解释如下：

(1) 对象名：无二义的表示对象的一个字符串。

(2) 描述：一组数据项的列表，具体标识：

该对象所表示的 SCI 类型；

项目标识符、变更信息和(或)版本信息。

(3) 资源：由对象提供、处理、引用或需要的实体，如数据类型、特定的函数、变量名称等等。

(4) 实体：是一个指针。对于基本对象，它指向特定的"文本单元"；对于聚合对象，它指向 null。

在标识配置对象时，应当能够反映它们之间的关系。通过制定命名规则，一个对象可以被标识为某个聚集对象的局部(part-of …)。(part-of …)定义了一个对象层次，例如：

E-R digram1.4 (part-of)data model

data model (part-of)Design Specification

使用这样的对象标识方法，能够创建 SCI 之间的层次结构。实际上，在层次结构中也存在有交叉关连(interrelated)关系：

　　　　data model (interrelated)data flow model (数据模块和数据流程图关联)

　　　　data model (interrelated)test case class m (数据模块和测试用例类 m 之间关联)

对于配置项的标识，除了上面所要求的基本原则必须满足之外，各个软件开发组织也可以因地制宜地制定自己的配置项标识规范。例如，某组织的配置项标识方法规定：

- 配置项标识：要求对每一配置项进行唯一性标识。
- 命名规范：1 位基线库编码 + "_" + 2 位配置对象编码 + "_" + 最多五个汉字或 10 个英文/拼音的配置项标识(一般为功能/模块名称，但要求有易懂且唯一) + '_' + 5 位版本号(最多 5 位——q.m.n)

一个对象在被纳入基线之前，它可能变化了许多次。在被纳入基线之后，也允许继续发生受控的变化。对象的标识必须能够反映对象在整个软件过程中的演化情况。对象演化图能够满足这一要求，直观地反映对象的演化过程和演化路径。

图 20.4 中，反映出对象 1.0 经历了四次一般变化，演化出对象 1.1、1.2、1.3、1.4；演化对象 1.1 经历了两次小的变化，演化出对象 1.1.1 和 1.1.2；对象 1.2 经历了一次大的变化，形成了对象 2.0；对象 2.0 发生一般变化后，形成对象 2.1。

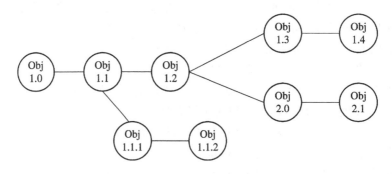

图 20.4　配置对象演化图

对象的变化有可能针对它当前存在的任意版本，但一般不会针对所有版本。经过恰当的标识使得对象被选中进行变化时，可以借助于标识符的引导找到本对象及其相关联的所有对象，实施联带变化，保证配置管理数据库的完整性。

目前许多用于 SCM 的自动工具已经被开发出来，提高了配置管理的工作效率和准确程度。

20.4　版　本　控　制

为适应不同的环境特点和用户的个性化需求，同一个软件可能会推出不同的版本。为方便用户的使用，软件的若干功能可以是"可选件"，即使同一版本的软件，选件的不同也将导致它们成为同一版本的不同"变体"。如何利用配置项装配成不同版本的产品进行产品发布，也是 SCM 工作必须完成的任务。

如果图 20.4 中的每个节点都是包括软件所有组成部分的聚集对象，那么，每个对象节点也就代表了软件的一个版本(一组 SCI 的集合，包括源代码、文档、数据、可执行程序)。每个版本可以由许多不同的变体(Variant)组成。这种情况在我们使用工具软件时也经常会遇到。比如在工具软件的安装过程中我们可以进行裁剪，得到同一版本软件的不同变体。

图 20.5 是实现变体的示意图。对版本 2.1 来说，可以定义由构件(1、2、3、4)和构件(1、2、3、5)构成的相同版本的两种变体。当软件使用彩色显示器实现时选择使用构件 4，构件 5 只在使用单色显示器时才被选中。

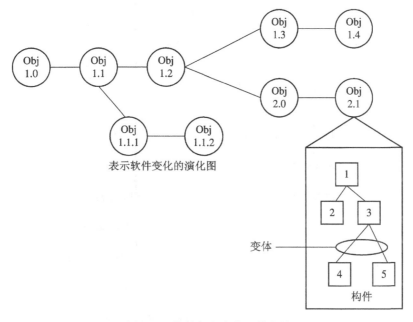

图 20.5　软件版本变化及其变体

为了构造某程序的给定版本的适当变体，可以为每一个构件赋予一个"属性元组"，即构件特征表。当要构造某软件版本的特殊变体时，只要规定了应当使用具有什么特征属性的构件，就能够很方便地完成构件的选择和组装。

目前已经有许多不同的、能够自动进行版本控制的方法与工具，并得到了广泛的使用。使用这样的 SCM 工具，能够进行增量式的版本生成与管理，能够根据当前版本对早期版本进行追溯，同时具有基线管理能力，完全排除了对特定版本进行无控制修改、删除的可能性。

20.5　变 更 控 制

软件工程活动中，变更不可避免，重要的是对变更进行管理。无控制的变化将迅速地导致过程的混乱。合理的组织保证，人为的规程限制和自动化的工具相结合，能够实现良好的变更控制机制。

变更控制过程流程如图 20.6 所示，当修改(变更)请求被提出后，首先要从技术指标，潜在的副作用，对其他配置对象和系统功能的整体影响和变更成本几方面评估变更的可行性。

评估结果形成变更报告。该报告交由变更控制审核小组(CCA，Change Control Authority)使用。CCA 针对被批准的变更生成一个工程变更命令(ECO，Engineering Change Order)。ECO描述将要进行的变更，必须注意的约束，复审和审核的标准。然后，接到 ECO 的技术人员将指定要被修改的对象从项目配置管理数据库中提取出来(Check Out)，进行修改，并进行必要的 SQA 活动和测试活动。接着，将改定的对象提交(Check In)回项目配置管理数据库。最后使用合适的版本控制机制去建立软件的下一个版本。

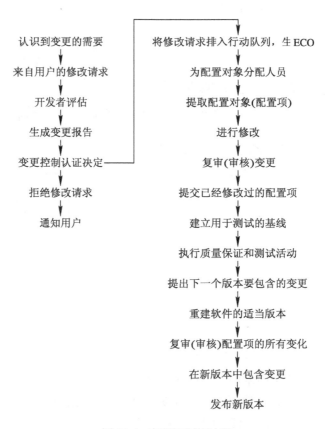

图 20.6　变更控制的过程

　　"提取"和"提交"过程实现了两个主要的变更控制因素。"提取"实现了对配置项的"访问控制"，限制了只有被指定的工程师才有权获得和修改特定的配置对象，在对象被提取后自动"加锁"；"提交"提供了一种"同步控制"。特定的配置项一旦被授权人提取进行修改，在修改完毕提交回配置库之前，由于已经加锁，其他人只能够进行浏览性提取，无权进行修改。修改者执行了提交操作后，配置库中原被锁定的修改对象将被更新并被"解锁"。

　　在变更管理流程中，CCA 的作用十分重要。他们要从全局的观点来评估变更对 SCI 之外的事物的影响，包括变更是否会影响硬件，如何影响性能，如何影响软件的质量和可靠性等等。最终 CCA 将根据变更评估的结果就是否实行变更进行决策，并具体安排变更的实施。

20.6　配置审核与状态报告

20.6.1　配置审核

SCM 通过配置项标识、版本控制和变更控制措施，保障了软件工程过程中的工作秩序。对于变更工作，必须通过正式的技术复审和软件配置审核工作来验证被核准进行变更的对象是否进行了必要的、正确的变更，并得到了重新的配置。

对变更结果进行的正式复审由技术工程师们进行。它关注的是被修改的配置对象在技术上的正确性。复审者们要评估 SCI 以确定它和其他 SCI 的一致性，关注是否有潜在的副作用等问题。

作为对变更进行的正式复审的补充，SQA 人员还要针对和变更管理相关的 SCM 工作进行审核。作为正式技术复审的补充环节，这种审核主要关注下列几方面的问题：

(1) ECO 中提出的变更是否已经完成，有无进行未经指定的其他附加变更。

(2) 针对变更工作的技术正确性，是否已经进行了正式的技术复审。

(3) 变更工作是否遵循了软件工程标准。

(4) 检查是否针对被变更的 SCI 进行了强调说明；被变更的 SCI 的属性是否反映了本次变更，是否记录了变更日期和变更实施者等必要信息。

(5) 是否遵循了标注变更、记录变更和报告变更的 SCM 工作规程。

(6) 所有相关的 SCI 是否都得到了恰当的修改。

20.6.2　配置状态报告

建立并发布配置状态报告(CSR，Configuration Status Reporting)是 SCM 的任务之一。CSR 应当说明：配置库发生了什么事情，该事是谁做的，是什么时候发生的，将会造成哪些影响。

每当一个 SCI 被赋予新的或修改后的标识时，就有一个 CSR 的条目被创建；每当下达一个 ECO 时，也有一个 CSR 条目被创建。在每次进行配置审核时，审核的结果也作为 CSR 的一部分被报告。应当定期地生成配置状态报告并向所有相关人员发布。保证大家始终能够清楚地了解配置管理库的现状和配置管理工作的进展。

在大型项目中，离开了配置状态报告有可能导致状态混乱。例如，两个开发者可能试图以不同的或者互相冲突的意图去修改一个配置对象；不了解未来的软件运行环境已经发生了变更的工程师们可能还在针对已经不再存在的环境开发软件。有了真实、及时的配置状态报告，就能够防患于未然。

20.7　小　　结

SCM 活动是应用于软件工程全过程中的一种保护性活动。SCM 标识、控制、审核和报告在软件开发过程中及软件发布给客户后所发生的变更与修改。所有作为软件过程的一部分而产生的信息都将成为软件配置的一部分。配置项被适当地进行组织，以便实现有序的变更控制。

软件配置由一组相关联的对象组成，也称为"软件配置项"。除了在工程中产生的文档、程序和数据之外，用于开发软件的指令、合同、环境、工具信息一般也被置于配置管理之下，一般被称为"初始配置"或"环境配置"。

一旦某产品开发完成并通过了复审，就可以纳入基线，受到控制，成为被标识的配置项。对基线对象的修改将导致建立该对象的新版本。通过对所有配置对象的修改历史进行跟踪，能够勾画出整个软件的演化过程，并根据需要进行版本控制。

SCM 的重要任务就是变更控制。利用严格的变更控制机制，能够在对配置项进行核准的变更时保证产品的整体质量和相关配置项之间的一致性。

最后应当强调，SCM 服务于项目，但它的作用并不是为单一的项目服务。为保证软件开发组织的可持续发展，SCM 工作关注的另一个重要侧面就是软件过程财富库的建立与使用。可复用构件的标识与维护，度量数据的收集，度量数据归类并纳入度量基线等等都是 SCM 的重要职责。考虑到这种现实，除了在项目组中设置专职或兼职的 SCM 工程师之外，最好能够建立专业的 SCM 小组，以便于实施更大范围的 SCM 活动。

习　题

1. SCM 活动属于什么性质的活动？它的主要目标是什么？

2. 解释"基线"的概念。作为项目的主管，你希望在工作中建立什么样的基线？

3. SCM 审核和正式的技术复审在侧重点上有什么不同？

4. 你认为开发组织的历史度量数据是否应当作为"过程基线"的内容纳入配置管理的范畴？

5. 作为开发组织的管理者，请你选择在建立配置管理数据库时，是全组织集中建立一个配置管理数据库还是各个项目分别建立自己的配置管理数据库更为恰当？

6. 描述一下 SCM 活动中的"变更控制流程"，CCA 在变更控制活动中起什么作用？

第 四 篇

软件工程过程模型

对许多软件开发组织来说，要在预算内按时开发出可靠和可用的软件是一项困难的工作。软件产品延期交付，或超出预算，或不能如预期的那样工作也会给软件开发组织的顾客带来麻烦。随着软件项目规模和重要性的不断增长，这些难题亦趋于严重。如何改进组织的软件工程过程以克服上述种种弊端，是软件用户的迫切希望，也是软件开发组织一致而强烈的要求。

在多个大型项目的开发遭遇失败的背景下，作为美国国内最大的软件用户之一的美国国防部，委托卡耐基·梅隆大学的软件工程研究所(CMU/SEI，以后简称SEI)对软件工程过程进行研究，希望能够在总结成功经验的基础上，寻求一套能够客观评价一个软件开发组织的软件工程过程能力水平的方法和标准，作为遴选合格的合作伙伴的依据。

"能力成熟度模型"(CMM，Capability Maturity Model)就是在这样的背景下，由美国国防部资助，由卡耐基·梅隆大学软件工程研究所进行研究并且最先取得研究成果的关于软件能力成熟度模型的理论。它的初始目的是用于客观地评价承包商在软件开发方面所具备的质量保证能力。随即也被软件开发组织用来进行自我能力评估和提升自身过程能力的指南。一些大型工程项目的主承包商也采用 CMM 来评价潜在分包商的能力。

CMM 描述了一个成熟的、有能力的软件过程的特征。此模型还用成熟度等级描述了从不成熟、不可重复的软件过程到成熟的、得到妥善管理的软件过程的进程。它提供了质量管理和软件工程双重经验，是专门针对软件生产过程制订的一套规范，是一种目前在国际上广泛采用的方法，同时也是一种比较实用的软件生产过程标准。

从总体上来看，CMM 可用于：

(1) 软件过程改进，组织利用 CMM 策划、拟制并实施其软件过程的更改；

(2) 软件过程评估，经过培训的软件专业人员小组利用 CMM 确定组织现行软件过程的状态和组织所面临的具有高优先级的有关软件过程的问题，并获得组织对软件过程改进的支持；

(3) 软件能力评价，经培训的专业人员小组利用 CMM 识别合格的能完成软件工作的承包商或监控现行软件工作中所用软件过程的状态。

第21章 能力成熟度模型

软件能力成熟度模型(CMM)是一种描述有效软件过程的关键元素的框架。CMM 描述了一条从权宜的、不成熟的过程向成熟的、有纪律的过程进化的改进途径。它覆盖了关于软件开发和维护的策划、工程化和管理的关键惯例。遵循这些关键惯例，就能改进组织在实现成本、进度、功能和产品质量等目标方面的能力；从另一个角度来看，CMM 建立起了一种尺度，对照这个尺度，能够以可重复的方式来判断一个软件开发组织的软件工程过程能力的成熟度。软件开发组织也可以采用 CMM 策划它的软件过程改进活动。

CMM 提供了一个软件过程改进的框架，这个框架与采用的软件生命周期无关，也与所采用的开发技术无关。软件开发组织根据这个框架来开发自己企业内部的具体的软件过程，可以极大程度地提高按计划的时间和成本提交有质量保证的软件产品的能力。

在 CMM 的实践中，软件开发企业的过程能力被作为一项关键因素来考虑。CMM 认为，保证软件质量的根本途径是提升开发企业的软件生产能力，而企业的软件生产能力又取决于软件开发企业的软件过程能力，特别是取决于软件开发过程的成熟度。软件开发企业的软件过程能力越成熟，它的软件生产能力就越有保证。所谓软件过程能力，是指软件开发企业从事软件开发与维护的过程本身可视化、规范化和制度化的程度。开发企业在执行软件过程的实践中可能会反映出原定过程的某些缺陷，可以根据暴露出来的问题改善原有的工程过程。通过不断的定义—使用—反馈—改进软件工程过程，就能够使得开发企业的软件过程在实践中逐渐完善、成熟。这样一来，软件开发项目的执行过程将不再是一个"黑箱"，开发企业清楚地知道所有的工程开发项目都是按照规定的过程进行的。在软件生产过程中积累起来的成功经验和失败的教训也被记录下来，成为能够供其他工程借鉴和吸取的营养，从而保证了软件开发企业的能力成熟度的不断提升和可持续发展。

CMM 以具体的生产实践为基础，是一个软件工程实践的纲要，它以逐步演进的框架形式不断完善软件开发与维护过程，成为软件企业变革的内在原动力，与静态的质量管理体系标准(如 ISO9001)形成鲜明对比。ISO9001 在提供一个良好的体系结构与软件工程实施基础方面是很有效的；而 CMM 是一个演进的、有动态尺度标准，能够驱使软件开发组织在当前的软件实践中不断地改进、完善的模型。

CMM 是在原有的软件工程基础上提出来的。人们认识到，在软件开发过程中，某些可被识别的关键过程域(KPA)才是软件开发过程的重点。要想建立一个有效的软件工程过程，必须以此作为衡量的基准。CMM 描述了一个有效的软件工程过程的各个关键元素，指出了一个软件开发企业如何摆脱杂乱无章的、不成熟的软件过程，形成一个成熟的、有纪律的软件工程过程所必经的进化、提高的途径——判断企业当前的过程成熟状况、找出在过程改进方面急需解决的若干问题，然后依据 CMM 选择过程改进策略并付诸实施，从而提高软件开发企业的软件开发过程能力。

　　基于 CMM 模型的软件成熟度实践要求尽量采用更加规范的开发标准和开发方法，使用更加科学与更加精确的度量方法，选择便于管理和使用的开发工具。所有这些，都使得整个工程具有更强的可重构性和可分解性，从而进一步突出了整个工程中的重点工作，明确了整个工程中的风险，以及在各个阶段里程碑处进行评审的指标和应急措施。

21.1　CMM 的发展过程

　　CMM 的思想内核及其结构基于几个推行产品质量管理的科学家的理论。这些学者是：沃尔特·谢华特(Walter Shewart)、埃华茨·丹明(Ewards Deming)、约瑟夫·佐兰(Joseph Juran)和菲力浦·克罗斯比(Philip Crosby)。

　　20 世纪 30 年代，谢华特在贝尔实验室工作时，最先提出了一套运用统计学进行质量管理的控制原则。此后，统计学家丹明和佐兰将其理论加以完善并付诸于实践。后来丹明又揭示了一种号称丹明链式反映的现象，内容如下：

　　(1) 一个企业改进它的生产过程并且坚持不懈地按此运动。

　　(2) 质量改进了。

　　(3) 因为减少了返工、错误和延误，设计的更好，更有效地使用了资源，成本下降了。

　　(4) 因为上升了的质量和降低了的成本，产品的市场占有率提高了。

　　(5) 利润增加了。

　　丹明、佐兰以及其他学者的这种做法，被人们称为"全面质量管理"(Total Quality Management)。丹明也被人们誉为现代质量思想理论的鼻祖。

　　后来，全面质量管理的思想被 IBM 公司的罗恩·拉德斯(Ron Radice)和瓦茨·汉佛莱(Watss Humphrey)应用于软件工程领域。1986 年，汉佛莱从 IBM 退休后，加入了 SEI。他带去的思想与实践就成为了以后的 CMM 的主要基础。1987 年，SEI 发表了他们的第一份 CMM 研究报告。

　　1986 年 11 月，SEI 应美国联邦政府的要求，在 Mitre 公司的协助下开始进行有关软件能力成熟度的研究。1987 年 9 月开发出了一套软件能力成熟度框架和一套软件能力成熟度问卷，用以评估软件供应商的工程能力，这就是最早用以探索软件工程过程成熟度的一个工具。

　　四年之后的 1991 年，SEI 自己总结了成熟度框架和初版成熟度问卷的实践经验，并以此为标准推出了 CMM1.0 版。

　　CMM1.0 使用将近两年之后，SEI 在 1992 年 4 月举行了一个 CMM 研讨会，参加研讨会的有 200 余名经验丰富的软件专家。SEI 在广泛听取他们的意见之后，又于 1993 年推出了 CMM1.1 版。这也是迄今世界上比较流行的、通用的 CMM 版本。

　　十余年来，CMM 的应用、改进、提升工作一直在不断地进行。按照 SEI 原来的计划，CMM 的改进版本 CMM2.0 版应当在 1997 年 11 月完成，在取得实践反馈意见之后，于 1999 年正式推出(从已经获得的 CMM2.0 的讨论稿来看，它与 CMM1.1 的实质内容并没有大的变化)。但是，美国国防部办公室要求 SEI 推迟发布 CMM2.0 版本，而要先完成一个更紧迫的项目——CMMI。

CMMI(Capability Maturity Model Integration)即"能力成熟度模型集成",这也是美国国防部的一个设想,他们想把现存所有的以及将被发展出来的各种能力成熟度模型集成到一个框架中去。这个框架有两个功能,第一,软件获取方法的改革;第二,建立一种从集成产品与过程发展的角度出发,包含健全的系统开发原则的过程改进方法。

随着人们对 CMM 研究的不断深入,其他一些学科也结合自身的特点,陆续推出了自己的 CMM 模型。例如人力资源能力成熟度模型 P-CMM、系统集成能力成熟度模型 SE-CMM 等。为了便于区分,在有可能引起混淆的地方,将软件成熟度模型用 SW-CMM 来称呼。

软件过程成熟度的提高是一个渐进的过程。目前,CMM 代表着软件发展的一种思路,一种提高软件过程能力的途径。但是不可否认,它还存在着某些不足。SEI 正在与国际标准化组织合作,致力于建立一个关于软件过程评价、提高和软件能力评估的国际标准。

21.2　CMM 体系结构

CMM 描述了软件企业驾驭软件工程过程的能力。根据能力的高低,CMM 将软件组织的过程能力划分为 5 个不断进化的层次等级;提出了每一个等级应当达到的总目标和为保证这些目标得以实现而必须注意的关键过程域(key process area);针对每一个关键过程域,明确了在此域中应当注意实现的具体目标;列举了支持各个目标的关键惯例(key practices)。整个 CMM 模型共包括 5 个等级、52 个目标、18 个 KPA、316 个顶级 KP。

21.2.1　CMM 的等级结构

CMM 的等级层次结构如图 21.1 所示。

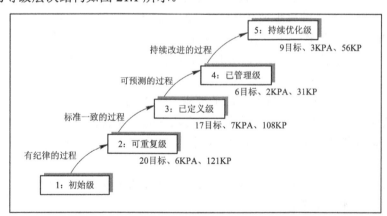

图 21.1　CMM 的等级结构

"初始级"的特点是无秩序的,有时甚至是混乱的。软件过程定义几乎处于无章法和步骤可循的状态。处于这种状态的开发组织也有可能开发出成功的产品,但是成功的取得完全依靠于个别精英的超常劳动和特定的机遇。

"可重复级"已经建立了基本的项目管理过程,可以用来对软件工程的成本、进度和功能特性进行跟踪。对于类似的应用项目,开发过程有固定的章程可循并能够重复以往的成功。

"已定义级"的特点是用于管理方面的和工程方面的软件过程均已文档化、标准化，并形成了整个软件开发组织的标准软件过程。全部开发项目均采用和实际情况相吻合的、按照对方要求适当裁剪后的标准软件过程来进行操作。在持续的开发过程中，组织的软件过程数据和软件财富数据不断积累并得到有效使用。

"已管理级"的特点是软件过程和产品质量有详细的度量标准。软件产品的质量和软件工程过程得到了定量的认识和管理。

"持续优化级"是 CMM 的最高等级，但并不是意味着过程的改进到此为止。在这个等级中的软件开发组织能够主动地预防软件产品缺陷的发生，并通过对来自过程、新概念、新技术等方面的各种有用信息的定量分析，不断地、持续地对自身的软件过程进行改进提升。

CMM 的 5 个等级是向下覆盖的。也就是说，只有满足了本等级之下所有等级的目标要求，才有望达到本等级的水平。

21.2.2　CMM 的内部结构

除了等级 1 外，每个成熟度等级都由几个关键过程域组成。每个关键过程域又划分为五个称做公共特性的部分。公共特性规定一些关键惯例，如果这些关键惯例都得到了认真执行，就能够达到当前关键过程域所对应的目标。图 21.2 显示了 CMM 体系的这种结构。

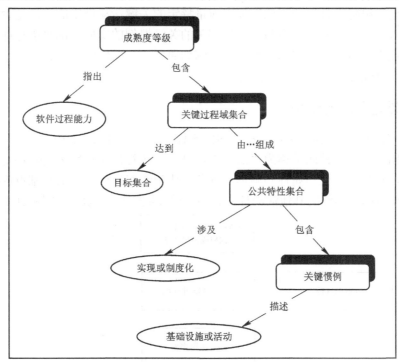

图 21.2　CMM 体系结构

成熟度等级：一个成熟度等级是通往某成熟软件过程的一个妥善定义的前进平台。五个成熟度等级构成 CMM 的顶层结构。

软件过程能力：软件过程能力描述通过遵循某软件过程能实现预期结果的程度。一个组织的软件过程能力提供了一种方法，用以预测本组织承担下一个软件项目时预期的最可能结果。

关键过程域集合：每个成熟度等级由若干关键过程域组成。每个关键过程域标识出一串相关的活动(关键惯例)，当这些活动都切实完成时，就达到了一组对满足过程成熟度等级要求来说至关重要的目标。CMM 给每个成熟度等级定义了一些关键过程域。例如等级 2 的一个关键过程域是"软件项目策划"，它包括 3 项目标、25 项关键惯例。

目标集合：概括了一个关键过程域中的关键惯例，并可用于确定一个组织或项目是否已有效地实施该关键过程域。目标表示每个关键过程域的范围、边界和意图。例如，"软件项目策划"关键过程域的一个目标是"软件估计形成文件，供策划和跟踪软件项目使用。"

公共特性：将关键惯例分别归入执行承诺、执行能力、执行的活动、度量与分析和实施验证等五个公共特性中。公共特性是一种属性，它能够反映出一个关键过程域的实施和制度化是不是有效的、可重复的和持久的。"执行的活动"这个公共特性描述实施活动，其余四个公共特性描述制度化因素，它们使得软件工程过程成为一种组织文化。

关键惯例：每个关键过程域用若干关键惯例加以描述，当实施这些关键惯例时，能帮助实现该关键过程域的目标。关键惯例描述对关键过程域的有效实施和制度化贡献最大的基础设施(对应于制度化的公共属性)和活动(非制度化的公共属性)。例如，软件项目策划这个关键过程域的一个关键惯例是"按照文件化的规程制定项目的软件开发计划"。

可以通过一组特定目标的完成情况来衡量特定的关键活动域中的工作是否到位。而目标的完成与否，又可以通过检查与此目标相关的关键惯例的实施情况来进行评价。关键惯例既不要求也不阻碍使用特定的软件技术，例如原型法，面向对象设计或者重用软件的需求、设计、代码或其他技术成分的使用。

21.2.3　关键过程域的结构

CMM 中各个等级、各个关键过程域均由 5 种公共属性组成。其中，有 4 种属性被称为"制度化"属性，另一种属性称为"活动"，是一种执行性属性。为达到特定关键活动域对应的目标，凡是制度化的属性必须形成规范，成为组织软件过程的基础设施；执行性属性可用在实现目标上等价的其他活动替换。关键过程域的具体构成参见图 21.3。

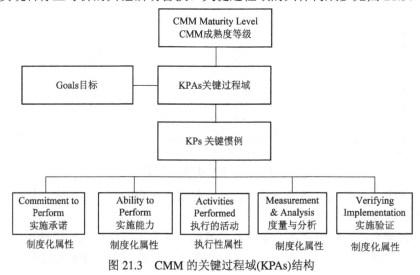

图 21.3　CMM 的关键过程域(KPAs)结构

21.3 CMM 关键过程域

CMM 涵盖了软件工程过程中的全部基本环节和所有的保护性环节，包括 18 个关键过程域、52 项目标和 316 项关键惯例(制度型和活动型)。

通过对大量软件开发组织成功惯例的分析，CMM 的开发者认为，抽去具体工程项目的特点，一般来看，有一些因素在保证软件工程过程能力方面具有决定性的影响。CMM 将对于提高软件工程过程具有决定性影响的这些方面称之为"关键过程域"。每一个关键过程域的结构如上所述，都包括由五类公共属性构成的关键惯例。

CMM 五个等级各自包括的关键过程域见表 21.1。

表 21.1 CMM 的关键过程域

CMM 等级	关键过程域	对应目标数	关 键 惯 例					
			承诺	能力	活动	测量	验证	关键惯例总数
初始级	无							
可重复级	软件需求管理	2	1	4	3	1	3	12
	软件项目策划	3	2	4	15	1	3	25
	项目跟踪与监督	3	2	5	13	1	3	24
	软件子合同管理	4	2	3	13	1	3	22
	软件质量保证	4	1	4	8	1	3	17
	软件配置管理	4	1	5	10	1	4	21
已定义级	组织过程关注	3	3	4	7	1	1	16
	组织过程定义	2	1	2	6	1	1	11
	培训大纲	3	1	4	6	2	3	16
	集成软件管理	2	1	2	11	1	3	19
	软件产品工程	2	1	4	10	2	3	20
	组间协调	3	1	5	7	1	3	17
	同行评审	2	1	3	3	1	1	9
可预测级	量化过程管理	3	2	5	7	1	3	18
	软件质量管理	3	1	3	5	1	3	13
持续优化级	缺陷预防	3	2	4	8	1	3	18
	技术变更管理	3	3	5	8	1	2	19
	过程变更管理	3	2	4	10	1	2	19

从上表中可以看出，可重复级涉及的 6 个关键过程主要是工程管理方面；已定义级所涉及的 7 个关键过程域涵盖了管理和工程活动两个领域；可预测级则主要从定性管理演化到定量管理，强调了管理的精细程度和对软件产品质量的精密定义与控制；持续优化级则着眼于防患于未然和可持续改进。

在关键惯例中，承诺、能力、测量、验证是制度化的，必须形成强制执行的条例。活动是执行型的，通过活动能够落实制度化的条例规定。

关于公共特性可以解释如下：

- 执行承诺：组织必须采取的确保过程得以建立和持续下去的措施。执行承诺一般涉及到组织方针的建立和高级管理者的支持。
- 执行能力：为了胜任软件过程的实施，项目组或开发组织中必须具备的先决条件。执行能力一般涉及资源、组织机构和培训。
- 执行的活动：对于那些为实施某个关键过程域所必须的岗位和规程的描述。执行的活动一般涉及制定计划和规程、进行工作、跟踪计划执行情况和(必要时)采取纠正措施。
- 度量与分析：对于过程测量和测量结果分析的需求的描述。测量和分析一般包括可能采取的旨在确定执行活动的状态和有效性的测量活动。
- 验证实施：确保活动的执行符合已建立的过程的步骤。验证一般包括管理者和软件质量保证组对于各类工程活动和管理活动所作的审查和审核。

21.4　小　　结

本章主要介绍了有关软件能力成熟度模型 CMM 的基本概念，包括 CMM 的历史沿革、基本架构、等级划分、内部构成等。

通过本章的学习，我们理解了软件过程能力在软件产业中的重要作用。效率的改善、品质的提升都有赖于过程的成熟，而过程的成熟程度可以利用 CMM 来评价，并按照 CMM 的预定框架提升现有的过程能力。

成熟的软件过程能力是逐步达到的，根据 CMM 的划分，在能力提升的途径上分为 5 个向下覆盖的等级层次。成熟度的高低可以用 18 个关键过程域中的目标完成情况来评价。要想完成某一个关键过程域中的任何一个目标，就必须建立起一组制度来满足 4 种具有制度化特征的公共属性要求，并且要保证按照制度化公共属性的要求完成一组活动。

CMM 是一个抽象的软件成熟度模型。它总结了成功软件企业的成功经验并将其条理化。提出了一个以有纪律的、协调的方式提高软件产品的管理和开发工作的概念结构。正因为它的抽象性，它不涉及具体的软件生命周期模型，也不涉及具体的软件工程方法论，更与具体的软件开发工具无关。它能够适用于任何一个软件开发组织，用以提高其软件工程过程能力。

第 22 章　个人软件过程(PSP)

个人软件过程(PSP，Personal Software Process)是一种可用于控制、管理和改进个人工作方式的自我持续改进过程。

第二次世界大战以前，绝大多数的工业组织几乎完全以测试作为质量保证策略。各个组织专门成立质检部门，在产品生产出来以后进行测试、发现和解决问题。直到 20 世纪七八十年代，W.Edwards Deming 和 J.M.Juran 才指引美国工业界集中注意改善人们的工作方式这一问题。在随后的几年里，对于工作过程的重视带动了汽车、电子产品甚至其他各种产品的质量的提高。对现在的工程性和制作性工作来说，传统的"测试+维护"的策略无疑是费钱、费时且低效的。

尽管绝大多数的工业组织现在都采用了现代质量标准，通过对整个生产过程的控制来保证质量，但是一些软件团体仍然以测试作为主要的质量管理方法。当 Michael Fagan 在 1976 年引入软件检验概念时，Deming 和 Juran 所开拓的软件过程管理也迈开了重要的第一步。通过使用过程检查条例，软件质量从实质上得到了改善。

在软件质量改善的过程中，另一个重要的阶段就是 1987 年 CMM 模型的首次引入。CMM 模型主要针对管理系统，支持和协助开发工程师，对改善软件团体的过程性能有着十分积极的影响。

软件质量改善过程中再进一步的发展就是个人软件过程 PSP 的引入与应用。PSP 将改善过程扩展到从事实际工作的工程师个人。PSP 着重于单个工程师的工作实践。其原则就是要建立优质的软件系统，而且每一个在该系统中工作的工程师必须做出优质的工作来。

PSP 有助于软件专业人员一致使用健全的工程规范。它告诉软件工程师应当如何计划和跟踪他们个人的工作，如何使用已定义好的测量过程，如何建立测量目标，以及如何跟踪那些与目标不符的工作。它还指导工程师如何从工作一开始起就进行质量管理，如何分析每一份工作的结果，以及如何利用这些结果来改善下一个工程项目的开发过程。

针对软件行业的现状，推行 PSP 是十分必要的。

当软件工程师第一次学习编程时，他们就养成了个人的工作习惯。由于他们很少甚至没有接受过关于如何有效工作的专业指导，久而久之就可能会养成了不好的个人工作习惯。当他们积累了一定的工作经验后，有些工程师可能改变或提升了自己的习惯，而大多数则一直保持了下去。而在单位的绩效考核中，往往大多看重工作结果，而忽视工作过程的考核，这使他们更加大胆地将坏习惯一直保持下去。即使当公司进行这方面的规范化培训时，他们也不愿意改变，没有将高效的工作方法进行切实认真的实践，从而导致公司整体管理水平低下。这有点像鸡和蛋的因果关系问题，工程师只有当他们亲自实践了软件开发过程规范化的好处时才会相信软件开发规范化，但他们在不相信软件开发规范化的好处前又不会去实践。

PSP 建立了一套工作计划和绩效考评体系，在培训实践的各个阶段分别进行度量，最后进行分析比较，最后工程师们(甚至包括公司领导)将会直接地感受到软件开发规范化带来的好处。

22.1　PSP 的基本概念

在 Watts Humphrey 最初倡导将 CMM 应用于软件之后，他打算将 CMM 应用到编写小程序的过程当中。许多人都想知道如何将 CMM 应用到小团体或者小的软件开发小组的工作当中。当 CMM 应用到这样的团体时，在明确该干什么这一点上，需要更多的指导。

在开发模块化程序时，Humphrey 亲自使用了 CMM 五个等级的所有惯例。在 1989 年 4 月他开始这一项目后不久，软件工程学会吸收他为其中的一员，专门从事 PSP 研究。在随后的三年里，他开发了 62 个程序并定义了 15 个 PSP 过程版本。他使用 Pascal、Object Pascal 以及 C++ 编程语言开发了将近 25 000 行代码。据经验，他认为 Deming 和 Juran 过程管理原则可以像应用到其他技术领域一样，应用到各个软件工程师的工作中。

软件工程师采用 PSP，能够改变现在手工作坊式的软件开发习惯，提高自己的工作质量和工作效率；提高个人的工作性能，保证能够按时完成任务，逐步使工作失误不断减少，工作不用经常加班加点，与别人合作愉快；能够不断提高项目估算的准确性，有助于把握资源能力，进行更好的计划和跟踪；有助于建立个人软件过程能力的度量指标：规模估计、工作量估计、工作质量估计、工作效率估计、工作量阶段分配等，不断地提高个人的过程能力。

软件工程师采用 PSP，能够推动个人能力指标的量化，包括每小时的编码行数、每千行代码的缺陷数量、每小时的排除缺陷数目、每小时编写文档的页数、每小时阅读量、每小时出现错误的数量、每小时的工作成本、每小时创造的价值、每个人的创造价值与无效工作的时间的比例等等。

推行 PSP，能够在大量数据积累与分析的基础上，寻求对于提高软件质量来说最恰当的阶段工作比例分配，例如，根据 PSP 相关资料介绍，详细设计与编码的时间比例大于 100%、设计审查与设计的时间比例大于 50%、编码审查与编码的时间比例大于 50% 将是保证软件质量的必需。

22.1.1　PSP 的基本原则

PSP 的设计基于下列一些计划和质量原则：

(1) 每一个工程师都是不同的，所以要想工作效率最高，必须在工作一开始就对工作进行估算并且依照自己积累的历史数据制定适合于个人的工作计划。

(2) 工程师必须使用明确定义和度量的过程。在按照计划开展工作的同时，对工作数据(时间、缺陷等)进行度量，并根据度量结果进行分析，不断改进工作。

(3) 工程师们必须意识到要对产品质量负责。优良的产品不是由错误生产出来的，因此工程师们必须做好他们的工作。

(4) 在开发工程中发现和改正错误越早，整体成本就越低。

(5) 预防错误比发现和改正错误更有效。

(6) 正确的也是最快的、最便宜的。

要想以正确的方式进行软件开发工作，工程师们必须使用一个定义好的规程来进行计划工作。在开始工作之前，要依据工作规模、自身能力、资源情况制定工作计划；必须衡量他们在每一步工作中所花费的时间、引入和修改的错误数以及他们所开发产品的规模。要想开发出优质的产品，工程师们必须计划、测量以及跟踪产品的质量；他们必须在工作刚开始时就着重于质量问题。最后，他们还必须分析每一项工作的结果，然后据此进行总结，以便于改善他们个人的开发过程。

22.1.2　PSP 的结构

图 22.1 从概念上描述了 PSP 过程的结构。从需求陈述开始，PSP 过程的第一步就是计划，使用计划脚本来指导工作，使用计划总结来记录计划数据。当工程师们按照脚本开展工作时，他们将同时记录每一项工作所花费的时间和工作中出现的缺陷数据，记入工作日志。在工作的最后阶段，他们从日志中读出时间以及缺陷数据，再一次计算所开发程序的实际大小，并且在计划总结表中输入所有的实际总结数据。当这些工作完成之后，提交最终产品以及一份完整的计划与跟踪总结表。

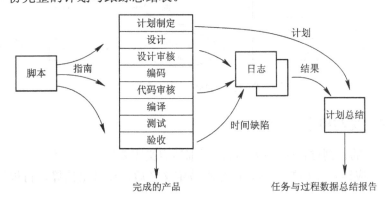

图 22.1　基于 PSP 的工作流程图

PSP 过程当中包含许多方法，这些方法是在一系列的过程版本中讲述的。每一个过程版本中都含有类似的日志文件、表单、脚本以及规程标准元素，如图 22.2 所示。过程脚本定义了每个阶段所包含的步骤；日志文件和表单提供了记录和存储计划数据和测量数据的模板；规程则是用来指导工程师们如何工作的。

PSP 脚本是一个设计好的以备使用的过程方法，由一些简单且精确的指令步骤以简单而便于使用的方式组织起来的。脚本中原则性地描述了工程师应当做什么，但不包含那些未经培训的用户所需要的详细的指导性资料。编写脚本的目的

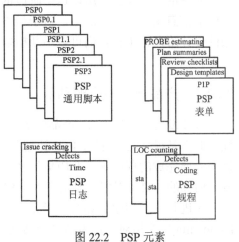

图 22.2　PSP 元素

是引导工程师们一致使用他们所了解的过程或方法。此外，PSP 还涉及到在工作计划、评估、数据收集、质量管理以及设计过程中所使用到的各种方法。

22.2　PSP 过程简介

图 22.3 说明了 PSP 计划过程。

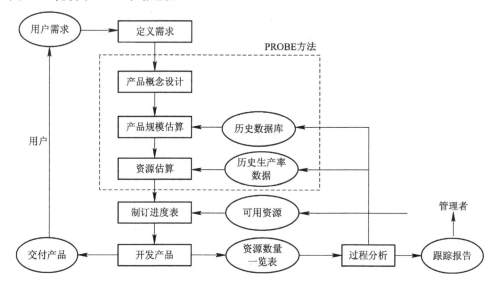

图 22.3　PSP 过程示意图

22.2.1　需求定义与概念设计

在开始 PSP 的计划过程时，应尽可能详细地定义需要完成的工作。如果使用了需求陈述，那么该陈述应该是计划的依据。在需求被定义之后，要做出估算，再根据估算结果制定出计划。

首先要明确如何设计和实现最终的产品。然而，因为计划阶段位于最前期而不能实现一个完整的产品设计，所以这个阶段的设计被称为概念设计。如果工程师们仅根据目前所了解的信息来开发产品的话，对于最终产品是什么样子只能是一个粗略的猜测而已。到后来的设计阶段，工程师们可以不断检验可供选择的方案，并且进行优化并确定最终的设计方案。

22.2.2　产品规模与资源估算

对开发人员个体而言，产品的规模(程序大小是其最直观的表现)与开发时间之间的相关性一般都是很高的。因此，PSP 计划制定从估计个人所要开发的产品规模大小开始，然后根据个人要完成的程序规模及历史生产率数据，可以估计本人完成该项工作所需要的时间资源。估算的结果可以用作制定个人工作计划的依据。

在进行产品规模估算时，经常采用 PROBE 方法。PROBE 的全称是"PROxy Based Estimating"，它用对象作为估算产品规模的基础，依靠历史数据与经验进行基于产品规模的工作量估算。使用 PROBE 方法时，首先定义要构建概念设计阶段所描述的产品所需要的对象，然后为每个对象定义某些属性和一定数量的方法，参考以前曾开发过的类似对象的原始规模数据，使用线性回归方法来估算当前最终产品的规模大小。

表 22.1 中有关的对象规模数据说明了 PSP 所使用的五类基本对象的平均规模(每个方法的代码行)。对象规模是编程风格的函数，PROBE 方法告诉工程师们如何使用他们以往积累的有关个人工作的数据资料，得出供他们个人使用的产品规模估算结果，并结合历史生产率数据，估算出将要开发的代码数量。PROBE 同样也使用线性回归来估算为完成当前任务所需要的开发资源(时间、设备资源等等)。

表 22.1　C++对象——每个方法对应的平均代码行数

类　别	极小的	小的	中等的	长的	很长的
计算处理	2.34	5.13	11.25	22.66	54.04
数据处理	2.60	4.79	8.84	16.31	30.09
输入/输出	9.01	12.06	16.15	21.62	28.93
逻辑处理	7.55	10.98	15.98	23.25	33.83
设　　置	3.78	5.04	6.56	8.53	11.09
文本处理	3.75	8.00	17.07	36.41	77.66

22.2.3　制定进度表

一旦工程师们估计出完成工作所需要的总时间数，他们就可以根据历史数据进行阶段时间分配。也就是估计每个工作阶段所需要的时间，为项目计划工作、设计工作、设计审查、编码、编码审查、单元测试以及收尾工作等分别分配时间资源，制定整个项目的进度表。

一旦工程师们知道过程的每一步所需要的时间，他们就可以估计每天或每个星期应当花在这项工作上的时间了。根据这些信息，就可以为完成每项任务计划所需要的时间，形成详细的进度表。对于较大型的项目，PSP 也使用"完成量"的方法来安排日程与跟踪工作。

22.2.4　开发产品阶段

进度表制定完成之后，计划阶段告一段落，进入产品开发阶段。在这一过程中，工程师们开始进行实际的设计与编程工作。这一阶段的工作应当按照计划划分的时间段进行。对于工作进展的跟踪和信息收集是这一阶段必须要注意的问题。

PSP 要求对工作计划的执行情况要进行跟踪分析。每完成一项工作过后，工程师们将进行事后分析，并将实际使用的时间、出现的问题及其解决方法等必要信息进行记录。在最后提交阶段，他们将跟踪所得的实际数据添加到项目计划总结表中，包括所有需要的质量或其他性能方面的数据，并应当讨论在实际工作进展与计划不符的情况下是否进行了必要的调控以保证工作的正常执行。最后工程师们用实际数据更新原始的规模估算和生产率数据库。与此同时，他们将检查所有的过程改进建议，校正过程方法；检查在编译和测试中所发现的缺陷，更新他们的个人检查校验表，提高个人历史数据的准确性，以便于他们将来更好地发现和矫正错误。

22.3　PSP 的数据收集与度量

在 PSP 中，工程师们利用数据来监视工作和帮助他们制定更好的计划，以保证计划有尽可能高的效率。要做到这一点，要收集有关他们在每一个过程阶段所花费的时间数据、所开发产品的规模数据以及产品质量数据。

22.3.1　时间数据的收集与度量

在 PSP 中，工程师们使用时间记录日志来衡量在每个过程阶段中所花费的时间。在日志文件中，他们标明任务的开始时间、结束时间以及所有中断时间。例如，一个电话，一个简短的休息甚至是某人问一个问题所造成的中断。精确跟踪时间，工程师们可以掌握在项目任务上所付出的实际劳动。由于中断时间本来就是随机的，因此忽略这些时间将给时间数据带来很大的随机误差，从而降低了估计的精确性。

22.3.2　产品规模数据的收集与度量

产品的开发周期在很大程度上是由其规模决定的，所以当使用 PSP 时，工程师们首先要估算出待开发产品的规模。当开发工作完成之后，工程师们应当再次衡量所开发产品的实际规模，找出实际规模和估算规模之间的偏差值，充实历史数据库并校正用于规模估算的回归算法。进行产品规模衡量的方法必须与产品的开发时间相关。虽然代码行方法是主要的 PSP 规模衡量方法，但是任何可以在开发时间与产品规模之间建立合理关联关系的规模衡量方法都是可用的(例如功能点方法、特征点方法)，而且对实际的产品规模采用自动化的衡量方法应该也是允许的。

PSP 中的"Logical LOC"术语是指所用的编程语言中的一种逻辑结构。因为有多种方式来定义"逻辑代码行"，所以工程师们必须明确声明他们是如何衡量代码行的。如果工程师是在一个开发团体或组织中工作的，那就应该使用团队或组织所规定的代码行衡量标准。如果没有，工程师们可以参考 PSP 来制定自己的标准。由于 PSP 要求工程师们衡量所开发产品的规模，而且手工计算程序大小既费时间又不准确，因此希望使用有效的"自动化计算工具"来计算实际代码行数。

要想跟踪程序的规模在开发过程中是如何变化的，则了解产品代码行方法中的各种代码行的类别是很重要的。

(1) 基础的：扩充现有软件产品时，"基础 LOC"指改动之前原有产品的大小。

(2) 添加的：附加代码是指为一个新程序编写的代码或者是添加到现有程序的代码。

(3) 修改的：修正 LOC 是指现有程序中被修改的基础代码。

(4) 删除的：删除型 LOC 是指现有程序中被删除的基础代码。

(5) 新的或修改的：在工程师们开发软件的过程中，他们将花费掉更多的时间来添加或修改程序，因此，在 PSP 中，工程师们在进行规模和资源估计时可以仅仅考虑添加的或修改的代码。这些代码通常被称作是"新的和修改的 LOC"。

(6) 重用的：在 PSP 中，重用型 LOC 是指从重用代码库取出后不加修改地应用到新的软件或新软件版本中的代码。其中包括旧的版本中保留下来的没有修改的代码，而不包括那些重用后又作以修改的代码。

　　开发与维护程序时，有必要跟踪一下在源程序中所发生的变化。这些数据可以用来度量所开发产品的大小、工程师的生产率以及产品质量。为获得这些数据，PSP 中使用规模计算方法来跟踪所有的增加部分、删除部分以及源程序的变化。要使用规模计算，需要有关各类代码数量的数据。

　　例如，为一个具有 100 000 行代码的程序开发新的版本，需要删除 12 000 行、添加 23 000 行、修改 5000 行、重用 3000 行，则最终的 N&C LOC=Added+Modified9，即为 28 000 行。如果要衡量整个产品的大小，则应该采用下列算式：

$$代码行总数=基础型-删除量+添加量+重用量$$

其中，修改部分和更新重用部分都不在总数中。这主要是因为修改量可以用删除量和添加量来代替；更新重用部分则已经被算入添加量中了。利用这个公式，上例的产品总量则应是：

$$Total=100\ 000-12\ 000+23\ 000+3000=114\ 000\ LOC$$

亦即 114 kLOC。

22.3.3　质量数据的收集与测量

　　PSP 中质量的度量主要集中在缺陷测量上。要管理所存在的缺陷，工程师们需要有关被引入缺陷的数据、引入缺陷的阶段数据、发现和修改缺陷的阶段数据以及需要花费多长时间修改缺陷的数据等。利用 PSP，工程师们记录在每个阶段(包括评审、检查、编译及测试)发现的所有缺陷的相关数据。这些数据被存放在缺陷记录日志文件中。

　　术语"defect"是指程序中存在的错误。它可能是拼写错误、标点错误或者是错误的程序声明。错误可以出现在程序代码和设计方案中，甚至也可以在需求说明、规格说明或者其他文档中。在过程的任何阶段都可能发现错误，它们可能是多余的或附加的陈述、错误的陈述或者是被遗漏的程序片断。事实上，一个缺陷就可能导致程序不能完全和高效地满足用户的需求。它具有客观性，工程师们可以识别、描述和衡量它。

　　根据规模、时间以及缺陷数据，工程师们可以采用多种方式来衡量、估计和管理程序的质量。PSP 提供了一系列的方法来指导工程师们从多种角度检查程序的质量，尽管没有一种方法能够充分全面地反映一个程序的质量。用以衡量质量的几种主要方法如下：

　　(1) 错误密度。

　　(2) 评审率。

　　(3) 开发时间比。

　　(4) 阶段缺陷率

　　(5) 合格率。

　　(6) 每小时的缺陷数。

　　(7) 缺陷清除比。

　　(8) 失败率评价。

每一种方法都将在下面的段落中给以描述。

1. 错误密度

错误密度是指在新加入或修改的代码中每 kLOC 中存在的缺陷数。

如果 150 行中存在 18 个错误，那么错误密度就是 1000 × 18/150=120 defects/kLOC。一般在整个开发过程或者个别开发阶段中衡量错误密度。因为测试阶段只能清除产品中所存在的部分错误，所以如果在进入测试阶段时程序中有更多的错误，那就意味着在测试结束后也将会有更多的错误遗留。因此，在测试阶段所发现的错误量可以很好地反映在测试阶段结束后遗留在程序中的错误量。如果工程师们在单元测试中竭尽所能地进行了测试，若发现的错误量相对越少，则他们的程序质量相对越高。在 PSP 中，如果每千行代码中至多有 5 个错误，则认为该程序是高质量的。对那些没有经过 PSP 培训的工程师们来说，单元测试中错误率一般是 20~40 个/kLOC 或更高。

2. 评审率

在 PSP 设计和代码评审中，工程师们都必须对自己所作的工作做出评审。PSP 数据表明，如果工程师们评审设计或代码的速度超过 200 行每小时的话，将会有很多缺陷被遗漏。如果在 PSP 中使用评审率方法来评价质量，工程师们就必须收集有关评审的数据，然后估算出个人评审进度，以便间接地确定在概率意义上被遗漏的缺陷数量。

3. 开发时间比

它是指单个工程师在任何两个开发阶段所花费的时间比。在 PSP 中，三种用于过程估计的开发时间比分别是设计时间/编码时间、设计评审时间/设计时间以及编码评审时间/编码时间。

设计时间/编码时间度量方法在决定单个工程师设计工作质量中是最有效的。如果设计时间少于编码时间，他们就在编码的同时进行大部分的设计工作。这就意味着设计可能不备有文档，不能进行评审和检查，这种设计质量也就很差。PSP 的指导方针就是设计时间至少应该与编码实现时间相同。

设计评审时间与设计时间的比率是基于表 22.2 中所列的数据的。在 PSP 过程中，工程师们在详细设计时平均每小时引入 1.76 个错误，在设计评审时平均每小时发现 2.96 个错误。因此，要发现在设计阶段引入的所有错误，工程师们必须花费相当于设计时间 59%的时间用于设计评审。PSP 原则就是至少应花费 50%的设计时间用于设计评审。

表 22.2　PSP 缺陷引入与清除数据

工作阶段	引入缺陷数/小时	清除缺陷数/小时
设计	1.76	0.10
设计评审	0.11	2.96
编码	4.20	0.51
编码评审	0.11	6.52
编译	0.60	15.84
单元测试	0.38	2.21

注：表中的数据引自 PSP 教程。样本程序数：2386，代码行：308023，开发时间：15 534 h，
　　缺陷数：22 644。

编码评审时间与编码时间比也是度量过程质量的有效方法。在编码过程中，工程师们平均每小时引入 4.2 个错误；在编码评审中平均每小时发现 6.52 个错误。因此，基于表 22.2 中的数据，工程师们必须花费相当于编码时间的 65%的时间用于编码评审。PSP 原则就是至少应花费 50%的编码时间用于编码评审。

4. 阶段缺陷率

阶段缺陷率是指在一个阶段发现的错误量同其他阶段所发现错误量之比。主要的缺陷率是编码评审错误量与编译阶段错误量之比以及设计评审错误量与单元测试错误量之比。PSP 认为，在合理情况下，在编码评审中发现的错误量应至少是编译时发现错误量的两倍。编译发现错误量是编码质量的客观度量尺度。如果上面的倍数大于两倍，就可以说明他们进行了较深入的编码评审，或者是没有记录所有的编译缺陷量。PSP 也建议设计评审错误量是单元测试错误量的两倍或更多。如果倍数刚好为 2，则说明他们已经进行了足够的设计评审了。

PSP 综合使用时间比和缺陷密度两种衡量方法来判断是否可以进行综合测试和系统测试。编码评审与编译缺陷量之比能够反映编码质量；设计评审与单元测试缺陷量之比能够反映设计质量。如果有一种衡量方法的结果不好，则根据 PSP 质量标准可知，该程序在测试或者投入使用后可能会存在许多问题。

5. 合格率(有效工作比率)

PSP 中采用两种途径来度量合格率。根据某阶段所发现和清除的缺陷比率可以度量出该阶段的合格率。如果单元测试前程序中含有 20 个错误，单元测试中发现 9 个，那么单元测试阶段的合格率将是 45%。同样地，编码评审时程序中有 50 个错误，评审中发现 28 个，则编码评审阶段合格率为 56%。过程合格率是指首次编译与单元测试之前清除的错误比率。因为 PSP 的目标就是开发高质量的程序，所以原则上过程合格率以不低于70%为宜。

只有到一个程序生命周期结束后才能精确计算合格率。到那时，大概所有的缺陷都将被发现。如果程序的质量很高，通常也可以在概率含义上作出相当好的早期合格率估计。PSP 中针对合格率估计的指导方针是假设残留在程序中的缺陷量与在最后测试阶段发现的缺陷量相同。如果程序中缺陷数据如表 22.3 中所示，则单元测试后可能有 7 个错误遗漏。

表 22.3　不同阶段清除缺陷的样例数据

工作阶段	清除的缺陷数
设计评审	11
编码评审	28
编译	12
单元测试	7
合计	58

如表 22.4 所示，引入的所有缺陷数(包括估计遗留的缺陷)总共是 65 个。在设计评审初期，缺陷数是 26 个，所以设计评审的合格率是 $100 \times 11/26 = 42.3\%$。在代码评审初期，缺陷数是 54 个，少于设计评审中清除的缺陷数，所以代码评审合格率是 $100 \times 28/54 = 51.9\%$。类似地，编译合格率是 $100 \times 12/(65-11-28) = 46.2\%$。过程合格率是过程质量最好的度量尺度。根据表中数据，过程合格率是 $100 \times 39/65 = 60.0\%$。

表 22.4　合格率计算数据

工作阶段	引入缺陷	清除缺陷	进入阶段时的缺陷	阶段合格率
详细设计	26	0	0	
设计评审	0	11	26	42.3%
编码	39	0	15	
代码评审	0	28	54	51.9%
编译	0	12	26	46.2%
单元测试	0	7	14	50.0%
单元测试后	0	7	7	
总计	65	65		

6. 每小时的缺陷数

根据 PSP 数据，可以计算出工程师每小时引入和清除的缺陷数。然后利用这些结果数据来指导修订个人计划。例如，如果工程师在编码阶段每小时引入 4 个错误，在编码评审阶段每小时修正 8 个错误，那么对应于每小时编码时间，将花费 30 分钟的时间用于编码评审。要想发现绝大多数错误，就要花费更长的时间了。根据某工程师项目计划总结表中的数据可以计算出他每小时的缺陷数。

7. 缺陷清除比(DRL)

缺陷清除比主要是用来衡量两个缺陷清除阶段之间的对比效率的。假如在样例数据中，设计评审对整个单元测试的缺陷清除比是 3.06/1.71=1.79。这也就意味着工程师在设计阶段发现缺陷的效率要比在单元测试阶段发现缺陷的效率高 1.79 倍。DRL 方法可以帮助工程师们制定最高效的缺陷清除计划。

8. 失败率评价

失败率评价方法用质检/过失(A/FR)参数来衡量开发过程的质量。其中"A"代表质量检测费用，或者是用于质量鉴定事宜上的开发时间比重，在 PSP 中，鉴定费用是指用于设计和编码评审的时间，包括在评审中修改错误所用的时间；"F"是指疏漏所造成的时间浪费，即用于修复和补救疏漏的时间，通常是指用于编译和单元测试的时间，包括在这些阶段发现、修改、重复编译和重复测试所花费的时间。A/FR 为评定单个程序质量和比较多个程序开发过程的质量都提供了一个很好的途径。它也能够反映出在开发工程中工程师发现和修改错误的努力程度。PSP 中一般建议工程师们将 A/FR 的值定为 2.0 或更高。这可以确保有足够的时间用于设计和代码评审。

22.4　PSP 质量管理

软件质量变得越来越重要了，不合格的软件也日益成为了一个严重的问题。出现在大程序中的某个小部分的错误有可能造成严重的问题。当系统速度变快，变得更复杂、更自动化时，灾难性的错误也会增加，也将潜伏着更大的破坏性。问题在于大程序的质量依赖于其中的小部分的质量。因此，要想开发出高质量的大程序，每一个负责部分系统开发的软件工程师都必须高质量地工作。这就意味着所有的工程师必须保证个人工作的质量。为了帮助实现这一步，PSP 指导工程师们跟踪和管理每个缺陷。

22.4.1　缺陷与质量

高质量的软件产品必须满足用户的功能需求，并且能够一贯可靠的运行。虽然软件功能对用户而言是最重要的，但是只有软件运行之后功能才是可用的。要想让软件运行，工程师们必须清除几乎所有存在的缺陷。因此，虽然影响软件质量的因素有多方面，但是工程师们对质量的重视在发现和清除缺陷方面是很必要的。PSP 数据表明，即使是经验丰富的编程人员，每 7～10 行代码也会出现一个错误。虽然工程师们能够在编译和单元测试时发现大多数错误，但是传统的软件方法常常导致在最终的成品中仍然遗留了许多错误。

简单的编码错误将会导致具有破坏性的或者很难发现的错误。相反，许多复杂的设计错误却是很容易发现的。错误和结果在很大程度上是独立的。甚至细小的操作错误也可以导致严重的系统问题。既然绝大多数的错误都来源于编程人员的疏忽，认识到这一点就变得尤其重要了。为了改善软件质量，PSP 指导工程师们如何跟踪和控制所发现的缺陷。

22.4.2　工程师的质量职责

PSP 第一条质量原则是"工程师们对他们所开发的产品负责"。因为编写该程序的软件人员对程序是最熟悉的，他能够高效地发现和修正错误。PSP 中提供了一系列的实例和方法来帮助工程师检查他所开发的产品的质量，以及指导他们尽可能快地发现和修正所有的错误。除了对质量进行度量与跟踪之外，PSP 质量管理方法还包括缺陷清除和缺陷预防。

22.4.3　尽可能早地清除缺陷

PSP 质量管理的主要目的就是在首次编译和单元测试之前发现和修正错误。PSP 过程中包含设计评审和编码评审阶段，在这些阶段里，工程师们可以在检查、编译和测试程序之前，人为地对他们的劳动产品进行评审。隐藏在 PSP 评审过程背后的事实就是人们都趋于重复地犯同样的错误。因此，通过分析有关缺陷数据、分析用于发现那些缺陷所做的工作列表，工程师们可以更高效地发现和修正缺陷。

在样例数据中，经过 PSP 培训的工程师在个人编码评审中每小时平均发现 6.52 个错误，在设计评审中平均发现 2.96 个错误。与此相比较，单元测试中每小时发现 2.21 个错误。利用 PSP 数据，工程师们既可以节省时间，又可以改善产品质量。例如，从 PSP 的平均数据来看，单元测试中清除 100 个错误要花费 45 个小时，而在编码评审中发现相同数量的错误则只用 15 个小时。

22.4.4　缺陷预防

控制缺陷数量最有效的方法就是预防它们的引入。在 PSP 中，有三种不同且相互支持的方法来预防缺陷。

第一种就是让工程师们记录有关他们所发现和修正缺陷的数据，然后再评审这些数据以决定错误原因，并改变开发过程以排除这些因素。通过衡量这些缺陷，工程师们就会更加意识到他们的错误，对最终的结果就会更加敏感，而且也会得出一些数据以防止将来出现同样的缺陷。经过 PSP 过程的前几个阶段，总缺陷数快速下降，这也反映了预防方法的有效性。

第二个预防措施就是采用一种有效的设计方法和形式来实现全部的设计。要想详细、完整地记录设计过程，工程师们必须彻底地理解它。这样一来，工程师们不但可以实现更好的设计，而且设计错误也会更少。

第三个预防方法就是第二种方法的直接结果：设计更彻底，编码时间缩短，因此也减少了缺陷引入量。PSP 对 298 位开发专家研究的实验数据表明了好的设计对质量的潜在影响。这些数据表明，在设计阶段工程师们平均每小时引入 1.76 个错误，而在编码阶段平均每小时引入 4.2 个错误。既然对一个完全文档化的设计实现编码将花费更少的时间，那么在实现了彻底设计之后，工程师们相对而言就缩短了编码时间。因此，有了一个彻底的设计，工程师们在编码过程中引入的编码缺陷也将更少。

22.5　PSP 与设计

虽然 PSP 可以和任何设计方法综合使用，但是它要求设计必须是完整的。当一个设计详细说明了表 22.5 中所列出的所有内容时，PSP 就认为该设计是完全的。

表 22.5　目标规格说明书结构

对象说明	内　部	外　部
静　态	属　性 约　束	继　承 类结构
动　态	状　态	服　务 消　息

PSP 中有四个模板来说明这些尺度。与目标规格说明书相对应，四个模板形式如表 22.6 所示。

表 22.6　PSP 模板结构

对象说明模板	内　部	外　部
静态	逻辑说明模板	功能说明模板 (类继承结构)
动态	状态描述模板	功能说明模板(用户交互) 操作场景模板

(1) 操作场景模板：定义了用户如何与系统交互。
(2) 功能说明模板：详细说明了程序中对象、类以及继承的类结构的会话行为。
(3) 状态描述模板：定义了程序状态及行为。
(4) 逻辑说明模板：详细说明了程序内部逻辑，通常是用一种伪代码语言来描述。

22.6　PSP 的发展

自从提出 PSP 的概念以来，个人软件过程已经经历了四个发展阶段，分别是个体度量过程、个体规划过程、个体质量管理过程和个体循环过程。

22.6.1　个体度量过程 PSP0 和 PSP0.1

PSP0 的目的是建立个体过程基线，并通过这一步，学会使用 PSP 的各种表格、采集过程的有关数据。此时执行的过程是该软件开发组织的当前过程，通常包括计划、开发(包括设计、编码、编译和测试)以及后置处理三个阶段，并要作一些必要的数据采集，如测定软件开发时间，按照选定的缺陷类型标准度量引入的缺陷个数和排除的缺陷个数等，用作为测量在 PSP 的过程中进步的基准。

PSP0.1 增加了编码标准、程序规模度量和过程改善建议等三个关键过程域。其中，过程改善建议表格用于随时记录过程中存在的问题、解决问题的措施以及改进过程的建议方法，以提高软件开发人员的质量意识和过程意识。

应该强调指出，在 PSP0 阶段必须理解和学会使用表格进行规划和度量的技术。设计一个好的表格并不容易，需要在实践中积累经验，以准确地满足期望的需求，其中最重要的是要保持数据的一致性、有用性和简洁性。

22.6.2　个体规划过程 PSP1 和 PSP1.1

PSP1 的重点是个体计划，引入了基于估算的计划方法 PROBE(PROxy Based Estimating)，运用自己的历史数据来预测新程序的大小和需要的开发时间，并使用线性回归方法计算或估计参数，确定置信区间以评价预测的可信程度。PSP1.1 增加了对任务和进度的规划。

在 PSP1 阶段应该学会编制项目开发计划，这不仅对承担大型软件的开发十分重要，即使是开发小型软件也必不可少。因为，只有对自己的能力有客观的评价，才能作出更加准确的计划，才能实事求是地接受和完成客户(顾客)委托的任务。

22.6.3　个体质量管理过程 PSP2 和 PSP2.1

PSP2 的重点是个体质量管理，根据程序的缺陷情况建立检测表，按照检测表进行设计复查和代码复查(有时也称"代码走查")，以便及早发现缺陷，使修复缺陷的代价最小。随着个人经验和技术的积累，还应学会怎样改进检测表以适应自己的要求。PSP2.1 则论述设计过程和设计模板，介绍设计方法，并提供了设计模板，但 PSP 并不强调选用什么设计方法，而强调设计完备性准则和设计验证技术。

实施 PSP 的一个重要目标就是学会在开发软件的早期实际地、客观地处理由于人们的疏忽所造成的程序缺陷问题。人们都期盼获得高质量的软件，但是只有高素质的软件开发人员并遵循合适的软件过程，才能开发出高质量的软件，因此，PSP2 引入并着重强调设计复查和代码复查技术，一个合格的软件开发人员必须掌握这两项基本技术。

22.6.4　个体循环过程 PSP3

PSP3 的目标是把个体开发小程序所能达到的生产效率和生产质量延伸到大型程序，其方法是采用螺旋式上升过程，即迭代增量式开发方法，首先把大型程序分解成小的模块，然后对每个模块按照 PSP2.1 所描述的过程进行开发，最后把这些模块逐步集成为完整的软件产品。

应用 PSP3 开发大型软件系统时必须采用增量式开发方法，并要求每一个增量都具有很高的质量。在这样的前提下，在新一轮开发循环中，可以采用回归测试的方法，集中力量考察新增加的这个(这些)增量是否符合要求。因此，要求在 PSP2 中进行严格的设计复查和代码复查，并在 PSP2.1 中努力遵循设计结束准则。

22.7　小　　结

PSP 为工程师个人提供了一套能够保证个人过程能力不断提升，从而持续生产出高质量软件产品的工作规范。它的惟一目标是持续地提供高质量的软件工程产品，它提供的基本方法涵盖了项目估算、项目计划、数据采集、工作跟踪、质量管理与经验总结各个方面。与以组织过程改进为目标的 CMM 相比，PSP 更关注的是个人过程能力。有效地推行 PSP，能够有效地提高项目规模估算和工作进度估算的准确性，降低缺陷率，并有助于工程师个人水平的持续提高。

要开发出优质的软件产品，开发组织必须有健全的商业策略、计划以及能够适应市场需求的产品。没有这些，公司是不会成功的。

其次，要开发出好的产品，管理政策必须能够使得工程师们发挥出他们的才干。这就需要他们雇佣一些有能力的工人，并且提供给他们良好的工作氛围和大力的支持。

再者，工程师们必须具有良好的团体协作精神，能够知道如何始终如一地开发出合格的产品。

最后，工程师们必须经过适当的培训，能够从事一些严格的工程性工作。

缺少其中的任何一个条件，组织就不可能很好地完成工作。在上述所列之中，CMM 可以提供第二个能力，TSP 针对第三个，PSP 针对第四个。除非工程师们已经具备了 PSP 培训所提供的所有能力，否则他们就不能正确地维持开发小组事务，也不能持久地或可靠地开发出合格的产品。如果开发小组没有正确的组织和指导，而不考虑其他的能力，他们就不能操纵和跟踪他们的工作，也不可能按进度表进行工作。

从对个体软件过程框架的概要描述中可以清楚地看到，如何作好项目规划和如何保证产品质量，这是任意软件开发过程中最基本的问题。

PSP 可以帮助软件工程师在个人的基础上运用过程的原则，借助于 PSP 提供的一些度量和分析工具，了解自己的技能水平，控制和管理自己的工作方式，使自己日常工作的评估、计划和预测更加准确、更加有效，进而改进个人的工作表现，提高个人的工作质量和产量，积极而有效地参与高级管理人员和过程人员推动的组织范围内的软件工程过程改进活动。

PSP 软件工程规程为软件工程师提供了发展个人技能的结构化框架和必须掌握的方法。在软件行业，开发人员如果不经过 PSP 培训，就只能在长期的开发过程中通过实践逐步掌握这些技能和方法，这不仅周期很长，要付出很大的代价，而且有越来越大的风险。

在任何工程学领域，为了发挥工程方法的实际效用，都存在一个首要的问题，那就是工程师们必须能够坚持使用他们所知道的工程学方法。在 PSP 中，这些方法包括：遵循一个定义的过程，制定工作计划，收集数据，以及利用数据分析和改善过程。从概念上听起来简单，但实践起来并不容易。为了推行 PSP，必须提供一种支持 PSP 实践的工作环境。也正因如此，SEI 已经提出了小组软件过程方法(TSP)，用以支持和帮助工程师们以及软件开发团体或者管理人员坚持使用 PSP 方法。

第 23 章　小组软件过程

小组软件过程(TSP)的发展遵从 W. Edwards Deming 和 J.M. Juran [Deming 82, Juran 88] 提出来的质量策略。这个质量策略被 Michael Fagan(1976)扩展到软件开发过程中来。它被进一步扩展为 CMM(在 1987 年)和 PSP(在 1995 年)。

紧跟着 PSP，在软件过程改进的进程中迈出的重要一步是引入了小组软件过程(TSP)。TSP 提供了应用于软件工程过程的一种规范。TSP 发展的主要原因是人们确信，一个工作组只有被适当地配置，接受了相应的培训，由具有特定技术的成员组成并接受有效的领导，它才可能更好地工作。TSP 的目标就是建立和指导这样的工作小组。

实施 TSP 过程，首先需要有高层主管和各级管理人员的支持，以取得必要的资源，这是实施 TSP 必须具备的物质基础；软件过程的改善需要全体有关人员的积极参与，他们不仅需要有改革的热情和明确的目标，而且需要对当前过程有很好的了解；任何过程改革都有一定的风险，都有一个实践、改革、评审直至完善的循环往复、持续改善的过程，不可能一蹴而就；项目组的开发人员需要经过 PSP 的培训，使之具备自我改善的能力；整个开发单位的能力成熟度在总体上应处于 CMM 二级以上。

23.1　TSP 的由来与发展

为了系统地解决软件项目管理问题，美国国防部于 1984 年在 Carnegie-Mellon 大学建立了软件工程研究所，1986 年开始研究并于 1991 年提出能力成熟度模型 CMM，1989 年开始研究并于 1994 年提出个体软件过程 PSP，1994 年开始研究并于 1998 年在 CMU/SEI 召开的过程工程年会上第一次介绍了 TSP 草案，于 1999 年发表了有关 TSP 的一本书，使软件过程框架形成一个包含 CMM、PSP 和 TSP 三者的严密整体。

开发 TSP 的最初的原意是提供一个环境，为受过 PSP 培训的工程师使用规范方法提供支持。PSP 要求工程师们使用统一的规范化工作过程。但是，由于环境的原因，这些工作过程并不总是能够得到坚持。其原因有多种：第一，管理者没有接受过培训，不懂得 PSP 或者不欣赏它的好处，他们经常反对他们的工程师们在制定计划、进行个人过程复审或收集和分析数据上花费时间；第二，即使有了支持和指导，规范化的工作做起来也是很困难的，没有 TSP 提供的这些支持和帮助，长时间维持不变的规范工作几乎是不可能的。TSP 最初的实际目的就是着眼于解决这些问题。

1996 年，Watts Humphrey 建立了 TSP 过程的最早的版本。目的是为了提供一个规范的操作过程，帮助工程技术人员持续地做高质量的工作。最原始的 TSP 过程被称为 TSP0，这一过程十分简单。他拿两个工作组来做实验，然后看结果来评价他们的工作情况。第一个

TSP0 过程是为经过 PSP 培训的小组设计的，除了小组的直接领导外，小组没有受过其他的培训和指导。

根据这两个最初的 TSP 小组的结果分析，实施 TSP 能够明显地帮助工程技术人员进行曾接受过训练的工作，但是需要更多的指导和支持；另外，管理者要全面地支持 TSP 过程。在此基础上，一个增强的过程版本 TSP1.0 很快就被其他的小组试用，在试用过程中，搜集了更多有关进一步提升 TSP 的必需的过程信息。

在接下来的 3 年中，Humphery 开发了另外 9 种 TSP 版本。他最初的目标是想了解一下针对通用目标的小组过程能否帮助软件项目工程组更好地完成工作。取得肯定的结论之后，他将研究方向转为简化这个过程，减少它的规模并提供更有效和有用的支持和指导。结果最近的 TSP 版本比 TSP1.0(1996 年底)和 TSP2.0(1997 年初)版本明显小了。

越来越多的工程组已经使用了 TSP 过程。TSP 中的一些基本方法已经能够被用来协助工程技术人员和管理人员建立有效的小组，使他们能更好地按照这个过程开展工作，实施定期评估，在必要时重新计划工程。不同的原型支持工具也已经被发展用来简化工程师必须要做的计划、数据采集与存储、数据分析和工程报告活动。

23.2　工程协作与工程小组

几乎所有的工程都要求由小组来进行合作开发。虽然一些小的硬件或软件产品能被单人开发，但是考虑到现在系统的范围和复杂程度以及对开发时间的紧迫要求，使得大部分的工作实际上不可能仅仅由一个人来做。系统开发是一种小组的活动，而小组的工作效率很大程度上决定于他们所采用的工程方法的质量。

在工程中，开发小组的活动经常像篮球队的竞赛，所有的成员为一个共同的目标而工作，尽管成员们可能有各种各样的特点，但是必须互相配合、互相协调、互相协作。

一个软件工程小组不只是恰巧在一起工作的一群人。小组需要公共的过程以规范大家的活动；全组人员需要统一目标；工作组的任务是进行软件开发实践，他们的工作中包含着特定的技巧，需要有效的指导和领导。基于经验，大家知道一些如何指导和领导这个小组的方法，但是了解的并不十分清楚，TSP 能够指导技术工作人员管理者开展有效协作，提升小组的过程质量，改善协作状况。

23.3　小组协作的条件

如前所述，一个小组是具有共同目标的一群人，他们必须为这个目标共同努力，必须具有一个公共的工作框架。一般来说：

(1) 一个小组最少要由两个人组成。

(2) 小组成员要为一个共同的目标工作。

(3) 每个人都被分配一定的角色。

(4) 小组使命的完成依赖于小组全体成员的努力。

关于小组的定义的四个部分都是非常重要的。例如，很明显一个小组必须要多于一个人，并且一个共同的目标也是应该被接受的。然而为什么每个成员必须要有自己的角色这一点好像是不明显的。角色提供了所有权和隶属感觉，它们在怎样完成自身的工作方面帮助、指导小组成员；它们避免冲突、重复的工作和无效的努力；它们以特定的工作环境为基础，按照一定的规程分配不同任务给工作成员。这种规程对于形成一个既有纪律又具有活力的小组来说是一个基本的要求。

相互依赖也是小组的一个基本的要素。也就是说，每一个成员的成功都在某种程度上依赖于其他成员的工作的完成情况。相互依赖可以加快工作的进度，因为小组成员之间可以相互帮助。例如，设计小组提供的产品设计一般来说要比单独一个人设计的产品好。这是因为小组成员比一个单独的个人有更广泛的技术和经验。

人类本身就是一种社会动物，几乎没有人喜欢完全一个人工作，最起码不喜欢长时间的单独工作。小组的工作会因社会的支持而得到增强。因为社会固有的小组特性，每个人努力完成他自己的任务，余下的就由其他人来完成。既然小组成员之间相互支持、相互依赖，小组就不只是小组中单个个人的简单叠加。

23.4 保证小组工作的有效性

为了使小组有效，小组成员必须相当的熟练，而且能够团结在一起工作。有效的小组具有一些共同的特点：

(1) 小组成员接受过必要的培训。

(2) 小组的目标是重要的、被明确定义的、可视的和可实现的。

(3) 小组的资源对于它们的工作来说是足够的。

(4) 小组成员乐于为实现小组的目标尽力。

(5) 小组成员之间相互合作、相互支持。

(6) 所有小组成员遵守小组的规程。

一个有效的小组的另一个特点是小组必须具有革新能力。革新不只是想出一个聪明的主意，它还需要创造力和许多艰苦的工作。每一个工程任务都是革新努力的一部分。富有革新能力的小组必须有熟练的、有能力的、具有高度创新精神的成员。他们必须是具有创造性的、能适应多种环境的、自觉遵守规程的。他们必须努力去执行计划，保障进度；当需要对工作计划进行适当的调整时，他们必须分析计划变更带来的诸多影响，控制工程的成本和进度。

要创建一个富有创新精神的和有效的工程组，就必须在组内营造一个相互信任和相互支持的工作环境。工程组是由具有各种杰出能力的人组成的，他们能快速地察觉到信任的缺乏。当管理人员不信任他们的工作小组，制定不符合实际的计划或者不努力去达到这种计划目标时，他的工程技术人员将能感受到。而当工程技术人员感到他们没有被信任和尊敬时，他们经常会觉得受到敌视和被操纵。这些工程师将不再愿意对组织负责，容易在他们的工作中遭受失败。

为小组制定合理的目标是保持旺盛斗志所必须的。当人们面对重要而有意义的工作时，他们一般工作得很努力。对于管理者来说，给他们的工作组制定具有挑战性的目标是适当的。但是当工作组对此有强烈的反映时，管理者应该愿意与他们商谈一个他们认为能接受的更现实的目标。几乎没有人愿意为一个似乎不可能的进度勤奋工作。为了能更有效的工作，必须让工作小组认为他们的工作是重要的，而且工作进度是可以按期完成的。

23.5　TSP 的目标与工作

23.5.1　TSP 的目标

TSP 的设计目的就是建立以有效工作为特点的环境。TSP 建立这种工作环境的原则如下：

(1) 小组成员建立一个共同的目标和定义相应的角色，明确角色职责和应当具备的能力。

(2) 工作小组制定一个大家都同意的发展战略。

(3) 小组成员为他们的工作定义一个统一的工作过程。

(4) 所有的成员参与计划的制定，并且每一个成员明确地知道他们自己承担的角色。

(5) 小组能够和管理层讨论计划。

(6) 小组成员按照事先制定的计划工作。

(7) 小组成员自由地、经常地进行交流。

(8) 小组形成一个富有凝聚力的整体：成员相互合作，为实现一个共同的目标共同努力。

(9) 工程师知道他们的工作状态，从他们的工作中得到反馈，并有一个协调、支持他们工作的领导层。

只有小组成员真正理解他们要做的工作、明晰怎样去做这些工作并且确信他们的工作是可以完成的，才有希望形成一个有效的小组。通过工程师们的计划，这些条件都可以被建立起来。虽然所有的这些条件对于一个有效的小组是必需的，但具体的建立这些条件的方法并不是显而易见的。TSP 提供了如何建立一个有效工作小组的指导。

23.5.2　小组操作过程

要完成一项规范的工作，工程师需要使用 Deming 称为"操作过程"的概念。这些过程定义了工作应当怎样去做，并将工作状况记录在过程记录中。虽然有些定义不够完善的软件工程过程也有很多复杂的文档记录，但是操作过程更加贴近实际。设计小组的具体操作过程是小组成员工作的一部分。

TSP 提供了一个定义好的标准的操作过程，这个过程具体到建立一个有效的工作环境的每一步。它指出了建立一个有效小组的步骤，并为工程师和管理人员提供工作向导。如果没有具体的向导，工程师就必须自己设计出所有的有关小组建立和工作的细节。由于定义这些细节需要相当的技术和努力，很少有工程师有足够的经验和充足的时间去设计这些必需的细节，会造成时间浪费并且经常导致效率低下。

有一个定义好的过程和遵从这个过程的计划，工程师能更加有效地开展工作。如果没有这样一个过程，就必须在每一步都停下来去考虑下一步是什么和怎样去做。大部分工程过程是相当复杂的，它包括许多步骤。没有具体的向导，工程师可能会漏掉一些步骤，按不正确的顺序执行，或者浪费时间去考虑下一步该怎么做。TSP 提供一些操作过程，用于组织工程小组、形成良好的团体氛围以及指导他们开展工作。

如图 23.1 所示，TSP 是可以帮助项目小组高效地开发和维护软件以改进系统的方法之一。软件能力成熟度模型(CMM)为高效地进行工程工作提供了全面的改善框架。个人软件过程提供了一些工程师们使用的定义、计划和衡量过程时所遵循的工程原则。TSP 将开发小组的开发原则同 PSP、CMM 方法结合起来，以建立高效的团队。实质上，CMM 和 PSP 主要提供高效开发的关系与技巧，而 TSP 是在实际的工作中指导工程师的。

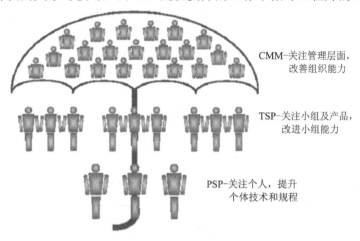

CMM-关注管理层面，改善组织能力

TSP-关注小组及产品，改进小组能力

PSP-关注个人，提升个体技术和规程

图 23.1　过程改进方法

23.5.3　TSP 流程

TSP 的主要成分如图 23.2 所示。在小组成员参加 TSP 团队以前，他们必须知道如何进行规范化的工作。进行个人软件过程的培训可以向工程师们提供使用 TSP 所必需的知识和技能。

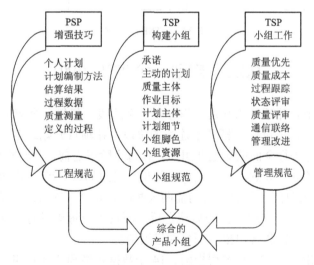

图 23.2　TSP 简图

PSP 培训包括学习如何编制详细的工作计划，采集和使用过程数据，用获得的数据跟踪项目，度量和管理产品质量以及定义和使用可操作的工程过程。工程师必须在参与 TSP 团队构建或执行 TSP 过程以前接受有关这些技能的培训。

如图 23.3 所示，TSP 团队的工作呈现出阶段性的重新启动性。因为 TSP 遵循反复演进的开发策略，所以阶段性的重新启动是必须的。这样，每一个阶段或周期就可以根据上一个周期获得的度量数据、总结出来的知识与经验对下一阶段的工作进行更好的计划。重新启动同样要求工程师个人更新自己的详细工作计划。通常，这些计划仅仅在几个月内是精确的。在 TSP 启动的时候，团队要编制今后三、四个月的总体和详细计划。当团队成员完成一个项目阶段或工作周期的所有或大部分的工作后，他们将根据需要修订总体计划，并为以下三、四个月编制新的计划。这些工作是在 TSP 提供的重新启动过程的指导下进行的。

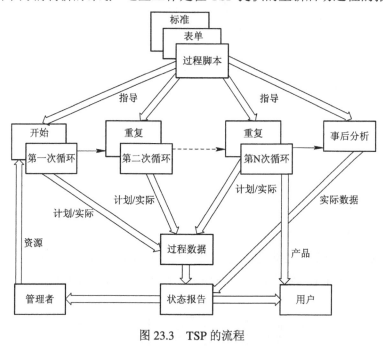

图 23.3　TSP 的流程

23.6　启动一个 TSP 小组

TSP 一般将一个软件项目的开发工作分为 4 个阶段。任何一个应用 TSP 的项目可以只包括其中的一个阶段，也可以包括几个连续的阶段。在项目开始之前，项目组应该执行启动过程，对整个任务进行全面的规划和组织。在每个阶段之前，项目组应该执行重启过程，对下一个阶段的任务进行规划。一般来说，如果项目组的成员经过了 PSP 的培训，项目组的启动过程约需 4 天时间，重启过程约需两天时间。此时，项目组同管理人员一起评审项目计划和分析关键风险。在项目已经启动之后，项目组应每周进行一次项目进展讨论会，另外还应及时向有关主管和客户报告项目的进展情况。

当前版本的 TSP 使用 23 个过程指南、14 个数据表格和 3 个标准。在这些过程指南中定义了 173 个启动和开发步骤。每一个步骤都不复杂，但它们的描述都非常详细，以便开发人员能够清楚地知道下一步应该做什么，应该怎样去做。这些过程指南可用来指导项目组，以完成启动过程和一步步地完成整个项目。

经过 4 天的项目启动过程之后，项目组应该产生以下结果：项目组的目标；项目组各成员的明确角色；过程开发计划；项目组的质量计划；全面的开发计划和进度计划；下一阶段每个成员的详细工作计划；项目的风险分析结果以及项目的状态报告。

在小组启动阶段，所有的小组成员必须制定他们的工程策略、过程和计划。小组启动完成以后，小组所有的工程师就遵从这个定义好的过程与计划开展工作。

当小组成员接受了适当的培训，小组已经建立之后，整个小组就要参与到小组启动过程中。图 23.4 和表 23.1 给出了启动过程的脚本。启动过程的九个会议都有脚本对所有活动进行足够的、详细的介绍。所以一个受过训练的启动指导者可以在被指定的步骤中指导小组开展活动。通过启动过程，小组将产生一个详细的计划。为了成为一个具有凝聚力和有效的小组，所有的小组成员都必须承担这个计划。为了建立事务委托，TSP 要求所有的小组人员都参与计划的制定。这样，通过完成小组启动过程，所有的小组成员都将参与到计划的制定工作中来，他们将了解与承担被分配给他们、需要他们自己完成的工作计划。

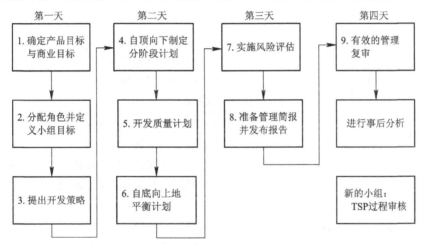

图 23.4　TSP 启动过程

表 23.1　TSP 小组启动工作——脚本

目标	为小组启动工作提供指导
条件	启动准备工作已经完成 为了小组启动，管理者和营销代表为参加第一次到第十次会议做好准备 所有的小组成员和小组领导者承诺参加第一次到第九次会议以及事后复审 有经过授权的启动教练指导启动过程
概要	时间分配 第 1、2、3 次会议安排在第一天 第 4、5、6 次会议安排在第二天 第 7、8 次会议安排在第三天 第 9 次会议和启动工作复审在第三天或者第四天早上结束

	步骤	活　　动	描　　述
启动过程	1	计划与管理目标	小组启动会议 1(使用脚本 1) 重温启动过程、介绍小组成员 和管理者一道讨论计划并且提出问题
	2	小组目标与角色	小组启动会议 2(使用脚本 2) 选定小组中的角色及后备角色 定义小组的目标并经其文档化
	3	计划策略与支持	小组启动会议 3(使用脚本 3) 进行系统的概要设计并在必要时整理产品列表 制定出开发产品的策略 定义一致的开发过程 制订开发计划与支持计划
	4	全面计划	小组启动会议 4(使用脚本 4) 进行开发规模估算并制定全面计划
	5	质量计划	小组启动会议 5(使用脚本 5) 制订质量计划
	6	平衡的计划	小组启动会议 6(使用脚本 6)与产品 为小组成员分配工作 为每一位小组成员自底向上的制定分阶段计划 对小组和每一位组员的阶段计划进行平衡调整
	7	计划风险分析	小组启动会议 7(使用脚本 7) 识别并评价计划风险 确定风险评价点与风险防范责任
	8	准备启动报告	小组启动会议 8(使用脚本 8) 为管理者准备小组启动报告
	9	领导复审	小组启动会议 9(使用脚本 9) 与管理者一起复审启动活动和项目计划 讨论计划风险、风险防范责任与计划的风险应对措施
	PM	小组启动的事后审查	小组启动会议 9(使用脚本 9) 进行审查准备 搜集启动数据与启动报告 将报告记载到计划日志中去 评估启动过程并准备 PIPs
	结束标准	启动活动已经完成，小组和组员个人的计划已经文档化 小组的角色、目标、过程与职责已经被定义 管理者同意小组的计划或者定义的活动、赞同职责的划分 启动数据并且被记载到项目日志中去	

　　小组完成启动过程一般需要接受专业的指导。这种指导必须由受过训练的启动教练来提供，他在整个启动过程中领导小组工作。虽然 TSP 脚本提供了针对各项活动的基本的指导，但每一个小组都可能遇到独特的问题和困难，所以一个简单的脚本不可能充分地提供能够引导一个没有经验的小组顺利完成启动过程所有必需的资料。除非小组已经非常有经验，并有一个已经完成了几个 TSP 过程的领导者，否则他们一般都需要一个受过培训的启动教练的支持，才能够顺利地完成小组启动阶段的工作。

　　在启动工作的第一次会议上，小组成员、小组组长和启动教练会见高级主管和销售代表。高级主管把工程的有关情况告诉给小组，讲解进行这个工程的必要性；介绍开始这个工程的前提(原因)和管理层对于这个工程的具体要求及目标。销售代表解释市场对于该项工程产品的需求，所有重要的竞争对手情况和其他所有需要小组知道的、顾客关心的具体事项。简单地说，首次会议的目的就是告知所有小组成员关于即将开始的工作的情况，描述管理者对于小组的期望目标，同时，使小组人员认识到管理者要依靠他们来完成这个重要的工作。

　　在启动阶段的第二到八次会议上，小组、小组组长和启动教练不再会见观察者或拜访者。在这些阶段，小组被一系列的、被设计用来产生一个有效的工作小组的步骤指引着。

　　在启动阶段的第二次会议上，小组记录它的目标，选择小组成员角色。标准的 TSP 角色有：小组组长、用户接口管理员、设计管理员、执行管理员、测试管理员、过程管理员、品保管理员和技术支持管理员。其他可能的角色可以根据需要设置。例如设备安全经理、安全经理或执行经理。每一个小组成员最少充当一种角色。当小组多于 8 个人时，可以增加角色，或者一些人可以作为辅助角色。组长一般不兼任其他角色。

　　在启动阶段的第 3、4 次会议中，小组确定开发项目的宏观策略和具体计划。工程师们进行系统的概要设计，规划开发策略，详细定义要执行的过程以及所需要的工具和设备。他们要列出将要产生的工作产品，并估计每个工作产品的大小和每一步要花费的时间。一旦任务已经被定义和估计，工程师就要估计每一个成员每一周花费在工程上的时间。通过任务估算和每周的工作进度分配，小组产生明细的进度计划。

　　一旦有了一个宏观的计划，工程师们将在第 5 次会议中制定质量目标和计划。这个计划定义了小组将要进行的质量活动；并且提供一个跟踪已完成产品的度量标准。在进行质量计划的过程中，小组成员们将会估算他们在每一阶段中可能引入的缺陷数、每一阶段能够清除的错误数和项目完成后系统中将会遗留的错误数。确定客户验收测试和最终产品提交的方式。接下来，在第 6 次会议上，小组成员们会制定下一阶段的详细计划，然后再综合地看一下任务的分配是否合理，进行必要的任务调整，以确保任务被所有成员均分承担，得到经过平衡的计划。在第 7 次会议上，工程师识别工程中可能发生的风险并把它们按照可能性和影响的大小分类。小组也委派一个成员来跟踪每一个风险。同时，小组还将准备一个用以缓解可能发生的重大风险的风险应对计划。

　　完成这些计划后，举行第 8 次小组会议，为管理复审做准备。然后在第 9 次会议上进行管理复审。在这次会议上，小组要解释计划，描述计划的产生过程，确认所有的成员都同意这个计划。如果小组计划没有达到管理层期望的目标，就要准备和介绍一个变更的计划，用来表明在增加了其他附加的资源或者环境有所改变的情况下，他们可以做些什么。考虑到小组计划有时候不能满足用户的需要，在这种情况下，有必要按照一定的原则进行计划变更，并必须能对变更进行有效的管理。在 TSP 启动的最后阶段，小组和管理层应该在小组如何进行工程的开发上达成一致。

在最后的一个步骤中，小组重新审查启动过程并就过程改进提交过程改进方案。小组也要收集和记录启动过程中的数据和资料，以供以后使用。

23.7 基于 TSP 的协同工作

一旦 TSP 小组被启动，首要的就是确保所有的小组成员遵从小组计划开展工作。应当注意以下几个方面的问题：

(1) 领导小组的方法。

(2) 过程规范。

(3) 问题跟踪。

(4) 开展交流。

(5) 维护小组计划。

(6) 估算工程进度。

(7) 重新平衡工作负载。

(8) 实施 TSP 质量管理。

23.7.1 领导职责

小组组长负责指导和激发小组成员、处理客户问题和与管理层交涉。这包括点到点的直接的工作指导、保护小组资源、解决小组中的问题、安排小组会议和汇报小组工作。总而言之，组长的职责是维持小组的动力和精神，确保小组进行最有效的工作。

小组领导的另一个关键职责是维持小组的规范化工作。小组组长要确保成员按照已经确定的计划去做他们的工作。在启动阶段，小组定义了工作过程。当进行工作的时候，小组组长要跟踪并监督工作的进行，确保每一个人都遵从这个规范的过程和计划。

几乎每一个工程都面临进度和资源的压力，所以小组成员经常遇到不按规则办事的诱惑，可能会自觉或不自觉地偏离定义好的过程。但是，如果小组不再遵从已经定义好的过程，他们就没办法明确工作的依据和当前的立脚点在哪儿，这是一种十分危险的错误。在监督过程的规程时，小组组长应该检查每一个小组成员的工作过程，度量并记录他们的过程数据，记录每周的计划完成状态和工作产品的质量。

小组组长的另一个重要的职责是确保小组成员遇到的每一个问题都被解决和跟踪。有了 TSP，工程技术人员一般在每周会议上讨论问题。小组组长应首先检查每一个议题，看它是否真是一个问题，是不是应该被解决，决定哪个人应该负责处理和跟踪它。最后，小组使用问题跟踪日志跟踪每一个问题并在周会议上复查所有突出的问题。

23.7.2 人际交流

小组组长负责维持公开和有效的人际交流。当小组成员不知道工程的进展情况，不了解其他人正在做什么或者不知道前面有什么挑战时，让他们保持很高的积极性是困难的。交流是维持小组活力的关键，使小组内进行积极交流是小组组长能力的重要组成部分。

在开周会议时，小组组长首先回顾工程的当前状态和当前所有的管理问题和业务问题。然后小组成员们回顾他们一周来的工作，计划下一周的工作；介绍他们的角色管理活动和他们所负责跟踪的风险状态。他们也提出一些问题，描述他们在下一周需要帮助和支持的地方。

小组组长的另外一个重要职责是报告小组的工作状态和工程进度。TSP 过程要求小组有周报来表明小组在哪个地方偏离了计划。过程也要求提供经常的、真实的和完整的状态报告。

23.7.3 工作跟踪与计划维护

一旦小组已经完成项目的启动并开始工作，那么计划将指导工作的进行。它是衡量过程的基准，也是识别一个问题是否对工程的进度有影响的手段。通过跟踪计划的执行情况，能够及时地发现工作中出现偏差的先兆。有了足够的先兆，小组可以及时采取调控措施，防止实际进度与计划的过多偏移。

使用叫做"挣权值"的方法，有助于 TSP 小组在工作过程中不致过度偏离计划。采用这种方法，每一个任务都将按照它在某项工作的估算工作量中所占的百分比分配给一个权值。例如，如果一个工程经估算后，计划耗费 1000 个工时，那么一个 32 工时的任务就被分配给 3.2 个权值，或者用百分比表示：100×32/1000＝3.2%。当小组完成了这个工作后，承担这项工作的工程师将积累 3.2 个权值点，不论他花费了多长时间。

工程组有许多种任务。在比较复杂的工程中，工程经常不能按最初的计划完成。由于一些工作先完成而其他工作后完成，因此没有一个简单的方法来判断工程的工期是超前了还是拖后了。挣权值的方法为每一个任务提供一个权值，当一个任务被完成时，小组就获得了权值。这样通过获得的权值总数，小组就可以判断出工程进行到哪个地步了。例如，小组可能记录了一周的数据，如表 23.2 所示。

表 23.2　第三周工作进展

第三周	计划	实际
任务工时	106	98
到目前为止的累计任务工时	300	274
挣到的权值	1.9	2.1
到目前为止挣到的累计权值	5.8	5.3

通过获得的权值点，不仅能帮助小组明白他们完成了多少工作，而且能帮助管理者知道为按时完成工程还需要做些什么。通过获得的权值点数，TSP 小组和它的管理者可以较早地预料工期方面存在的问题，然后他们就有可能提前采取补救的措施。

虽然利用获得的权值点数可以帮助小组跟踪小组的工作进度并且给工程人员提供一定的成就感，但它不能指明各项任务之间的前驱/后继或依赖关系。为了适当地管理任务之间的关系，工程人员必须维护他们自己的个人计划，并确保他们能够识别出并能够解决所有要依赖队友才能完成的任务。在一个大的小组中，指导并协助小组成员这样做是"计划经理"这一角色职责的重要组成部分。

23.7.4　平衡工作负载

不平衡的工作负载会使小组的工作低效。当一些人要完成比其他人更多的工作时，就发生了不平衡。引起这个问题的原因可能有几种：第一，具有较多经验的人一般比具有较少经验的人要承担更多的任务，虽然具有较多经验的人可以很快地完成每一个工作，但这会使他们承担过多的负载而让其他人几乎不做什么工作；另一个原因是工程过程中正常的波动，一些人可以提前完成他们的工作，另外一些人则会相反。

虽然工作负载存在不平衡是自然的，但它是会导致低效的，因此应当设法尽量平衡负载。除非所有的小组成员的工作时间都被占满，小组不可能达到最高的效率。当小组每一周检查工程的状态时，工程人员可以看到他们的工作是否存在不平衡。如果是，则小组应该重新平衡负载。有了 TSP，小组可以根据需要经常做这个工作，如果有必要，可以每周进行一次。一旦完成了 TSP 的启动，并制定了详细的小组、个人计划，就有可能只利用一两个小时重新平衡工作负载。

TSP 小组启动时，制定了一个从工程开始到工程完成的宏观计划。根据工程的不同，计划周期可能是几个星期，也可能是几年。有了 TSP，每一个成员都为下一阶段制定详细的计划。由于工程师不可能制定多于三、四个月的计划，因此 TSP 把工程分成一些长为三、四个月的阶段。小组在每一阶段或每一次循环的开始进行小组启动活动。无论什么时候，当小组发现计划不再对他们有帮助时，就应该重新启动，更新计划。当他们的工作发生重大改变或者小组成员有重大变动时，小组也应该实施重新启动活动。

23.8　TSP 的质量管理

虽然大部分组织承认质量是非常重要的，但很少有小组知道怎样进行产品质量管理。并且，没有通用的方法来预防缺陷的引入。人们在开发软件的同时也在犯错误，这些错误是软件缺陷的来源。在 TSP 中，首要的质量管理的焦点就是缺陷管理。

要进行质量管理，小组必须建立质量评估体系，确立质量目标，制定计划去适应这个目标，检测违犯计划的过程，并在这些问题发生时采取有效的补救措施。质量管理的三大基本要素是：制定质量计划，鉴别质量问题、发现并阻止质量问题的发生。

软件开发小组按小组软件过程 TSP 进行生产、维护软件或提供服务，其质量可用两组元素来表达。一组元素用以度量开发小组的素质，称之为开发小组素质度量元；另一组用以度量软件过程的质量，称之为软件过程质量度量元。开发小组素质的基本度量元有五项：所编文档的页数、所编代码的行数、花费在各个开发阶段或花费在各个开发任务上的时间(以分为度量单位)、在各个开发阶段中注入和改正的缺陷数目、在各个阶段对最终产品增加的价值。应该指出，这五个度量元是针对软件产品的开发来陈述的，要对软件产品进行维护或提供其他服务，可以参照这些条款给出类似的陈述。

软件过程质量的基本度量元有五项：设计工作量应大于编码工作量、设计评审工作量至少应占一半以上的设计工作量、代码评审工作量应占一半以上的代码编制的工作量、每千行源程序在编译阶段发现的差错不应超过 10 个、每千行源程序在测试阶段发现的差错不应超过 5 个。

　　无论是开发小组的素质，还是软件过程的质量，都可用一个等五边形来表示，其中每一个基本度量元是该等五边形的一个顶。基本度量元的实际度量结果落在其顶点与等五边形中心的连线上，其取值可以根据事先给出的定义来确定。在应用 TSP 时，通过对必要数据的收集，项目组在进入集成和系统测试之前能够初步确定模块的质量。如果发现某些模块的质量较差，就应对该模块进行精心的复测，有时甚至有必要对质量特别差的模块重新进行开发，以保证生产出高质量的产品，且能节省大量的测试和维护时间。

23.8.1　质量计划

　　在小组启动阶段，TSP 小组建立一个质量计划。根据估算出的工程规模大小和历史数据库中的缺陷记录数据，估算出他们在每一个阶段将可能注入的缺陷数量。如果小组没有历史记录，他们可以使用表 23.3 所示的 TSP 质量计划指南作为帮助。这一指南有助于帮助 TSP 小组建立质量目标。在估算了可能将要注入的缺陷之后，小组还要根据历史数据或者 TSP 质量管理指南中的参考数据估算出可以发现并能够排除的缺陷数据。在某一阶段中可能排除的缺陷是基于该阶段相关的历史数据记录得出的，该数据的准确含义是在整个阶段中，排除的缺陷和注入缺陷的百分比。在估算了排除/注入缺陷数据之后，小组就可以据此制定质量计划。最后，小组检查质量计划，复核质量参数是否合理，它是否可以满足小组的质量目标。如果答案是否定的，工程师们就必须要调整估算并重新制定质量计划。关于质量指导方针请参见表 23.3。

表 23.3　TSP 质量计划指南

度 量 标 准	目 标	说　　　　明
无缺陷比率(PDF)		
编译	> 10%	
单元测试	> 50%	
综合测试	> 70%	
系统测试	> 90%	
缺陷数/kLOC		kLOC：千代码行
注入的缺陷总数	75～150	如果没有接受过 PSP 培训,则此项数据为 100～200
编译	< 10	所有缺陷
单元测试	< 5	所有的重要缺陷(在源代码行中)
综合测试	< 0.5	所有的重要缺陷(在源代码行中)
系统测试	< 0.2	所有的重要缺陷(在源代码行中)
各阶段发现缺陷的比例		
详细设计复审缺陷/单元测试缺陷	> 2.0	所有的重要缺陷(在源代码行中)
代码复审缺陷/编译缺陷	> 2.0	所有的重要缺陷(在源代码行中)
各阶段开发时间比例		
需求审查/需求分析	> 0.25	包括引导时间
高层设计审查/高层设计时间	> 0.5	仅仅指设计工作,不包括研究时间
详细设计/编码时间	> 1.00	

续表

度 量 标 准	目 标	说　　明
详细设计复审/详细设计时间	＞0.5	
代码复审/编码时间	＞0.5	
复审与审查速率		
需求说明书页数/小时	＜2	单面文本页数
高层设计书页数/小时	＜5	格式化的逻辑设计
详细设计文本行数	＜100	一行伪码等同于3行逻辑代码行
代码行数	＜200	逻辑代码行
缺陷注入与排除的速率		
需求缺陷注入/小时	0.25	仅指重要缺陷
需求审查排除缺陷数/小时	0.5	仅指重要缺陷
高层设计注入缺陷数/小时	0.25	仅指重要缺陷
高层设计审查排除缺陷数/小时	0.5	仅指重要缺陷
详细设计注入缺陷数/小时	0.75	仅指设计缺陷
详细设计复审排除缺陷数/小时	1.5	仅指设计缺陷
详细设计审查排除缺陷数/小时	0.5	仅指设计缺陷
编码注入缺陷数/小时	2.0	所有缺陷
编码复审排除缺陷数/小时	4.0	源代码行中的所有缺陷
编译时注入缺陷数/小时	0.3	任何一种缺陷
代码审查时排除的缺陷数/小时	1.0	源代码行中的所有缺陷
单元测试时注入的缺陷数/小时	0.067	任何一种缺陷
阶段合格率		
小组需求审查	～70%	不计编辑说明
设计复审与审查	～70%	使用状态分析，跟踪记录表
编码复审与审查	～70%	使用个人检查表
编译	～50%	90%以上是语法错误
单元测试少于5个缺陷/kLOC	～90%	对于高缺陷来说是50%～70%
集成与系统测试少于1个缺陷/kLOC	～80%	对于高缺陷来说是30%～65%
编译之前	～75%	假定设计方法是合理的
单元测试之前	～85%	假定在复审时进行了逻辑检查
综合测试之前	～97.5%	对于小产品，最多有一个缺陷
系统测试之前	～99%	对于小产品，最多有一个缺陷

　　小组生成了质量计划之后，质量经理要帮助小组跟踪不符合计划的地方。质量计划包括表23.4中所示的信息。质量经理必须对每个部分的每一个阶段的数据进行跟踪，系统地观察它们是否符合质量计划中所设定的参数。如果不满足，质量经理要在周会议上指出问题，并就如何改进工作给出建议。

表 23.4　质量计划(SUMQ)表样例

名　　称:		日　　期:	
计　　划:		启动/阶段:	
部件/整体:		部件级别 :	

项　　目	计　划	实　际
无缺陷比率		
在编译阶段		
在单元测试阶段		
综合测试阶段		
系统测试阶段		
验收测试阶段		
应用 1 年后		
在产品生命周期		
缺陷数/页		
需求审查		
高层设计(HLD)审核		
高层设计(HLD)检查		
缺陷数/kLOC		
详细设计复审		
详细设计检查		
编码复审		
编译		
代码检查		
单元测试		
联编与综合		
系统测试		
总开发时间		
验收测试		
产品生命周期		
合计		
缺陷比率		
详细设计复审/单元测试		
代码复审/编译		
开发时间比率(%)		
需求审查/需求分析		
高层设计审查/高层设计时间		
详细设计/编码时间		

项　目	计　划	实　际
详细设计复审/详细设计时间		
代码复审/编码时间		
A/FR(化在估算性活动和失败性活动上的时间的比率)		通常大于2.0,大型项目取1.0比较合适
个人复审速率		
详细设计的行数/小时		
逻辑代码行数/小时		
检查的速率		
需求的页数/小时		
高层设计的页数/小时		
详细设计的行数/小时		
逻辑代码行数/小时		
复审与审查速率		
需求说明书页数/小时		
高层设计书页数/小时		
详细设计文本行数		
代码行数		
缺陷注入速率(缺陷数/小时)		
需求缺陷注入/小时		
高层设计注入缺陷数/小时		
详细设计注入缺陷数/小时		
编码注入缺陷数/小时		
编译注入缺陷数/小时		
联编与整合注入缺陷数/小时		
系统测试注入缺陷数/小时		
排除缺陷的速率(缺陷数/小时)		
需求		
编制系统测试计划		
需求审查		
高层设计		
编制综合测试计划		
高层设计审查		
详细设计复核		
测试开发		
详细设计审查		

续表二

项　　目	计　　划	实　　际
编码		
编码复核		
编译		
代码审查		
单元测试		
联编整合		
系统测试		
阶段合格率		
需求审查		
高层设计审查		
详细设计复核		
详细设计审查		
编码复核		
编译		
代码审查		
单元测试		
联编与整合		
系统测试		
过程合格率(%)		
编译前		
单元测试前		
联编与整合前		
系统测试前		
系统提交前		

23.8.2　识别质量问题

在 TSP 中有几种识别质量问题的方法。例如，通过拿任意一个模块或成分的实际数据和质量计划比较，我们就可以很快地知道哪儿故障比较集中，回溯与小组目标显著偏离的地方。

对于相对小的工程，可以花费一些时间来检查过程数据。为了减小问题的影响，TSP介绍了一系列的质量方法。这些方法有：

(1) 无缺限比率(PDF，Percent Defect Free)。

(2) 缺陷排除剖面图(Defect-removal Profile)。

(3) 质量剖面图(Quality prfile)。

(4) 过程质量索引(PQI，Process Quality Index)。

PDF就是在给定的阶段内没有缺陷的产品部件所占的百分比。典型的PDF曲线如图23.5所示，它描述了在特定的缺陷排除阶段，系统中没有被发现的缺陷成分的比例。通过跟踪PDF 曲线，我们可以知道哪个阶段是最棘手的。PDF 数据提供了一个对质量问题的初步估算方法。在有问题的地方，PDF 曲线就不是平稳均匀增长的。质量经理可以检查一下那些缺陷数目很多的部分，来识别问题的来源，并确定小组应该如何处理。在一个良好的系统中，PDF 值应当稳定提高，并且在系统测试阶段应当达到或超过 90%。

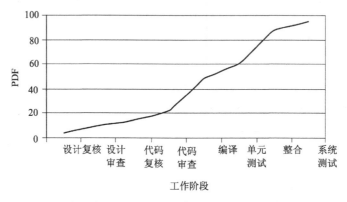

图 23.5　无缺陷比率

图 23.6 显示了一个典型的缺陷排除剖面图。PDF 曲线只可以描述一个综合的系统或者它的一个成分，而缺陷排除剖面图可以用来描述整个系统、每一个子系统、任何软件成分甚至一个模块，因此能够足够精细地反映一个软件单元质量情况。这样，如果 PDF 或系统级的缺陷排除剖面图显现出问题时，质量经理可以采用逐渐降低缺陷排除剖面图级别的方法，逐层深入分析，直到查清问题的出处。

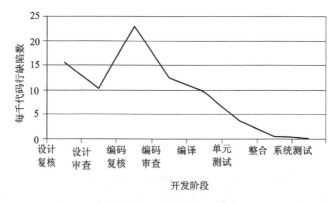

图 23.6　缺陷排除剖面图

质量剖面图使用个体的编程模块。图 23.7 中显示了一个质量剖面图的例子。质量剖面图测试模块中与组织的质量不符合的地方。如果组织没有足够的历史数据来产生他们自己的标准，他们可以使用 TSP 给出的建议值。这个五维的质量剖面图描述了基于设计数据、设计评审、代码评审、编译错误和单元测试错误等方面的质量。经过很少的练习，受过 PSP培训的工程师可以快速地检查很多的质量剖面图，识别出可能出现质量问题的软件单元。

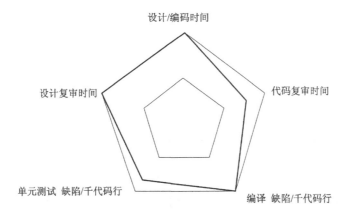

图 23.7 质量剖面图

过程质量索引是通过提取五维的质量剖面图而产生的一维图。如果某模块 PQI 的值能够达到 0.4，则这个模块一般来说没有错误。有了 PQI，组织就可以根据模块的质量值把很多的模块分类。这在一个具有成百上千个模块的大型系统中是非常有用的。小组可以快速地定位最可能在测试时和用户使用时出现问题的地方。

23.8.3 发现和阻止质量问题

TSP 质量检查可以预示可能的质量问题(甚至在第一次编译之前)，能够在系统集成或测试之前提供一个保证产品质量的可靠的方法。在小组识别出了最有可能出现问题的模块之后，TSP 给出的补救措施如下：

(1) 监控模块的测试过程，看是否发现了问题，然后寻求必要的补救措施。

(2) 在系统集成和测试之前，重新检查模块。

(3) 指定一个工程师来重新改写被怀疑存在问题的模块。

(4) 重新开发模块(redevelop the module)。

PSP 和 TSP 都强调在问题发生之前来防止它的发生。经过 PSP 培训，工程师可以减少注入的 40%～50%故障。在 TSP 中，设计经理可以通过确保小组制定一个完整和高质量的设计来更大程度地减少注入的故障。最后，TSP 引入了故障复审机制，分析在完成的产品中已经发现的故障，防止将来再发生类似的故障。

23.9 小　结

TSP 对小组软件过程的定义、度量和改革提出了一整套原则、策略和方法，把 CMM 要求实施的管理与 PSP 要求开发人员具有的技巧结合起来，以按时交付高质量的软件，并把成本控制在预算的范围之内。在 TSP 中，讲述了如何创建高效且具有自我管理能力的工程小组，工程人员如何才能成为合格的项目组成员，管理人员如何对小组提供指导和支持，如何保持良好的工程环境使项目组能充分发挥自己的水平等软件工程管理问题。

具体地说，TSP 的目标为创建具有自我管理能力的小组，管理人员要善于引导和激励小组的全体成员，使他们能发挥自己的最高水平，采用 CMM 来进行软件过程的改革，为处于高成熟度的软件组织的过程改革提供指导，积极培训人才，为在大学和研究所讲授工业界常用的小组开发技巧提供蓝本。

总的来说，小组软件过程 TSP 基于以下四条基本原理：

(1) 应该遵循一个确定的、可重复的过程并迅速获得反馈，这样才能使学习和改革最有成效。

(2) 一个小组是否高效，是由明确的目标、有效的工作环境、有能力的教练和积极的领导等四方面因素的综合作用所确定的，因此应在这四个方面同时努力，而不能偏废其中任何一个方面。

(3) 应注意及时总结经验教训，当工程师们在项目中面临各种各样的实际问题并寻求有效的解决问题的方案时，就会更深刻地体会到 TSP 的威力。

(4) 应注意借鉴前人和他人的经验，在已经可利用的工程、科学和教学方法经验的基础上来规定过程改进的指令。

在软件开发(或维护)过程中，首先需要按照小组软件过程框架定义一个过程。在设计 TSP 过程时，需要按照以下七条原则进行：

(1) 循序前进的原则。首先在 PSP 的基础上提出一个简单的过程框架，然后逐步完善。

(2) 迭代开发的原则。选用增量式迭代开发方法，通过几个循环开发一个产品。

(3) 质量优先的原则。对按 TSP 开发的软件产品，建立质量和性能的度量标准。

(4) 目标明确的原则。对实施 TSP 的群组及其成员的工作效果提供准确的度量。

(5) 定期评审的原则。在 TSP 的实施过程中，对角色和群组进行定期的评价。

(6) 过程规范的原则。对每一个项目的 TSP 规定明确的过程规范。

(7) 指令明确的原则。对实施 TSP 中可能遇到的问题提供解决问题的指南。

在实施群组软件过程 TSP 的过程中，应该自始至终贯彻集体管理与自我管理相结合的原则。具体地说，应该实施以下六项原则：

(1) 计划工作的原则。在每一阶段开始时要制定工作计划，规定明确的目标。

(2) 实事求是的原则。目标不应过高也不应过低而应实事求是，在检查计划时如果发现未能完成或者已经超越规定的目标，应分析原因，并根据实际情况对原有计划作必要的修改。

(3) 动态监控的原则。一方面应定期追踪项目进展状态并向有关人员汇报，另一方面应经常评审自己是否按 PSP 原理进行工作。

(4) 自我管理的原则。开发小组成员如发现过程不合适，应主动、及时地进行改进，以保证始终用高质量的过程来生产高质量的软件，任何消极埋怨或坐视等待的态度都是不对的。

(5) 集体管理的原则。项目开发小组的全体成员都要积极参加和关心小组的工作规划、进展追踪和决策制订等项工作。

(6) 独立负责的原则。按 TSP 原理进行管理，每个成员都要佢任一个角色。在 TSP 的实践过程中，TSP 的创始人 Humphrey 建议在一个软件开发小组内把管理的角色分成客户界面、设计方案、实现技术、工作规划、软件过程、产品质量、工程支持以及产品测试等八类。如果小组成员的数目较少，则可将其中的某些角色合并，如果小组成员的数目较多，则可将其中的某些角色拆分。总之，每个成员都要独立担当一个角色。

　　迄今为止，学术界和产业界公认 CMM 是当前最好的软件过程，然而它的成功与否与软件开发单位内部有关人员的积极参加和创造性活动密不可分，而且由于 CMM 中并未提供有关实现子过程域所需要的具体知识和技能，因此人们进行个体软件过程 PSP 的研究与实践以填补这一空白，且为基于个体和小型群组软件过程的优化提供了具体、有效的途径。小组软件过程 TSP 结合了 CMM 的管理方法和 PSP 的工程技能，建立、管理、授权并且指导项目小组如何在满足计划费用的前提下，在承诺的期限范围内，不断生产并交付高质量的产品。从公布的 TSP 实验数据来看，结果是令人鼓舞的。但由于尚未在巨型项目中进行 TSP 试验，因而尚难断定在巨型项目中实施 TSP 会出现什么问题，目前的 TSP 比较适合规模为 3～20 人的开发小组。

　　由于 TSP 最初的设计目的大部分都已经达到，下一步将致力于把 TSP 过程转变成一般的工业应用。工业工作中，最关心的是改善培训环节和介绍实用方法，这样工程师就能更加遵守这个过程，激励商业的 TSP 支持工具和环境的开发。预计 TSP 将来的发展将包括把 TSP 过程扩展到各种不同的小组和更大的小组。

　　因为工作组有很多的不同的类型，所以必须要有系列的 TSP 过程。基本的 TSP 过程称为 TSPm，是为具有 2～20 个成员的小组设计的，但在小组由 3～12 个成员组成时，它工作的最有效。加倍 TSP 过程是为具有 100～150 个工程师的多人小组设计的；对于一个大的工程，它可能会由分布在不同地域的几个小组共同完成，这就需要有一种扩展的 TSP 适用于分布式的小组；对于测试和维护小组这样的软件相关组，就需要有针对它们的"功能型" TSP；针对巨型的、涉及多个领域的、由成百上千的工程师组成的小组，就需要跨越组织技术界线的扩展 TSP 过程。

　　CMM、PSP 和 TSP 为软件产业提供了一个集成化的、三维的软件过程改革框架。TSP 指导项目组中的成员如何有效地规划和管理所面临的项目开发任务，而且告诉管理人员如何指导软件开发队伍，始终以最佳状态来完成工作。在此应着重指出，单纯实施能力成熟度模型 CMM，永远不能真正做到能力成熟度的升级，而需要将实施 CMM 与实施 PSP 和实施 TSP 有机地结合起来，才能达到软件过程持续改善的效果。

参 考 文 献

[1]　汪成为，等. 面向对象分析、设计及应用. 北京：国防工业出版社，1992.

[2]　(美)PETER COAD EDWARD YOURDON. 面向对象分析. 邵维忠，等，译. 杨芙清校. 北京：北京大学出版社，1992.

[3]　(美)PETER COAD EDWARD YOURDON. 面向对象设计. 邵维忠，等，译. 杨芙清校. 北京：北京大学出版社，1994.

[4]　张海蕃. 软件工程. 北京：人民邮电出版社，2002.

[5]　郑人杰，殷人昆，陶永雷. 实用软件工程. 2 版. 北京：清华大学出版社，1997.

[6]　张海藩. 软件工程导论. 3 版. 北京：清华大学出版社，1998.

[7]　(美)RogerS. Pressman. 软件工程——实践者的研究方法. 黄柏素，梅宏，译. 北京：机械工业出版社，1999.

[8]　周之英. 现代软件工程(中). 北京：科学出版社，2000.

[9]　郑人杰. 软件工程(中级). 北京：清华大学出版社，1999.

[10]　郑人杰. 软件工程(高级). 北京：清华大学出版社，1999.

[11]　邓良松，刘海岩，陆丽娜. 软件工程. 西安：西安电子科技大学出版社，2000.

[12]　姚全珠，雷西玲，李晔. 软件技术基础. 北京：电子工业出版社，2001.

[13]　史济民. 软件工程原理、方法与应用. 北京：高等教育出版社，1990.

[14]　周枫，刘晓燕，等. 软件工程. 重庆：重庆大学出版社，2001.

[15]　(美)Watss S.Humphrey. 小组软件开发过程. 韩丹，袁昱，译. 北京：人民邮电出版社，2000.

[16]　Maek C.Paulk. Then Capability Maturity Model. [M].MA.USA Addison-Wesley，2000.

[17]　Pankaj Jalote. CMM in Practice. [M].MA.USA Addison-Wesley，1999.

[18]　梅宏，申峻嵘. 软件体系结构研究进展. Journal of Software，Vol.17, No.6，June 2006，pp.1257–1275.

[19]　Rational 公司. RUP 白皮书.

[20]　(美)Alistair Cockburn. 编写有效用例. 北京：机械工业出版社，2002.

[21]　James Rumbaugh、Ivar Jacboson、Grady Booch. 统一建模语言参考手册.